Introduction to Managerial Mathematics 2e

管理數學導論

莊紹容、楊精松 編著

東華書局

國家圖書館出版品預行編目資料

管理數學導論 / 楊精松, 莊紹容著. -- 二版. -- 臺北市：臺灣東華, 2014.03
　408 面 ; 19x26 公分
　含索引
　ISBN 978-957-483-774-8（平裝）
　1. 管理數學
319　　　　　　　　　　　　　　　　103003905

管理數學導論

編 著 者	楊精松・莊紹容
發 行 人	陳錦煌
出 版 者	臺灣東華書局股份有限公司
地　　址	臺北市重慶南路一段一四七號三樓
電　　話	(02) 2311-4027
傳　　眞	(02) 2311-6615
劃撥帳號	00064813
網　　址	www.tunghua.com.tw
讀者服務	service@tunghua.com.tw
門　　市	臺北市重慶南路一段一四七號一樓
電　　話	(02) 2371-9320
出版日期	2014 年 3 月 2 版 1 刷 2018 年 10 月 2 版 3 刷

ISBN　　978-957-483-774-8

版權所有・翻印必究

序

一、人類在這個社會上求生存，為了個人與團體的利益，管理者隨時都會遇到衝突與對抗．因此做為現代的管理者已不能應用以往的經營模式來制定現代化的管理決策．必須藉用數量的方法來制定現代化的管理模式，再藉由管理模式之討論以建立決策與解決問題的方法，並提高決策的準確度．管理數學是"計量管理"所採用的一種數學方法．它是管理與決策的工具．管理數學在大學的商學院列為選修，管理學院列為必修．而有關課程的內容並無一定之課程標準，完全視學生之需求與教師之專業領域來設計課程內容．

二、本書共分為七章，內容包含：函數的應用，矩陣與行列式，機率論，線性規劃，馬克夫鏈，對局理論．可供商管學院及科技大學之商管科系學生每週三小時，一學期講授之用．本書中標有"＊"之章節如因授課時數不夠，可予以刪除．

三、本書在編寫上，除了理論之介紹外，同時也強調其應用上的意涵，以及實際問題如何轉換成數學模型的方法與過程．因此本書儘量將理論與實際問題相配合，以增加教學效果．同時為了發揮教學績效，本書並附有完整的教師手冊、PowerPoint，學生使用的部分習題解答則可在東華書網站下載．

四、本書在編寫的過程中，參閱國內外管理方面的相關著作，彙編成本書．以簡單易懂的方式，介紹管理數學的理論及應用．同時並感謝銘傳大學財務金融系楊重任博士在編寫過程中所給予之建議並親自予以校訂．

五、本書雖經編者精心編著，惟謬誤之處在所難免，尚祈管理學者、企業先進大力斧正，以匡不逮．

六、本書得以順利出版，要感謝東華書局董事長卓劉慶弟女士的鼓勵與支持，並承蒙編輯部全體同仁的鼎力相助，在此一併致謝．

目 次

第 1 章　函數的應用 1
- 1-1　線性方程式 1
- 1-2　市場均衡分析 13

第 2 章　矩陣與行列式 19
- 2-1　矩陣的意義 19
- 2-2　矩陣的運算 25
- 2-3　逆方陣 40
- 2-4　矩陣的基本列運算；簡約列梯陣 47
- 2-5　線性方程組的解法 57
- 2-6　行列式 75
- 2-7　餘因子展開式與克雷莫法則 85
- 2-8　最小平方法 97

第 3 章　機率論 101
- 3-1　隨機試驗、樣本空間與事件 101
- 3-2　機率的定義與基本定理 106
- 3-3　條件機率與獨立事件 114
- 3-4　貝士定理 129
- 3-5　白努利試驗 138

3-6	數學期望值	141
3-7	隨機變數、機率密度函數、累積分配函數	145
3-8	隨機變數之數學期望值	154
3-9	常用離散機率分配	159
3-10	常用連續機率分配	165

第 4 章　線性規劃 (一) ... 173

4-1	預備知識 (二元一次不等式)	173
4-2	線性規劃之意義	178
4-3	線性函數與凸集合	182
4-4	線性規劃的方法 (圖解法)	185
4-5	線性規劃問題的討論	196

第 5 章　線性規劃 (二) ... 201

5-1	一般線性規劃模型之標準形式	201
5-2	線性規劃問題之基本可行解法 (代數法)	208
5-3	單純形法	211
5-4	大 M 法	237
5-5	對偶問題	248
5-6	對偶問題之經濟意義	262

第 6 章　馬克夫鏈 ... 271

6-1	馬克夫過程之基本概念	271
6-2	有限馬克夫鏈	278
6-3	k 步轉移機率	286
6-4	正規馬克夫鏈	290
6-5	吸收性馬克夫鏈	297

第 7 章　對局理論 315

- 7-1　對局理論之概念與架構 315
- 7-2　有鞍點的單純策略競賽 (或完全確定的對策) 325
- 7-3　混合策略競賽 328
- 7-4　2×2 矩陣型混合策略競賽 335
- 7-5　凌越規則 348
- 7-6　線性規劃法求解報酬矩陣 357

附表　標準常態分配機率表 377

習題答案 379

索引 397

第 1 章
函數的應用

1-1 線性方程式

函數在管理數學上佔有極重要的地位，而函數可區分為線性函數與非線性函數．首先定義線性函數．

> **定義 1-1-1**
>
> 函數 $f(x)=ax+b$ 稱為線性函數，而方程式 $y=ax+b$ 稱之為線性方程式．

假定一直線決定於 P、Q 兩點，其坐標分別為 (x_1, y_1) 及 (x_2, y_2)，如圖 1-1-1 所示．使 x_2-x_1 表橫軸增量，y_2-y_1 表縱軸增量，則直線的斜率可以下述公式表之

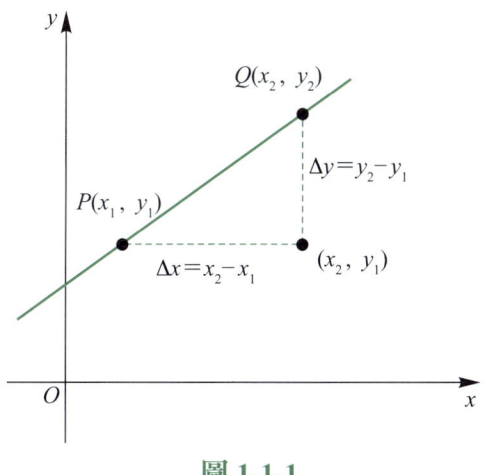

圖 1-1-1

$$m\,(斜率) = \frac{y_2 - y_1}{x_2 - x_1}$$

故斜率為因變數增量與自變數增量之比. 以 Δy 表 y 的增量, Δx 表 x 的增量, 則

$$m = \frac{\Delta y}{\Delta x} = \frac{y_2 - y_1}{x_2 - x_1}$$

如果 $y_1 = y_2$, 且 $x_1 \neq x_2$, 則通過 (x_1, y_1) 及 (x_2, y_2) 之直線與 x-軸平行, 其斜率為零. 如果 $x_1 = x_2$, 且 $y_1 \neq y_2$, 則通過 (x_1, y_1) 及 (x_2, y_2) 之直線與 y-軸平行, 其斜率無定義 (或無限大). 如直線向右上方傾斜, 則其斜率為正. 如直線向左上方傾斜, 則其斜率為負, 如圖 1-1-2 所示.

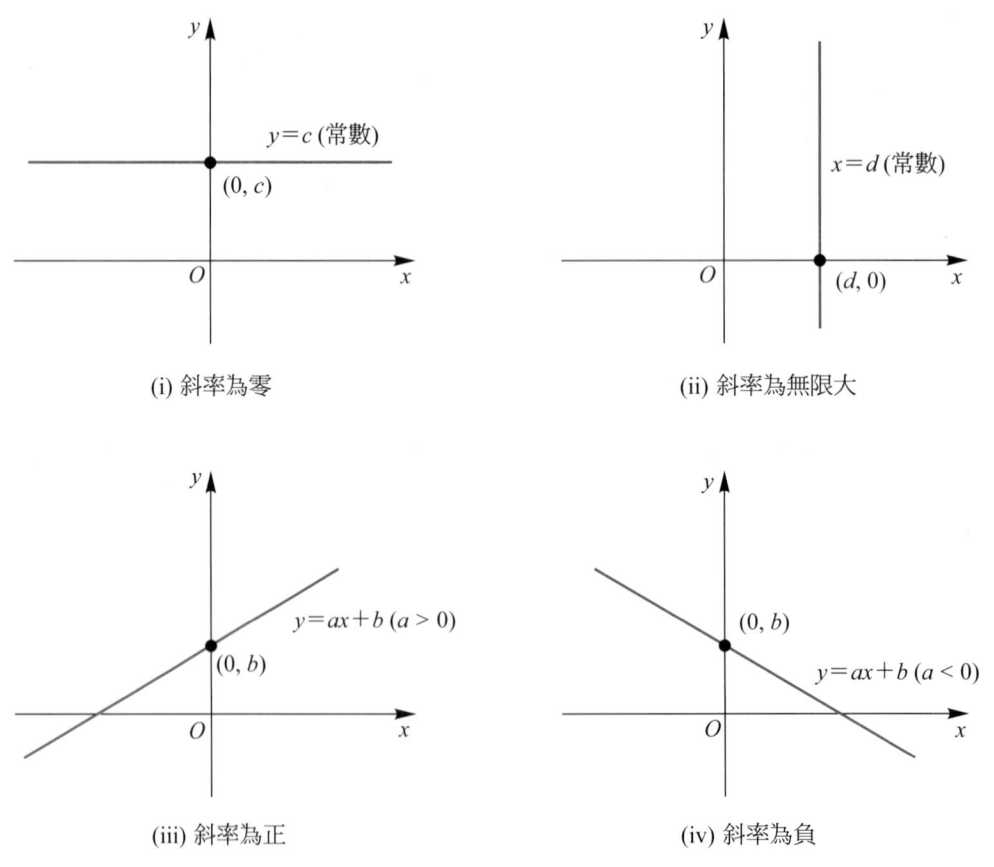

(i) 斜率為零　　(ii) 斜率為無限大

(iii) 斜率為正　　(iv) 斜率為負

圖 1-1-2

【例題 1】 試求通過兩點 $A(-4, 8)$ 與 $B(2, -3)$ 之直線的斜率.

【解】 選擇 $x_1 = -4$、$y_1 = 8$、$x_2 = 2$ 與 $y_2 = -3$，得 $\Delta y = -3 - 8 = -11$ 與 $\Delta x = 2 - (-4) = 6$，故斜率為

$$m = \frac{\Delta y}{\Delta x} = -\frac{11}{6}$$

已知直線之斜率為 m，以及通過坐標平面上一點，則可利用下列方法求出直線之方程式.

點斜式

已知一直線之斜率為 m 且通過點 (x_1, y_1)，則其方程式為

$$y - y_1 = m(x - x_1) \tag{1-1-1}$$

此方程式稱為直線之點斜式.

斜截式

已知一直線之斜率為 m 且通過點 $(0, b)$，則其方程式為

$$y = mx + b \tag{1-1-2}$$

此處 b 稱為直線之 y-截距. 此方程式稱為直線之斜截式，如圖 1-1-3 所示.

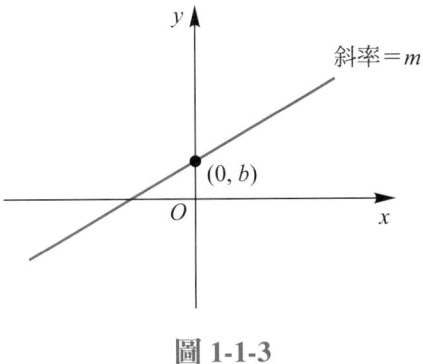

圖 1-1-3

一般式

直線方程式的一般式為

$$ax+by+c=0 \qquad (1\text{-}1\text{-}3)$$

其中 a、b、c 均為常數，a、b 不均為零．如 $b=0$，則 $ax+c=0$，$x=-\dfrac{c}{a}$，此為與 y-軸平行的直線．如 $a=0$，則 $by+c=0$，$y=-\dfrac{c}{b}$，此為與 x-軸平行的直線．如 $a\neq 0$，$b\neq 0$，則 $y=-\dfrac{a}{b}x-\dfrac{c}{b}$，此表示斜率為 $-\dfrac{a}{b}$ 且 y-截距為 $-\dfrac{c}{b}$ 的直線方程式．

【例題 2】 已知一直線通過點 $(3,-3)$ 且垂直於直線 $2x+3y=6$，試求其方程式．

【解】 因 $2x+3y=6$，可得 $y=-\dfrac{2}{3}x+2$，故所求直線之斜率為 $m=\dfrac{3}{2}$．所求直線之方程式為

$$y-(-3)=\dfrac{3}{2}(x-3)$$

即

$$y=\dfrac{3}{2}x-\dfrac{15}{2}$$

【例題 3】 已知一直線通過點 $(3,-3)$ 且平行於通過兩點 $(-1,2)$ 及 $(3,-1)$ 的直線，試求其方程式．

【解】 所求直線之斜率為

$$m=\dfrac{(-1)-2}{3-(-1)}=-\dfrac{3}{4}$$

故所求之直線方程式為

$$y-(-3)=-\dfrac{3}{4}(x-3)$$

即

$$y=-\dfrac{3}{4}x-\dfrac{3}{4}$$

銷售分析

要想瞭解銷售分析，我們應該先瞭解什麼是線性函數的平均變化率，以線性函數 $f(x)=mx+b$ 為例，其平均變化率為何？

定義 1-1-2

對函數 $y=f(x)$，當 x 由 x 變至 $x+\Delta x$ 時，y 對於 x 的平均變化率定義為

$$\frac{y\ 的變化量}{x\ 的變化量}=\frac{f(x+\Delta x)-f(x)}{(x+\Delta x)-x}=\frac{f(x+\Delta x)-f(x)}{\Delta x}=\frac{\Delta y}{\Delta x}.$$

依據定義 1-1-2 得知線性函數 $f(x)=mx+b$ 之平均變化率為

$$\frac{\Delta y}{\Delta x}=\frac{f(x+\Delta x)-f(x)}{\Delta x}=\frac{m(x+\Delta x)+b-mx-b}{\Delta x}$$

$$=\frac{m\Delta x}{\Delta x}=m. \text{ (直線 } y=mx+b \text{ 之斜率)}$$

【例題 4】 下表係說明甲、乙兩家公司在不同年度內之銷售金額.

公司	88 年銷售金額	91 年銷售金額
甲	10,000 元	16,000 元
乙	5,000 元	14,000 元

依公司管理部門之研究報告顯示，兩家公司之銷售金額均呈線性遞增 (亦即，銷售可完全用一線性函數去近似模擬).

(1) 試求甲、乙兩家公司銷售之趨勢線方程式並繪其圖形.

(2) 預估甲、乙兩家公司在 92 年之銷售金額.

(3) 甲、乙兩家公司銷售金額之平均變化率 (即成長率) 為何？

【解】 (1) 欲求甲、乙兩家公司銷售之趨勢線方程式，我們可令 $x=0$ 代表 88 年，所以 91 年對應於 $x=3$. 則依上表所示，通過點 (0, 10,000) 與 (3, 16,000) 之直線就代表甲公司銷售之趨勢線.

該直線之斜率為

$$\frac{16,000-10,000}{3-0}=2,000$$

利用點斜式，則可求得甲公司銷售之趨勢線方程式為

$$y-10,000=2,000(x-0)$$

即 $\qquad y=2,000x+10,000$ ……………………………………①

如圖 1-1-4 所示.

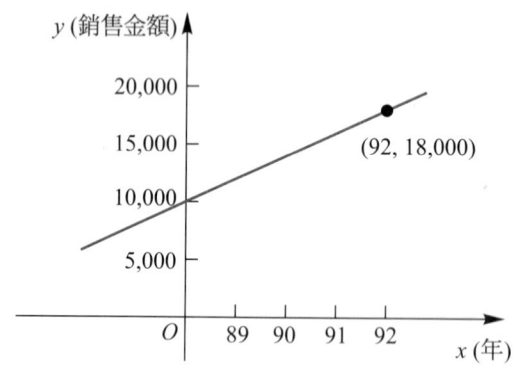

圖 1-1-4　甲公司銷售之趨勢線

同理，依上表所示，通過點 (0, 5,000) 與 (3, 14,000) 之直線就代表乙公司銷售之趨勢線.

利用點斜式，則可求得乙公司銷售之趨勢線方程式為

$$y-5,000=3,000(x-0)$$

即 $\qquad y=3,000x+5,000$ ……………………………………②

如圖 1-1-5 所示.

(2) 預估甲、乙兩家公司在 92 年之銷售金額，我們以 $x=4$ 分別代入 ① 與 ② 式中，則可求得甲、乙兩公司在 92 年之銷售金額分別為

$$y=18,000 \quad 與 \quad y=17,000$$

即甲公司之銷售金額為 18,000 元，而乙公司之銷售金額為 17,000 元.

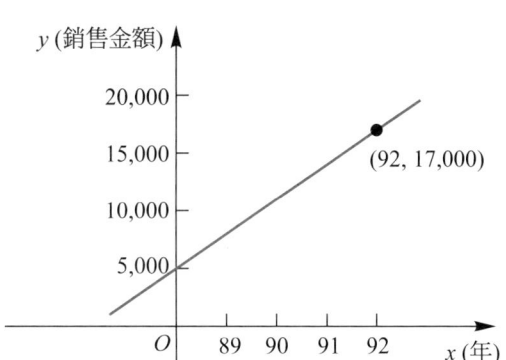

圖 1-1-5 乙公司銷售之趨勢線

(3) 甲公司之銷售金額在 88 年至 91 年的期間中由 10,000 元增至 16,000元，這表示在 3 年中全部增加 6,000 元. 故

$$\text{甲公司銷售金額之平均變化率} = \frac{6{,}000 \text{ 元}}{3 \text{ 年}} = 2{,}000 \text{ 元／年}$$

此恰與甲公司銷售之趨勢線的斜率相同. 同理，

$$\text{乙公司銷售金額之平均變化率} = \frac{9{,}000 \text{ 元}}{3 \text{ 年}} = 3{,}000 \text{ 元／年}$$

此恰與乙公司銷售之趨勢線的斜率相同.

成本與損益分析

若以 x 表生產某貨品 (或銷售某貨品) 之單位數，p 表每單位貨品之價格，$C(x)$ 表生產 x 單位貨品之總成本 (total cost)，則

$$C(x) = \text{固定成本} + (\text{平均可變成本}) \cdot (\text{產量}) \qquad (1\text{-}1\text{-}4)$$

$$R(x) = px \qquad (1\text{-}1\text{-}5)$$

$R(x)$ 表銷售 x 單位貨品之總收益 (total revenue)，又

$$P(x) = R(x) - C(x) \qquad (1\text{-}1\text{-}6)$$

$P(x)$ 表銷售 x 單位貨品之總利潤 (total profit).

8 管理數學導論

而利潤為零之銷售水準 (即 $R(x)=C(x)$) 稱之為損益平衡點 (break-even point)，如圖 1-1-6 所示.

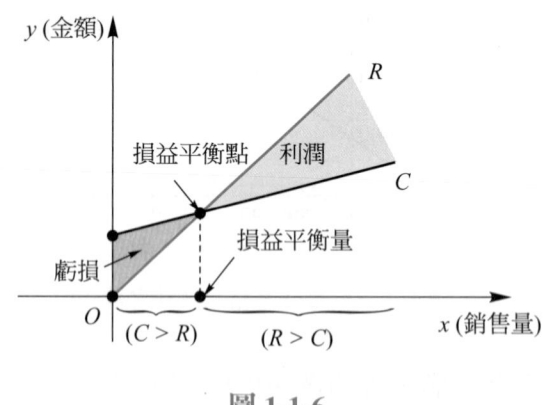

圖 1-1-6

由式 (1-1-6) 中得知，

1. 當 $R(x) > C(x)$，$P(x) > 0$ 時，我們稱之為獲利，亦即，當銷售量離損益平衡點之右側愈遠則利潤就愈多.
2. 當 $R(x) < C(x)$，$P(x) < 0$ 時，我們稱之為虧損.
3. 當 $R(x) = C(x)$，$P(x) = 0$ 時，公司之營運呈現損益平衡狀態. 此時，使 $R(x) = C(x)$ 之 x 值，就稱之為損益平衡點.

【例題 5】 某公司之固定生產成本為 5,000 元，用以生產每單位成本 $\dfrac{22}{9}$ 元且售價 8 元的產品.

(1) 求生產之總成本函數.

(2) 求收益函數.

(3) 求利潤函數.

(4) 試分別計算在 1,800、900 及 450 單位產品的生產水準之損益情形.

【解】 (1) 總成本函數 $C(x) = 5,000 + \dfrac{22}{9} x$

(2) 收益函數 $R(x) = 8x$

(3) 利潤函數 $P(x) = R(x) - C(x) = 8x - \left(5{,}000 + \dfrac{22}{9}x\right) = \dfrac{50}{9}x - 5{,}000$

(4) $P(1{,}800) = \dfrac{50}{9} \times 1{,}800 - 5{,}000 = 5{,}000$ 元

即生產 1,800 單位產品則賺錢 5,000 元.

$$P(900) = \dfrac{50}{9} \times 900 - 5{,}000 = 5{,}000 - 5{,}000 = 0$$

即生產 900 單位產品不賺錢也不賠錢.

$$P(450) = \dfrac{50}{9} \times 450 - 5{,}000 = -2{,}500$$

即生產 450 單位產品則賠錢 2,500 元.

【例題 6】 某公司生產且銷售 x 千台電腦，其每月之收益與成本 (以千元為單位) 分別為

$$R(x) = 32x - 0.21x^2 \text{ (千元)}$$
$$C(x) = 195 + 12x \text{ (千元)}$$

試決定該公司之損益平衡點.

【解】 令 $P(x)$ 為利潤函數，則

$$\begin{aligned} P(x) &= R(x) - C(x) = (32x - 0.21x^2) - (195 + 12x) \\ &= -0.21x^2 + 20x - 195 \end{aligned}$$

損益平衡點發生於 $P(x) = 0$ 時，故必須解

$$-0.21x^2 + 20x - 195 = 0$$

由一元二次方程式根的公式知，

$$x = \dfrac{-20 \pm \sqrt{(20)^2 - 4(-0.21)(-195)}}{2 \times (-0.21)} = \dfrac{-20 \pm \sqrt{236.2}}{-0.42}$$

$\approx 47.62 \pm 36.59$

$= 11.03$ 或 84.21

損益平衡點發生於公司每月的生產水準達 11,030 台或 84,210 台電腦，方可使公司之營運維持損益平衡，如圖 1-1-7 所示．

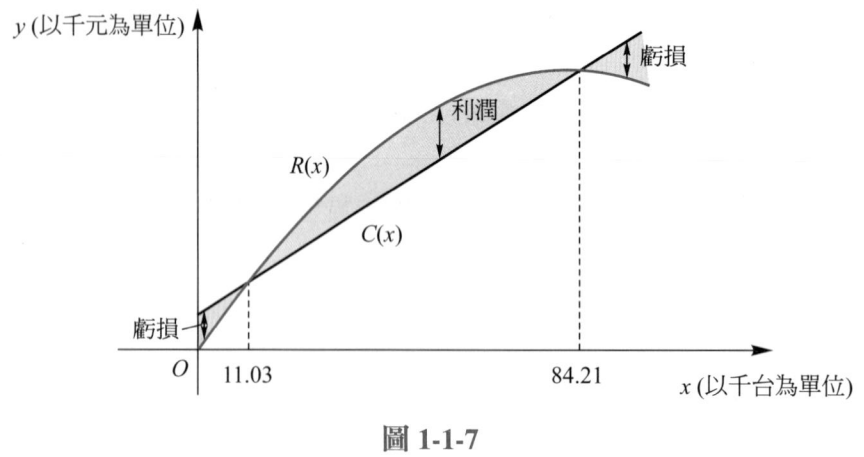

圖 1-1-7

若 $0 < x < 11{,}030$ 台，則成本大於收益．若 $11{,}030$ 台 $< x < 84{,}210$ 台，則收益大於成本．若 $x > 84{,}210$ 台，則成本大於收益．

【例題 7】　某公司生產且銷售個人電腦，每台電腦的成本為 25 元，且公司每月之固定成本為 10,000 元．試將公司每月之總成本表為銷售 x 台電腦的函數，且計算當 $x = 500$ 台的成本．

【解】　每月的變動成本為 $25x$ 元，於是

$$C(x) = 固定成本 + 變動成本$$

即　　　　　　　$C(x) = 10{,}000 + 25x$

當每月銷售 500 台電腦時，則總成本為

$$C(500) = 10{,}000 + 25(500) = 22{,}500 \text{ (元)}$$

如圖 1-1-8 所示．

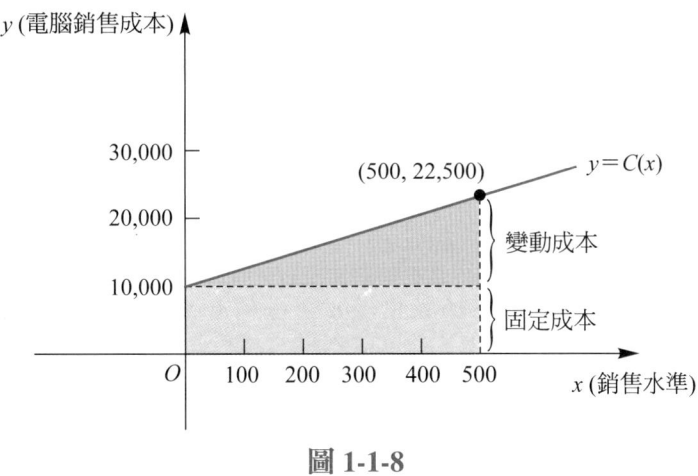

圖 1-1-8

【例題 8】 假設某公司生產 x 台印表機之總成本可近似於線性函數

$$C(x) = 10x + 120 \text{ (元)}$$

此處 $C(x)$ 以元為單位. 試求生產 0 台印表機之成本與生產第 251 台印表機之實際成本各為多少？

【解】 (i) 生產 0 台印表機之成本為

$$C(0) = 10(0) + 120 = 120 \text{ (元)}$$

120 元即為固定成本.

(ii) 生產第 251 台印表機的實際成本，也就等於生產前 251 台印表機之總成本，與生產前 250 台印表機之總成本的差額. 因此，實際的成本為

$$C(251) - C(250) = (10 \cdot 251 + 120) - (10 \cdot 250 + 120) = 10 \text{ (元)}$$

由上題同理可推得，生產第 501 台印表機的實際成本為

$$C(501) - C(500) = (10 \cdot 501 + 120) - (10 \cdot 500 + 120) = 10 \text{ (元)}$$

事實上，第 $(n+1)$ 台印表機的實際成本亦為

$$C(n+1) - C(n) = [10(n+1) + 120] - (10n + 120) = 10 \text{ (元)}$$

讀者應注意數字 10 亦為成本函數 $C(x) = 10x + 120$ 的圖形之斜率，為一常數. 但在經濟學上，數字 10 稱之為**邊際成本** (marginal cost)，對直線型的成本函數而言，產

量為 x 單位之邊際成本是再多生產一個單位產品之額外成本．但就非直線型的成本函數而言，所謂的邊際成本大約是再多生產一個單位產品的成本，此留待經濟學中再予以介紹．

定理 1-1-1

在型如 $C(x)=mx+b$ 之成本函數中，m 表每個產品之邊際成本且 b 為固定成本．反之，若生產一個產品之固定成本為 b 且邊際成本為 m，則生產 x 個產品之線性成本函數為 $C(x)=mx+b$．

習題 1-1

1. 一直線通過點 $(2, 3)$ 且斜率為 4，試求其方程式．
2. 一直線之 y-截距為 4 且斜率為 -2，試求其方程式．
3. 一直線通過兩點 $(2, 3)$ 與 $(4, 8)$，試求其方程式．
4. 一直線通過點 $(3, -3)$ 且平行於直線 $2x+3y=6$，試求其方程式．
5. 試求直線 $4x+5y=4$ 的斜率與 y-截距．
6. 一直線平分兩點 $(-2, 1)$ 與 $(4, -7)$ 之間所連線段且垂直於此線段，試求此直線的方程式．
7. 利台公司之管理部門對該公司生產之電冰箱的銷售情況進行一項研究，按以往的銷售情形可近似於一線性函數．依記錄顯示，79 年銷售金額為 850,000 元，而 84 年之銷售金額為 1,262,500 元．令 $x=0$ 代表 79 年．
   (1) 試求利台公司銷售電冰箱之趨勢線方程式並繪其圖形．
   (2) 預估 91 年利台公司之銷售金額．
   (3) 若想銷售金額超過 2,170,000 元，預期會發生於何年？
8. 某製造商生產印表機 x 台之總成本為

$$C(x)=500{,}000+4.75x \text{ (以元計)}$$

   (1) 試求生產 100,000 台印表機之總成本．
   (2) 試求生產第 100,001 台印表機之邊際成本．

9. 某工廠生產 x 台腳踏車之總成本為

$$C(x) = 800 + 20x \text{ (以元計)}$$

試求 $x=50$ 之平均成本.

10. 某公司的成本函數及收益函數分別為 $C(x)=12x+20{,}000$ 與 $R(x)=20x$，試求該公司之損益平衡點.

1-2　市場平衡分析

　　一自由市場經濟中，對一特殊商品消費者之需求與商品的單位價格有關. 一需求方程式表示單位價格與需求量之間的關係，需求方程式之圖形稱之為需求曲線. 一般而言，需求量受價格變動的影響最大，因此若"假定其他情況不變"，則商品之需求量 x 可視為價格 p 的函數，記作 $x=d(p)$，或寫成 $p=f(x)$. 函數 $x=d(p)$ 及 $p=f(x)$ 中，價格 p 降低時，需求量 x 隨之增加；價格 p 上升時，需求量 x 隨之減少. 因此 $x=d(p)$ 及 $p=f(x)$ 均為遞減函數，即需求曲線在第一象限內由左上方往右下方延伸. 如圖 1-2-1(i) 所示.

　　一競爭市場中，商品之單位價格與市場中商品之可獲性之間也有一關係. 一般而言，商品之單位價格增加誘使生產者增加商品之供給. 反之，單位價格減少普遍地導致供給降低. 表示單位價格與供給量之間的關係式稱為供給方程式，供給方程式之圖形稱之為供給曲線. 一供給函數定義為 $x=s(p)$，或寫成 $p=g(x)$. 函數 $x=s(p)$ 及 $p=$

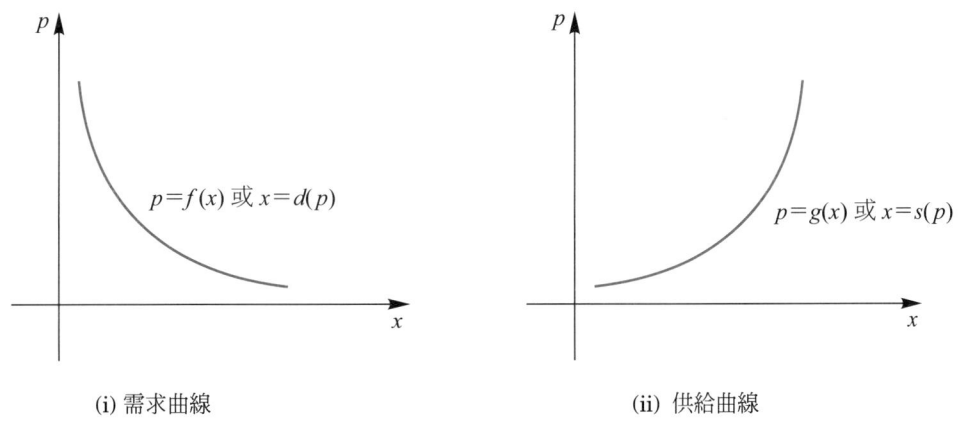

(i) 需求曲線　　　　　　　　(ii) 供給曲線

圖 1-2-1

$g(x)$ 均為遞增函數，即供給曲線在第一象限內由左下方往右上方延伸．如圖 1-2-1(ii) 所示．

　　純粹競爭之下，商品之價格藉下列條件之指引最後將置於一水準；商品之供給量等於對它的需求量．如果價格太高，消費者將不買，但如果價格太低，供給者將不生產，最普通的市場平衡是當生產量等於需求量．於市場平衡時之生產量稱為平衡量，且所對應之價格稱為平衡價格．市場平衡時之對應點在該點需求曲線與供給曲線相交．如圖 1-2-2 所示，x_e 表平衡量且 p_e 表平衡價格，點 (x_e, p_e) 位於供給曲線上所以滿足供給方程式．同時，它亦位於需求曲線上，故滿足需求方程式．於是，求得點 (x_e, p_e)，因此得平衡量與價格，但必須 x_e 與 p_e 均為正值才有意義．

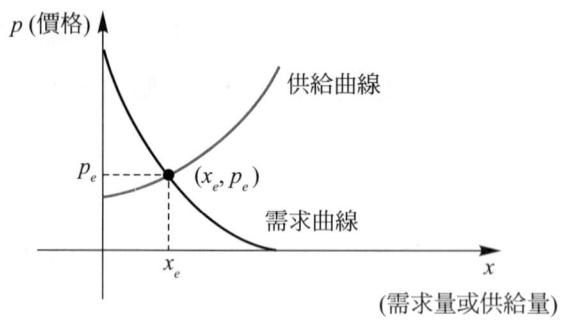

圖 1-2-2　市場平衡對應於 (x_e, p_e)，供給與需求曲線相交於市場平衡點

【例題 1】　勝利公司所生產之原子筆的需求函數為

$$p = d(x) = -0.01x^2 - 0.2x + 8$$

且所對應之供給函數為

$$p = s(x) = 0.01x^2 + 0.1x + 3$$

此處 p 以元為單位且 x 以千為單位，試求平衡量與價格．

【解】　我們解下列之方程組

$$\begin{cases} p = -0.01x^2 - 0.2x + 8 \\ p = 0.01x^2 + 0.1x + 3 \end{cases}$$

$$-0.01x^2 - 0.2x + 8 = 0.01x^2 + 0.1x + 3$$

$$\Rightarrow 0.02x^2 + 0.3x - 5 = 0$$
$$\Rightarrow 2x^2 + 30x - 500 = 0$$
$$\Rightarrow x^2 + 15x - 250 = 0$$
$$\Rightarrow (x+25)(x-10) = 0$$

但 $x = -25$ (不符合經濟意義)，於是 $x = 10$，即平衡量為 10,000 枝原子筆．

平衡價格為 $\qquad p = 0.01(10)^2 + 0.1(10) + 3 = 5$

即每枝原子筆 5 元．圖形如圖 1-2-3 所示．

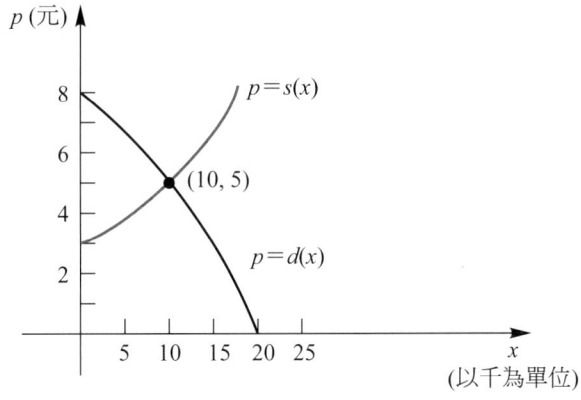

圖 1-2-3 供給曲線與需求曲線相交於點 (10, 5)

【例題 2】 金葉公司每月銷售家電用品 200 項，每項售價 500 元．若售價每降低 40 元，則每月銷售量可增加 50 單位．試求需求函數與總收益函數．

【解】 由題意我們知道，每次售價 p 元只要比原來之售價 500 元降低 40 元，則 x (在單位價格 p 之下所願意購買之數量) 就會增加 50 單位，故列式如下

$$x = 200 + 50 \times \left(\frac{500-p}{40}\right)$$
$$= 200 + \frac{5}{4}(500-p)$$
$$= 200 + 625 - \frac{5}{4}p$$

$$= 825 - \frac{5}{4}p$$

p 以 x 表示，解得

$$p = 660 - \frac{5}{4}x, \quad 0 \leq x \leq 825 \qquad \text{需求函數}$$

則收益函數為

$$R(x) = px = \left(660 - \frac{4}{5}x\right)x = 660x - \frac{4}{5}x^2 \qquad \text{收益函數}$$

此需求函數繪於圖 1-2-4，讀者應注意當價格遞減時，需求量則遞增.

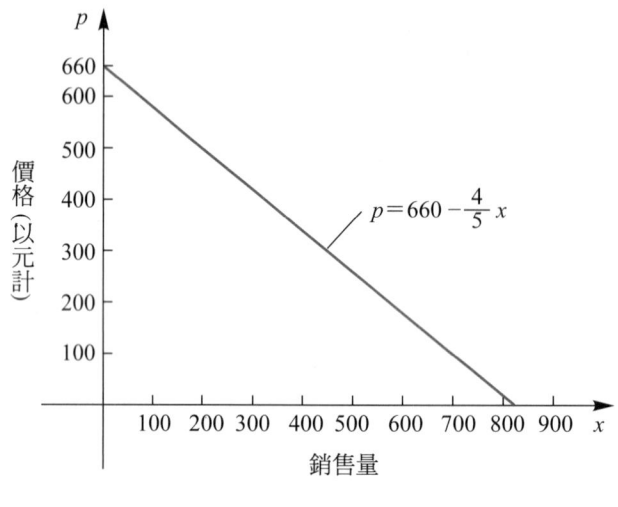

圖 1-2-4

習題 1-2

1. 某公司之固定生產成本為 30,000 元，用以生產每單位成本 6 元且售價 10 元的產品，試求該公司之損益平衡點.

2. 假設方程式

$$p = 0.02x + 3$$

表示每單位價格 p（以元計）與供給量 x 之關係.

(1) 試求當每單位之價格為 4 元時，供給之單位數量為何？

(2) 試求當每單位之價格為 4.5 元時，供給之單位數量為何？

3. 試利用供給方程式 $p=0.02x+3$ 去導出成本函數，並求供給 85 單位時之總成本為何？

4. 假設某產品之需求方程式為 $p=17-0.2x$ (以元計) 且供給方程式為 $p=0.4x+8$ (以元計).

    (1) 試求平衡量.
    (2) 試求平衡價格.
    (3) 試決定平衡點.

5. 某品牌原子筆之需求函數為

$$p=d(x)=-\frac{2}{15}x+4$$

此處 $d(x)$ 為批發價格，每打以元計；且 x 為每週之需求量，以千打計. 原子筆之供給函數為

$$p=s(x)=\frac{1}{75}x^2+\frac{1}{10}x+\frac{3}{2}$$

此處 $s(x)$ 為批發價格，每打以元計；且 x 為每週之供給量，以千打計，原子筆藉由供給者每週可在市場中獲得.

    (1) 描繪函數 d 與 s 之圖形.
    (2) 試求平衡量與價格.

6. 若自行車每輛單價為 50 元時，則廠商將每週提供 200 輛以為市場銷售. 單價增為 100 元時，則將提供 2,000 輛應市. 已知自行車的單價與其供給量間存有線性關係，試求供給方程式.

第 2 章
矩陣與行列式

2-1　矩陣的意義

　　矩陣在各方面的用途非常廣泛，舉凡電機、自動控制、土木、機械、企業管理、經濟學等，均普遍會應用到矩陣的觀念．在沒有談到矩陣的定義之前，我們先看下列的數據．例如，某公司所屬兩工廠的資料如下表所示：

工廠	人員	機器數	電力	生產量
A	40	10	1000 瓩／小時	600 公噸
B	60	20	1500 瓩／小時	900 公噸

當我們知道該表格各欄的特定意義後，根據該表格內的數字所排成的矩形陣列，就可得到所要的資料．例如上表各數字所排成的矩形陣列即為

$$\begin{bmatrix} 40 & 10 & 1000 & 600 \\ 60 & 20 & 1500 & 900 \end{bmatrix}$$

定義 2-1-1

若有 $m \times n$ 個數 a_{ij} ($i=1, 2, 3, \cdots, m$；$j=1, 2, 3, \cdots, n$) 表成下列的形式：

$$A = \begin{bmatrix} a_{11} & a_{12} & \cdots & a_{1j} & \cdots & a_{1n} \\ a_{21} & a_{22} & \cdots & a_{2j} & \cdots & a_{2n} \\ \vdots & \vdots & & \vdots & & \vdots \\ a_{i1} & a_{i2} & \cdots & a_{ij} & \cdots & a_{in} \\ \vdots & \vdots & & \vdots & & \vdots \\ a_{m1} & a_{m2} & \cdots & a_{mj} & \cdots & a_{mn} \end{bmatrix} \begin{matrix} \leftarrow 第\ 1\ 列 \\ \\ \\ \leftarrow 第\ i\ 列 \\ \\ \leftarrow 第\ m\ 列 \end{matrix}$$

$$\hspace{3cm} \uparrow \hspace{1.5cm} \uparrow \hspace{0.5cm} \uparrow$$
$$\hspace{3cm} 第1行 \hspace{0.8cm} 第j行 \hspace{0.2cm} 第n行$$

其中有 m 列 (row) n 行 (column)，則它是由 a_{ij} 所組成的矩陣 (matrix)。矩陣中第 i 列第 j 行的數 a_{ij}，稱為此矩陣第 i 列第 j 行的元素 (entry)，故此矩陣中共有 $m \times n$ 個元素．

矩陣常以大寫英文字母 A、B、C、$\cdots$ 來表示，若已知一矩陣 A 有 m 列 n 行，則稱此矩陣 A 的大小 (size) 為 $m \times n$，以 $A = [a_{ij}]_{m \times n}$ 表示，其中 $1 \leq i \leq m$，$1 \leq j \leq n$．

【例題 1】 設 $A = \begin{bmatrix} 1 & 5 & 4 \\ -2 & 1 & 6 \end{bmatrix}$，$B = \begin{bmatrix} 3 & -1 & 0 \\ 4 & 1 & -1 \\ 5 & 6 & -1 \end{bmatrix}$，$C = \begin{bmatrix} 1 \\ 0 \\ 2 \end{bmatrix}$，$D = [-1 \ \ 0 \ \ 4]$

則 A 是 2×3 矩陣，且 $a_{11}=1$，$a_{12}=5$，$a_{13}=4$，$a_{21}=-2$，$a_{22}=1$，$a_{23}=6$；B 是 3×3 矩陣；C 是 3×1 矩陣；D 是 1×3 矩陣．

矩陣的形式

1. 方　陣

若列數 m 與行數 n 相等，則稱該矩陣為 n 階方陣，即

$$A = \begin{bmatrix} a_{11} & a_{12} & a_{13} & \cdots & a_{1n} \\ a_{21} & a_{22} & a_{23} & \cdots & a_{2n} \\ \vdots & \vdots & \vdots & & \vdots \\ a_{n1} & a_{n2} & a_{n3} & \cdots & a_{nn} \end{bmatrix} = [a_{ij}] \; ; \; 1 \leq i, \; j \leq n$$

2. 行矩陣與列矩陣

定義 2-1-2

凡是只有一行的矩陣，即 $m \times 1$ 矩陣，稱為行矩陣或行向量.

凡是只有一列的矩陣，即 $1 \times n$ 矩陣，稱為列矩陣或列向量.

例如，$C = \begin{bmatrix} 1 \\ 0 \\ 2 \end{bmatrix}$ 為行矩陣或行向量，$D = [-1 \quad 0 \quad 4]$ 為列矩陣或列向量.

3. 對角線方陣

若一方陣 $A = [a_{ij}]$ 中除對角線上的元素外，其餘的元素皆為 0，即 $a_{ij} = 0 \; (i \neq j)$，則稱它為對角線方陣 (diagonal matrix)，通常均以 $\mathrm{diag}(a_{11}, a_{22}, a_{33}, \cdots, a_{nn})$ 表示之.

4. 單位方陣

若一方陣 $A = [a_{ij}]$ 中，除對角線上的元素為 1 外，其餘的元素皆為 0，即

$$a_{ij} = \begin{cases} 1, & i = j \\ 0, & i \neq j \end{cases} \; ; \; 1 \leq i, \; j \leq n$$

則稱它為單位方陣 (unit matrix)，記為

$$I_n = \begin{bmatrix} 1 & 0 & 0 & \cdots & 0 \\ 0 & 1 & 0 & \cdots & 0 \\ \vdots & \vdots & \vdots & & \vdots \\ 0 & 0 & 0 & \cdots & 1 \end{bmatrix}$$

或
$$I_n = \text{diag}(1, 1, 1, \cdots, 1)$$

5. **零矩陣**

   一矩陣中的各元素均為 0，稱為零矩陣，以符號 "$\mathbf{0}_{m \times n}$" 表示各元素均為 0 的 $m \times n$ 矩陣。

6. **上三角矩陣**

   在方陣 $A = [a_{ij}]$ 中，當 $i > j$ 時，$a_{ij} = 0$，即

$$A = \begin{bmatrix} a_{11} & a_{12} & a_{13} & \cdots & a_{1n} \\ 0 & a_{22} & a_{23} & \cdots & a_{2n} \\ 0 & 0 & a_{33} & \cdots & a_{3n} \\ \vdots & \vdots & \vdots & & \vdots \\ 0 & 0 & 0 & \cdots & a_{nn} \end{bmatrix}$$

   則稱 A 為上三角矩陣 (upper triangular matrix)。

7. **下三角矩陣**

   在方陣 $A = [a_{ij}]$ 中，當 $i < j$ 時，$a_{ij} = 0$，即

$$A = \begin{bmatrix} a_{11} & 0 & 0 & \cdots & 0 \\ a_{21} & a_{22} & 0 & \cdots & 0 \\ a_{31} & a_{32} & a_{33} & \cdots & 0 \\ \vdots & \vdots & \vdots & & \vdots \\ a_{n1} & a_{n2} & a_{n3} & \cdots & a_{nn} \end{bmatrix}$$

   則稱 A 為下三角矩陣 (lower triangular matrix)。

定義 2-1-3

已知 $A = [a_{ij}]_{m \times n}$，若 $a_{ij}^T = a_{ji}$ ($1 \leq i \leq m$, $1 \leq j \leq n$)，則矩陣 $A^T = [a_{ij}^T]_{n \times m}$ 稱為 A 的轉置 (transpose)。即，A 的轉置是由 A 的行與列互換而得。

【例題 2】 若 $A = \begin{bmatrix} 1 & 4 \\ 7 & -1 \\ 0 & 1 \\ 4 & 3 \end{bmatrix}$, 則 $A^T = \begin{bmatrix} 1 & 7 & 0 & 4 \\ 4 & -1 & 1 & 3 \end{bmatrix}$.

定義 2-1-4

已知方陣 $A = [a_{ij}]_{n \times n}$,
(1) 若 $A = A^T$, 即 $a_{ij} = a_{ji}$, $\forall\ i \cdot j = 1, 2, \cdots, n$, 則稱 A 為 **對稱方陣** (symmetric matrix).
(2) 若 $A = -A^T$, 則稱 A 為 **反對稱方陣** (skew-symmetric matrix).

【例題 3】 $A = \begin{bmatrix} 1 & 2 & 3 \\ 2 & 4 & 5 \\ 3 & 5 & 6 \end{bmatrix}$ 與 $I_3 = \begin{bmatrix} 1 & 0 & 0 \\ 0 & 1 & 0 \\ 0 & 0 & 1 \end{bmatrix}$ 為對稱方陣.

【例題 4】 $A = \begin{bmatrix} 0 & 5 & 9 \\ -5 & 0 & -2 \\ -9 & 2 & 0 \end{bmatrix}$ 為反對稱方陣, 因為此一方陣如果以對角線為對稱軸時, 其相對應位置的元素相差一負號.

定義 2-1-5

若 A 為一矩陣, 則由 A 中去掉某些行及某些列後所剩下的部分所構成的矩陣稱為 A 的 **子矩陣**.

【例題 5】 若 $A = \begin{bmatrix} 3 & 2 & 1 & 4 \\ 5 & -3 & 2 & 0 \\ 1 & 5 & 4 & 7 \end{bmatrix}$, 則 $[-3]$、$\begin{bmatrix} 1 & 4 \\ 2 & 0 \end{bmatrix}$、$\begin{bmatrix} 3 & 1 & 4 \\ 5 & 2 & 0 \end{bmatrix}$、

$$\begin{bmatrix} 3 & 2 & 1 \\ 5 & -3 & 2 \\ 1 & 5 & 4 \end{bmatrix}$$ 等等均是 A 的子矩陣，而且 A 也是其本身的子矩陣.

習題 2-1

1. 判斷下列矩陣的階.

   (1) $\begin{bmatrix} 3 \\ 5 \end{bmatrix}$
   (2) $\begin{bmatrix} 1 & 4 \\ -6 & 3 \end{bmatrix}$
   (3) $\begin{bmatrix} -1 & 1 & 2 \\ 3 & 4 & -1 \end{bmatrix}$

   (4) $[-1 \ 0 \ 1 \ 2]$
   (5) $\begin{bmatrix} 1 & 2 & 4 & 6 \\ -1 & 1 & 2 & 7 \\ 0 & 1 & 1 & 4 \end{bmatrix}$

2. 下列矩陣，何者為方陣？何者為對角線方陣？何者為上三角矩陣？何者為下三角矩陣？何者為單位矩陣？

   (1) $\begin{bmatrix} 1 & 3 & 0 \\ -3 & 2 & -1 \\ 1 & 1 & 5 \end{bmatrix}$
   (2) $\begin{bmatrix} 1 & 0 & 0 & 0 \\ 0 & 3 & 0 & 0 \\ 0 & 0 & 4 & 0 \\ 0 & 0 & 0 & 1 \end{bmatrix}$
   (3) $\begin{bmatrix} 2 & 1 & -1 & 6 \\ 0 & 2 & -3 & 4 \\ 0 & 0 & 5 & 1 \\ 0 & 0 & 0 & 7 \end{bmatrix}$

   (4) $\begin{bmatrix} 0 & 0 & 0 & 0 \\ 2 & -1 & 0 & 0 \\ 4 & 2 & 5 & 0 \\ 0 & 0 & 3 & 4 \end{bmatrix}$
   (5) $\begin{bmatrix} 1 & 0 & 0 & 0 & 0 \\ 0 & 1 & 0 & 0 & 0 \\ 0 & 0 & 1 & 0 & 0 \\ 0 & 0 & 0 & 1 & 0 \\ 0 & 0 & 0 & 0 & 1 \end{bmatrix}$
   (6) $\begin{bmatrix} 2 & 1 \\ 0 & 5 \end{bmatrix}$

3. 設 $A = [a_{ij}]_{2 \times 3}$，且 $a_{ij} = 2i - j$，試求矩陣 A.

4. 設 $A = [a_{ij}]$ 為四階方陣，且 $a_{ii} = 1$ ($i = 1, 2, 3, 4$)，當 $i \neq j$ 時，$a_{ij} = 0$，試求 A.

5. 設 $A = [a_{ij}]_{3 \times 2}$，若 $a_{ij} = i^2 + j^2 - 1$，$1 \leq i \leq 3$，$1 \leq j \leq 2$，試求 A.

6. 設 $A = [a_{ij}]_{3 \times 3}$，且 $a_{ij} = \begin{cases} 1, & \text{當 } i = j \\ 2, & \text{當 } i > j \\ -2, & \text{當 } i < j \end{cases}$，試求 A 及 A^T.

7. 設 $A = \begin{bmatrix} 2 & 1 & 4 \\ 3 & 7 & 5 \\ 0 & -1 & 9 \end{bmatrix}$，試求 A^T.

8. 下列哪一個方陣是反對稱方陣？

$$A = \begin{bmatrix} 0 & 1 & 3 \\ 1 & 0 & 4 \\ 3 & -4 & 0 \end{bmatrix}, \quad B = \begin{bmatrix} 0 & -1 & -2 & -5 \\ 1 & 0 & 6 & -1 \\ 2 & -6 & 0 & 3 \\ 5 & 1 & 3 & 0 \end{bmatrix}$$

$$C = \begin{bmatrix} 0 & 3 & -4 \\ -3 & 0 & 5 \\ -4 & -5 & 0 \end{bmatrix}, \quad D = \begin{bmatrix} 0 & 2 & 3 & -4 \\ -2 & 0 & 1 & -1 \\ -3 & -1 & 0 & 6 \\ 4 & 1 & -6 & 0 \end{bmatrix}$$

9. 設 $A = \begin{bmatrix} 1 & 3 \\ 2 & 4 \end{bmatrix}$，試求 A 的所有子矩陣.

10. 設 $A = \begin{bmatrix} 1 & -1 & 2 \\ 0 & 3 & 5 \\ 2 & 4 & -3 \end{bmatrix}$，試求 A 的所有子矩陣.

2-2 矩陣的運算

為了要計算矩陣，需作其數學上的運算，它包含有矩陣的加、減、實數乘以矩陣以及矩陣的乘法. 首先，我們定義兩矩陣相等的觀念.

定義 2-2-1

設兩個大小相同的矩陣 $A = [a_{ij}]_{m \times n}$, $B = [b_{ij}]_{m \times n}$, $1 \leq i \leq m$, $1 \leq j \leq n$. 若對於任意 i 與 j, $a_{ij} = b_{ij}$，則稱此兩矩陣為相等矩陣，以符號 $A = B$ 或 $[a_{ij}]_{m \times n} = [b_{ij}]_{m \times n}$ 表之.

【例題 1】 設 $A=\begin{bmatrix} 2x & 1 \\ y & x-1 \end{bmatrix}$, $B=\begin{bmatrix} 4 & z \\ 2y & 1 \end{bmatrix}$, 若 $A=B$, 試求 x、y 與 z.

【解】 因 $A=B$, 故

$$\begin{bmatrix} 2x & 1 \\ y & x-1 \end{bmatrix}=\begin{bmatrix} 4 & z \\ 2y & 1 \end{bmatrix}$$

即 $\begin{cases} 2x=4 \\ z=1 \\ y=2y \\ x-1=1 \end{cases}$, 解得 $\begin{cases} x=2 \\ y=0 \\ z=1 \end{cases}$

矩陣的加法

定義 2-2-2

若 $A=[a_{ij}]_{m\times n}$, $B=[b_{ij}]_{m\times n}$, 則 $C=A+B$, 此處 $C=[c_{ij}]_{m\times n}$, 且定義如下

$$c_{ij}=a_{ij}+b_{ij}, \quad 1\leq i\leq m, \quad 1\leq j\leq n.$$

由此定義, 可知兩個同階矩陣方能相加, 否則無意義.

定理 2-2-1

若 $A=[a_{ij}]_{m\times n}$, $B=[b_{ij}]_{m\times n}$, $C=[c_{ij}]_{m\times n}$, 則下列的性質成立.
(1) $A+B=B+A$ (加法交換律)
(2) $(A+B)+C=A+(B+C)$ (加法結合律)
(3) $\mathbf{0}_{m\times n}+A=A+\mathbf{0}_{m\times n}=A$, 此時 $\mathbf{0}_{m\times n}$ 即稱為矩陣 A 的加法單位元素.
(4) 對於任意的矩陣 A, 均存在矩陣 $-A$, 使得 $A+(-A)=(-A)+A=\mathbf{0}_{m\times n}$, 此 $-A$ 稱為矩陣 A 的加法反元素.

證 (2) 因 $A=[a_{ij}]_{m\times n}$, $B=[b_{ij}]_{m\times n}$, $C=[c_{ij}]_{m\times n}$, 故對 $i\in\{1, 2, \cdots, m\}$, $j\in\{1, 2, \cdots, n\}$ 而言, 矩陣 $(A+B)+C$ 的第 i 列第 j 行的元素為 $(a_{ij}+b_{ij})+$

c_{ij}，而矩陣 $A+(B+C)$ 的第 i 列第 j 行的元素為 $a_{ij}+(b_{ij}+c_{ij})$. 但因 $(a_{ij}+b_{ij})+c_{ij}=a_{ij}+(b_{ij}+c_{ij})$，故知 $(A+B)+C$ 與 $A+(B+C)$ 的對應元素相等，即

$$(A+B)+C=A+(B+C)$$

其餘留給讀者自證.

【例題 2】 設 $A=\begin{bmatrix} -1 & 2 & 3 \\ 0 & -1 & 4 \\ 1 & 3 & 2 \end{bmatrix}$, $B=\begin{bmatrix} 0 & -1 & 2 \\ 1 & 3 & 4 \\ -1 & 2 & -1 \end{bmatrix}$，試求 $A+B$.

【解】 $A+B=\begin{bmatrix} -1 & 2 & 3 \\ 0 & -1 & 4 \\ 1 & 3 & 2 \end{bmatrix}+\begin{bmatrix} 0 & -1 & 2 \\ 1 & 3 & 4 \\ -1 & 2 & -1 \end{bmatrix}$

$=\begin{bmatrix} -1+0 & 2+(-1) & 3+2 \\ 0+1 & -1+3 & 4+4 \\ 1+(-1) & 3+2 & 2+(-1) \end{bmatrix}=\begin{bmatrix} -1 & 1 & 5 \\ 1 & 2 & 8 \\ 0 & 5 & 1 \end{bmatrix}$

常數乘以矩陣

定義 2-2-3

若 $A=[a_{ij}]_{m\times n}$，則定義數 α (有時稱為純量) 乘以矩陣的運算為 $B=\alpha A$，其中

$$B=[b_{ij}]_{m\times n}=[\alpha a_{ij}]_{m\times n}$$

即 B 是由 A 的每一元素乘 α 而得.

定理 2-2-2

若 $A=[a_{ij}]_{m\times n}$，$B=[b_{ij}]_{m\times n}$，α、β 為二實數，則下列的性質成立.

(1) $\alpha(A+B)=\alpha A+\alpha B$ (2) $(\alpha+\beta)A=\alpha A+\beta A$

(3) $(\alpha\beta)A=\alpha(\beta A)=\beta(\alpha A)$ (4) $1A=A$

(5) $\alpha \mathbf{0}_{m\times n}=\mathbf{0}_{m\times n}$ (6) $0A=\mathbf{0}_{m\times n}$，其中 $0\in I\!R$.

證 (2) $(\alpha+\beta)A = (\alpha+\beta)[a_{ij}]_{m\times n} = [(\alpha+\beta)a_{ij}]_{m\times n} = [\alpha a_{ij}+\beta a_{ij}]_{m\times n}$
$= [\alpha a_{ij}]_{m\times n} + [\beta a_{ij}]_{m\times n} = \alpha[a_{ij}]_{m\times n} + \beta[a_{ij}]_{m\times n}$
$= \alpha A + \beta A$

(3) $(\alpha\beta)A = (\alpha\beta)[a_{ij}]_{m\times n} = [(\alpha\beta)a_{ij}]_{m\times n} = \alpha[\beta a_{ij}]_{m\times n} = \alpha(\beta A)$
$(\alpha\beta)A = (\alpha\beta)[a_{ij}]_{m\times n} = [(\alpha\beta)a_{ij}]_{m\times n} = [(\beta\alpha)a_{ij}]_{m\times n} = \beta[\alpha a_{ij}]_{m\times n} = \beta(\alpha A)$

故　　　　　　　　$(\alpha\beta)A = \alpha(\beta A) = \beta(\alpha A)$

【例題 3】 設 $A = \begin{bmatrix} -1 & 1 & 2 \\ 0 & 1 & -1 \end{bmatrix}$, $B = \begin{bmatrix} 3 & 1 & 0 \\ 0 & 1 & 0 \end{bmatrix}$, 試求一個 2×3 矩陣 X，使滿足 $A - 2B + 3X = 0$.

【解】 $3X = 2B - A = 2\begin{bmatrix} 3 & 1 & 0 \\ 0 & 1 & 0 \end{bmatrix} - \begin{bmatrix} -1 & 1 & 2 \\ 0 & 1 & -1 \end{bmatrix}$

$= \begin{bmatrix} 6 & 2 & 0 \\ 0 & 2 & 0 \end{bmatrix} - \begin{bmatrix} -1 & 1 & 2 \\ 0 & 1 & -1 \end{bmatrix}$

$= \begin{bmatrix} 7 & 1 & -2 \\ 0 & 1 & 1 \end{bmatrix}$

故　　$X = \dfrac{1}{3}\begin{bmatrix} 7 & 1 & -2 \\ 0 & 1 & 1 \end{bmatrix} = \begin{bmatrix} \dfrac{7}{3} & \dfrac{1}{3} & -\dfrac{2}{3} \\ 0 & \dfrac{1}{3} & \dfrac{1}{3} \end{bmatrix}$

矩陣的乘法

我們先定義 $1\times m$ 階列矩陣乘以 $m\times 1$ 階行矩陣之積. 令

$$A = [a_{11}\quad a_{12}\quad a_{13}\ \cdots\ a_{1m}], \quad B = \begin{bmatrix} b_{11} \\ b_{21} \\ b_{31} \\ \vdots \\ b_{m1} \end{bmatrix}$$

則 A 乘以 B，記為 AB，為一個 1×1 階的矩陣，如下式：

$$AB = [a_{11} \quad a_{12} \quad a_{13} \quad \cdots \quad a_{1m}] \begin{bmatrix} b_{11} \\ b_{21} \\ b_{31} \\ \vdots \\ b_{m1} \end{bmatrix}$$

$$= [a_{11}b_{11} + a_{12}b_{21} + a_{13}b_{31} + \cdots + a_{1m}b_{m1}]_{1 \times 1}$$

$$= \left[\sum_{p=1}^{m} a_{1p} b_{p1} \right]_{1 \times 1}$$

現在我們可將上式列矩陣與行矩陣之乘法，推廣至矩陣 A 與矩陣 B 相乘. 若 A 為一 $m \times n$ 階矩陣，且 B 為一 $n \times l$ 階矩陣，則乘積 AB 為一 $m \times l$ 階矩陣，而 AB 的第 i 列第 j 行的元素為單獨提出 A 的第 i 列及 B 的第 j 行，將列與行相對應元素相乘然後再將其各乘積相加.

定義 2-2-4

若 $A = [a_{ij}]_{m \times n}$，$B = [b_{jk}]_{n \times l}$，則定義矩陣 A 與 B 的乘積為 $AB = C = [c_{ik}]_{m \times l}$，其中

$$c_{ik} = \sum_{j=1}^{n} a_{ij} b_{jk}$$

$i = 1, 2, \cdots, m$；$j = 1, 2, \cdots, n$；$k = 1, 2, \cdots, l$

第 i 列 $\rightarrow$
$$\begin{bmatrix} a_{11} & a_{12} & \cdots & a_{1n} \\ \vdots & \vdots & & \vdots \\ a_{i1} & a_{i2} & \cdots & a_{in} \\ \vdots & \vdots & & \vdots \\ a_{m1} & a_{m2} & \cdots & a_{mn} \end{bmatrix} \begin{bmatrix} b_{11} & \cdots & b_{1k} & \cdots & b_{1l} \\ b_{21} & \cdots & b_{2k} & \cdots & b_{2l} \\ \vdots & & \vdots & & \vdots \\ b_{n1} & \cdots & b_{nk} & \cdots & b_{nl} \end{bmatrix} = \begin{bmatrix} c_{ik} \end{bmatrix}_{m \times l}$$

第 k 行

註：1. A 的行數須與 B 的列數相等始可相乘，否則 AB 無意義.
　　2. 若 A 是 $m \times n$ 矩陣，B 是 $n \times l$ 矩陣，則 AB 是 $m \times l$ 矩陣.

【例題 4】　假設 A 為 3×4 階矩陣，B 為 4×7 階矩陣，且 C 為 7×3 階矩陣. 則 AB 為可定義且為 3×7 階矩陣，CA 亦為可定義且為 7×4 階矩陣，BC 亦為可定義且為 4×3 階矩陣，但乘積 AC、CB 及 BA 卻皆無意義.

【例題 5】　若 $A = \begin{bmatrix} 1 & 3 \\ 2 & 4 \end{bmatrix}$，$B = \begin{bmatrix} -1 & 23 & 5 \\ 2 & 1 & -7 \end{bmatrix}$，試求 AB. 又 BA 是否可定義？

【解】　$AB = \begin{bmatrix} 1 & 3 \\ 2 & 4 \end{bmatrix} \begin{bmatrix} -1 & 23 & 5 \\ 2 & 1 & -7 \end{bmatrix}$

$= \begin{bmatrix} 1 \times (-1) + 3 \times 2 & 1 \times 23 + 3 \times 1 & 1 \times 5 + 3 \times (-7) \\ 2 \times (-1) + 4 \times 2 & 2 \times 23 + 4 \times 1 & 2 \times 5 + 4 \times (-7) \end{bmatrix}$

$= \begin{bmatrix} 5 & 26 & -16 \\ 6 & 50 & -18 \end{bmatrix}$

BA 無意義，因矩陣 B 的行數不等於矩陣 A 的列數.

【例題 6】　若 $A = \begin{bmatrix} 1 & 1 \\ 0 & 0 \end{bmatrix}$，$B = \begin{bmatrix} 1 & 1 \\ 1 & 0 \end{bmatrix}$，試求 AB 及 BA.

【解】　$AB = \begin{bmatrix} 1 & 1 \\ 0 & 0 \end{bmatrix} \begin{bmatrix} 1 & 1 \\ 1 & 0 \end{bmatrix} = \begin{bmatrix} 1 \times 1 + 1 \times 1 & 1 \times 1 + 1 \times 0 \\ 0 \times 1 + 0 \times 1 & 0 \times 1 + 0 \times 0 \end{bmatrix} = \begin{bmatrix} 2 & 1 \\ 0 & 0 \end{bmatrix}$

$BA = \begin{bmatrix} 1 & 1 \\ 1 & 0 \end{bmatrix} \begin{bmatrix} 1 & 1 \\ 0 & 0 \end{bmatrix} = \begin{bmatrix} 1 \times 1 + 1 \times 0 & 1 \times 1 + 1 \times 0 \\ 1 \times 1 + 0 \times 0 & 1 \times 1 + 0 \times 0 \end{bmatrix} = \begin{bmatrix} 1 & 1 \\ 1 & 1 \end{bmatrix}$

【例題 7】　若 $A = \begin{bmatrix} 1 & 2 & 4 \\ -3 & 1 & 0 \\ 2 & -1 & 4 \end{bmatrix}$，$B = \begin{bmatrix} 1 & -1 & 1 \\ -2 & 1 & 1 \\ 1 & 2 & -3 \end{bmatrix}$，試求 AB.

【解】　$AB = \begin{bmatrix} 1 & 2 & 4 \\ -3 & 1 & 0 \\ 2 & -1 & 4 \end{bmatrix} \begin{bmatrix} 1 & -1 & 1 \\ -2 & 1 & 1 \\ 1 & 2 & -3 \end{bmatrix}$

$$= \begin{bmatrix} 1\times1+2\times(-2)+4\times1 & 1\times(-1)+2\times1+4\times2 & 1\times1+2\times1+4\times(-3) \\ (-3)\times1+1\times(-2)+0\times1 & (-3)\times(-1)+1\times1+0\times2 & (-3)\times1+1\times1+0\times(-3) \\ 2\times1+(-1)\times(-2)+4\times1 & 2\times(-1)+(-1)\times1+4\times2 & 2\times1+(-1)\times1+4\times(-3) \end{bmatrix}$$

$$= \begin{bmatrix} 1 & 9 & -9 \\ -5 & 4 & -2 \\ 8 & 5 & -11 \end{bmatrix}$$

定理 2-2-3

設 A、B、C 為三個矩陣，且其加法與乘法的運算皆有意義，則下列的性質成立．

(1) $(AB)C = A(BC)$ （結合律）

(2) $A(B+C) = AB + AC$ （分配律）

(3) $(A+B)C = AC + BC$

(4) $\alpha(AB) = (\alpha A)B = A(\alpha B)$，$\alpha$ 為任意數．

(5) 若 A 是 $m \times n$ 矩陣，則 $AI_n = I_m A = A$．

證 (2) 設 $A = [a_{ij}]_{m \times n}$，$B = [b_{ij}]_{n \times r}$，$C = [c_{ij}]_{n \times r}$．

令 $D = A(B+C)$，$E = AB + AC$，則

$$d_{ij} = \sum_{k=1}^{n} a_{ik}(b_{kj} + c_{kj})$$

$$e_{ij} = \sum_{k=1}^{n} a_{ik} b_{kj} + \sum_{k=1}^{n} a_{ik} c_{kj}$$

但

$$\sum_{k=1}^{n} a_{ik}(b_{kj} + c_{kj}) = \sum_{k=1}^{n} a_{ik} b_{kj} + \sum_{k=1}^{n} a_{ik} c_{kj}$$

可知 $d_{ij} = e_{ij}$．因此，$A(B+C) = AB + AC$．

【例題 8】 若 $A=\begin{bmatrix} 1 & 3 & 5 \\ 2 & 4 & 6 \end{bmatrix}$, $B=\begin{bmatrix} 0 & 1 & 1 & 1 \\ 1 & 0 & 1 & 1 \\ 2 & 0 & 1 & -1 \end{bmatrix}$, $C=\begin{bmatrix} 5 \\ 7 \\ 4 \\ 2 \end{bmatrix}$,

試證 $(AB)C = A(BC)$.

【解】 (i) $(AB)C = \left(\begin{bmatrix} 1 & 3 & 5 \\ 2 & 4 & 6 \end{bmatrix} \begin{bmatrix} 0 & 1 & 1 & 1 \\ 1 & 0 & 1 & 1 \\ 2 & 0 & 1 & -1 \end{bmatrix} \right) \begin{bmatrix} 5 \\ 7 \\ 4 \\ 2 \end{bmatrix}$

$= \begin{bmatrix} 13 & 1 & 9 & -1 \\ 16 & 2 & 12 & 0 \end{bmatrix} \begin{bmatrix} 5 \\ 7 \\ 4 \\ 2 \end{bmatrix} = \begin{bmatrix} 106 \\ 142 \end{bmatrix}$

(ii) $A(BC) = \begin{bmatrix} 1 & 3 & 5 \\ 2 & 4 & 6 \end{bmatrix} \left(\begin{bmatrix} 0 & 1 & 1 & 1 \\ 1 & 0 & 1 & 1 \\ 2 & 0 & 1 & -1 \end{bmatrix} \begin{bmatrix} 5 \\ 7 \\ 4 \\ 2 \end{bmatrix} \right)$

$= \begin{bmatrix} 1 & 3 & 5 \\ 2 & 4 & 6 \end{bmatrix} \begin{bmatrix} 13 \\ 11 \\ 12 \end{bmatrix} = \begin{bmatrix} 106 \\ 142 \end{bmatrix}$

由 (i)、(ii) 知 $(AB)C = A(BC)$.

方陣之乘法性質與實數之乘法性質，有相似之處，亦有相異之處，以下將一一說明之．

1. 相似處

(1) 若 A、B 與 C 均為 n 階方陣，則

$$(AB)C = A(BC) = ABC$$
$$A(B+C) = AB + AC$$
$$(A+B)C = AC + BC$$

(2) 對方陣 $A_{n \times n}$ 與單位方陣 I_n，

$$AI_n = I_n A = A$$

單位方陣在矩陣運算裡所扮演的角色就如同數值 1 在數值關係 $a \cdot 1 = 1 \cdot a = a$ 裡所扮演的一樣.

(3) 對方陣 $A_{n \times n}$ 與零方陣 $\mathbf{0}_{n \times n}$，

$$A\mathbf{0}_{n \times n} = \mathbf{0}_{n \times n} A = \mathbf{0}_{n \times n}$$

2. 相異處

(1) 對於任一異於 0 之實數 a，恰有一實數 $\dfrac{1}{a}$，使得 $a \times \dfrac{1}{a} = 1$；但對於任一 n 階方陣 $A \neq \mathbf{0}$，未必有一 n 階方陣 B，滿足 $AB = I_n$. 例如：

設 $A = \begin{bmatrix} 1 & 0 \\ -1 & 0 \end{bmatrix} \neq \mathbf{0}$, $B = \begin{bmatrix} b_{11} & b_{12} \\ b_{21} & b_{22} \end{bmatrix}$, $I_2 = \begin{bmatrix} 1 & 0 \\ 0 & 1 \end{bmatrix}$

若 $AB = I_2$，即 $\begin{bmatrix} 1 & 0 \\ -1 & 0 \end{bmatrix} \begin{bmatrix} b_{11} & b_{12} \\ b_{21} & b_{22} \end{bmatrix} = \begin{bmatrix} 1 & 0 \\ 0 & 1 \end{bmatrix}$

則 $\begin{bmatrix} b_{11} & b_{12} \\ -b_{11} & -b_{12} \end{bmatrix} = \begin{bmatrix} 1 & 0 \\ 0 & 1 \end{bmatrix}$

可知 $b_{11} = 1$，$b_{12} = 0$，$-b_{11} = 0$，$-b_{12} = 1$，此為不合理.

故對於方陣 A，不存在另一方陣 B，使 $AB = I_2$.

(2) 對於任意兩實數 a 與 b，$ab = ba$. 但對於任意兩 n 階方陣 A 及 B，$AB = BA$ 未必成立，如例題 6.

(3) 對於兩實數 a、b，若 $ab = 0$，則 $a = 0$ 或 $b = 0$. 但對於兩 n 階方陣 A 及 B，若 $AB = \mathbf{0}$，則 $A = \mathbf{0}$ 或 $B = \mathbf{0}$ 未必成立. 例如：

設 $A = \begin{bmatrix} 1 & 0 \\ 0 & 0 \end{bmatrix}$, $B = \begin{bmatrix} 0 & 0 \\ 1 & 0 \end{bmatrix}$

則 $AB = \begin{bmatrix} 1 & 0 \\ 0 & 0 \end{bmatrix} \begin{bmatrix} 0 & 0 \\ 1 & 0 \end{bmatrix} = \begin{bmatrix} 0 & 0 \\ 0 & 0 \end{bmatrix} = \mathbf{0}$

但 $A \neq 0$ 且 $B \neq 0$.

(4) 對於實數 a、b 與 c，若 $ab=ac$，且 $a \neq 0$，則 $b=c$. 但對於三個 n 階方陣 A、B、C，若 $AB=AC$，且 $A \neq 0$，則 $B=C$ 未必成立. 例如：

設 $$A=\begin{bmatrix} 0 & 1 \\ 0 & 2 \end{bmatrix}, B=\begin{bmatrix} 1 & 1 \\ 3 & 4 \end{bmatrix}, C=\begin{bmatrix} 2 & 5 \\ 3 & 4 \end{bmatrix}$$

此處 $$AB=AC=\begin{bmatrix} 3 & 4 \\ 6 & 8 \end{bmatrix}$$

雖然 $A \neq 0$，但欲從方程式 $AB=AC$ 之兩端消去 A 而得 $B=C$ 是錯誤的. 因此，對矩陣而言，消去律不成立.

(5) 若實數 a 滿足 $a^2=0$，則一定有 $a=0$. 但對於方陣 A，若 $A^2=0$，不一定有 $A=0$. 例如

設 $$A=\begin{bmatrix} 2 & 2 \\ -2 & -2 \end{bmatrix}$$

則 $$A^2=\begin{bmatrix} 2 & 2 \\ -2 & -2 \end{bmatrix}\begin{bmatrix} 2 & 2 \\ -2 & -2 \end{bmatrix}=\begin{bmatrix} 0 & 0 \\ 0 & 0 \end{bmatrix}=0$$

但是 $A \neq 0$.

方陣的乘冪

在實數系中，若 $a \in \mathbb{R}$，則

$$a \cdot a = a^2$$
$$a \cdot a \cdot a = a^3$$
$$\vdots$$
$$\underbrace{a \cdot a \cdot a \cdots a}_{n \text{ 個 } a} = a^n$$

又若 $a \neq 0$，則 $a^0=1$，仿此，若 A 為方陣，則我們將 A 的乘冪表成如下：

$$A^2=AA, \ A^3=A^2A, \ \cdots, \ A^n=A^{n-1}A$$

若 $A \neq 0$，則定義 $A^0=I$.

定義 2-2-5

若 A 為方陣，則對任意多項式函數 $f(x) = a_n x^n + \cdots + a_1 x + a_0$，定義 $f(A)$ 為

$$f(A) = a_n A^n + \cdots + a_1 A + a_0 I$$

若 $f(A) = 0$，則 A 稱為 $f(x)$ 的零位 (zero)。

【例題 9】 若 $A = \begin{bmatrix} 1 & 2 \\ 3 & -4 \end{bmatrix}$，則 $A^2 = \begin{bmatrix} 1 & 2 \\ 3 & -4 \end{bmatrix} \begin{bmatrix} 1 & 2 \\ 3 & -4 \end{bmatrix} = \begin{bmatrix} 7 & -6 \\ -9 & 22 \end{bmatrix}$。

若 $f(x) = 2x^2 - x + 3$，則

$$f(A) = 2 \begin{bmatrix} 7 & -6 \\ -9 & 22 \end{bmatrix} - \begin{bmatrix} 1 & 2 \\ 3 & -4 \end{bmatrix} + 3 \begin{bmatrix} 1 & 0 \\ 0 & 1 \end{bmatrix} = \begin{bmatrix} 16 & -14 \\ -21 & 51 \end{bmatrix}$$

若 $g(x) = x^2 + 3x - 10$，則

$$g(A) = \begin{bmatrix} 7 & -6 \\ -9 & 22 \end{bmatrix} + 3 \begin{bmatrix} 1 & 2 \\ 3 & -4 \end{bmatrix} - 10 \begin{bmatrix} 1 & 0 \\ 0 & 1 \end{bmatrix} = \begin{bmatrix} 0 & 0 \\ 0 & 0 \end{bmatrix}$$

故 A 為 $g(x)$ 的零位。

定理 2-2-4

若 A 為一方陣，且若 r 與 s 均為非負整數，則

(1) $A^{r+s} = (A^r)(A^s)$
(2) $(A^r)^s = A^{rs} = (A^s)^r$。

例如，$A^{4+6} = (A^4)(A^6) = A^{10}$，$(A^3)^2 = A^{(3)(2)} = (A^2)^3 = A^6$。但是，實數的指數律 $(ab)^n = a^n b^n$，在方陣之乘法中並不成立。事實上，如果 A 與 B 均為 n 階方陣，且 n 是大於或等於 2 的整數，一般而言，$(AB)^n \neq A^n B^n$。因此，方陣相乘之順序非常重要，縱然是最簡單的情形 $n = 2$，我們通常也會得知 $(AB)(AB) \neq (AA)(BB)$。

【例題 10】 令 $A=\begin{bmatrix} 2 & -4 \\ 1 & 3 \end{bmatrix}$, $B=\begin{bmatrix} 3 & 2 \\ -1 & 5 \end{bmatrix}$, 則

$$(AB)^2 = \begin{bmatrix} 10 & -16 \\ 0 & 17 \end{bmatrix}^2 = \begin{bmatrix} 100 & -432 \\ 0 & 289 \end{bmatrix}$$

然而, $A^2B^2 = \begin{bmatrix} 0 & -20 \\ 5 & 5 \end{bmatrix}\begin{bmatrix} 7 & 16 \\ -8 & 23 \end{bmatrix} = \begin{bmatrix} 160 & -460 \\ -5 & 195 \end{bmatrix}$

因此, 對方陣 A 與 B 而言, 我們有 $(AB)^2 \neq A^2B^2$.

轉置矩陣

【例題 11】 設 $A=\begin{bmatrix} 1 & -1 \\ 2 & 3 \end{bmatrix}$, $B=\begin{bmatrix} -1 & 3 \\ 4 & 2 \end{bmatrix}$, 試證

(1) $(A^T)^T = A$

(2) $(AB)^T = B^T A^T$

(3) $(A+B)^T = A^T + B^T$

【解】 (1) 因 $A^T = \begin{bmatrix} 1 & 2 \\ -1 & 3 \end{bmatrix}$, 故 $(A^T)^T = \begin{bmatrix} 1 & -1 \\ 2 & 3 \end{bmatrix} = A.$

(2) $AB = \begin{bmatrix} 1 & -1 \\ 2 & 3 \end{bmatrix}\begin{bmatrix} -1 & 3 \\ 4 & 2 \end{bmatrix} = \begin{bmatrix} -5 & 1 \\ 10 & 12 \end{bmatrix}$

$(AB)^T = \begin{bmatrix} -5 & 10 \\ 1 & 12 \end{bmatrix}$

又 $B^T A^T = \begin{bmatrix} -1 & 4 \\ 3 & 2 \end{bmatrix}\begin{bmatrix} 1 & 2 \\ -1 & 3 \end{bmatrix} = \begin{bmatrix} -5 & 10 \\ 1 & 12 \end{bmatrix}$

故 $(AB)^T = B^T A^T$

(3) $A+B = \begin{bmatrix} 1 & -1 \\ 2 & 3 \end{bmatrix} + \begin{bmatrix} -1 & 3 \\ 4 & 2 \end{bmatrix} = \begin{bmatrix} 0 & 2 \\ 6 & 5 \end{bmatrix}$, $(A+B)^T = \begin{bmatrix} 0 & 6 \\ 2 & 5 \end{bmatrix}$

又 $A^T + B^T = \begin{bmatrix} 1 & 2 \\ -1 & 3 \end{bmatrix} + \begin{bmatrix} -1 & 4 \\ 3 & 2 \end{bmatrix} = \begin{bmatrix} 0 & 6 \\ 2 & 5 \end{bmatrix}$

故 $(A+B)^T = A^T + B^T$

參考例題 11，我們有下面的定理.

定理 2-2-5　轉置的性質

假設 $A=[a_{ij}]$ 為 $m\times p$ 矩陣，$B=[b_{ij}]$ 為 $p\times n$ 矩陣，r 為實數，則
(1) $(A^T)^T=A$
(2) $(AB)^T=B^T A^T$
(3) $(rA)^T=rA^T$
(4) 若 A 與 B 皆為 $m\times p$ 矩陣，則 $(A+B)^T=A^T+B^T$.

證　我們將 (1)、(3)、(4) 留作習題，而只證明 (2). 因為 AB 為 $m\times n$ 矩陣，B^T 為 $n\times p$ 矩陣，且 A^T 為 $p\times m$ 矩陣，可知 $(AB)^T$ 與 $B^T A^T$ 皆為 $n\times m$ 矩陣，所以，我們只要證明 $(AB)^T$ 與 $B^T A^T$ 的第 i 列第 j 行之元素相等即可. 令 $(AB)^T$ 的第 i 列第 j 行之元素為 c_{ij}^T，則

$$\begin{aligned}c_{ij}^T &= c_{ji}=a_{j1}b_{1i}+a_{j2}b_{2i}+a_{j3}b_{3i}+\cdots+a_{jp}b_{pi}\\ &= a_{1j}^T b_{i1}^T+a_{2j}^T b_{i2}^T+a_{3j}^T b_{i3}^T+\cdots+a_{pj}^T b_{ip}^T\\ &= b_{i1}^T a_{1j}^T+b_{i2}^T a_{2j}^T+b_{i3}^T a_{3j}^T+\cdots+b_{ip}^T a_{pj}^T\end{aligned}$$

以上亦為 $B^T A^T$ 的第 i 列與第 j 行之元素，故得證.

定理 2-2-6

若 A 為一對稱方陣，則下列的性質成立.
(1) 若 α 為任意實數，則 αA 亦為對稱方陣.
(2) $AA^T=A^T A=A^2$，亦為對稱方陣.

定理 2-2-7

若 A 為一反對稱方陣，則下列的性質成立.
(1) 若 α 為任意實數，則 αA 亦為反對稱方陣.
(2) $AA^T=A^T A=-A^2$ 為對稱方陣，且 A^2 亦為對稱方陣.

【例題 12】　若 $A=[a_{ij}]_{n\times n}$，試證

(1) AA^T 與 A^TA 皆為對稱.

(2) $A+A^T$ 為對稱.

(3) $A-A^T$ 為反對稱.

【解】　(1) 因 $(AA^T)^T=(A^T)^T A^T=AA^T$，故 AA^T 為對稱.

因 $(A^TA)^T=A^T(A^T)^T=A^TA$，故 A^TA 為對稱.

(2) 因 $(A+A^T)^T=A^T+(A^T)^T=A^T+A=A+A^T$

故 $A+A^T$ 為對稱.

(3) 因 $(A-A^T)^T=A^T-(A^T)^T=A^T-A=-A+A^T=-(A-A^T)$

故 $A-A^T$ 為反對稱.

習題 2-2

1. 設 $\begin{bmatrix} 2x^2+1 & 3x+4y \\ 4x+y & y^2 \end{bmatrix} = \begin{bmatrix} 3x+15 & 2y \\ -2x-3y & 9 \end{bmatrix}$，試求 x 與 y.

2. 若 $A=\begin{bmatrix} 1 & 5 & 0 \\ 2 & 6 & 7 \end{bmatrix}$，$B=\begin{bmatrix} -1 & 4 & 2 \\ 1 & -3 & 8 \end{bmatrix}$，$C=\begin{bmatrix} -7 & -22 & -31 \\ -11 & 3 & 101 \end{bmatrix}$，試求一個 2×3 階矩陣 X，使其滿足 $2A+4X=2B+C$.

3. 試求下列各矩陣之積.

(1) $\begin{bmatrix} 1 & 2 \\ -3 & 1 \end{bmatrix}\begin{bmatrix} 2 & 3 \\ 1 & -2 \end{bmatrix}$

(2) $\begin{bmatrix} 1 & 2 & 4 \\ -3 & 1 & 0 \\ 2 & -1 & 4 \end{bmatrix}\begin{bmatrix} 1 & -1 & 1 \\ -2 & 1 & 1 \\ 1 & 2 & -3 \end{bmatrix}$

(3) $\begin{bmatrix} 3 & 4 & -1 & 5 \\ -2 & 1 & 3 & 2 \\ 4 & 5 & 6 & 7 \end{bmatrix}\begin{bmatrix} 1 & 0 \\ 3 & 4 \\ -2 & 3 \\ -1 & 2 \end{bmatrix}$

4. 設 $A=\begin{bmatrix} 1 & -1 & 0 \\ 2 & 3 & 1 \\ 0 & 4 & 2 \end{bmatrix}$，$B=\begin{bmatrix} 0 & 2 & 1 \\ 1 & 0 & 3 \\ 4 & 1 & -1 \end{bmatrix}$，試問 A^2-B^2 與 $(A-B)(A+B)$ 是否相等？

5. 設 $A = B^T = \begin{bmatrix} 2 & -3 & 1 & 1 \\ -4 & 0 & 1 & 2 \\ -1 & 3 & 0 & 1 \end{bmatrix}$，試求 AB 與 BA.

6. 設 $A = \begin{bmatrix} 1 & -3 \\ 2 & 4 \end{bmatrix}$，$B = \begin{bmatrix} 5 & 6 \\ -3 & 4 \end{bmatrix}$，$C = \begin{bmatrix} 1 & 2 \\ 5 & 6 \end{bmatrix}$，試求 $(3A-4B)C$ 及 $3AC-4BC$.

兩者是否相等？

7. 令 $A = \begin{bmatrix} 2 & -1 & 3 \\ 0 & 4 & 5 \\ -2 & 1 & 4 \end{bmatrix}$，$B = \begin{bmatrix} 8 & -3 & -5 \\ 0 & 1 & 2 \\ 4 & -7 & 6 \end{bmatrix}$，$C = \begin{bmatrix} 0 & -2 & 3 \\ 1 & 7 & 4 \\ 3 & 5 & 9 \end{bmatrix}$，試證：

(1) $(A+B)^T = A^T + B^T$.

(2) $(AB)^T = B^T A^T$.

8. 試解下列矩陣方程式中的 X.

$$X \begin{bmatrix} 1 & -1 & 2 \\ 3 & 0 & 1 \end{bmatrix} = \begin{bmatrix} -5 & -1 & 0 \\ 6 & -3 & 7 \end{bmatrix}$$

9. 設 $A = \begin{bmatrix} \cos\theta & \sin\theta \\ -\sin\theta & \cos\theta \end{bmatrix}$，$\theta = \dfrac{\pi}{3}$，求 A^2 與 A^3.

10. 設 A、B 是對稱方陣，

(1) 試證 $A+B$ 為對稱.

(2) 試證 $AB = BA \Leftrightarrow AB$ 為對稱.

11. 若 $A = \begin{bmatrix} 1 & -1 \\ 0 & 1 \end{bmatrix}$，$B = \begin{bmatrix} 1 & 2 \\ 1 & 1 \end{bmatrix}$，試驗證下面二式：

(1) $(A+B)^2 \neq A^2 + 2AB + B^2$

(2) $(A+B)(A-B) \neq A^2 - B^2$

12. 設 $a \neq 0$，$A = \begin{bmatrix} 0 & a \\ \dfrac{1}{a} & 0 \end{bmatrix}$，試求 A^2、A^3、A^4、A^5 與 A^6.

13. 設 A、B 均為 n 階方陣，則 $(AB)^2 = A^2 B^2$ 恆成立嗎？試驗證你的答案.

14. 若 $AB = BA$，且 n 為非負整數，試證 $(AB)^n = A^n B^n$.

15. 試證 $\begin{bmatrix} \lambda & 1 \\ 0 & \lambda \end{bmatrix}^n = \begin{bmatrix} \lambda^n & n\lambda^{n-1} \\ 0 & \lambda^n \end{bmatrix}$.

16. 設 A 為 n 階方陣，試證：

    (1) $\dfrac{1}{2}(A + A^T)$ 為對稱方陣.

    (2) $\dfrac{1}{2}(A - A^T)$ 為反對稱方陣.

    (3) A 可以表為一對稱方陣與一反對稱方陣的和.

17. 若 $A = \begin{bmatrix} 1 & 2 & 3 \\ -1 & 4 & 1 \\ 2 & 5 & 6 \end{bmatrix}$，試驗證第 16 題中的 (1)、(2) 與 (3).

18. 令 $A = \begin{bmatrix} 1 & 2 \\ 4 & -3 \end{bmatrix}$.

    (1) 試求 A^2 與 A^3.

    (2) 若 $f(x) = 2x^3 - 4x + 5$，試求 $f(A)$.

19. 令 $A = \begin{bmatrix} 1 & 2 \\ 0 & 1 \end{bmatrix}$，試求 A^n.

20. 方陣 $A = [a_{ij}]_{n \times n}$ 的跡數 (trace)，記為 $\operatorname{tr}(A)$，定義為其對角線上所有元素的和，即 $\operatorname{tr}(A) = a_{11} + a_{22} + \cdots + a_{nn}$. 試證：若 A 與 B 皆為 n 階方陣，則 $\operatorname{tr}(AB) = \operatorname{tr}(BA)$.

2-3 逆方陣

對於每一個不等於零的數均會存在一乘法反元素，但是在矩陣之運算中，對於一非零方陣是否會存在另一方陣，而使得此兩方陣相乘為單位方陣呢？這就產生了逆方陣的觀念了. 我們看下面的定義.

定義 2-3-1

若 $A=[a_{ij}]_{n \times n}$，並存在另一方陣 $B=[b_{ij}]_{n \times n}$，使得 $AB=BA=I_n$ 時，則稱 B 為 A 的逆方陣或反方陣 (inverse matrix)，此時，A 稱為可逆方陣 (invertiable matrix) 或非奇異方陣，通常以 A^{-1} 表示 A 的逆方陣．反之，若不存在這樣的方陣 B，則稱 A 為奇異方陣 (singular matrix)．

【例題 1】 方陣 $A=\begin{bmatrix} 1 & 2 \\ 4 & 9 \end{bmatrix}$ 的逆方陣為 $B=\begin{bmatrix} 9 & -2 \\ -4 & 1 \end{bmatrix}$，因為

$$AB=\begin{bmatrix} 1 & 2 \\ 4 & 9 \end{bmatrix}\begin{bmatrix} 9 & -2 \\ -4 & 1 \end{bmatrix}=\begin{bmatrix} 1 & 0 \\ 0 & 1 \end{bmatrix}=I_2$$

$$BA=\begin{bmatrix} 9 & -2 \\ -4 & 1 \end{bmatrix}\begin{bmatrix} 1 & 2 \\ 4 & 9 \end{bmatrix}=\begin{bmatrix} 1 & 0 \\ 0 & 1 \end{bmatrix}=I_2$$

【例題 2】 若 $A=\begin{bmatrix} 1 & 2 \\ 3 & 4 \end{bmatrix}$，則 A 的逆方陣是否存在？

【解】 為了求 A 的逆方陣，我們設其逆方陣為

$$A^{-1}=\begin{bmatrix} a & b \\ c & d \end{bmatrix}$$

可得 $$AA^{-1}=\begin{bmatrix} 1 & 2 \\ 3 & 4 \end{bmatrix}\begin{bmatrix} a & b \\ c & d \end{bmatrix}=\begin{bmatrix} 1 & 0 \\ 0 & 1 \end{bmatrix}$$

所以 $$\begin{bmatrix} a+2c & b+2d \\ 3a+4c & 3b+4d \end{bmatrix}=\begin{bmatrix} 1 & 0 \\ 0 & 1 \end{bmatrix}$$

上式等號兩端的方陣相等，故其對應元素應相等，可得下列方程組：

$$\begin{cases} a+2c=1 \\ 3a+4c=0 \end{cases} \quad 與 \quad \begin{cases} b+2d=0 \\ 3b+4d=1 \end{cases}$$

解上面方程組，可得 $a=-2$, $c=\dfrac{3}{2}$, $b=1$, $d=-\dfrac{1}{2}$.
又因為方陣

$$\begin{bmatrix} a & b \\ c & d \end{bmatrix} = \begin{bmatrix} -2 & 1 \\ \dfrac{3}{2} & -\dfrac{1}{2} \end{bmatrix}$$

亦滿足下列性質

$$\begin{bmatrix} -2 & 1 \\ \dfrac{3}{2} & -\dfrac{1}{2} \end{bmatrix} \begin{bmatrix} 1 & 2 \\ 3 & 4 \end{bmatrix} = \begin{bmatrix} 1 & 0 \\ 0 & 1 \end{bmatrix}$$

因此 A 為非奇異方陣，而

$$A^{-1} = \begin{bmatrix} -2 & 1 \\ \dfrac{3}{2} & -\dfrac{1}{2} \end{bmatrix}$$

一般而言，對方陣 $A = \begin{bmatrix} a & b \\ c & d \end{bmatrix}$，若 $ad-bc \neq 0$，則

$$A^{-1} = \dfrac{1}{ad-bc} \begin{bmatrix} d & -b \\ -c & a \end{bmatrix} = \begin{bmatrix} \dfrac{d}{ad-bc} & -\dfrac{b}{ad-bc} \\ -\dfrac{c}{ad-bc} & \dfrac{a}{ad-bc} \end{bmatrix} \tag{2-3-1}$$

讀者要特別注意，並非每一個方陣皆有逆方陣，例如，

$$A = \begin{bmatrix} 1 & 3 \\ 2 & 6 \end{bmatrix}$$

就沒有逆方陣，所以 A 是一奇異方陣．

定理 2-3-1

若 B 與 C 皆為 n 階方陣 A 的逆方陣，則 $B=C$.

證　因為 B 是 A 的逆方陣，故 $BA=I_n$. 等式的兩端各乘以 C，可得 $(BA)C=I_nC=C$. 但是，$(BA)C=B(AC)=BI_n=B$，所以 $C=B$.

定理 2-3-2

(1) 若 A 為 n 階非奇異方陣，則 A^{-1} 亦為非奇異方陣，且 $(A^{-1})^{-1}=A$.

(2) 若 c 為非零的實數，則 $(cA)^{-1}=\dfrac{1}{c}A^{-1}$.

(3) 若 A、B 皆為非奇異方陣，則 AB 亦為非奇異方陣，且 $(AB)^{-1}=B^{-1}A^{-1}$.

(4) $(A^n)^{-1}=(A^{-1})^n$

(5) 若 A 為非奇異方陣，則 A^T 亦為非奇異方陣，且 $(A^T)^{-1}=(A^{-1})^T$.

證　(3) 因為　　　$(AB)(B^{-1}A^{-1})=A(BB^{-1})A^{-1}=AI_nA^{-1}=AA^{-1}=I_n$

　　　　且　　　$(B^{-1}A^{-1})(AB)=B^{-1}(A^{-1}A)B=B^{-1}I_nB=B^{-1}B=I_n$

　　　故 AB 為非奇異方陣，

$$AB(B^{-1}A^{-1})=A(BB^{-1})A^{-1}=(AI_n)A^{-1}=AA^{-1}=I_n$$

　　　故　　　　$(AB)^{-1}=B^{-1}A^{-1}$

(5) 因為 $AA^{-1}=A^{-1}A=I_n$，取其轉置，可得

$$(AA^{-1})^T=(A^{-1}A)^T=I_n^T=I_n$$

$$(A^{-1})^TA^T=A^T(A^{-1})^T=I_n$$

　　　故　　　　$(A^T)^{-1}=(A^{-1})^T$

推論：若 A_1、A_2、A_3、$\cdots$、A_n 皆為 n 階非奇異方陣，則 $A_1A_2A_3\cdots A_n$ 亦是非奇異的，且

$$(A_1A_2A_3\cdots A_n)^{-1}=A_n^{-1}A_{n-1}^{-1}\cdots A_3^{-1}A_2^{-1}A_1^{-1} \tag{2-3-2}$$

【例題 3】 若 $A^{-1}=\begin{bmatrix} 2 & 3 \\ 1 & 4 \end{bmatrix}$，試求 A.

【解】 利用式 (2-3-1)，知

$$(A^{-1})^{-1}=A=\frac{1}{2\times 4-1\times 3}\begin{bmatrix} 4 & -3 \\ -1 & 2 \end{bmatrix}=\frac{1}{5}\begin{bmatrix} 4 & -3 \\ -1 & 2 \end{bmatrix}$$

$$=\begin{bmatrix} \dfrac{4}{5} & -\dfrac{3}{5} \\ -\dfrac{1}{5} & \dfrac{2}{5} \end{bmatrix}$$

【例題 4】 若 $A^{-1}=\begin{bmatrix} 1 & 2 & -1 \\ 3 & 4 & 2 \\ 0 & 1 & -2 \end{bmatrix}$, $B^{-1}=\begin{bmatrix} 0 & 1 & 1 \\ 1 & 0 & 1 \\ -2 & 3 & 2 \end{bmatrix}$，試求 $(AB)^{-1}$.

【解】 $(AB)^{-1}=B^{-1}\cdot A^{-1}=\begin{bmatrix} 0 & 1 & 1 \\ 1 & 0 & 1 \\ -2 & 3 & 2 \end{bmatrix}\begin{bmatrix} 1 & 2 & -1 \\ 3 & 4 & 2 \\ 0 & 1 & -2 \end{bmatrix}=\begin{bmatrix} 3 & 5 & 0 \\ 1 & 3 & -3 \\ 7 & 10 & 4 \end{bmatrix}$

【例題 5】 若 $A=\begin{bmatrix} -3 & 3 \\ 1 & -2 \end{bmatrix}$，試證明 $(A^T)^{-1}=(A^{-1})^T$.

【解】 先求 A^{-1}，利用式 (2-3-1)，得

$$A^{-1}=\begin{bmatrix} -\dfrac{2}{3} & -1 \\ -\dfrac{1}{3} & -1 \end{bmatrix},\ (A^{-1})^T=\begin{bmatrix} -\dfrac{2}{3} & -\dfrac{1}{3} \\ -1 & -1 \end{bmatrix}$$

又 $A^T=\begin{bmatrix} -3 & 1 \\ 3 & -2 \end{bmatrix}$

$$A^T(A^{-1})^T = \begin{bmatrix} -3 & 1 \\ 3 & -2 \end{bmatrix} \begin{bmatrix} -\dfrac{2}{3} & -\dfrac{1}{3} \\ -1 & -1 \end{bmatrix} = \begin{bmatrix} 1 & 0 \\ 0 & 1 \end{bmatrix}$$

$$(A^{-1})^T A^T = \begin{bmatrix} -\dfrac{2}{3} & -\dfrac{1}{3} \\ -1 & -1 \end{bmatrix} \begin{bmatrix} -3 & 1 \\ 3 & -2 \end{bmatrix} = \begin{bmatrix} 1 & 0 \\ 0 & 1 \end{bmatrix}$$

故得 $\quad (A^T)^{-1} = (A^{-1})^T$

【例題 6】 若 $A^{-1} = \begin{bmatrix} 1 & 2 & 0 \\ 0 & 1 & 0 \\ 3 & 1 & -1 \end{bmatrix}$ 與 $B = \begin{bmatrix} 2 \\ 1 \\ 3 \end{bmatrix}$，試解 $AX = B$ 之 X.

【解】 因 A^{-1} 存在，故 $AX = B$ 可得 $(A^{-1})AX = A^{-1}B$，則

$$X = A^{-1}B$$

所以 $\quad X = \begin{bmatrix} 1 & 2 & 0 \\ 0 & 1 & 0 \\ 3 & 1 & -1 \end{bmatrix} \begin{bmatrix} 2 \\ 1 \\ 3 \end{bmatrix} = \begin{bmatrix} 4 \\ 1 \\ 4 \end{bmatrix}$

【例題 7】 若 A、B、C 皆為 n 階非奇異方陣，試證

$$(ABC)^{-1} = C^{-1}B^{-1}A^{-1}$$

【解】 因 $(ABC) \cdot (C^{-1}B^{-1}A^{-1}) = AB(CC^{-1})B^{-1}A^{-1} = AB \cdot I_n \cdot B^{-1}A^{-1}$
$\qquad\qquad\qquad\qquad = A(BB^{-1})A^{-1} = AI_nA^{-1} = AA^{-1}$
$\qquad\qquad\qquad\qquad = I_n$

同理，$(C^{-1}B^{-1}A^{-1}) \cdot (ABC) = C^{-1}B^{-1}(A^{-1}A)BC = C^{-1}B^{-1}I_nBC$
$\qquad\qquad\qquad\qquad = C^{-1}(B^{-1}B)C = C^{-1}I_nC$
$\qquad\qquad\qquad\qquad = I_n$

故 $\qquad\qquad (ABC)^{-1} = C^{-1}B^{-1}A^{-1}$

習題 2-3

1. 試問下列方陣是否可逆？若為可逆，求其逆方陣.

    (1) $A=\begin{bmatrix} 3 & 1 \\ 6 & 2 \end{bmatrix}$ 　　(2) $B=\begin{bmatrix} 3 & -2 \\ 1 & 1 \end{bmatrix}$ 　　(3) $C=\begin{bmatrix} -3 & 2 \\ 4 & 1 \end{bmatrix}$

2. 試求 $A=\begin{bmatrix} \cos\theta & \sin\theta \\ -\sin\theta & \cos\theta \end{bmatrix}$ 的逆方陣.

3. 若 A 為一可逆方陣，且 $7A$ 的逆方陣為 $\begin{bmatrix} -3 & 7 \\ 1 & -2 \end{bmatrix}$，試求 A.

4. 若 A 與 B 皆為 n 階方陣，則下列關係是否成立？

    (1) $(A+B)^{-1}=A^{-1}+B^{-1}$

    (2) $(cA)^{-1}=\dfrac{1}{c}A^{-1}$ 　　$(c\neq 0)$

5. 試求 A 使得 $(4A^T)^{-1}=\begin{bmatrix} 2 & 3 \\ -4 & -4 \end{bmatrix}$.

6. 試求 x 使得 $\begin{bmatrix} 2x & 7 \\ 1 & 2 \end{bmatrix}^{-1}=\begin{bmatrix} 2 & -7 \\ -1 & 4 \end{bmatrix}$.

7. 設 A 為 n 階方陣，試證若 $A^5=0_{n\times n}$，則
$$(I_n-A)^{-1}=I_n+A+A^2+A^3+A^4$$

8. 若 A 與 B 皆為 n 階方陣，且 $AB=0_{n\times n}$，若 B 為非奇異的，試求 A.

9. 若 A 為非奇異且為反對稱矩陣，試證 A^{-1} 為反對稱矩陣.

10. 若 $A=\begin{bmatrix} 1 & 3 \\ 2 & 7 \end{bmatrix}$，試求 $(A^T)^{-1}$、$(A^{-1})^T$ 與 A^{-1} 之關係為何？

11. 若 $A^3=\begin{bmatrix} 1 & 1 \\ -5 & -2 \end{bmatrix}$，試求 $(2A)^{-3}$.

2-4 矩陣的基本列運算；簡約列梯陣

矩陣的基本列運算可求得一方陣的逆方陣，而簡約列梯陣又可用來解線性方程組. 首先我們先介紹三種基本列變換.

1. 將矩陣 A 中的第 i 列與第 j 列互相對調，以 $R_i \leftrightarrow R_j$ 表示之，即

$$A = \begin{bmatrix} a_{11} & a_{12} & \cdots & a_{1n} \\ a_{21} & a_{22} & \cdots & a_{2n} \\ \vdots & \vdots & & \vdots \\ a_{i1} & a_{i2} & \cdots & a_{in} \\ \vdots & \vdots & & \vdots \\ a_{j1} & a_{j2} & \cdots & a_{jn} \\ \vdots & \vdots & & \vdots \\ a_{n1} & a_{n2} & \cdots & a_{nn} \end{bmatrix} \underset{R_i \leftrightarrow R_j}{\sim} \begin{bmatrix} a_{11} & a_{12} & \cdots & a_{1n} \\ a_{21} & a_{22} & \cdots & a_{2n} \\ \vdots & \vdots & & \vdots \\ a_{j1} & a_{j2} & \cdots & a_{jn} \\ \vdots & \vdots & & \vdots \\ a_{i1} & a_{i2} & \cdots & a_{in} \\ \vdots & \vdots & & \vdots \\ a_{n1} & a_{n2} & \cdots & a_{nn} \end{bmatrix}$$

2. 將矩陣 A 中的第 i 列乘上一非零常數 c，以 cR_i 表示之，即

$$A = \begin{bmatrix} a_{11} & a_{12} & \cdots & a_{1n} \\ a_{21} & a_{22} & \cdots & a_{2n} \\ \vdots & \vdots & & \vdots \\ a_{i1} & a_{i2} & \cdots & a_{in} \\ \vdots & \vdots & & \vdots \\ a_{n1} & a_{n2} & \cdots & a_{nn} \end{bmatrix} \underset{cR_i}{\sim} \begin{bmatrix} a_{11} & a_{12} & \cdots & a_{1n} \\ a_{21} & a_{22} & \cdots & a_{2n} \\ \vdots & \vdots & & \vdots \\ ca_{i1} & ca_{i2} & \cdots & ca_{in} \\ \vdots & \vdots & & \vdots \\ a_{n1} & a_{n2} & \cdots & a_{nn} \end{bmatrix}$$

3. 將矩陣 A 中的第 i 列乘上一非零常數 c，然後加在另一列，如第 j 列上. 以 $cR_i + R_j$ 表示之.

$$A = \begin{bmatrix} a_{11} & a_{12} & a_{13} & \cdots & a_{1n} \\ a_{21} & a_{22} & a_{23} & \cdots & a_{2n} \\ \vdots & \vdots & \vdots & & \vdots \\ a_{i1} & a_{i2} & a_{i3} & \cdots & a_{in} \\ \vdots & \vdots & \vdots & & \vdots \\ a_{j1} & a_{j2} & a_{j3} & \cdots & a_{jn} \\ \vdots & \vdots & \vdots & & \vdots \\ a_{n1} & a_{n2} & a_{n3} & \cdots & a_{nn} \end{bmatrix} \underset{cR_i + R_j}{\sim} \begin{bmatrix} a_{11} & a_{12} & a_{13} & \cdots & a_{1n} \\ a_{21} & a_{22} & a_{23} & \cdots & a_{2n} \\ \vdots & \vdots & \vdots & & \vdots \\ a_{i1} & a_{i2} & a_{i3} & \cdots & a_{in} \\ \vdots & \vdots & \vdots & & \vdots \\ ca_{i1}+a_{j1} & ca_{i2}+a_{j2} & ca_{i3}+a_{j3} & \cdots & ca_{in}+a_{jn} \\ \vdots & \vdots & \vdots & & \vdots \\ a_{n1} & a_{n2} & a_{n3} & \cdots & a_{nn} \end{bmatrix}$$

此種基本列運算只是將一矩陣變形為另一矩陣，使所得矩陣適合某一特殊形式．原矩陣與其所得矩陣並無相等關係．

定義 2-4-1

若 $m \times n$ 矩陣 A 經由有限次數的基本列運算後變成 $m \times n$ 矩陣 B，則稱矩陣 A 與 B 為列同義 (row equivalent)，可寫成 $A \sim B$．

【例題 1】 矩陣 $A = \begin{bmatrix} 1 & 2 & 4 & 3 \\ 2 & 1 & 3 & 2 \\ 1 & -1 & 2 & 3 \end{bmatrix}$ 列同義於 $D = \begin{bmatrix} 2 & 4 & 8 & 6 \\ 1 & -1 & 2 & 3 \\ 4 & -1 & 7 & 8 \end{bmatrix}$

因為 $A = \begin{bmatrix} 1 & 2 & 4 & 3 \\ 2 & 1 & 3 & 2 \\ 1 & -1 & 2 & 3 \end{bmatrix} \xrightarrow{2R_3 + R_2} \begin{bmatrix} 1 & 2 & 4 & 3 \\ 4 & -1 & 7 & 8 \\ 1 & -1 & 2 & 3 \end{bmatrix} \xrightarrow{R_2 \leftrightarrow R_3}$

$\begin{bmatrix} 1 & 2 & 4 & 3 \\ 1 & -1 & 2 & 3 \\ 4 & -1 & 7 & 8 \end{bmatrix} \xrightarrow{2R_1} \begin{bmatrix} 2 & 4 & 8 & 6 \\ 1 & -1 & 2 & 3 \\ 4 & -1 & 7 & 8 \end{bmatrix}$

定義 2-4-2

將單位方陣 I_n 經過基本列運算 $R_i \leftrightarrow R_j$，cR_i，$cR_i + R_j$ 後，可得下列三種基本矩陣 (elementary matrix)．

(1) 以 $E_i \leftrightarrow E_j$ 表示 I_n 中的第 i 列與第 j 列互相對調之後所產生的基本矩陣．

(2) 若 $c \neq 0$，以 cE_i 表示 I_n 中的第 i 列乘上常數 c 後所產生的基本矩陣．

(3) 若 $c \neq 0$，以 $cE_i + E_j$ 表示 I_n 中的第 i 列乘上常數 c 後，再加在第 j 列上所產生的基本矩陣．

例如，$\begin{bmatrix} 1 & 0 \\ 0 & -5 \end{bmatrix}$、$\begin{bmatrix} 1 & 0 & 0 & 0 \\ 0 & 0 & 0 & 1 \\ 0 & 0 & 1 & 0 \\ 0 & 1 & 0 & 0 \end{bmatrix}$、$\begin{bmatrix} 1 & 0 & 4 \\ 0 & 1 & 0 \\ 0 & 0 & 1 \end{bmatrix}$ 皆為基本矩陣.

$\Downarrow$ $\Downarrow$ $\Downarrow$

I_2 的第 2 列　　I_4 的第 2 列與　　I_3 的第 3 列乘上
乘上 -5　　　　第 4 列互調　　　　4 加到第 1 列

定理 2-4-1

若 $A = [a_{ij}]_{m \times n}$, $B = [b_{ij}]_{m \times n}$, $E_i \leftrightarrow E_j$, cE_i, $cE_i + E_j$ 為 $m \times m$ 基本矩陣，則

(1) $A \xrightarrow{R_i \leftrightarrow R_j} B \Leftrightarrow B = (E_i \leftrightarrow E_j)A$

(2) $A \xrightarrow{cR_i} B \Leftrightarrow B = cE_i A$

(3) $A \xrightarrow{cR_i + R_j} B \Leftrightarrow B = (cE_i + E_j)A$

【例題 2】 考慮矩陣

$$A = \begin{bmatrix} 1 & 0 & 2 & 3 \\ 2 & -1 & 3 & 6 \\ 1 & 4 & 4 & 0 \end{bmatrix} \xrightarrow{3R_1 + R_3} B = \begin{bmatrix} 1 & 0 & 2 & 3 \\ 2 & -1 & 3 & 6 \\ 4 & 4 & 10 & 9 \end{bmatrix}$$

另一基本矩陣　　$E = \begin{bmatrix} 1 & 0 & 0 \\ 0 & 1 & 0 \\ 3 & 0 & 1 \end{bmatrix}$

則　　$EA = \begin{bmatrix} 1 & 0 & 0 \\ 0 & 1 & 0 \\ 3 & 0 & 1 \end{bmatrix} \begin{bmatrix} 1 & 0 & 2 & 3 \\ 2 & -1 & 3 & 6 \\ 1 & 4 & 4 & 0 \end{bmatrix} = B$

【例題 3】 若 $A = \begin{bmatrix} 1 & -1 & 2 \\ 2 & 0 & 1 \\ -3 & 4 & 5 \end{bmatrix}$，$B$ 為 A 經過基本列運算 $2R_1 + R_2$，$1R_2 + R_3$，

$1R_1 + R_3$ 後所求得的矩陣，則 B 為何？

【解】 $A=\begin{bmatrix} 1 & -1 & 2 \\ 2 & 0 & 1 \\ -3 & 4 & 5 \end{bmatrix} \xrightarrow{2R_1+R_2} \begin{bmatrix} 1 & -1 & 2 \\ 4 & -2 & 5 \\ -3 & 4 & 5 \end{bmatrix} \xrightarrow{1R_2+R_3}$

$\begin{bmatrix} 1 & -1 & 2 \\ 4 & -2 & 5 \\ 1 & 2 & 10 \end{bmatrix} \xrightarrow{1R_1+R_3} \begin{bmatrix} 1 & -1 & 2 \\ 4 & -2 & 5 \\ 2 & 1 & 12 \end{bmatrix}$

即 $B=\begin{bmatrix} 1 & -1 & 2 \\ 4 & -2 & 5 \\ 2 & 1 & 12 \end{bmatrix}$

【例題 4】 利用上面的例題，試求出基本矩陣 E_1、E_2、E_3，使得 $B=E_3E_2E_1A$.

【解】 $E_1=\begin{bmatrix} 1 & 0 & 0 \\ 2 & 1 & 0 \\ 0 & 0 & 1 \end{bmatrix}$, $E_2=\begin{bmatrix} 1 & 0 & 0 \\ 0 & 1 & 0 \\ 0 & 1 & 1 \end{bmatrix}$, $E_3=\begin{bmatrix} 1 & 0 & 0 \\ 0 & 1 & 0 \\ 1 & 0 & 1 \end{bmatrix}$

則 $E_3E_2E_1A = \begin{bmatrix} 1 & 0 & 0 \\ 0 & 1 & 0 \\ 1 & 0 & 1 \end{bmatrix}\begin{bmatrix} 1 & 0 & 0 \\ 0 & 1 & 0 \\ 0 & 1 & 1 \end{bmatrix}\begin{bmatrix} 1 & 0 & 0 \\ 2 & 1 & 0 \\ 0 & 0 & 1 \end{bmatrix}\begin{bmatrix} 1 & -1 & 2 \\ 2 & 0 & 1 \\ -3 & 4 & 5 \end{bmatrix}$

$= \begin{bmatrix} 1 & 0 & 0 \\ 0 & 1 & 0 \\ 1 & 0 & 1 \end{bmatrix}\begin{bmatrix} 1 & 0 & 0 \\ 0 & 1 & 0 \\ 0 & 1 & 1 \end{bmatrix}\begin{bmatrix} 1 & -1 & 2 \\ 4 & -2 & 5 \\ -3 & 4 & 5 \end{bmatrix}$

$= \begin{bmatrix} 1 & 0 & 0 \\ 0 & 1 & 0 \\ 1 & 0 & 1 \end{bmatrix}\begin{bmatrix} 1 & -1 & 2 \\ 4 & -2 & 5 \\ 1 & 2 & 10 \end{bmatrix}$

$= \begin{bmatrix} 1 & -1 & 2 \\ 4 & -2 & 5 \\ 2 & 1 & 12 \end{bmatrix} = B$

定理 2-4-2

每一基本矩陣皆是可逆矩陣，且

(1) $(E_i \leftrightarrow E_j)^{-1} = E_i \leftrightarrow E_j$

(2) $(cE_i)^{-1} = \dfrac{1}{c} E_i$

(3) $(cE_i + E_j)^{-1} = -cE_i + E_j$

由前一題知 $E_1^{-1} = \begin{bmatrix} 1 & 0 & 0 \\ -2 & 1 & 0 \\ 0 & 0 & 1 \end{bmatrix}$, $E_2^{-1} = \begin{bmatrix} 1 & 0 & 0 \\ 0 & 1 & 0 \\ 0 & -1 & 1 \end{bmatrix}$, $E_3^{-1} = \begin{bmatrix} 1 & 0 & 0 \\ 0 & 1 & 0 \\ -1 & 0 & 1 \end{bmatrix}$

分別為 E_1、E_2、E_3 的基本逆方陣，而

$$E_1^{-1} E_2^{-1} E_3^{-1} B = \begin{bmatrix} 1 & 0 & 0 \\ -2 & 1 & 0 \\ 0 & 0 & 1 \end{bmatrix} \begin{bmatrix} 1 & 0 & 0 \\ 0 & 1 & 0 \\ 0 & -1 & 1 \end{bmatrix} \begin{bmatrix} 1 & 0 & 0 \\ 0 & 1 & 0 \\ -1 & 0 & 1 \end{bmatrix} \begin{bmatrix} 1 & -1 & 2 \\ 4 & -2 & 5 \\ 2 & 1 & 12 \end{bmatrix}$$

$$= \begin{bmatrix} 1 & 0 & 0 \\ -2 & 1 & 0 \\ 0 & 0 & 1 \end{bmatrix} \begin{bmatrix} 1 & 0 & 0 \\ 0 & 1 & 0 \\ 0 & -1 & 1 \end{bmatrix} \begin{bmatrix} 1 & -1 & 2 \\ 4 & -2 & 5 \\ 1 & 2 & 10 \end{bmatrix}$$

$$= \begin{bmatrix} 1 & 0 & 0 \\ -2 & 1 & 0 \\ 0 & 0 & 1 \end{bmatrix} \begin{bmatrix} 1 & -1 & 2 \\ 4 & -2 & 5 \\ -3 & 4 & 5 \end{bmatrix}$$

$$= \begin{bmatrix} 1 & -1 & 2 \\ 2 & 0 & 1 \\ -3 & 4 & 5 \end{bmatrix} = A$$

故 $B \sim A$

由例題 4 之討論可推得下面的定理．

定理 2-4-3

若 A 與 B 均為 $m \times n$ 矩陣，則 B 與 A 列同義的充要條件為存在有限個 $m \times m$ 基本矩陣，E_1、E_2、E_3、…、E_l，使得

$$B = E_l E_{l-1} \cdots E_3 E_2 E_1 A$$

推論：若 $A \sim B$，則 $B \sim A$.

證 由上面定理可知，若 $A \sim B$，則存在有限個基本矩陣，E_1、E_2、E_3、…、E_l，使得 $B = E_l E_{l-1} \cdots E_1 A$。由定理 2-4-3 知 E_1^{-1}、E_2^{-1}、E_3^{-1}、…、E_l^{-1} 均存在且均是基本矩陣，故可得 $A = E_1^{-1} E_2^{-1} \cdots E_l^{-1} B$，此即表示 A 與 B 為列同義，即 $B \sim A$.

但讀者應注意，若 A 與 B 皆為 n 階方陣且 $A \sim B$，則 A 與 B 同時為可逆方陣或同時為不可逆方陣.

定理 2-4-4

n 階方陣 A 為可逆方陣的充要條件為 $A \sim I_n$.

由此定理得知，必存在有限個基本矩陣 E_1、E_2、…、E_l，使得

$$E_l E_{l-1} \cdots E_3 E_2 E_1 A = I_n \tag{2-4-1}$$

上式等號兩邊同乘以 A^{-1}，則得

$$E_l E_{l-1} \cdots E_3 E_2 E_1 I_n = I_n A^{-1} = A^{-1} \tag{2-4-2}$$

因為一矩陣乘上一基本矩陣就等於該矩陣施行一次基本列運算，故我們可利用下式將 I_n 化至 A：

$$E_1^{-1} E_2^{-1} \cdots E_{l-1}^{-1} E_l^{-1} I_n = A \tag{2-4-3}$$

由以上之討論，我們很容易了解，若想求一可逆方陣 A 的逆方陣 A^{-1}，我們只要做 $n \times 2n$ 矩陣 $[A \vdots I_n]$，然後利用矩陣的基本列運算將 $[A \vdots I_n]$ 化為 $[I_n \vdots B]$ 的形式，則 B 即為所求的逆方陣 A^{-1}.

【例題 5】 求 $A=\begin{bmatrix} 1 & -2 & 1 \\ -1 & 3 & 2 \\ 2 & -2 & 7 \end{bmatrix}$ 的逆方陣.

【解】 我們作 3×6 矩陣 $[A \vdots I_3]$，並將它化成 $[I_3 \vdots B]$.

$$\begin{bmatrix} 1 & -2 & 1 \vdots 1 & 0 & 0 \\ -1 & 3 & 2 \vdots 0 & 1 & 0 \\ 2 & -2 & 7 \vdots 0 & 0 & 1 \end{bmatrix} \xrightarrow{1R_1+R_2} \begin{bmatrix} 1 & -2 & 1 \vdots 1 & 0 & 0 \\ 0 & 1 & 3 \vdots 1 & 1 & 0 \\ 2 & -2 & 7 \vdots 0 & 0 & 1 \end{bmatrix} \xrightarrow{-2R_1+R_3}$$

$$\begin{bmatrix} 1 & -2 & 1 \vdots & 1 & 0 & 0 \\ 0 & 1 & 3 \vdots & 1 & 1 & 0 \\ 0 & 2 & 5 \vdots & -2 & 0 & 1 \end{bmatrix} \xrightarrow{-2R_2+R_3} \begin{bmatrix} 1 & -2 & 1 \vdots & 1 & 0 & 0 \\ 0 & 1 & 3 \vdots & 1 & 1 & 0 \\ 0 & 0 & -1 \vdots & -4 & -2 & 1 \end{bmatrix} \xrightarrow{2R_2+R_1}$$

$$\begin{bmatrix} 1 & 0 & 7 \vdots & 3 & 2 & 0 \\ 0 & 1 & 3 \vdots & 1 & 1 & 0 \\ 0 & 0 & -1 \vdots & -4 & -2 & 1 \end{bmatrix} \xrightarrow{-1R_3} \begin{bmatrix} 1 & 0 & 7 \vdots & 3 & 2 & 0 \\ 0 & 1 & 3 \vdots & 1 & 1 & 0 \\ 0 & 0 & 1 \vdots & 4 & 2 & -1 \end{bmatrix} \xrightarrow{-3R_3+R_2}$$

$$\begin{bmatrix} 1 & 0 & 7 \vdots & 3 & 2 & 0 \\ 0 & 1 & 0 \vdots & -11 & -5 & 3 \\ 0 & 0 & 1 \vdots & 4 & 2 & -1 \end{bmatrix} \xrightarrow{-7R_3+R_1} \begin{bmatrix} 1 & 0 & 0 \vdots & -25 & -12 & 7 \\ 0 & 1 & 0 \vdots & -11 & -5 & 3 \\ 0 & 0 & 1 \vdots & 4 & 2 & -1 \end{bmatrix}$$

故 $A^{-1}=\begin{bmatrix} -25 & -12 & 7 \\ -11 & -5 & 3 \\ 4 & 2 & -1 \end{bmatrix}$

下面我們再討論一種非常有用的矩陣形式，稱為**簡約列梯陣** (reduced row-echelon matrix).

定義 2-4-3

若一個矩陣滿足下列的性質，則稱為簡約列梯陣.
(1) 矩陣中全為 0 之所有的列 (如果有的話) 皆置於矩陣的底層.
(2) 非全為 0 的每一列中之第一個非 0 元素為 1，稱為此列的首項.
(3) 若第 i 列與第 $i+1$ 列是兩個非全為 0 的連續列，則第 $i+1$ 列之首項應置於第 i 列之首項之右方.
(4) 若一行含有某列的首項，則此行的其他元素皆為 0.

【例題6】 $\begin{bmatrix} 1 & 0 & 0 & 0 & 3 \\ 0 & 0 & 1 & 0 & 4 \\ 0 & 0 & 0 & 1 & 1 \end{bmatrix}$ 與 $\begin{bmatrix} 1 & 0 & 0 & -2 \\ 0 & 1 & 2 & 1 \\ 0 & 0 & 0 & 0 \end{bmatrix}$ 為簡約列梯陣，但

$\begin{bmatrix} 1 & 0 & 1 & -1 \\ 0 & 1 & -2 & 1 \\ 0 & 1 & 1 & 0 \\ 0 & 0 & 0 & 0 \end{bmatrix}$ 與 $\begin{bmatrix} 1 & 1 & 0 & 1 \\ 0 & 1 & 2 & -1 \\ 0 & 0 & 1 & 0 \end{bmatrix}$ 為非簡約列梯陣.

【例題7】 試將矩陣 $A = \begin{bmatrix} 0 & 0 & -2 & 0 & 7 & 12 \\ 2 & 4 & -10 & 6 & 12 & 28 \\ 2 & 4 & -5 & 6 & -5 & -1 \end{bmatrix}$ 化為簡約列梯陣.

【解】 $A = \begin{bmatrix} 0 & 0 & -2 & 0 & 7 & 12 \\ 2 & 4 & -10 & 6 & 12 & 28 \\ 2 & 4 & -5 & 6 & -5 & -1 \end{bmatrix} \underset{R_1 \leftrightarrow R_2}{\sim}$

$\begin{bmatrix} 2 & 4 & -10 & 6 & 12 & 28 \\ 0 & 0 & -2 & 0 & 7 & 12 \\ 2 & 4 & -5 & 6 & -5 & -1 \end{bmatrix} \underset{\frac{1}{2}R_1}{\sim}$

$\begin{bmatrix} 1 & 2 & -5 & 3 & 6 & 14 \\ 0 & 0 & -2 & 0 & 7 & 12 \\ 2 & 4 & -5 & 6 & -5 & -1 \end{bmatrix} \underset{-2R_1+R_3}{\sim}$

$\begin{bmatrix} 1 & 2 & -5 & 3 & 6 & 14 \\ 0 & 0 & -2 & 0 & 7 & 12 \\ 0 & 0 & 5 & 0 & -17 & -29 \end{bmatrix} \underset{-\frac{1}{2}R_2}{\sim}$

$\begin{bmatrix} 1 & 2 & -5 & 3 & 6 & 14 \\ 0 & 0 & 1 & 0 & -\dfrac{7}{2} & -6 \\ 0 & 0 & 5 & 0 & -17 & -29 \end{bmatrix} \underset{-5R_2+R_3}{\sim}$

$\begin{bmatrix} 1 & 2 & -5 & 3 & 6 & 14 \\ 0 & 0 & 1 & 0 & -\dfrac{7}{2} & -6 \\ 0 & 0 & 0 & 0 & \dfrac{1}{2} & 1 \end{bmatrix} \underset{2R_3}{\sim}$

$$\begin{bmatrix} 1 & 2 & -5 & 3 & 6 & 14 \\ 0 & 0 & 1 & 0 & -\dfrac{7}{2} & -6 \\ 0 & 0 & 0 & 0 & 1 & 2 \end{bmatrix} \underset{\sim}{\tfrac{7}{2}R_3 + R_2}$$

$$\begin{bmatrix} 1 & 2 & -5 & 3 & 6 & 14 \\ 0 & 0 & 1 & 0 & 0 & 1 \\ 0 & 0 & 0 & 0 & 1 & 2 \end{bmatrix} \underset{\sim}{-6R_3 + R_1}$$

$$\begin{bmatrix} 1 & 2 & -5 & 3 & 0 & 2 \\ 0 & 0 & 1 & 0 & 0 & 1 \\ 0 & 0 & 0 & 0 & 1 & 2 \end{bmatrix} \underset{\sim}{5R_2 + R_1}$$

$$\begin{bmatrix} 1 & 2 & 0 & 3 & 0 & 7 \\ 0 & 0 & 1 & 0 & 0 & 1 \\ 0 & 0 & 0 & 0 & 1 & 2 \end{bmatrix}$$

習題 2-4

1. 下列各矩陣是否為基本矩陣？

(1) $\begin{bmatrix} 1 & 0 \\ -9 & 1 \end{bmatrix}$
(2) $\begin{bmatrix} -8 & 1 \\ 1 & 0 \end{bmatrix}$
(3) $\begin{bmatrix} 1 & 0 & 0 \\ 0 & 0 & 1 \\ 0 & 1 & 0 \end{bmatrix}$

(4) $\begin{bmatrix} 1 & 0 & 0 \\ 0 & 1 & 7 \\ 0 & 0 & 1 \end{bmatrix}$
(5) $\begin{bmatrix} 3 & 0 & 0 & 3 \\ 0 & 1 & 0 & 0 \\ 0 & 0 & 1 & 0 \\ 0 & 0 & 0 & 1 \end{bmatrix}$

2. 試決定列運算以還原下面各基本矩陣為單位矩陣.

(1) $\begin{bmatrix} 1 & 0 \\ -7 & 1 \end{bmatrix}$
(2) $\begin{bmatrix} 1 & 0 & 0 \\ 0 & 1 & 0 \\ 0 & 0 & 6 \end{bmatrix}$

(3) $\begin{bmatrix} 0 & 0 & 0 & 1 \\ 0 & 1 & 0 & 0 \\ 1 & 0 & 0 & 0 \\ 0 & 0 & 1 & 0 \end{bmatrix}$ (4) $\begin{bmatrix} 1 & 0 & -\frac{1}{5} & 0 \\ 0 & 1 & 0 & 0 \\ 0 & 0 & 1 & 0 \\ 0 & 0 & 0 & 1 \end{bmatrix}$

3. 考慮下列的矩陣

$$A = \begin{bmatrix} 3 & 4 & 1 \\ 2 & -7 & -1 \\ 8 & 1 & 5 \end{bmatrix}, \quad B = \begin{bmatrix} 8 & 1 & 5 \\ 2 & -7 & -1 \\ 3 & 4 & 1 \end{bmatrix}, \quad C = \begin{bmatrix} 3 & 4 & 1 \\ 2 & -7 & -1 \\ 2 & -7 & 3 \end{bmatrix}$$

試求基本矩陣 E_1、E_2、E_3 與 E_4，使得

(1) $E_1 A = B$ (2) $E_2 B = A$ (3) $E_3 A = C$ (4) $E_4 C = A$

4. 試求下列方陣的逆方陣.

(1) $A = \begin{bmatrix} 1 & 3 \\ 2 & 7 \end{bmatrix}$ (2) $B = \begin{bmatrix} 3 & -2 & 1 \\ 1 & 4 & 3 \\ 0 & 2 & 2 \end{bmatrix}$

(3) $C = \begin{bmatrix} 1 & 2 & -1 \\ 0 & 1 & 1 \\ 1 & 0 & -1 \end{bmatrix}$ (4) $D = \begin{bmatrix} 1 & 0 & 1 & 0 \\ -1 & 1 & 1 & 0 \\ 0 & 1 & 0 & 1 \\ 1 & -1 & 1 & 0 \end{bmatrix}$

5. 下列的方陣是否可逆？若可逆，試求其逆方陣.

(1) $A = \begin{bmatrix} 1 & -1 & 3 \\ 1 & 2 & -3 \\ 2 & 1 & 0 \end{bmatrix}$ (2) $B = \begin{bmatrix} -3 & 1 & 1 & 1 \\ 1 & -3 & 1 & 1 \\ 1 & 1 & -3 & 1 \\ 1 & 1 & 1 & -3 \end{bmatrix}$

6. 下列各矩陣中，哪些為簡約列梯陣？

$$A = \begin{bmatrix} 1 & 0 & 0 & 0 & -3 \\ 0 & 0 & 1 & 0 & 4 \\ 0 & 0 & 0 & 1 & 2 \end{bmatrix}, \quad B = \begin{bmatrix} 1 & 0 & 0 & 0 & 2 \\ 0 & 0 & 1 & 0 & 0 \\ 0 & 0 & 0 & 1 & 3 \\ 0 & 0 & 0 & 0 & 0 \end{bmatrix},$$

$$C=\begin{bmatrix} 0 & 1 & 0 & 0 & 5 \\ 0 & 0 & 1 & 0 & -4 \\ 0 & 0 & 0 & -1 & 3 \end{bmatrix}, \quad D=\begin{bmatrix} 0 & 0 & 0 & 0 & 0 \\ 0 & 0 & 1 & 2 & -3 \\ 0 & 0 & 0 & 1 & 0 \\ 0 & 0 & 0 & 0 & 0 \end{bmatrix}$$

7. 若 $A=\begin{bmatrix} 0 & 0 & -1 & 2 & 3 \\ 0 & 2 & 3 & 4 & 5 \\ 0 & 1 & 3 & -1 & 2 \\ 0 & 3 & 2 & 4 & 1 \end{bmatrix}$，求出一簡約列梯陣 C 使其列同義於 A.

8. 試求出方陣 A 的逆方陣存在時之所有 a 值，若 $A=\begin{bmatrix} 1 & 1 & 0 \\ 1 & 0 & 0 \\ 1 & 2 & a \end{bmatrix}$，則 A^{-1} 為何？

2-5　線性方程組的解法

由 n 個未知數及 m 個線性方程式所組成之系統稱為線性系統 (linear system) 或聯立線性方程組，如下

$$\begin{cases} a_{11}x_1+a_{12}x_2+\cdots+a_{1n}x_n=b_1 \\ a_{21}x_1+a_{22}x_2+\cdots+a_{2n}x_n=b_2 \\ \vdots \quad\quad \vdots \quad\quad\quad \vdots \quad\quad \vdots \\ a_{m1}x_1+a_{m2}x_2+\cdots+a_{mn}x_n=b_m \end{cases} \tag{2-5-1}$$

(2-5-1) 式可以寫成下列之形式

$$AX=b \tag{2-5-2}$$

其中，$A=\begin{bmatrix} a_{11} & a_{12} & a_{13} & \cdots & a_{1n} \\ a_{21} & a_{22} & a_{23} & \cdots & a_{2n} \\ \vdots & \vdots & \vdots & & \vdots \\ a_{m1} & a_{m2} & a_{m3} & \cdots & a_{mn} \end{bmatrix}$，$X=[x_1 \ x_2 \ x_3 \cdots x_n]^T$ 為 $n\times 1$ 矩陣，而

$b=[b_1 \ b_2 \ b_3 \cdots b_m]^T$ 為 $m\times 1$ 矩陣，又

$$[A \vdots b] = \begin{bmatrix} a_{11} & a_{12} & a_{13} & \cdots & a_{1n} & \vdots & b_1 \\ a_{21} & a_{22} & a_{23} & \cdots & a_{2n} & \vdots & b_2 \\ \vdots & \vdots & \vdots & & \vdots & \vdots & \vdots \\ a_{m1} & a_{m2} & a_{m3} & \cdots & a_{mn} & \vdots & b_m \end{bmatrix} \tag{2-5-3}$$

稱為係數矩陣 A 的擴增矩陣 (augmented matrix).

首先，我們介紹一種高斯後代法 (Gauss backward-substitution) 化簡程序.

【例題 1】 試解線性方程組

$$\begin{cases} x_1 - x_2 + x_3 = 4 \\ 3x_1 + 2x_2 + x_3 = 2 \\ 4x_1 + 2x_2 + 2x_3 = 8 \end{cases}$$

【解】 聯立方程式的擴增矩陣為

$$\begin{bmatrix} 1 & -1 & 1 & \vdots & 4 \\ 3 & 2 & 1 & \vdots & 2 \\ 4 & 2 & 2 & \vdots & 8 \end{bmatrix} \xrightarrow{-3R_1+R_2} \begin{bmatrix} 1 & -1 & 1 & \vdots & 4 \\ 0 & 5 & -2 & \vdots & -10 \\ 4 & 2 & 2 & \vdots & 8 \end{bmatrix} \xrightarrow{-4R_1+R_3}$$

$$\begin{bmatrix} 1 & -1 & 1 & \vdots & 4 \\ 0 & 5 & -2 & \vdots & -10 \\ 0 & 6 & -2 & \vdots & -8 \end{bmatrix} \xrightarrow{-\frac{6}{5}R_2+R_3} \begin{bmatrix} 1 & -1 & 1 & \vdots & 4 \\ 0 & 5 & -2 & \vdots & -10 \\ 0 & 0 & \frac{2}{5} & \vdots & 4 \end{bmatrix}$$

$$\xrightarrow{\frac{1}{5}R_2} \begin{bmatrix} 1 & -1 & 1 & \vdots & 4 \\ 0 & 1 & -\frac{2}{5} & \vdots & -2 \\ 0 & 0 & \frac{2}{5} & \vdots & 4 \end{bmatrix}$$

至此，擴增矩陣所對應的方程組為

$$\begin{cases} x_1 - x_2 + x_3 = 4 & \cdots\cdots ① \\ x_2 - \dfrac{2}{5}x_3 = -2 & \cdots\cdots ② \\ \dfrac{2}{5}x_3 = 4 & \cdots\cdots ③ \end{cases}$$

故由 ③ 式解得 $x_3 = 10$，代入 ② 式可得 $x_2 = -2 + \dfrac{2}{5}x_3 = -2 + 4 = 2$，最後將 x_3 與 x_2 再代入 ① 式可得 $x_1 = 4 + x_2 - x_3 = 4 + 2 - 10 = -4$.

但讀者應注意由原係數矩陣的擴增矩陣經由有限次之基本列運算後，其係數矩陣列同義於一上三角矩陣，故由後代法依序解得 x_3、x_2 與 x_1 之值. 如果我們再繼續矩陣的基本列運算，使係數矩陣列同義於一單位矩陣，則可直接求得 x_1、x_2 與 x_3 之值，而不必去使用後代法的運算步驟，再繼續矩陣的基本列運算.

$$\begin{bmatrix} 1 & -1 & 1 & \vdots & 4 \\ 0 & 1 & -\dfrac{2}{5} & \vdots & -2 \\ 0 & 0 & \dfrac{2}{5} & \vdots & 4 \end{bmatrix} \xrightarrow{\frac{5}{2}R_3} \begin{bmatrix} 1 & -1 & 1 & \vdots & 4 \\ 0 & 1 & -\dfrac{2}{5} & \vdots & -2 \\ 0 & 0 & 1 & \vdots & 10 \end{bmatrix} \xrightarrow{1R_2 + R_1}$$

$$\begin{bmatrix} 1 & 0 & \dfrac{3}{5} & \vdots & 2 \\ 0 & 1 & -\dfrac{2}{5} & \vdots & -2 \\ 0 & 0 & 1 & \vdots & 10 \end{bmatrix} \xrightarrow{-\frac{3}{5}R_3 + R_1} \begin{bmatrix} 1 & 0 & 0 & \vdots & -4 \\ 0 & 1 & -\dfrac{2}{5} & \vdots & -2 \\ 0 & 0 & 1 & \vdots & 10 \end{bmatrix} \xrightarrow{\frac{2}{5}R_3 + R_2}$$

$$\begin{bmatrix} 1 & 0 & 0 & \vdots & -4 \\ 0 & 1 & 0 & \vdots & 2 \\ 0 & 0 & 1 & \vdots & 10 \end{bmatrix}$$

即 $\begin{bmatrix} 1 & -1 & 1 & \vdots & 4 \\ 3 & 2 & 1 & \vdots & 2 \\ 4 & 2 & 2 & \vdots & 8 \end{bmatrix}$ 與 $\begin{bmatrix} 1 & 0 & 0 & \vdots & -4 \\ 0 & 1 & 0 & \vdots & 2 \\ 0 & 0 & 1 & \vdots & 10 \end{bmatrix}$ 為列同義矩陣.

矩陣 $\begin{bmatrix} 1 & 0 & 0 & \vdots & -4 \\ 0 & 1 & 0 & \vdots & 2 \\ 0 & 0 & 1 & \vdots & 10 \end{bmatrix}$ 所表示的就是方程組 $\begin{cases} 1x_1+0x_2+0x_3=-4 \\ 0x_1+1x_2+0x_3=2 \\ 0x_1+0x_2+1x_3=10 \end{cases}$ 的係數

因此，方程組的解為 $\begin{cases} x_1=-4 \\ x_2=2 \\ x_3=10 \end{cases}$

此方法稱為高斯-約旦消去法 (Gauss-Jordan elimination)。

【例題 2】 試解線性方程組

$$\begin{cases} 6x_1-4x_2=-2 \\ -4x_1+8x_2-3x_3=0 \\ -3x_2+7x_3=4 \end{cases}$$

【解】 聯立方程式的擴增矩陣為

$$\begin{bmatrix} 6 & -4 & 0 & \vdots & -2 \\ -4 & 8 & -3 & \vdots & 0 \\ 0 & -3 & 7 & \vdots & 4 \end{bmatrix} \xrightarrow{\frac{1}{6}R_1} \begin{bmatrix} 1 & -\frac{2}{3} & 0 & \vdots & -\frac{1}{3} \\ -4 & 8 & -3 & \vdots & 0 \\ 0 & -3 & 7 & \vdots & 4 \end{bmatrix} \xrightarrow{4R_1+R_2}$$

$$\begin{bmatrix} 1 & -\frac{2}{3} & 0 & \vdots & -\frac{1}{3} \\ 0 & \frac{16}{3} & -3 & \vdots & -\frac{4}{3} \\ 0 & -3 & 7 & \vdots & 4 \end{bmatrix} \xrightarrow{-\frac{2}{9}R_3+R_1} \begin{bmatrix} 1 & 0 & -\frac{14}{9} & \vdots & -\frac{11}{9} \\ 0 & \frac{16}{3} & -3 & \vdots & -\frac{4}{3} \\ 0 & -3 & 7 & \vdots & 4 \end{bmatrix} \xrightarrow{\frac{9}{16}R_2+R_3}$$

$$\begin{bmatrix} 1 & 0 & -\frac{14}{9} & \vdots & -\frac{11}{9} \\ 0 & \frac{16}{3} & -3 & \vdots & -\frac{4}{3} \\ 0 & 0 & \frac{85}{16} & \vdots & \frac{13}{4} \end{bmatrix} \xrightarrow{\frac{16}{85}R_3} \begin{bmatrix} 1 & 0 & -\frac{14}{9} & \vdots & -\frac{11}{9} \\ 0 & \frac{16}{3} & -3 & \vdots & -\frac{4}{3} \\ 0 & 0 & 1 & \vdots & \frac{52}{85} \end{bmatrix} \xrightarrow{3R_3+R_2}$$

$$\begin{bmatrix} 1 & 0 & -\frac{14}{9} & \vdots & -\frac{11}{9} \\ 0 & \frac{16}{3} & 0 & \vdots & \frac{128}{255} \\ 0 & 0 & 1 & \vdots & \frac{52}{85} \end{bmatrix} \xrightarrow{\frac{3}{16}R_2} \begin{bmatrix} 1 & 0 & -\frac{14}{9} & \vdots & -\frac{11}{9} \\ 0 & 1 & 0 & \vdots & \frac{8}{85} \\ 0 & 0 & 1 & \vdots & \frac{52}{85} \end{bmatrix} \xrightarrow{\frac{14}{9}R_3+R_1}$$

$$\begin{bmatrix} 1 & 0 & 0 & \vdots & -\frac{23}{85} \\ 0 & 1 & 0 & \vdots & \frac{8}{85} \\ 0 & 0 & 1 & \vdots & \frac{52}{85} \end{bmatrix}$$

此即表示 $x_1 = -\frac{23}{85}$, $x_2 = \frac{8}{85}$, $x_3 = \frac{52}{85}$.

在式 (2-5-1) 中，若 $b_1 = b_2 = b_3 = \cdots = b_m = 0$，則稱為**齊次方程組** (homogeneous system)，我們亦可用矩陣形式寫成

$$AX = 0 \tag{2-5-4}$$

式 (2-5-4) 中的一組解

$$x_1 = x_2 = x_3 = \cdots = x_n = 0$$

稱為**明顯解** (trivial solution)。另外，若齊次方程組的解 x_1, x_2, x_3, $\cdots$, x_n 並非全為 0，則稱為**非明顯解** (nontrivial solution)。

定理 2-5-1

若 $n > m$，則 n 個未知數及 m 個線性方程式的齊次方程組有一組非明顯解.

定理 2-5-2

若 A 為 n 階方陣，$X=[x_1 \quad x_2 \quad x_3 \cdots x_n]^T$，則齊次方程組

$$AX=0$$

有一組非明顯解的充要條件是 A 為奇異方陣．

證 假設 A 為非奇異，則 A^{-1} 存在，然後將 $AX=0$ 的等號兩邊同乘上 A^{-1}，可得

$$A^{-1}(AX)=A^{-1}0$$
$$(A^{-1}A)X=0$$
$$I_n X=0$$
$$X=0$$

所以，$AX=0$ 的唯一解為 $X=0$．

留給讀者去證明：假設 A 為奇異，則 $AX=0$ 有一組非明顯解．

定理 2-5-3

若 $A=[a_{ij}]_{n \times n}$，則下列的敘述為同義．
(1) A 為可逆方陣．
(2) $AX=0$ 僅有明顯解．
(3) A 是列同義於 I_n．

推論：一 n 階方陣為非奇異的充要條件是其為列同義於 I_n．

【例題 3】 考慮齊次方程組 $AX=0$，其中 $A=\begin{bmatrix} 6 & -2 & -3 \\ -1 & 1 & 0 \\ -1 & 0 & 1 \end{bmatrix}$．因為 A 是非奇異，所以，

$$X=[x_1 \quad x_2 \quad x_3]^T=A^{-1}0=0$$

我們也可用高斯-約旦消去法來求解原來的方程組. 此時, 我們可求出與原方程組的擴增矩陣

$$\begin{bmatrix} 6 & -2 & -3 & \vdots & 0 \\ -1 & 1 & 0 & \vdots & 0 \\ -1 & 0 & 1 & \vdots & 0 \end{bmatrix}$$

為列同義的簡約列梯陣.

$$\begin{bmatrix} 6 & -2 & -3 & \vdots & 0 \\ -1 & 1 & 0 & \vdots & 0 \\ -1 & 0 & 1 & \vdots & 0 \end{bmatrix} \underset{R_1 \leftrightarrow R_2}{\sim} \begin{bmatrix} -1 & 0 & 1 & \vdots & 0 \\ -1 & 1 & 0 & \vdots & 0 \\ 6 & -2 & -3 & \vdots & 0 \end{bmatrix} \underset{-1R_1}{\sim}$$

$$\begin{bmatrix} 1 & 0 & -1 & \vdots & 0 \\ -1 & 1 & 0 & \vdots & 0 \\ 6 & -2 & -3 & \vdots & 0 \end{bmatrix} \underset{-6R_1+R_3}{\sim} \begin{bmatrix} 1 & 0 & -1 & \vdots & 0 \\ -1 & 1 & 0 & \vdots & 0 \\ 0 & -2 & 3 & \vdots & 0 \end{bmatrix} \underset{1R_1+R_2}{\sim}$$

$$\begin{bmatrix} 1 & 0 & -1 & \vdots & 0 \\ 0 & 1 & -1 & \vdots & 0 \\ 0 & -2 & 3 & \vdots & 0 \end{bmatrix} \underset{3R_2+R_3}{\sim} \begin{bmatrix} 1 & 0 & -1 & \vdots & 0 \\ 0 & 1 & -1 & \vdots & 0 \\ 0 & 1 & 0 & \vdots & 0 \end{bmatrix} \underset{-1R_2+R_3}{\sim}$$

$$\begin{bmatrix} 1 & 0 & -1 & \vdots & 0 \\ 0 & 1 & -1 & \vdots & 0 \\ 0 & 0 & 1 & \vdots & 0 \end{bmatrix} \underset{1R_3+R_2}{\sim} \begin{bmatrix} 1 & 0 & -1 & \vdots & 0 \\ 0 & 1 & 0 & \vdots & 0 \\ 0 & 0 & 1 & \vdots & 0 \end{bmatrix} \underset{1R_3+R_1}{\sim}$$

$$\begin{bmatrix} 1 & 0 & 0 & \vdots & 0 \\ 0 & 1 & 0 & \vdots & 0 \\ 0 & 0 & 1 & \vdots & 0 \end{bmatrix}$$

由上式最後矩陣可得出此解為 $X = [x_1 \quad x_2 \quad x_3]^T = \mathbf{0}$.

【例題4】 考慮齊次方程組 $AX = \mathbf{0}$, 其中 $A = \begin{bmatrix} 1 & 2 & -3 \\ 1 & -2 & 1 \\ 5 & -2 & -3 \end{bmatrix}$ 為一奇異方陣.

此時，與原方程組的擴增矩陣

$$\begin{bmatrix} 1 & 2 & -3 & \vdots & 0 \\ 1 & -2 & 1 & \vdots & 0 \\ 5 & -2 & -3 & \vdots & 0 \end{bmatrix}$$

為列同義的簡約列梯陣為

$$\begin{bmatrix} 1 & 2 & -3 & \vdots & 0 \\ 1 & -2 & 1 & \vdots & 0 \\ 5 & -2 & -3 & \vdots & 0 \end{bmatrix} \xrightarrow[-1R_1+R_2]{-5R_1+R_3} \begin{bmatrix} 1 & 2 & -3 & \vdots & 0 \\ 0 & -4 & 4 & \vdots & 0 \\ 0 & -12 & 12 & \vdots & 0 \end{bmatrix} \begin{matrix} \frac{1}{4}R_2 \\ \frac{1}{12}R_3 \end{matrix}$$

$$\begin{bmatrix} 1 & 2 & -3 & \vdots & 0 \\ 0 & -1 & 1 & \vdots & 0 \\ 0 & -1 & 1 & \vdots & 0 \end{bmatrix} \xrightarrow{2R_2+R_1} \begin{bmatrix} 1 & 0 & -1 & \vdots & 0 \\ 0 & -1 & 1 & \vdots & 0 \\ 0 & -1 & 1 & \vdots & 0 \end{bmatrix} \xrightarrow{-1R_2+R_3}$$

$$\begin{bmatrix} 1 & 0 & -1 & \vdots & 0 \\ 0 & -1 & 1 & \vdots & 0 \\ 0 & 0 & 0 & \vdots & 0 \end{bmatrix} \xrightarrow{-1R_2} \begin{bmatrix} 1 & 0 & -1 & \vdots & 0 \\ 0 & 1 & -1 & \vdots & 0 \\ 0 & 0 & 0 & \vdots & 0 \end{bmatrix}$$

上式最後矩陣隱含著

$$\begin{cases} x_1 = t \\ x_2 = t \\ x_3 = t \end{cases}$$

其中 t 為任意實數．因此，原方程組有一組非明顯解．

【例題 5】 試解齊次方程組

$$\begin{cases} x_1 + x_2 + x_3 + x_4 = 0 \\ x_1 + x_4 = 0 \\ x_1 + 2x_2 + x_3 = 0 \end{cases}$$

【解】 此方程組的擴增矩陣為

$$\begin{bmatrix} 1 & 1 & 1 & 1 & \vdots & 0 \\ 1 & 0 & 0 & 1 & \vdots & 0 \\ 1 & 2 & 1 & 0 & \vdots & 0 \end{bmatrix} \underset{-1R_1+R_3}{\overset{-1R_1+R_2}{\sim}} \begin{bmatrix} 1 & 1 & 1 & 1 & \vdots & 0 \\ 0 & -1 & -1 & 0 & \vdots & 0 \\ 0 & 1 & 0 & -1 & \vdots & 0 \end{bmatrix} \overset{1R_2+R_1}{\sim}$$

$$\begin{bmatrix} 1 & 0 & 0 & 1 & \vdots & 0 \\ 0 & -1 & -1 & 0 & \vdots & 0 \\ 0 & 1 & 0 & -1 & \vdots & 0 \end{bmatrix} \overset{1R_2+R_3}{\sim}$$

$$\begin{bmatrix} 1 & 0 & 0 & 1 & \vdots & 0 \\ 0 & -1 & -1 & 0 & \vdots & 0 \\ 0 & 0 & -1 & -1 & \vdots & 0 \end{bmatrix} \overset{-1R_3}{\sim} \begin{bmatrix} 1 & 0 & 0 & 1 & \vdots & 0 \\ 0 & -1 & -1 & 0 & \vdots & 0 \\ 0 & 0 & 1 & 1 & \vdots & 0 \end{bmatrix} \overset{1R_3+R_2}{\sim}$$

$$\begin{bmatrix} 1 & 0 & 0 & 1 & \vdots & 0 \\ 0 & -1 & 0 & 1 & \vdots & 0 \\ 0 & 0 & 1 & 1 & \vdots & 0 \end{bmatrix} \overset{-1R_2}{\sim} \begin{bmatrix} 1 & 0 & 0 & 1 & \vdots & 0 \\ 0 & 1 & 0 & -1 & \vdots & 0 \\ 0 & 0 & 1 & 1 & \vdots & 0 \end{bmatrix}$$

最後矩陣所表示的方程組就是

$$\begin{cases} x_1 & +x_4 = 0 \\ x_2 & -x_4 = 0 \\ x_3 + x_4 = 0 \end{cases}$$

故方程組的解為

$$\begin{cases} x_1 = -t \\ x_2 = t \\ x_3 = -t \\ x_4 = t \end{cases}, \quad t \in \mathbb{R}$$

由以上之討論得知：線性方程組可能有解，也可能無解；如果有解，可能只有一組解，也可能有無限多組解．至少有一組解的線性方程組稱為**相容** (consistent)，而無解的線性方程組稱為**不相容** (inconsistent)．

現在，我們再考慮 n 個未知數及 n 個方程式的線性方程組 $AX = B$ 的解．

定理 2-5-4

令 $AX=B$ 為具有 n 個變數及 n 個一次方程式的方程組. 若 A^{-1} 存在, 則此方程組之解為唯一, 且 $X=A^{-1}B$.

證 我們首先證明 $X=A^{-1}B$ 為方程組的解. 將 $X=A^{-1}B$ 代入矩陣方程式中, 並利用矩陣之性質, 我們得到

$$AX=A(A^{-1}B)=(AA^{-1})B=I_nB=B$$

$X=A^{-1}B$ 滿足方程式, 於是 $X=A^{-1}B$ 為方程組之解.

我們現在再證明解的唯一性。令 X_1 亦為其一解, 則 $AX_1=B$. 此式等號兩端同乘 A^{-1}, 可得

$$A^{-1}AX_1=A^{-1}B$$
$$I_nX_1=A^{-1}B$$
$$X_1=A^{-1}B=X$$

於是, 證得方程組有唯一解.

【例題 6】 解線性方程組 $AX=B$, 其中 $A=\begin{bmatrix} 2 & 3 \\ 4 & 5 \end{bmatrix}$, $X=\begin{bmatrix} x_1 \\ x_2 \end{bmatrix}$, $B=\begin{bmatrix} 4 \\ 1 \end{bmatrix}$.

【解】 $X=A^{-1}B=-\dfrac{1}{2}\begin{bmatrix} 5 & -3 \\ -4 & 2 \end{bmatrix}\begin{bmatrix} 4 \\ 1 \end{bmatrix}=\begin{bmatrix} -\dfrac{2}{5} & \dfrac{3}{2} \\ 2 & -1 \end{bmatrix}\begin{bmatrix} 4 \\ 1 \end{bmatrix}=\begin{bmatrix} -\dfrac{17}{2} \\ 7 \end{bmatrix}$

【例題 7】 試解方程組

$$\begin{cases} x_1 - 2x_3 = 1 \\ 4x_1-2x_2+ x_3 = 2 \\ x_1+2x_2-10x_3=-1 \end{cases}$$

【解】 此線性方程組的矩陣形式為

$$\begin{bmatrix} 1 & 0 & -2 \\ 4 & -2 & 1 \\ 1 & 2 & -10 \end{bmatrix} \begin{bmatrix} x_1 \\ x_2 \\ x_3 \end{bmatrix} = \begin{bmatrix} 1 \\ 2 \\ -1 \end{bmatrix}$$

先求出 $A = \begin{bmatrix} 1 & 0 & -2 \\ 4 & -2 & 1 \\ 1 & 2 & -10 \end{bmatrix}$ 的逆方陣.

$$[A \vdots I_3] = \begin{bmatrix} 1 & 0 & -2 & \vdots & 1 & 0 & 0 \\ 4 & -2 & 1 & \vdots & 0 & 1 & 0 \\ 1 & 2 & -10 & \vdots & 0 & 0 & 1 \end{bmatrix} \underset{\sim}{-4R_1 + R_2}$$

$$\begin{bmatrix} 1 & 0 & -2 & \vdots & 1 & 0 & 0 \\ 0 & -2 & 9 & \vdots & -4 & 1 & 0 \\ 1 & 2 & -10 & \vdots & 0 & 0 & 1 \end{bmatrix} \underset{\sim}{-1R_1 + R_3}$$

$$\begin{bmatrix} 1 & 0 & -2 & \vdots & 1 & 0 & 0 \\ 0 & -2 & 9 & \vdots & -4 & 1 & 0 \\ 0 & 2 & -8 & \vdots & -1 & 0 & 1 \end{bmatrix} \underset{\sim}{1R_2 + R_3}$$

$$\begin{bmatrix} 1 & 0 & -2 & \vdots & 1 & 0 & 0 \\ 0 & -2 & 9 & \vdots & -4 & 1 & 0 \\ 0 & 0 & 1 & \vdots & -5 & 1 & 1 \end{bmatrix} \underset{\sim}{-9R_3 + R_2}$$

$$\begin{bmatrix} 1 & 0 & -2 & \vdots & 1 & 0 & 0 \\ 0 & -2 & 0 & \vdots & 41 & -8 & -9 \\ 0 & 0 & 1 & \vdots & -5 & 1 & 1 \end{bmatrix} \underset{\sim}{-\frac{1}{2}R_2}$$

$$\begin{bmatrix} 1 & 0 & -2 & \vdots & 1 & 0 & 0 \\ 0 & 1 & 0 & \vdots & -\frac{41}{2} & 4 & \frac{9}{2} \\ 0 & 0 & 1 & \vdots & -5 & 1 & 1 \end{bmatrix} \underset{\sim}{2R_3 + R_1}$$

$$\begin{bmatrix} 1 & 0 & 0 & \vdots & -9 & 2 & 2 \\ 0 & 1 & 0 & \vdots & -\frac{41}{2} & 4 & \frac{9}{2} \\ 0 & 0 & 1 & \vdots & -5 & 1 & 1 \end{bmatrix}$$

故 $$A^{-1}=\begin{bmatrix} -9 & 2 & 2 \\ -\dfrac{41}{2} & 4 & \dfrac{9}{2} \\ -5 & 1 & 1 \end{bmatrix}$$

方程組的解為

$$\begin{bmatrix} x_1 \\ x_2 \\ x_3 \end{bmatrix} = \begin{bmatrix} -9 & 2 & 2 \\ -\dfrac{41}{2} & 4 & \dfrac{9}{2} \\ -5 & 1 & 1 \end{bmatrix} \begin{bmatrix} 1 \\ 2 \\ -1 \end{bmatrix} = \begin{bmatrix} -7 \\ -17 \\ -4 \end{bmatrix}$$

LU 分解法

LU 分解法係將一 $n \times n$ 之方陣 A 分解成一下三角方陣 L 與一上三角方陣 U 之乘積以便於解聯立方程組.

一對角線元素不全為零之方陣, 可化為下三角與上三角方陣之乘積.

設 $$A = \begin{bmatrix} a_{11} & a_{12} & a_{13} & a_{14} \\ a_{21} & a_{22} & a_{23} & a_{24} \\ a_{31} & a_{32} & a_{33} & a_{34} \\ a_{41} & a_{42} & a_{43} & a_{44} \end{bmatrix}$$

令 $$LU = \begin{bmatrix} l_{11} & 0 & 0 & 0 \\ l_{21} & l_{22} & 0 & 0 \\ l_{31} & l_{32} & l_{33} & 0 \\ l_{41} & l_{42} & l_{43} & l_{44} \end{bmatrix} \begin{bmatrix} 1 & u_{12} & u_{13} & u_{14} \\ 0 & 1 & u_{23} & u_{24} \\ 0 & 0 & 1 & u_{34} \\ 0 & 0 & 0 & 1 \end{bmatrix} = \begin{bmatrix} a_{11} & a_{12} & a_{13} & a_{14} \\ a_{21} & a_{22} & a_{23} & a_{24} \\ a_{31} & a_{32} & a_{33} & a_{34} \\ a_{41} & a_{42} & a_{43} & a_{44} \end{bmatrix} = A$$

將 L 之各列分別乘 U 之第一行得

$$l_{11}=a_{11},\ l_{21}=a_{21},\ l_{31}=a_{31},\ l_{41}=a_{41}$$

再將 L 之第一列分別乘 U 之第二行、第三行及第四行可求得 u_{12}、u_{13} 與 u_{14}.

$$l_{11}u_{12}=a_{12},\ l_{11}u_{13}=a_{13},\ l_{11}u_{14}=a_{14}$$

則
$$u_{12}=\frac{a_{12}}{l_{11}},\ u_{13}=\frac{a_{13}}{l_{11}},\ u_{14}=\frac{a_{14}}{l_{11}}$$

所以，U 方陣之第一列可以求出．

然後交替求得 L 之行及 U 之列．將 L 之各列乘以 U 之第二行得

$$\begin{cases} l_{21}u_{12}+l_{22}=a_{22} \\ l_{31}u_{12}+l_{32}=a_{32} \\ l_{41}u_{12}+l_{42}=a_{42} \end{cases}$$

改寫成

$$\begin{cases} l_{22}=a_{22}-l_{21}u_{12} \\ l_{32}=a_{32}-l_{31}u_{12} \\ l_{42}=a_{42}-l_{41}u_{12} \end{cases}$$

則 L 的第二行元素可求得．以此類推，求 U 之第二列、L 之第三行、U 之第三列、L 之第四行，各元素可求得如下

$$\begin{cases} l_{21}u_{13}+l_{22}u_{23}=a_{23} \\ l_{21}u_{14}+l_{22}u_{24}=a_{24} \end{cases}$$

或

$$\begin{cases} u_{23}=\dfrac{a_{23}-l_{21}u_{13}}{l_{22}} \\ u_{24}=\dfrac{a_{24}-l_{21}u_{14}}{l_{22}} \end{cases}$$

$$\begin{cases} l_{31}u_{13}+l_{32}u_{23}+l_{33}=a_{33} \\ l_{41}u_{13}+l_{42}u_{23}+l_{43}=a_{43} \end{cases}$$

或

$$\begin{cases} l_{33}=a_{33}-l_{31}u_{13}-l_{32}u_{23} \\ l_{43}=a_{43}-l_{41}u_{13}-l_{42}u_{23} \end{cases}$$

$$l_{31}u_{14}+l_{32}u_{24}+l_{33}u_{34}=a_{34}$$

或

$$u_{34}=\frac{a_{34}-l_{31}u_{14}-l_{32}u_{24}}{l_{33}}$$

$$l_{41}u_{14}+l_{42}u_{24}+l_{43}u_{34}+l_{44}=a_{44}$$

或
$$l_{44}=a_{44}-l_{41}u_{14}-l_{42}u_{24}-l_{43}u_{34}$$

故 L 之各元素可由下式求得

$$l_{ij}=a_{ij}-\sum_{k=1}^{j-1}l_{ik}u_{kj},\ j\leq i,\ i=1,\ 2,\ \cdots,\ n$$

U 之各元素可由下式求得

$$u_{ij}=\frac{a_{ij}-\sum_{k=1}^{j-1}l_{ik}u_{kj}}{l_{ii}},\ i\leq j,\ j=1,\ 2,\ 3,\ \cdots,\ n$$

當 $j=1$,
$$l_{i1}=a_{i1}$$

當 $i=1$,
$$u_{1j}=\frac{a_{1j}}{l_{11}}=\frac{a_{1j}}{a_{11}}$$

【例題 8】 $A=\begin{bmatrix} 1 & -1 & 3 \\ 2 & 0 & 1 \\ 1 & 0 & 3 \end{bmatrix}$, 求 L 及 U, 使 $LU=A$.

【解】 設
$$\begin{bmatrix} l_{11} & 0 & 0 \\ l_{21} & l_{22} & 0 \\ l_{31} & l_{32} & l_{33} \end{bmatrix}\begin{bmatrix} 1 & u_{12} & u_{13} \\ 0 & 1 & u_{23} \\ 0 & 0 & 1 \end{bmatrix}=\begin{bmatrix} 1 & -1 & 3 \\ 2 & 0 & 1 \\ 1 & 0 & 3 \end{bmatrix}$$

$\because l_{11}=a_{11}=1,\ l_{21}=a_{21}=2,\ l_{31}=a_{31}=1$

$$u_{12}=\frac{a_{12}}{l_{11}}=\frac{-1}{1}=-1,\ u_{13}=\frac{a_{13}}{l_{11}}=\frac{3}{1}=3$$

$$l_{22}=a_{22}-l_{21}u_{12}=0-2\times(-1)=2$$

$$l_{32}=a_{32}-l_{31}u_{12}=0-1\times(-1)=1$$

$$u_{23}=\frac{a_{23}-l_{21}u_{13}}{l_{22}}=\frac{1-2\times 3}{2}=-\frac{5}{2}$$

$$l_{33}=a_{33}-l_{31}u_{13}-l_{32}u_{23}=3-1\times 3-1\times(-\frac{5}{2})$$

$$=3-3+\frac{5}{2}=\frac{5}{2}$$

所以 $\quad L=\begin{bmatrix} 1 & 0 & 0 \\ 2 & 2 & 0 \\ 1 & 1 & \frac{5}{2} \end{bmatrix}, \quad U=\begin{bmatrix} 1 & -1 & 3 \\ 0 & 1 & -\frac{5}{2} \\ 0 & 0 & 1 \end{bmatrix}$

檢驗

$$LU=\begin{bmatrix} 1 & 0 & 0 \\ 2 & 2 & 0 \\ 1 & 1 & \frac{5}{2} \end{bmatrix}\begin{bmatrix} 1 & -1 & 3 \\ 0 & 1 & -\frac{5}{2} \\ 0 & 0 & 1 \end{bmatrix}=\begin{bmatrix} 1 & -1 & 3 \\ 2 & 0 & 1 \\ 1 & 0 & 3 \end{bmatrix}=A$$

【例題 9】 試利用 *LU* 分解法解下列之方程組

$$\begin{cases} x_1-x_2+3x_3=1 \\ 2x_1\quad\quad+x_3=2 \\ x_1\quad\quad+3x_3=3 \end{cases}$$

【解】 此線性方程組的矩陣形式為

$$\begin{bmatrix} 1 & -1 & 3 \\ 2 & 0 & 1 \\ 1 & 0 & 3 \end{bmatrix}\begin{bmatrix} x_1 \\ x_2 \\ x_3 \end{bmatrix}=\begin{bmatrix} 1 \\ 2 \\ 3 \end{bmatrix}$$

由例題 8 得知，

$$A=\begin{bmatrix} 1 & -1 & 3 \\ 2 & 0 & 1 \\ 1 & 0 & 3 \end{bmatrix}=\underbrace{\begin{bmatrix} 1 & 0 & 0 \\ 2 & 2 & 0 \\ 1 & 1 & \frac{5}{2} \end{bmatrix}}_{L}\underbrace{\begin{bmatrix} 1 & -1 & 3 \\ 0 & 1 & -\frac{5}{2} \\ 0 & 0 & 1 \end{bmatrix}}_{U}$$

故 $$AX=LUX=B, \quad B=\begin{bmatrix} 1 \\ 2 \\ 3 \end{bmatrix}$$

令 $UX=Y$,而 $$Y=\begin{bmatrix} y_1 \\ y_2 \\ y_3 \end{bmatrix}$$

故得 $$LY=B$$

即 $$\begin{bmatrix} 1 & 0 & 0 \\ 2 & 2 & 0 \\ 1 & 1 & \frac{5}{2} \end{bmatrix} \begin{bmatrix} y_1 \\ y_2 \\ y_3 \end{bmatrix} = \begin{bmatrix} 1 \\ 2 \\ 3 \end{bmatrix}$$

所以, $$\begin{cases} y_1 = 1 \\ y_1 + y_2 = 1 \\ y_1 + y_2 + \frac{5}{2} y_3 = 3 \end{cases}$$

解得 $y_1=1$, $y_2=0$, $y_3=\frac{4}{5}$.

將 $Y=\begin{bmatrix} 1 \\ 0 \\ \frac{4}{5} \end{bmatrix}$ 代入 $UX=Y$ 中,解 X,故

$$\begin{bmatrix} 1 & -1 & 3 \\ 0 & 1 & -\frac{5}{2} \\ 0 & 0 & 1 \end{bmatrix} \begin{bmatrix} x_1 \\ x_2 \\ x_3 \end{bmatrix} = \begin{bmatrix} 1 \\ 0 \\ \frac{4}{5} \end{bmatrix}$$

即解 $$\begin{cases} x_1 - x_2 + 3x_3 = 1 \\ x_2 - \frac{5}{2} x_3 = 0 \\ x_3 = \frac{4}{5} \end{cases}$$

解得 $x_3 = \dfrac{4}{5}$, $x_2 = 2$, $x_1 = 1 + x_2 - 3x_3 = 1 + 2 - 3 \cdot \dfrac{4}{5} = \dfrac{3}{5}$.

習題 2-5

1. 試利用高斯後代法解下列方程組.

(1) $\begin{cases} x_1 - 2x_2 + x_3 = 5 \\ -2x_1 + 3x_2 + x_3 = 1 \\ x_1 + 3x_2 + 2x_3 = 2 \end{cases}$
(2) $\begin{cases} 2x_1 - 3x_2 + x_3 = 1 \\ -x_1 + 2x_3 = 0 \\ 3x_1 - 3x_2 - x_3 = 1 \end{cases}$

(3) $\begin{cases} x_2 - 2x_3 + x_4 = 1 \\ 2x_1 - x_2 - x_4 = 0 \\ 4x_1 + x_2 - 6x_3 + x_4 = 3 \end{cases}$
(4) $\begin{cases} x_1 + 2x_2 + x_3 = 7 \\ 2x_1 + x_3 = 4 \\ x_1 + 2x_3 = 5 \\ x_1 + 2x_2 + 3x_3 = 11 \\ 2x_1 + x_2 + 4x_3 = 12 \end{cases}$

2. 試利用高斯-約旦消去法解下列方程組.

(1) $\begin{cases} x_1 - 2x_2 + x_3 = 5 \\ -2x_1 + 3x_2 + x_3 = 1 \\ x_1 + 3x_2 + 2x_3 = 2 \end{cases}$
(2) $\begin{cases} -x_2 + x_3 = 3 \\ x_1 - x_2 - x_3 = 0 \\ -x_1 - x_3 = -3 \end{cases}$

3. 就下列方程組：(1) 沒有解，(2) 有唯一解，(3) 有無限多解，求所有 a 的值.

$\begin{cases} x_1 + x_2 - x_3 = 3 \\ x_1 - x_2 + 3x_3 = 4 \\ x_1 + x_2 + (a^2 - 10)x_3 = a \end{cases}$

4. 方陣 A 列同義於 $I \Leftrightarrow AX = 0$ 僅有明顯解，試利用此觀念判斷下列哪一個方程組有一組非明顯解.

(1) $\begin{cases} x_1 + 2x_2 + 3x_3 = 0 \\ 2x_2 + 2x_3 = 0 \\ x_1 + 2x_2 + 3x_3 = 0 \end{cases}$
(2) $\begin{cases} x_1 + x_2 + 2x_3 = 0 \\ 2x_1 + x_2 + x_3 = 0 \\ 3x_1 - x_2 + x_3 = 0 \end{cases}$

(3) $\begin{cases} 2x_1 + x_2 - x_3 = 0 \\ x_1 - 2x_2 - 3x_3 = 0 \\ -3x_1 - x_2 + 2x_3 = 0 \end{cases}$

5. 試求出下列各線性方程組係數矩陣的逆方陣並求解方程組.

(1) $\begin{cases} 6x_1 - 2x_2 - 3x_3 = 1 \\ -x_1 + x_2 = -1 \\ -x_1 + x_3 = 2 \end{cases}$ (2) $\begin{cases} x_1 + 2x_2 - x_3 = 1 \\ x_2 + x_3 = 2 \\ x_1 - x_3 = 0 \end{cases}$

6. 試解下列齊次方程組

$$\begin{cases} x_1 - x_2 + x_3 = 0 \\ 2x_1 + x_2 = 0 \\ 2x_1 - 2x_2 + 2x_3 = 0 \end{cases}$$

7. 試解下列矩陣方程式的 X

$$\begin{bmatrix} 1 & -1 & 1 \\ 2 & 3 & 0 \\ 0 & 2 & -1 \end{bmatrix} X = \begin{bmatrix} 2 & -1 & 5 & 7 & 8 \\ 4 & 0 & -3 & 0 & 1 \\ 3 & 5 & -7 & 2 & 1 \end{bmatrix}$$

8. 若 $A = \begin{bmatrix} -1 & -2 \\ -2 & 2 \end{bmatrix}$,試求齊次方程組 $(\lambda I_2 - A)X = 0$ 有非明顯解的所有 λ 值.

9. 試以 *LU* 分解法解下列方程組

$$\begin{cases} 2x_1 - 2x_2 + x_3 = 1 \\ x_1 + 2x_2 + 3x_3 = 0 \\ 3x_1 + x_2 - 2x_3 = 2 \end{cases}$$

2-6　行列式

每一個方陣皆可定義一個數與其對應，這個數就是**行列式** (determinant)．行列式在解線性方程組時有其重要性．若

$$A=\begin{bmatrix} a_{11} & a_{12} & \cdots & a_{1n} \\ a_{21} & a_{22} & \cdots & a_{2n} \\ \vdots & \vdots & & \vdots \\ a_{n1} & a_{n2} & \cdots & a_{nn} \end{bmatrix}$$

則其行列式記為 $|A|$ 或 $\det(A)$．

定義 2-6-1

(1) 若 A 為一階方陣，即 $A=[a_{11}]$，則定義 $\det(A)=a_{11}$．

(2) 若 A 為二階方陣，即 $A=\begin{bmatrix} a_{11} & a_{12} \\ a_{21} & a_{22} \end{bmatrix}$，則定義

$$\det(A)=\begin{vmatrix} a_{11} & a_{12} \\ a_{21} & a_{22} \end{vmatrix}=a_{11}a_{22}-a_{12}a_{21}$$

(3) 若 A 為三階方陣，即 $A=\begin{bmatrix} a_{11} & a_{12} & a_{13} \\ a_{21} & a_{22} & a_{23} \\ a_{31} & a_{32} & a_{33} \end{bmatrix}$，則定義

$$\det(A)=a_{11}\begin{vmatrix} a_{22} & a_{23} \\ a_{32} & a_{33} \end{vmatrix}-a_{12}\begin{vmatrix} a_{21} & a_{23} \\ a_{31} & a_{33} \end{vmatrix}+a_{13}\begin{vmatrix} a_{21} & a_{22} \\ a_{31} & a_{32} \end{vmatrix}$$

或 $\det(A)=a_{11}(a_{22}a_{33}-a_{23}a_{32})-a_{12}(a_{21}a_{33}-a_{23}a_{31})+a_{13}(a_{21}a_{32}-a_{22}a_{31})$

$=a_{11}a_{22}a_{33}+a_{12}a_{23}a_{31}+a_{13}a_{21}a_{32}-a_{13}a_{22}a_{31}-a_{12}a_{21}a_{33}-a_{11}a_{32}a_{23}$

定義 2-6-2

設 A 為 n 階方陣，且令 M_{ij} 為 A 中除去第 i 列及第 j 行後的 $(n-1)\times(n-1)$ 子矩陣，則子矩陣 M_{ij} 的行列式 $|M_{ij}|$ 稱為元素 a_{ij} 的子行列式 (minor)。令 $A_{ij} = (-1)^{i+j}|M_{ij}|$，則 A_{ij} 稱為 a_{ij} 的餘因子 (cofactor)。

【例題 1】 令 $A = \begin{bmatrix} 2 & -1 & 4 \\ 0 & 1 & 5 \\ 0 & 3 & -4 \end{bmatrix}$，試求 A_{32}。

【解】 $A_{32} = (-1)^{3+2}|M_{32}| = -\begin{vmatrix} 2 & 4 \\ 0 & 5 \end{vmatrix} = -10$

定理 2-6-1

一個 n 階方陣 A 的行列式值可用任一列 (或行) 之每一元素乘其餘因子後相加來計算，即

$$\det(A) = a_{i1}A_{i1} + a_{i2}A_{i2} + \cdots + a_{in}A_{in}$$
$$= \sum_{j=1}^{n} a_{ij}A_{ij} \quad \text{(對第 } i \text{ 列展開)}$$

或

$$\det(A) = a_{1j}A_{1j} + a_{2j}A_{2j} + \cdots + a_{nj}A_{nj}$$
$$= \sum_{i=1}^{n} a_{ij}A_{ij} \quad \text{(對第 } j \text{ 行展開)}$$

如果以子行列式表示，則為

$$\det(A) = \sum_{j=1}^{n} (-1)^{i+j} a_{ij} |M_{ij}| \tag{2-6-1}$$

或

$$\det(\boldsymbol{A}) = \sum_{i=1}^{n} (-1)^{i+j} a_{ij} |\boldsymbol{M}_{ij}| \qquad (2\text{-}6\text{-}2)$$

【例題 2】 已知行列式 $\det(\boldsymbol{A}) = \begin{vmatrix} a & b & c & d \\ e & f & g & h \\ i & j & k & l \\ m & n & o & p \end{vmatrix}$，對第一列展開，可得

$$\det(\boldsymbol{A}) = a \begin{vmatrix} f & g & h \\ j & k & l \\ n & o & p \end{vmatrix} - b \begin{vmatrix} e & g & h \\ i & k & l \\ m & o & p \end{vmatrix} + c \begin{vmatrix} e & f & h \\ i & j & l \\ m & n & p \end{vmatrix} - d \begin{vmatrix} e & f & g \\ i & j & k \\ m & n & o \end{vmatrix}$$

亦可對第二列展開，則

$$\det(\boldsymbol{A}) = -e \begin{vmatrix} b & c & d \\ j & k & l \\ n & o & p \end{vmatrix} + f \begin{vmatrix} a & c & d \\ i & k & l \\ m & o & p \end{vmatrix} - g \begin{vmatrix} a & b & d \\ i & j & l \\ m & n & p \end{vmatrix} + h \begin{vmatrix} a & b & c \\ i & j & k \\ m & n & o \end{vmatrix}$$

同時亦可分別對第三列、第四列、第一行、第二行、第三行、第四行展開，所得的行列式值皆相同.

【例題 3】 若 $\boldsymbol{A} = \begin{bmatrix} 1 & 0 & 1 & 1 \\ 2 & 1 & 0 & -1 \\ 3 & -1 & 1 & 1 \\ 0 & 1 & 0 & 1 \end{bmatrix}$，試求 $\det(\boldsymbol{A})$.

【解】 由於第四列含有兩個 0 及兩個 1，我們考慮對第四列各元素展開，可得

$$\det(\boldsymbol{A}) = (1)(-1)^{4+2} \begin{vmatrix} 1 & 1 & 1 \\ 2 & 0 & -1 \\ 3 & 1 & 1 \end{vmatrix} + (1)(-1)^{4+4} \begin{vmatrix} 1 & 0 & 1 \\ 2 & 1 & 0 \\ 3 & -1 & 1 \end{vmatrix}$$

$$= (1)(-1)^{1+2} \begin{vmatrix} 2 & -1 \\ 3 & 1 \end{vmatrix} + (1)(-1)^{3+2} \begin{vmatrix} 1 & 1 \\ 2 & -1 \end{vmatrix}$$

$$+(1)(-1)^{2+2}\begin{vmatrix}1 & 1\\ 3 & 1\end{vmatrix}+(-1)(-1)^{3+2}\begin{vmatrix}1 & 1\\ 2 & 0\end{vmatrix}$$

$$=-(2+3)-(-1-2)+(1-3)+(0-2)$$

$$=-6$$

當方陣 A 的階數很大時，行列式的計算工作相當複雜. 但若能善加利用行列式的特性，往往可將計算工作予以簡化. 茲列舉一些行列式的性質如下：

性質 1

設方陣 A 任何一列 (或行) 的元素全為零，則 $\det(A)=0$.

性質 2

A 中某一列 (或行) 乘以常數 k 後的行列式為原行列式乘上 k.

性質 3

若 B 為方陣 A 中某兩列或某兩行互相對調後所得的方陣，則 $\det(B)=-\det(A)$.

性質 4

設 $A=\begin{bmatrix} a_{11} & a_{12} & \cdots & a_{1j} & \cdots & a_{1n}\\ a_{21} & a_{22} & \cdots & a_{2j} & \cdots & a_{2n}\\ \vdots & \vdots & & \vdots & & \vdots\\ a_{n1} & a_{n2} & \cdots & a_{nj} & \cdots & a_{nn}\end{bmatrix}$, $B=\begin{bmatrix} a_{11} & a_{12} & \cdots & \alpha_{1j} & \cdots & a_{1n}\\ a_{21} & a_{22} & \cdots & \alpha_{2j} & \cdots & a_{2n}\\ \vdots & \vdots & & \vdots & & \vdots\\ a_{n1} & a_{n2} & \cdots & \alpha_{nj} & \cdots & a_{nn}\end{bmatrix}$,

$$C=\begin{bmatrix} a_{11} & a_{12} & \cdots & a_{1j}+\alpha_{1j} & \cdots & a_{1n}\\ a_{21} & a_{22} & \cdots & a_{2j}+\alpha_{2j} & \cdots & a_{2n}\\ \vdots & \vdots & & \vdots & & \vdots\\ a_{n1} & a_{n2} & \cdots & a_{nj}+\alpha_{nj} & \cdots & a_{nn}\end{bmatrix}$$

則
$$\det(C)=\det(A)+\det(B) \tag{2-6-3}$$

【例題 4】 設 $A=\begin{bmatrix}1 & -1 & 2\\ 3 & 1 & 4\\ 0 & -2 & 5\end{bmatrix}$, $B=\begin{bmatrix}1 & -6 & 2\\ 3 & 2 & 4\\ 0 & 4 & 5\end{bmatrix}$,

$$C = \begin{bmatrix} 1 & -1-6 & 2 \\ 3 & 1+2 & 4 \\ 0 & -2+4 & 5 \end{bmatrix} = \begin{bmatrix} 1 & -7 & 2 \\ 3 & 3 & 4 \\ 0 & 2 & 5 \end{bmatrix}$$

則 $\det(A) = 16$，$\det(B) = 108$

且 $\det(C) = 124 = \det(A) + \det(B)$

性質 5

若方陣 A 中有兩行或兩列相同，則 $\det(A) = 0$.

性質 6

若 B 為方陣 A 中某一列 (或行) 乘上常數 k 後加在另一列 (或行) 上所得的矩陣，則

$$\det(B) = \det(A)$$

【例題 5】 設 $A = \begin{bmatrix} 1 & -1 & 2 \\ 3 & 1 & 4 \\ 0 & -2 & 5 \end{bmatrix}$，則 $\det(A) = 16$. 如果我們將第三列各元素乘以 4 後

加到第二列，我們求得一新矩陣 B 為

$$B = \begin{bmatrix} 1 & -1 & 2 \\ 3+4(0) & 1+4(-2) & 4+5(4) \\ 0 & -2 & 5 \end{bmatrix} = \begin{bmatrix} 1 & -1 & 2 \\ 3 & -7 & 24 \\ 0 & -2 & 5 \end{bmatrix}$$

且 $\det(B) = 16 = \det(A)$

性質 7

若一方陣 A 中的某一列 (或行) 為另外一列 (或行) 的常數倍，則 $\det(A) = 0$.

【例題 6】 設 $A = \begin{bmatrix} 2 & 4 & 1 & 12 \\ -1 & 1 & 0 & 3 \\ 0 & -1 & 9 & -3 \\ 7 & 3 & 6 & 9 \end{bmatrix}$，因第四行各元素為第二行各元素的三倍，

故 $\det(A) = 0$.

性質 8

若 A 與 B 均為 n 階方陣，則

$$\det(AB) = \det(A)\det(B) \tag{2-6-4}$$

【例題 7】 令 $A = \begin{bmatrix} 1 & -1 & 2 \\ 3 & 1 & 4 \\ 0 & -2 & 5 \end{bmatrix}$, $B = \begin{bmatrix} 1 & -2 & 3 \\ 0 & -1 & 4 \\ 2 & 0 & -2 \end{bmatrix}$

則 $\det(A) = \begin{vmatrix} 1 & -1 & 2 \\ 3 & 1 & 4 \\ 0 & -2 & 5 \end{vmatrix} = 16$, $\det(B) = \begin{vmatrix} 1 & -2 & 3 \\ 0 & -1 & 4 \\ 2 & 0 & -2 \end{vmatrix} = -8$

而 $AB = \begin{bmatrix} 1 & -1 & 2 \\ 3 & 1 & 4 \\ 0 & -2 & 5 \end{bmatrix} \begin{bmatrix} 1 & -2 & 3 \\ 0 & -1 & 4 \\ 2 & 0 & -2 \end{bmatrix} = \begin{bmatrix} 5 & -1 & -5 \\ 11 & -7 & 5 \\ 10 & 2 & -18 \end{bmatrix}$

故 $\det(AB) = \begin{vmatrix} 5 & -1 & -5 \\ 11 & -7 & 5 \\ 10 & 2 & -18 \end{vmatrix} = -128 = (16)(-8)$

$= \det(A)\det(B)$

性質 9

若 $A = [a_{ij}]_{n \times n}$ 為一上 (下) 三角矩陣，則其行列式為其對角線上各元素的乘積，即 $\det(A) = a_{11}a_{22} \cdots a_{nn}$。此一性質可推廣為 "若 $A = \text{diag}(a_{11}, a_{22}, \cdots, a_{nn})$ 為一對角線方陣，則 $\det(A) = a_{11}a_{22} \cdots a_{nn}$。"

【例題 8】 試求行列式 $\begin{vmatrix} 4 & 3 & 2 \\ 3 & -2 & 5 \\ 2 & 4 & 6 \end{vmatrix}$ 的值.

【解】
$$\begin{vmatrix} 4 & 3 & 2 \\ 3 & -2 & 5 \\ 2 & 4 & 6 \end{vmatrix} = 2\begin{vmatrix} 4 & 3 & 2 \\ 3 & -2 & 5 \\ 1 & 2 & 3 \end{vmatrix} = -2\begin{vmatrix} 1 & 2 & 3 \\ 3 & -2 & 5 \\ 4 & 3 & 2 \end{vmatrix}$$

$$= -2\begin{vmatrix} 1 & 2 & 3 \\ 0 & -8 & -4 \\ 4 & 3 & 2 \end{vmatrix} = -2\begin{vmatrix} 1 & 2 & 3 \\ 0 & -8 & -4 \\ 0 & -5 & -10 \end{vmatrix}$$

$$= (-2)(4)\begin{vmatrix} 1 & 2 & 3 \\ 0 & -2 & -1 \\ 0 & -5 & -10 \end{vmatrix}$$

$$= (-2)(4)(5)\begin{vmatrix} 1 & 2 & 3 \\ 0 & -2 & -1 \\ 0 & -1 & -2 \end{vmatrix}$$

$$= (-2)(4)(5)\begin{vmatrix} 1 & 2 & 3 \\ 0 & -2 & -1 \\ 0 & 0 & -\frac{3}{2} \end{vmatrix}$$

$$= (-2)(4)(5)(1)(-2)\left(-\frac{3}{2}\right) = -120$$

性質 10

若 A 為 n 階可逆方陣，A^{-1} 為其逆方陣，且 $\det(A) \neq 0$，則

$$\det(A^{-1}) = \frac{1}{\det(A)} \tag{2-6-5}$$

【例題 9】 令 $A = \begin{bmatrix} 1 & 2 \\ 4 & 6 \end{bmatrix}$，則 $A^{-1} = \frac{1}{6-8}\begin{bmatrix} 6 & -2 \\ -4 & 1 \end{bmatrix} = \begin{bmatrix} -3 & 1 \\ 2 & -\frac{1}{2} \end{bmatrix}$

而 $\det(A^{-1}) = \begin{vmatrix} -3 & 1 \\ 2 & -\frac{1}{2} \end{vmatrix} = \frac{3}{2} - 2 = -\frac{1}{2}$

$$\det(A) = \begin{vmatrix} 1 & 2 \\ 4 & 6 \end{vmatrix} = 6 - 8 = -2$$

故
$$\det(A^{-1}) = \frac{1}{\det(A)}$$

性質 11

設 A 為方陣，則
$$\det(A) = \det(A^T)$$

【例題 10】 令 $A = \begin{bmatrix} 1 & 0 & -2 & -1 \\ 2 & 4 & 1 & 3 \\ 5 & -2 & 3 & -1 \\ 1 & -4 & 3 & -5 \end{bmatrix}$，試證 $\det(A) = \det(A^T)$.

【解】 因為 $A^T = \begin{bmatrix} 1 & 2 & 5 & 1 \\ 0 & 4 & -2 & -4 \\ -2 & 1 & 3 & 3 \\ -1 & 3 & -1 & -5 \end{bmatrix}$

$$\det(A) = (1)(-1)^{1+1} \begin{vmatrix} 4 & 1 & 3 \\ -2 & 3 & -1 \\ -4 & 3 & -5 \end{vmatrix} + (-2)(-1)^{1+3} \begin{vmatrix} 2 & 4 & 3 \\ 5 & -2 & -1 \\ 1 & -4 & -5 \end{vmatrix}$$

$$+ (-1)(-1)^{1+4} \begin{vmatrix} 2 & 4 & 1 \\ 5 & -2 & 3 \\ 1 & -4 & 3 \end{vmatrix}$$

$$= 1(-60 + 4 - 18 + 36 - 10 + 12) - 2(20 - 4 - 60 + 6 + 100 - 8)$$
$$+ 1(-12 + 12 - 20 + 2 - 60 + 24)$$
$$= (-36) - 2(54) + (-54)$$
$$= -198$$

$$\det(A^T) = (1)(-1)^{1+1} \begin{vmatrix} 4 & -2 & -4 \\ 1 & 3 & 3 \\ 3 & -1 & -5 \end{vmatrix} + (2)(-1)^{1+2} \begin{vmatrix} 0 & -2 & -4 \\ -2 & 3 & 3 \\ -1 & -1 & -5 \end{vmatrix}$$

$$+5(-1)^{1+3}\begin{vmatrix} 0 & 4 & -4 \\ -2 & 1 & 3 \\ -1 & 3 & -5 \end{vmatrix}+(1)(-1)^{1+4}\begin{vmatrix} 0 & 4 & -2 \\ -2 & 1 & 3 \\ -1 & 3 & -1 \end{vmatrix}$$

$$=1(-60-18+4+36-10+12)-2(0+6-8-12+20+0)$$
$$+5(0-12+24-4-40+0)-1(0-12+12-2-8+0)$$
$$=(-36)-2(6)+5(-32)-(-10)$$
$$=-198$$

故 $\qquad \det(A)=\det(A^T)=-198$

【例題 11】 試證明 $\det(A^T B^T)=(\det(A))(\det(B^T))=(\det(A^T))(\det(B))$.

【解】 (i) $\det(A^T B^T)=(\det(A^T))(\det(B^T))=(\det(A))\cdot(\det(B^T))$
   (因 $\det(A)=\det(A^T)$)

(ii) $\det(A^T B^T)=(\det(A^T))(\det(B^T))=(\det(A^T))\cdot(\det(B))$
   (因 $\det(B)=\det(B^T)$)

故由 (i)、(ii)，得

$$\det(A^T B^T)=(\det(A))\cdot(\det(B^T))=(\det(A^T))\cdot(\det(B))$$

習題 2-6

1. 在下列各題中，選定一行或列，以餘因子展開求行列式的值.

(1) $A=\begin{bmatrix} -3 & 0 & 7 \\ 2 & 5 & 1 \\ -1 & 0 & 5 \end{bmatrix}$ 　　(2) $A=\begin{bmatrix} 3 & 3 & 1 \\ 1 & 0 & -4 \\ 1 & -3 & 5 \end{bmatrix}$

(3) $A=\begin{bmatrix} 3 & 3 & 0 & 5 \\ 2 & 2 & 0 & -2 \\ 4 & 1 & -3 & 0 \\ 2 & 10 & 3 & 2 \end{bmatrix}$

2. 試利用行列式的性質求下列各行列式的值.

(1) $\begin{vmatrix} 5 & 2 & 10 & -3 \\ 1 & -4 & -9 & 6 \\ -7 & 14 & 6 & -21 \\ 9 & 8 & 15 & -12 \end{vmatrix}$
(2) $\begin{vmatrix} -4 & -10 & 8 & 5 \\ -5 & -9 & 9 & 4 \\ -3 & -11 & 7 & 6 \\ 8 & 7 & 6 & 5 \end{vmatrix}$

(3) $\begin{vmatrix} 2 & -1 & 5 & 8 \\ 3 & 3 & 3 & 10 \\ 2 & 3 & 1 & 6 \\ 5 & 7 & 4 & 2 \end{vmatrix}$
(4) $\begin{vmatrix} 2 & -3 & 2 & 5 & 3 \\ -3 & 4 & -2 & -5 & -4 \\ 2 & -2 & 6 & 2 & -5 \\ 5 & -5 & 2 & 8 & -6 \\ 3 & -4 & -5 & 6 & 10 \end{vmatrix}$

3. 若 $A = \begin{bmatrix} -2 & 1 & 0 & 4 \\ 3 & -1 & 5 & 2 \\ -2 & 7 & 3 & 1 \\ 3 & -7 & 2 & 5 \end{bmatrix}$, 試求 $\det(A)$.

4. 設 $A = \begin{bmatrix} 1 & 0 & 3 & 0 \\ 2 & 1 & 4 & -1 \\ 3 & 2 & 4 & 0 \\ 0 & 3 & -1 & 0 \end{bmatrix}$, 試計算第三行元素的所有餘因子.

5. 試求所有的 λ 值滿足 $\begin{vmatrix} \lambda+2 & -1 & 3 \\ 2 & \lambda-1 & 2 \\ 0 & 0 & \lambda+4 \end{vmatrix} = 0$

6. 若 $A = \begin{bmatrix} 1+x & 2 & 3 & 4 \\ 1 & 2+x & 3 & 4 \\ 1 & 2 & 3+x & 4 \\ 1 & 2 & 3 & 4+x \end{bmatrix}$, 試證 $\det(A) = (10+x)x^3$.

7. 設 P 為可逆方陣, 試證: 若 $B = PAP^{-1}$, 則 $\det(B) = \det(A)$.

2-7　餘因子展開式與克雷莫法則

我們在 2-4 節中曾經利用矩陣的基本列運算去求一可逆方陣的反方陣，但是當方陣的階數不太大時 (一般為三階)，我們可以利用行列式的方法求反方陣. 首先考慮一個三階方陣

$$A = \begin{bmatrix} 1 & 2 & -1 \\ 5 & 3 & 4 \\ -2 & 0 & 1 \end{bmatrix}$$

並發現

$$a_{21}A_{21} + a_{22}A_{22} + a_{23}A_{23} = (5)(-2) + (3)(-1) + (4)(-4)$$
$$= -29$$
$$= \det(A)$$

與

$$a_{31}A_{21} + a_{32}A_{22} + a_{33}A_{23} = (-2)(-2) + (0)(-1) + (1)(-4)$$
$$= 0$$

以及

$$a_{11}A_{11} + a_{21}A_{21} + a_{31}A_{31} = (1)(3) + (5)(-2) + (-2)(11)$$
$$= -29$$
$$= \det(A)$$

與

$$a_{11}A_{12} + a_{21}A_{22} + a_{31}A_{32} = (1)(-13) + (5)(-1) + (-2)(-9)$$
$$= 0$$

綜合以上的結果可得下面之結論.

定理 2-7-1

若 $A = [a_{ij}]$ 為 $n \times n$ 方陣，則下列兩式成立：

(1) $a_{i1}A_{k1} + a_{i2}A_{k2} + \cdots + a_{in}A_{kn} = \begin{cases} \det(A), & \text{若 } i = k \\ 0, & \text{若 } i \neq k \end{cases}$，

(2) $a_{1j}A_{1k} + a_{2j}A_{2k} + \cdots + a_{nj}A_{nk} = \begin{cases} \det(A), & \text{若 } j = k \\ 0, & \text{若 } j \neq k \end{cases}$.

定義 2-7-1

已知方陣 $A=[a_{ij}]_{n\times n}$，且 A_{ij} 為 a_{ij} 的餘因子，則方陣 $\mathrm{adj}\, A=[A_{ij}]^T$ 稱為 A 的伴隨矩陣 (adjoint of A).

【例題 1】 設 $A=\begin{bmatrix} 3 & -2 & 1 \\ 5 & 6 & 2 \\ 1 & 0 & -3 \end{bmatrix}$，試計算 $\mathrm{adj}\, A$.

【解】 A 的餘因子如下：

$$A_{11}=(-1)^{1+1}\begin{vmatrix} 6 & 2 \\ 0 & -3 \end{vmatrix}=-18, \quad A_{12}=(-1)^{1+2}\begin{vmatrix} 5 & 2 \\ 1 & -3 \end{vmatrix}=17,$$

$$A_{13}=(-1)^{1+3}\begin{vmatrix} 5 & 6 \\ 1 & 0 \end{vmatrix}=-6, \quad A_{21}=(-1)^{2+1}\begin{vmatrix} -2 & 1 \\ 0 & -3 \end{vmatrix}=-6,$$

$$A_{22}=(-1)^{2+2}\begin{vmatrix} 3 & 1 \\ 1 & -3 \end{vmatrix}=-10, \quad A_{23}=(-1)^{2+3}\begin{vmatrix} 3 & -2 \\ 1 & 0 \end{vmatrix}=-2,$$

$$A_{31}=(-1)^{3+1}\begin{vmatrix} -2 & 1 \\ 6 & 2 \end{vmatrix}=-10, \quad A_{32}=(-1)^{3+2}\begin{vmatrix} 3 & 1 \\ 5 & 2 \end{vmatrix}=-1,$$

$$A_{33}=(-1)^{3+3}\begin{vmatrix} 3 & -2 \\ 5 & 6 \end{vmatrix}=28$$

則

$$\mathrm{adj}\, A=\begin{bmatrix} A_{11} & A_{21} & A_{31} \\ A_{12} & A_{22} & A_{32} \\ A_{13} & A_{23} & A_{33} \end{bmatrix}=\begin{bmatrix} -18 & -6 & -10 \\ 17 & -10 & -1 \\ -6 & -2 & 28 \end{bmatrix}$$

定理 2-7-2

已知 $A=[a_{ij}]_{n\times n}$，則

$$A(\mathrm{adj}\, A)=(\mathrm{adj}\, A)(A)=\det(A)I_n$$

證

$$A(\text{adj } A) = \begin{bmatrix} a_{11} & a_{12} & a_{13} & \cdots & a_{1n} \\ a_{21} & a_{22} & a_{23} & \cdots & a_{2n} \\ \vdots & \vdots & \vdots & & \vdots \\ a_{i1} & a_{i2} & a_{i3} & \cdots & a_{in} \\ \vdots & \vdots & \vdots & & \vdots \\ a_{n1} & a_{n2} & a_{n3} & \cdots & a_{nn} \end{bmatrix} \begin{bmatrix} A_{11} & A_{21} & \cdots & A_{j1} & \cdots & A_{n1} \\ A_{12} & A_{22} & \cdots & A_{j2} & \cdots & A_{n2} \\ A_{13} & A_{23} & \cdots & A_{j3} & \cdots & A_{n3} \\ \vdots & \vdots & & \vdots & & \vdots \\ \vdots & \vdots & & \vdots & & \vdots \\ A_{1n} & A_{2n} & \cdots & A_{jn} & \cdots & A_{nn} \end{bmatrix}$$

由定理 2-7-1(1) 知，矩陣乘積 $A(\text{adj } A)$ 中第 i 列第 j 行之元素為

$$a_{i1}A_{j1} + a_{i2}A_{j2} + a_{i3}A_{j3} + \cdots + a_{in}A_{jn} = \begin{cases} \det(A), & \text{若 } i = j \\ 0, & \text{若 } i \neq j \end{cases}$$

亦即

$$A(\text{adj } A) = \begin{bmatrix} \det(A) & 0 & 0 & \cdots & 0 \\ 0 & \det(A) & 0 & \cdots & 0 \\ 0 & 0 & \det(A) & \cdots & 0 \\ \vdots & \vdots & \vdots & & \vdots \\ 0 & 0 & 0 & \cdots & \det(A) \end{bmatrix} = \det(A) I_n$$

由定理 2-7-1(2) 知，矩陣乘積 $(\text{adj } A)A$ 中第 i 列第 j 行之元素為

$$a_{1i}A_{1j} + a_{2i}A_{2j} + a_{3i}A_{3j} + \cdots + a_{ni}A_{nj} = \begin{cases} \det(A), & \text{若 } i = j \\ 0, & \text{若 } i \neq j \end{cases}$$

可得 $(\text{adj } A)A = \det(A) I_n$

因此， $A(\text{adj } A) = (\text{adj } A)A = \det(A) I_n$

定理 2-7-3

若 A 為一可逆方陣，則

$$A^{-1} = \frac{1}{\det(A)} (\text{adj } A)$$

證　由定理 2-7-2 知，$A(\text{adj } A) = \det(A)I_n$，所以，若 $\det(A) \neq 0$，則

$$A \frac{1}{\det(A)} (\text{adj } A) = \frac{1}{\det(A)} [A(\text{adj } A)]$$

$$= \frac{1}{\det(A)} (\det(A)I_n) = I_n$$

所以，矩陣 $\left(\dfrac{1}{\det(A)}\right)(\text{adj } A)$ 為 A 的逆方陣.

因此，$$A^{-1} = \frac{1}{\det(A)} (\text{adj } A)$$

推論 1：方陣 A 為可逆方陣的充要條件為 $\det(A) \neq 0$.

推論 2：若 A 為方陣，則齊次方程組 $AX = 0$ 有一組非明顯解的充要條件為 $\det(A) = 0$.

【例題 2】　求 $A = \begin{bmatrix} 3 & -2 & 1 \\ 5 & 6 & 2 \\ 1 & 0 & -3 \end{bmatrix}$ 的逆方陣，並驗證 $AA^{-1} = I_3$.

【解】　利用例題 1 所求得的 adj A，

$$\text{adj } A = \begin{bmatrix} -18 & -6 & -10 \\ 17 & -10 & -1 \\ -6 & -2 & 28 \end{bmatrix}$$

又 $\det(A) = \begin{vmatrix} 3 & -2 & 1 \\ 5 & 6 & 2 \\ 1 & 0 & -3 \end{vmatrix} = 3\begin{vmatrix} 6 & 2 \\ 0 & -3 \end{vmatrix} - (-2)\begin{vmatrix} 5 & 2 \\ 1 & -3 \end{vmatrix} + 1\begin{vmatrix} 5 & 6 \\ 1 & 0 \end{vmatrix}$

$= 3(-18) - (-2)(-15 - 2) + (-6)$

$= -94$

故 $A^{-1} = \dfrac{1}{\det(A)} (\text{adj } A) = -\dfrac{1}{94} \begin{bmatrix} -18 & -6 & -10 \\ 17 & -10 & -1 \\ -6 & -2 & 28 \end{bmatrix}$

$$= \begin{bmatrix} \dfrac{9}{47} & \dfrac{3}{47} & \dfrac{5}{47} \\ -\dfrac{17}{94} & \dfrac{5}{47} & \dfrac{1}{94} \\ \dfrac{3}{47} & \dfrac{1}{47} & -\dfrac{14}{47} \end{bmatrix}$$

$$AA^{-1} = \begin{bmatrix} 3 & -2 & 1 \\ 5 & 6 & 2 \\ 1 & 0 & -3 \end{bmatrix} \begin{bmatrix} \dfrac{9}{47} & \dfrac{3}{47} & \dfrac{5}{47} \\ -\dfrac{17}{94} & \dfrac{5}{47} & \dfrac{1}{94} \\ \dfrac{3}{47} & \dfrac{1}{47} & -\dfrac{14}{47} \end{bmatrix}$$

$$= \begin{bmatrix} \dfrac{27}{47}+\dfrac{34}{94}+\dfrac{3}{47} & \dfrac{9}{47}-\dfrac{10}{47}+\dfrac{1}{47} & \dfrac{15}{47}-\dfrac{2}{94}-\dfrac{14}{47} \\ \dfrac{45}{47}-\dfrac{102}{94}+\dfrac{6}{47} & \dfrac{15}{47}+\dfrac{30}{47}+\dfrac{2}{47} & \dfrac{25}{47}+\dfrac{6}{94}-\dfrac{28}{47} \\ \dfrac{9}{47}+0-\dfrac{9}{47} & \dfrac{3}{47}+0-\dfrac{3}{47} & \dfrac{5}{47}+0+\dfrac{42}{47} \end{bmatrix}$$

$$= \begin{bmatrix} 1 & 0 & 0 \\ 0 & 1 & 0 \\ 0 & 0 & 1 \end{bmatrix}$$

【例題 3】 已知下列之線性方程組

$$\begin{cases} x_1 - x_2 + x_3 = 1 \\ 2x_1 + x_2 - 3x_3 = 0 \\ x_1 + 3x_2 - 2x_3 = 2 \end{cases}$$

試利用 $A^{-1} = \dfrac{1}{\det(A)} (\text{adj } A)$ 解此方程組.

【解】 線性方程組所對應之係數矩陣為

$$A = \begin{bmatrix} 1 & -1 & 1 \\ 2 & 1 & -3 \\ 1 & 3 & -2 \end{bmatrix}$$

且 $\det(A) = \begin{vmatrix} 1 & -1 & 1 \\ 2 & 1 & -3 \\ 1 & 3 & -2 \end{vmatrix} = 1\begin{vmatrix} 1 & -3 \\ 3 & -2 \end{vmatrix} - (-1)\begin{vmatrix} 2 & -3 \\ 1 & -2 \end{vmatrix} + 1\begin{vmatrix} 2 & 1 \\ 1 & 3 \end{vmatrix}$

$= 1(-2+9) + 1(-4+3) + 1(6-1)$

$= 7 - 1 + 5 = 11$

A 的餘因子如下：

$A_{11} = (-1)^{1+1} \begin{vmatrix} 1 & -3 \\ 3 & -2 \end{vmatrix} = 7,$ $\quad A_{12} = (-1)^{1+2} \begin{vmatrix} 2 & -3 \\ 1 & -2 \end{vmatrix} = 1,$

$A_{13} = (-1)^{1+3} \begin{vmatrix} 2 & 1 \\ 1 & 3 \end{vmatrix} = 5,$ $\quad A_{21} = (-1)^{2+1} \begin{vmatrix} -1 & 1 \\ 3 & -2 \end{vmatrix} = 1,$

$A_{22} = (-1)^{2+2} \begin{vmatrix} 1 & 1 \\ 1 & -2 \end{vmatrix} = -3,$ $\quad A_{23} = (-1)^{2+3} \begin{vmatrix} 1 & -1 \\ 1 & 3 \end{vmatrix} = -4,$

$A_{31} = (-1)^{3+1} \begin{vmatrix} -1 & 1 \\ 1 & -3 \end{vmatrix} = 2,$ $\quad A_{32} = (-1)^{3+2} \begin{vmatrix} 1 & 1 \\ 2 & -3 \end{vmatrix} = 5,$

$A_{33} = (-1)^{3+3} \begin{vmatrix} 1 & -1 \\ 2 & 1 \end{vmatrix} = 3$

則 $\quad \operatorname{adj} A = \begin{bmatrix} A_{11} & A_{21} & A_{31} \\ A_{12} & A_{22} & A_{32} \\ A_{13} & A_{23} & A_{33} \end{bmatrix} = \begin{bmatrix} 7 & 1 & 2 \\ 1 & -3 & 5 \\ 5 & -4 & 3 \end{bmatrix}$

故 $\quad A^{-1} = \dfrac{1}{\det(A)} (\operatorname{adj} A) = \dfrac{1}{11} \begin{bmatrix} 7 & 1 & 2 \\ 1 & -3 & 5 \\ 5 & -4 & 3 \end{bmatrix} = \begin{bmatrix} \dfrac{7}{11} & \dfrac{1}{11} & \dfrac{2}{11} \\ \dfrac{1}{11} & \dfrac{-3}{11} & \dfrac{5}{11} \\ \dfrac{5}{11} & \dfrac{-4}{11} & \dfrac{3}{11} \end{bmatrix}$

若令 $X=\begin{bmatrix} x_1 \\ x_2 \\ x_3 \end{bmatrix}$，則 $X=A^{-1}B$，此處 $B=\begin{bmatrix} 1 \\ 0 \\ 2 \end{bmatrix}$.

$$X=\begin{bmatrix} \dfrac{7}{11} & \dfrac{1}{11} & \dfrac{2}{11} \\ \dfrac{1}{11} & \dfrac{-3}{11} & \dfrac{5}{11} \\ \dfrac{5}{11} & \dfrac{-4}{11} & \dfrac{3}{11} \end{bmatrix}\begin{bmatrix} 1 \\ 0 \\ 2 \end{bmatrix}=\begin{bmatrix} \dfrac{11}{11} \\ \dfrac{11}{11} \\ \dfrac{11}{11} \end{bmatrix}=\begin{bmatrix} 1 \\ 1 \\ 1 \end{bmatrix}$$

【例題 4】 若 A 為 $n\times n$ 的奇異方陣，試證明 $A(\text{adj } A)=0$.

【解】 由定理 2-7-2 得知

$$A(\text{adj } A)=(\text{adj } A)A=\det(A)I_n$$

因 A 為奇異方陣，則 $\det(A)=0$，故 $A(\text{adj } A)=0$.

定理 2-7-4　克雷莫法則

設 $\begin{cases} a_{11}x_1+a_{12}x_2+\cdots+a_{1n}x_n=b_1 \\ a_{21}x_1+a_{22}x_2+\cdots+a_{2n}x_n=b_2 \\ \vdots \quad\quad \vdots \quad\quad\quad \vdots \quad\quad\quad \vdots \\ a_{n1}x_1+a_{n2}x_2+\cdots+a_{nn}x_n=b_n \end{cases}$

我們可將此方程組寫成 $AX=B$，其中係數矩陣為

$$A=[a_{ij}]_{n\times n},\quad B=\begin{bmatrix} b_1 & b_2 & \cdots & b_n \end{bmatrix}^T$$

若 $\det(A)\neq 0$，則此方程組有一組唯一解

$$x_1=\frac{\det(A_1)}{\det(A)},\quad x_2=\frac{\det(A_2)}{\det(A)},\quad \cdots,\quad x_n=\frac{\det(A_n)}{\det(A)}$$

其中 A_i 是以 B 取代 A 的第 i 行而得.

證　若 $\det(A) \neq 0$，則 A^{-1} 存在，且線性方程組的解為

$$X = \begin{bmatrix} x_1 \\ x_2 \\ \vdots \\ x_n \end{bmatrix} = A^{-1}B = \left(\frac{1}{\det(A)} \operatorname{adj} A \right) B$$

$$= \begin{bmatrix} \dfrac{A_{11}}{\det(A)} & \dfrac{A_{21}}{\det(A)} & \cdots & \dfrac{A_{n1}}{\det(A)} \\ \dfrac{A_{12}}{\det(A)} & \dfrac{A_{22}}{\det(A)} & \cdots & \dfrac{A_{n2}}{\det(A)} \\ \vdots & \vdots & & \vdots \\ \dfrac{A_{1i}}{\det(A)} & \dfrac{A_{2i}}{\det(A)} & \cdots & \dfrac{A_{ni}}{\det(A)} \\ \vdots & \vdots & & \vdots \\ \dfrac{A_{1n}}{\det(A)} & \dfrac{A_{2n}}{\det(A)} & \cdots & \dfrac{A_{nn}}{\det(A)} \end{bmatrix} \begin{bmatrix} b_1 \\ b_2 \\ \vdots \\ b_i \\ \vdots \\ b_n \end{bmatrix}$$

即 $x_i = \dfrac{1}{\det(A)} (b_1 A_{1i} + b_2 A_{2i} + b_3 A_{3i} + \cdots + b_n A_{ni})$; $i = 1, \ 2, \ \cdots, \ n$

假設

$$A_i = \begin{bmatrix} a_{11} & a_{12} & \cdots & a_{1i-1} & b_1 & a_{1i+1} & \cdots & a_{1n} \\ a_{21} & a_{22} & \cdots & a_{2i-1} & b_2 & a_{2i+1} & \cdots & a_{2n} \\ \vdots & \vdots & & \vdots & \vdots & \vdots & & \vdots \\ a_{n1} & a_{n2} & \cdots & a_{ni-1} & b_n & a_{ni+1} & \cdots & a_{nn} \end{bmatrix}$$

若我們按第 i 行各元素展開以求 $\det(A_i)$ 的值，則可得

$$\det(A_i) = b_1 A_{1i} + b_2 A_{2i} + b_3 A_{3i} + \cdots + b_n A_{ni}$$

故

$$x_i = \frac{\det(A_i)}{\det(A)} \ ; \ i = 1, \ 2, \ \cdots, \ n$$

【例題 5】 試解方程組

$$\begin{cases} 2x_1 + x_2 + x_3 = 0 \\ 4x_1 + 3x_2 + 2x_3 = 2 \\ 2x_1 - x_2 - 3x_3 = 0 \end{cases}.$$

【解】 $\det(A) = \begin{vmatrix} 2 & 1 & 1 \\ 4 & 3 & 2 \\ 2 & -1 & -3 \end{vmatrix} = -18 + 4 - 4 - 6 - (-4) - (-12) = -8 \neq 0$

故方程組有唯一解，其解為

$$x_1 = \frac{1}{-8} \begin{vmatrix} 0 & 1 & 1 \\ 2 & 3 & 2 \\ 0 & -1 & -3 \end{vmatrix} = -\frac{1}{8}(0 + 0 - 2 - 0 - 0 - (-6)) = -\frac{1}{2}$$

$$x_2 = \frac{1}{-8} \begin{vmatrix} 2 & 0 & 1 \\ 4 & 2 & 2 \\ 2 & 0 & -3 \end{vmatrix} = \frac{-16}{-8} = 2$$

$$x_3 = \frac{1}{-8} \begin{vmatrix} 2 & 1 & 0 \\ 4 & 3 & 2 \\ 2 & -1 & 0 \end{vmatrix} = \frac{8}{-8} = -1$$

計算行列式是一項相當複雜的工作，故當 n 很小時 (例如：$n \leq 4$)，克雷莫法則尚可使用；但當 $n > 4$ 時，我們利用矩陣列運算的方法來解方程組.

讀者應注意，利用克雷莫法則求解一次方程組時，

1. 若 $\det(A) \neq 0$，則 n 元一次方程組為相容方程組，其唯一解為

$$x_1 = \frac{\det(A_1)}{\det(A)}, \quad x_2 = \frac{\det(A_2)}{\det(A)}, \quad \cdots, \quad x_n = \frac{\det(A_n)}{\det(A)}$$

2. 若 $\det(A) = \det(A_1) = \det(A_2) = \cdots = \det(A_n) = 0$，則 n 元一次方程組為相依方程組，其有無限多組解.

3. 若 $\det(A)=0$，而 $\det(A_1)\neq 0$，或 $\det(A_2)\neq 0$，…，或 $\det(A_n)\neq 0$，則 n 元一次方程組為矛盾方程組，故此方程組無解.

【例題 6】 試解一次方程組

$$\begin{cases} x_1 - x_2 + 2x_3 = 4 \\ 2x_1 - x_2 + 2x_3 = 1 \\ 5x_1 - 3x_2 + 6x_3 = 6 \end{cases}.$$

【解】 方程組的係數矩陣為

$$A = \begin{bmatrix} 1 & -1 & 2 \\ 2 & -1 & 2 \\ 5 & -3 & 6 \end{bmatrix}$$

而

$$\det(A) = \begin{vmatrix} 1 & -1 & 2 \\ 2 & -1 & 2 \\ 5 & -3 & 6 \end{vmatrix} = -2 \begin{vmatrix} 1 & 1 & 1 \\ 2 & 1 & 1 \\ 5 & 3 & 3 \end{vmatrix} = 0$$

又

$$\det(A_1) = \begin{vmatrix} 4 & -1 & 2 \\ 1 & -1 & 2 \\ 6 & -3 & 6 \end{vmatrix} = -2 \begin{vmatrix} 4 & 1 & 1 \\ 1 & 1 & 1 \\ 6 & 3 & 3 \end{vmatrix} = 0$$

$$\det(A_2) = \begin{vmatrix} 1 & 4 & 2 \\ 2 & 1 & 2 \\ 5 & 6 & 6 \end{vmatrix} = 6 + 40 + 24 - 10 - 12 - 48 = 0$$

$$\det(A_3) = \begin{vmatrix} 1 & -1 & 4 \\ 2 & -1 & 1 \\ 5 & -3 & 6 \end{vmatrix} = -6 - 24 - 5 + 20 + 12 + 3 = 0$$

所以，此方程組有無限多組解.

習題 2-7

1. 設 $A = \begin{bmatrix} 3 & -1 & 2 \\ 0 & 4 & 5 \\ 1 & 3 & 2 \end{bmatrix}$

   (1) 試求 adj A.

   (2) 試計算 $\det(A)$.

   (3) 試證明 $A(\text{adj } A) = (\det(A))I_3$.

2. 設 $A = \begin{bmatrix} -3 & -1 & -3 \\ 0 & 3 & 0 \\ -2 & -1 & -2 \end{bmatrix}$，若 $\det(\lambda I_3 - A) = 0$，試求 λ 的值.

3. λ 為何值時，可使得齊次方程組

$$\begin{cases} (\lambda-2)x + 2y = 0 \\ 2x + (\lambda-2)y = 0 \end{cases}$$

   有一組非明顯解.

4. 試利用 $X = A^{-1}B$ 解下列之線性方程組

$$\begin{cases} 3x_1 - x_2 + 2x_3 = 1 \\ 4x_2 + 5x_3 = -1 \\ x_1 + 3x_2 + 2x_3 = 0 \end{cases}$$

5. 若 A 為 $n \times n$ 的矩陣，試證 $\det(AA^T) \geq 0$.

6. 若 A 為 $n \times n$ 之奇異方陣，試證對任何 $n \times n$ 矩陣 B，AB 為奇異矩陣.

7. 下列的齊次方程組是否有非明顯解？

   (1) $\begin{cases} x_1 - 2x_2 + x_3 = 0 \\ 2x_1 + 3x_2 + x_3 = 0 \\ 3x_1 + x_2 + 2x_3 = 0 \end{cases}$

   (2) $\begin{cases} x_1 + 2x_2 + x_4 = 0 \\ x_1 + 2x_2 + 3x_3 = 0 \\ x_3 + 2x_4 = 0 \\ x_2 + 2x_3 - x_4 = 0 \end{cases}$

8. 試利用克雷莫法則解下列各方程組.

(1) $\begin{cases} x_1 - 2x_2 + x_3 = 7 \\ 2x_1 - 5x_2 + 2x_3 = 6 \\ 3x_1 + x_2 - x_3 = 1 \end{cases}$

(2) $\begin{cases} x_1 + x_2 + x_3 + x_4 = 4 \\ x_1 \quad\quad - 2x_3 + x_4 = 3 \\ \quad\quad x_2 + 3x_3 - x_4 = -1 \\ 2x_1 + x_2 \quad\quad + x_4 = 6 \end{cases}$

9. (1) 若將平面直角坐標系的坐標軸旋轉 θ 角，試證舊平面上 P 點的原始坐標 (x, y) 與新坐標 (x', y') 的關係式為

$$\begin{bmatrix} x \\ y \end{bmatrix} = \begin{bmatrix} \cos\theta & -\sin\theta \\ \sin\theta & \cos\theta \end{bmatrix} \begin{bmatrix} x' \\ y' \end{bmatrix}$$

(2) 若令 $A_\theta = \begin{bmatrix} \cos\theta & -\sin\theta \\ \sin\theta & \cos\theta \end{bmatrix}$

試證明 $A_\alpha A_\beta = A_{\alpha+\beta}$ 且 $\begin{bmatrix} x' \\ y' \end{bmatrix} = \begin{bmatrix} \cos\theta & \sin\theta \\ -\sin\theta & \cos\theta \end{bmatrix} \begin{bmatrix} x \\ y \end{bmatrix}$.

2-8　最小平方法

設 $\begin{array}{c|cccc} x & x_1 & x_2 & x_3 \cdots x_m \\ \hline y & y_1 & y_2 & y_3 \cdots y_m \end{array}$ 為 m 組數據，我們可以在平面上用 m 個點來表示，現欲求一直線 $y_c = a + bx$，使得各點與此直線之距離的平方和為最小. 此直線稱為迴歸直線 (regression line). 迴歸直線常用來做預測，如圖 2-8-1 所示.

如果所給的 m 組數據為 m 個學生的智商及學期成績之數據，其中 x_i 表示智商，y_i 表示學期成績. 利用此 m 組數據，我們可求出一直線，此直線即為迴歸直線 $y_c = a + bx$；以後，若有新來的學生，把其智商數代入迴歸直線中的 x，就能預測其學期成績之大概分數 y_c. 當然，y_c 不見得是該生的正確學期分數，但卻是該生學期分數之近似值，這即為利用迴歸直線來做預測的例子. 求迴歸直線可用求極值之方法求得，步驟如下：

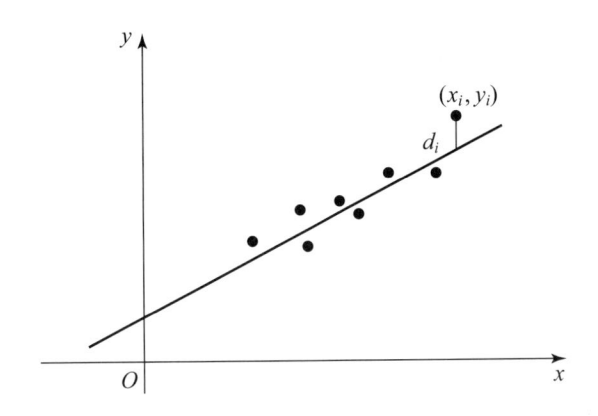

圖 2-8-1

令 $$d_i = y_i - y_{c_i} = y_i - (a + bx_i)$$

及 $$S = \sum_{i=1}^{m} d_i^2 = \sum_{i=1}^{m} (y_i - a - bx_i)^2$$

欲求 S 之極小值，必須令 S 對 a 及 b 的偏導函數皆為 0.

即
$$\begin{cases} \dfrac{\partial S}{\partial a} = -2 \sum_{i=1}^{m} (y_i - a - bx_i) = 0 \\ \dfrac{\partial S}{\partial b} = -2 \sum_{i=1}^{m} x_i (y_i - a - bx_i) = 0 \end{cases}$$

化簡成下列方程組

$$\begin{cases} ma + (\sum_{i=1}^{m} x_i) b = \sum_{i=1}^{m} y_i \\ (\sum_{i=1}^{m} x_i) a + (\sum_{i=1}^{m} x_i^2) b = \sum_{i=1}^{m} x_i y_i \end{cases} \quad (2\text{-}8\text{-}1)$$

統計上稱此聯立方程式 (2-8-1) 為正規方程式 (normal equations)。利用克雷莫法則解上式中之 a 及 b，可得：

$$a=\frac{\begin{vmatrix} \sum\limits_{i=1}^{m} y_i & \sum\limits_{i=1}^{m} x_i \\ \sum\limits_{i=1}^{m} (x_i y_i) & \sum\limits_{i=1}^{m} x_i^2 \end{vmatrix}}{\begin{vmatrix} m & \sum\limits_{i=1}^{m} x_i \\ \sum\limits_{i=1}^{m} x_i & \sum\limits_{i=1}^{m} x_i^2 \end{vmatrix}}=\frac{(\sum\limits_{i=1}^{m} y_i)(\sum\limits_{i=1}^{m} x_i^2)-(\sum\limits_{i=1}^{m} x_i y_i)(\sum\limits_{i=1}^{m} x_i)}{m\sum\limits_{i=1}^{m} x_i^2-(\sum\limits_{i=1}^{m} x_i)^2} \tag{2-8-2}$$

$$b=\frac{\begin{vmatrix} m & \sum\limits_{i=1}^{m} y_i \\ \sum\limits_{i=1}^{m} x_i & \sum\limits_{i=1}^{m} x_i y_i \end{vmatrix}}{\begin{vmatrix} m & \sum\limits_{i=1}^{m} x_i \\ \sum\limits_{i=1}^{m} x_i & \sum\limits_{i=1}^{m} x_i^2 \end{vmatrix}}=\frac{m(\sum\limits_{i=1}^{m} x_i y_i)-(\sum\limits_{i=1}^{m} x_i)(\sum\limits_{i=1}^{m} y_i)}{m\sum\limits_{i=1}^{m} x_i^2-(\sum\limits_{i=1}^{m} x_i)^2} \tag{2-8-3}$$

其中 a、b 稱為迴歸係數 (regression coefficients)。

【例題 1】 已知一組數據

x	1	3	6	9	15
y	5.12	3	2.48	2.34	2.18

利用此組數據求出迴歸直線 $y_c = a + bx$。

【解】 因 $m=5$，故

$$\sum_{i=1}^{5} x_i = 34, \quad \sum_{i=1}^{5} x_i^2 = 352, \quad \sum_{i=1}^{5} y_i = 15.12, \quad \sum_{i=1}^{5} x_i y_i = 82.76$$

代入 (2-8-2) 式與 (2-8-3) 式中，求得

$$a = \frac{(15.12)(352) - (82.76)(34)}{(5)(352) - (34)^2} \approx 4.153$$

$$b = \frac{(5)(82.76) - (34)(15.12)}{(5)(352) - (34)^2} \approx -0.1660$$

故所求迴歸直線為 $y_c = 4.153 - 0.166x$.

習題 2-8

1. 已知一組數據

x	1	2	3	4	5
y	1	3	4	5	6

利用此組數據求出迴歸直線 $y_c = a + bx$.

2. 某藥廠的老闆蒐集該公司每年的利潤金額與年度的廣告支出金額 (兩者皆以千元為單位), 如下所示

年度廣告支出 (x)	12	14	17	21	26	30
年度利潤 (y)	20	35	40	50	50	60

(1) 試決定對這些資料之迴歸直線.

(2) 利用 (1) 中所得之結果, 預測該公司在年度廣告預算為 20,000 元時的年度利潤數額。

3. 某錄影帶出租公司之企劃部門曾做一項市場調查, 發現該公司每月之錄影帶銷售額 x (以千元為單位) 與其企劃中的批發單價 p (元), 如下所示

p	38	36	34.5	30	28.5
x	2.2	5.4	7.0	11.2	14.6

(1) 若其需求曲線為這些資料的迴歸直線, 試求其需求方程式.

(2) 假設生產並配銷這些錄影帶的每月總成本函數為

$$C(x) = 4x + 25$$

其中 x 表生產與銷售的數量 (以千卷為單位) 且 $C(x)$ 以千元為單位. 試決定使該錄影帶出租公司每月利潤為最大之批發單價.

第 3 章
機率論

3-1 隨機試驗、樣本空間與事件

　　人們常用數學方法來描述一些現象，對於若干問題可以依據已知的條件，列出方程式而求得問題的確實答案．但是有一些現象卻無法以一個適當的等式來說明這現象的因果關係，亦無從得知問題的結果會是什麼．例如，擲一枚結構均勻對稱的硬幣，儘管每次擲出的手法相同，卻會得到有時正面朝上、有時反面朝上的不同結果，顯然沒有一個合適的等式可以說明它的因果關係．因此擲一枚硬幣，到底會是哪面朝上就無法預先求得確定的結果．同樣地，對於一些物理現象、社會現象或商業現象，我們所能探討的是某種結果發生的可能性大小．擲一枚硬幣出現正面的可能性有多大？某公司股票明天的行情可能會漲、會跌、持平而不漲不跌，究竟這股票明天會漲的可能性是多少？對於這些現象有系統的研究，就是所謂的**機率論**．

> **定義 3-1-1　隨機試驗**
>
> 觀察一可產生各種**可能結果**或**出象**的過程，稱為試驗；而若各種可能結果的**出象**(或發生)具有不確定性，則此一過程便稱為**隨機試驗**．

【例題 1】　有二袋分別裝黃、紅球，第一袋有 2 黃球 1 紅球，第二袋有 1 黃球 2 紅球，今由二袋任意選取一袋，依次取出一球，共兩次，其結果怎樣？

【解】　由題意得知，在這種試驗中，假設任意選取一袋是第一袋，而後每次取出一球，共兩次，先是黃球，後也是黃球；或先是黃球，後是紅球；或先是紅球，後是黃球；就有三種不同的結果．如果任意選取一袋是第二袋，而後每次取出一球，共兩次，先是黃球，後是紅球；或先是紅球，後是黃球；或先是紅球，後也是紅球；又有三種不同的結果．這種任意由一袋中，每次取出一球，共兩次，其結果可能是上述六種情形中的一種，這就是隨機試驗．其結果雖然不能確定，但可以推定這試驗的可能結果，今將可能的結果列表如下

	1	2	3	4	5	6
袋	I	I	I	II	II	II
第一球	黃	黃	紅	黃	紅	紅
第二球	黃	紅	黃	紅	黃	紅

有時，常將這種隨機試驗所經歷的過程，以三層樹狀圖表示出，就很方便地看出其可能的結果．如圖 3-1-1．

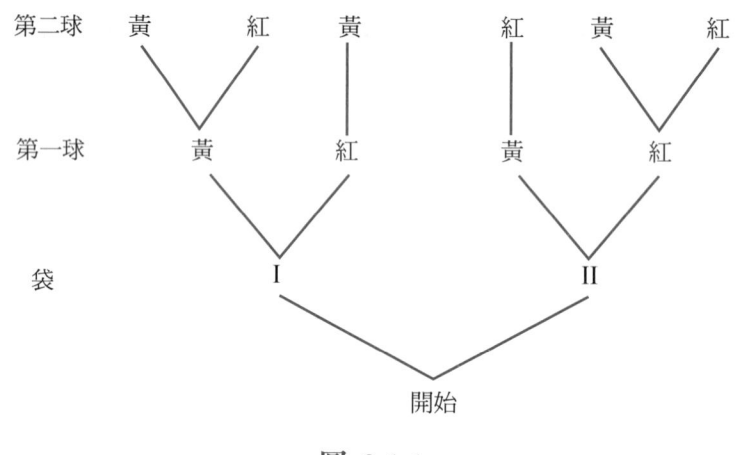

圖 3-1-1

定義 3-1-2

一隨機試驗之各種可能結果的集合，稱為此試驗的樣本空間 (sample space)，通常以 S 表示之．樣本空間內的每一元素，亦即每一個可能出現的結果，稱為樣本點 (sample point)．

定義 3-1-3　有限樣本空間與無限樣本空間

僅含有限個樣本點的樣本空間，稱為**有限樣本空間**；含有無限多個樣本點的樣本空間，稱為**無限樣本空間**.

【例題 2】　調查某班級色盲人數 (設有 50 名學生)，則其樣本空間為 $S=\{0, 1, 2, 3, \cdots, 50\}$，此一樣本空間為有限樣本空間.

【例題 3】　觀察某一燈管之使用壽命，其樣本空間為 $S=\{t \mid t>0\}$，t 表壽命時間，此一樣本空間為無限樣本空間.

定義 3-1-4　事　件

事件 (event) 是樣本空間的子集；只有一個樣本點的事件稱為**基本事件**或**簡單事件**；而含有兩個以上的樣本點之事件，稱為**複合事件**.

依據上面的定義，空集合 (ϕ) 與樣本空間本身 (S) 乃是二個特殊的子集，故亦為事件，但對此二事件有其特別的涵義. 空集合所代表的事件，因它不含任何樣本點，故一般稱為**不可能事件**；而事件 S 包含了樣本空間內的所有樣本點，必然會發生，故一般稱為**必然事件**.

【例題 4】　擲一骰子，觀察其出現在上方的點數結果，則此隨機試驗的樣本空間為
$S=\{1, 2, 3, 4, 5, 6\}$，而子集
　　$E_1=\{1, 3, 5\}$ 表出現奇數點的事件.
　　$E_2=\{2, 4, 6\}$ 表出現偶數點的事件.
　　$E_3=\{1, 2, 3, 4\}$ 表出現的點數不超過 5 的事件.
　　$E_4=\{5, 6\}$ 表出現的點數至少為 5 的事件.

【例題 5】　投擲三枚硬幣，求其樣本空間及出現二正面的事件.

【解】　(1) 樣本空間為

$$S=\{(正，正，正),(正，正，反),(正，反，正),(反，正，正),$$
$$(正，反，反),(反，正，反),(反，反，正),(反，反，反)\}.$$

(2) 出現二正面的事件為

$$E=\{(正，正，反),(正，反，正),(反，正，正)\}.$$

定義 3-1-5

事件 A 關於 S 的補集合 (complement)，是不在 A 內所有 S 元素的子集. A 的補集合以符號 A' 表示. 我們稱 A' 為 A 之餘事件，或稱 A 和 A' 為**互補事件**.

【例題 6】 若以某公司的所有員工作為樣本空間 S，令所有男性員工所成的子集對應於一事件 A，則對應於另一事件 A' 表所有女性員工，亦為 S 的一個子集，且為男性員工事件 A 的餘事件.

現在我們考慮對事件來進行運算，使其形成一新的事件. 這些新的事件會跟已知事件一樣是同一個樣本空間的子集. 假設 A 與 B 是兩個與隨機試驗有關的事件，也就是說，A 與 B 是同一樣本空間 S 的子集. 例如擲骰子的時候可以讓 A 是出現奇數點的事件，而 B 是點數大於 2 的事件，則子集 $A=\{1, 3, 5\}$ 與 $B=\{3, 4, 5, 6\}$ 都是同一個樣本空間

$$S=\{1, 2, 3, 4, 5, 6\}$$

的子集. 但讀者應注意：如果出象是子集 $\{3, 5\}$ 的元素之一，A 與 B 兩個事件都會在同一個已知的投擲中發生. 這個子集 $\{3, 5\}$ 就是 A 與 B 的交集.

定義 3-1-6

事件 A 與 B 的交集是包含 A 與 B 所有共同元素的事件，以符號 $A \cap B$ 表示，稱之為 A 與 B 之積事件.

定義 3-1-7　互斥事件

如果 $A \cap B = \phi$ 的話，事件 A 與 B 就是<u>互斥</u> (mutually exclusive) 或不相連 (disjoint). 也就是說，A 與 B 沒有相同元素.

一般與隨機試驗有關的二個事件中，我們會對其中至少一個事件是否發生感興趣. 因此，在擲骰子的試驗裡，如果

$$A = \{2,\ 4,\ 6\} \text{ 且 } B = \{4,\ 5,\ 6\}$$

我們想知道的可能是：不是 A 發生就是 B 發生，或者是兩個事件都發生. 此類事件叫做 A 和 B 的聯集，如果出象是子集 $\{2,\ 4,\ 5,\ 6\}$ 的元素之一的話，即發生這個事件.

定義 3-1-8　和事件

事件 A 與 B 的聯集 (union) 是包含所有屬於 A 或 B 或兩者都擁有之元素的事件，以符號 $A \cup B$ 來表示，稱之為 A 與 B 之和事件.

定義 3-1-9　聯合事件

所謂聯合事件乃是兩個或以上的事件，透過交集或聯集之運算所構成的事件.

【例題 7】　擲一骰子，其樣本空間為 $S = \{1,\ 2,\ 3,\ 4,\ 5,\ 6\}$. 令 A 表示奇數點的事件，B 表示偶數點的事件，C 表示小於 4 點的事件，亦即

$$A = \{1,\ 3,\ 5\}, \qquad B = \{2,\ 4,\ 6\}, \qquad C = \{1,\ 2,\ 3\}$$

於是可得出下列的聯合事件

$$A \cup B = \{1,\ 2,\ 3,\ 4,\ 5,\ 6\} = S$$
$$A \cap B = \phi$$
$$A \cup C = \{1,\ 2,\ 3,\ 5\}$$

$$A \cap C = \{1, 3\}$$
$$B' \cap C' = \{1, 3, 5\} \cap \{4, 5, 6\} = \{5\}$$

3-2　機率的定義與基本定理

有了樣本空間與事件的觀念之後，我們再來探討什麼叫做機率．

定義 3-2-1

機率是衡量某一事件可能發生的程度(機會大小)，並針對此一不確定事件發生之可能性賦予一量化的數值．

由以上的定義得知，機率是一個介於 0 和 1 之間的實數，當機率為 0 時，表示這項事件絕不可能發生；而機率為 1 時，則表示這項事件必定發生．

機率測度的方法

1. 古典方法的機率測度

在一有限的樣本空間 S 中，某一事件 E 的機率 $P(E)$ 定義為

$$P(E) = \frac{n(E)}{n(S)} \tag{3-2-1}$$

式中的 $n(S)$ 與 $n(E)$ 分別代表樣本空間與事件所包含的樣本點個數．

【例題 1】　一袋中有 3 黑球 2 白球，自其中任取 2 球，則此 2 球為一黑、一白的機率為何？

【解】　自 5 個球 (3 黑，2 白) 中任取 2 球的可能結果有 $C_2^5 = 10$ 種．故樣本空間 S 之元素個數為 $n(S) = 10$．
設取出一黑球、一白球的事件為 E，則因 1 黑球一定是由 3 黑球中取出，故有 $C_1^3 = 3$ 種可能．同理，1 白球是由 2 白球中取出，故有 $C_1^2 = 2$ 種可能．由乘法原理知取出一黑球、一白球的可能情形有 $C_1^3 \cdot C_1^2 = 3 \times 2 = 6$ 種，故

$n(E) = 6$，因此，

$$P(E) = \frac{n(E)}{n(S)} = \frac{6}{10} = \frac{3}{5}$$

【例題 2】 用 teacher 一字的七個字母作任意排列，試求相同二字母相鄰之機率.

【解】 teacher 一字的字母中有二個 e，所以這七個字母任意排列的所有可能情形共有 $\frac{7!}{2!} = 2520$ 種. 故樣本空間 S 之元素個數為 $n(S) = 2520$.

設相同二字母相鄰之事件為 E. 二個字母 e 相鄰的排法有 $6! = 720$ 種可能，故

$$P(E) = \frac{n(E)}{n(S)} = \frac{720}{2520} = \frac{2}{7}$$

【例題 3】 某銀行徵求兩位行員，應徵者有 20 位，其中有 8 位為男性，有 12 位為女性. 如果該銀行之經理想由其中隨意任選兩位任用，試求恰好選出兩位是一男一女的機率為何？

【解】 由 20 位應徵者任選兩位任用之方法共有 C_2^{20} 種選法，故樣本空間 S 之元素個數為 $n(S) = C_2^{20}$. 假設恰好選出的兩位是一男一女的事件為 E，故 $n(E) = C_1^8 \cdot C_1^{12}$. 因此，恰好選出兩位是一男一女的機率為

$$P(E) = \frac{n(E)}{n(S)} = \frac{C_1^8 \cdot C_1^{12}}{C_2^{20}} = \frac{48}{95}$$

2. 相對次數方法之機率測度

一隨機試驗重複進行 N 次，若事件 E 出現 n 次，則其機率 $P(E)$ 約為

$$P(E) \approx \frac{n}{N} \tag{3-2-2}$$

式 (3-2-2) 中，$\frac{n}{N}$ 實際上即代表相對次數，而相對次數方法的重要觀念即在於，當試驗次數 N 趨於無限大時，則相對次數之極限值 (穩定的趨勢值) 可作為事件機率的測度，亦即

$$P(E) \approx \lim_{N \to \infty} \frac{n}{N} \tag{3-2-3}$$

【例題 4】　令 E 代表擲一骰子而得到 3 點的事件，如果擲一骰子 100 次，而出現 3 點共 25 次，則 E 的相對次數為 $\frac{25}{100}=0.25$，此即事件 E 之機率的估計值. 同樣的，若再擲此骰子 100 次，其中 3 點出現 15 次，則此時 $P(E) \approx \frac{15}{100} = 0.15$. 如果將此前後兩次的試驗結合之，則 $N=200$，其中 3 點出現之相對次數為 $\frac{25+15}{200} = \frac{40}{200} = 0.2$，亦即可將之視為事件 E 之機率的估計值.

機率之性質

定義 3-2-2

設 S 表示樣本空間，E 為任一事件，則

(1) $P(S)=1$；$P(\phi)=0$

(2) $0 \leq P(E) \leq 1$

(3) 設事件 E_1、E_2、E_3、$\cdots$、E_n 為<u>互斥事件</u>，則

$$P(E_1 \cup E_2 \cup E_3 \cup \cdots \cup E_n) = P(E_1) + P(E_2) + P(E_3) + \cdots + P(E_n)$$

定理 3-2-1　加法律

(1) 如果 A 和 B 是任意兩個事件，則

$$P(A \cup B) = P(A) + P(B) - P(A \cap B)$$

推論 1：如果 A 和 B <u>互斥</u>，則

$$P(A \text{ 或 } B) = P(A \cup B) = P(A) + P(B)$$

推論 2：如果 A_1、A_2、A_3、$\cdots$、A_n <u>互斥</u>，則

$$P(A_1 \cup A_2 \cup A_3 \cup \cdots \cup A_n) = P(A_1) + P(A_2) + P(A_3) + \cdots + P(A_n)$$

如果 A_1、A_2、A_3、$\cdots$、A_n 互斥且 $A_1 \cup A_2 \cup A_3 \cup \cdots \cup A_n = S$,則樣本空間 S 的事件 $\{A_1, A_2, A_3, \cdots, A_n\}$ 稱為 S 的一個分割.

推論 3:如果 A_1、A_2、A_3、$\cdots$、A_n 是樣本空間 S 的一個分割,則

$$\begin{aligned} P(A_1 \cup A_2 \cup A_3 \cup \cdots \cup A_n) &= P(A_1) + P(A_2) + P(A_3) + \cdots + P(A_n) \\ &= P(S) \\ &= 1 \end{aligned}$$

(2) 對於三個事件 A、B 和 C 而言,

$P(A \cup B \cup C)$
$= P(A) + P(B) + P(C) - P(A \cap B) - P(A \cap C) - P(B \cap C) + P(A \cap B \cap C)$

(3) 對於任一事件 A,則 $P(A') = 1 - P(A)$.

定理 3-2-2

若 A、B 為 S 中的兩事件,則 $P(B) = P(A \cap B) + P(A' \cap B)$.

【例題 5】 某投資機構選擇一個適當的投資機會,預估第一年可獲得利潤的可能年利率及其出現的機率如下表所示:

可能的年利率 (%)	5	6	7	8	9	10	11	12	13	14	15
每個年利率會出現的機率	0.04	0.06	0.10	0.15	0.18	0.20	0.12	0.06	0.03	0.05	0.01

試問第一年可獲得利潤的年利率至少為 9% 的機率為多少?

【解】 設 A 為第一年可獲得利潤之年利率至少為 9% 的事件,則

$$A = \{9, 10, 11, 12, 13, 14, 15\}$$

其機率為

$$P(A) = 0.18 + 0.20 + 0.12 + 0.06 + 0.03 + 0.05 + 0.01 = 0.65$$

【例題 6】 金橡公司每次之媒體廣告都是透過台視、TVBS、東森等三台，以及正聲廣播公司、工商時報、經濟日報、自由時報播報或刊登，其可能之機率如下

樣本空間 S	台視	TVBS	東森	正聲	工商時報	經濟日報	自由時報
機　率	0.16	0.14	0.16	0.09	0.21	0.14	0.10

若目前金橡公司想提升業績，又想刊登一次廣告，其可能透過上述相關媒體的機率仍與上表相同，試問這次會透過電視台播報或經濟日報刊登的機率為多少？

【解】 設 A 為透過電視台播報廣告的事件，B 為透過經濟日報刊登廣告的事件. 由於透過電視台播報廣告就不會在經濟日報刊登廣告，反之亦然. 因而 A 與 B 為互斥事件，故欲求的機率為

$$\begin{aligned}P(A \cup B) &= P(A) + P(B) \\ &= (0.16 + 0.14 + 0.16) + 0.14 \\ &= 0.6\end{aligned}$$

【例題 7】 設 S 為樣本空間 $A \subset S$，$B \subset S$，$C \subset S$，$P(A) = P(B) = P(C) = \dfrac{1}{4}$，$P(A \cap B) = \dfrac{1}{5}$，$P(A \cap C) = P(B \cap C) = 0$，試求：

(1) $P(A \cup B \cup C)$ 　　　　(2) $P(A' \cap B')$

【解】 (1) 因 $P(A \cap C) = 0$，$P(B \cap C) = 0$，所以，$P(A \cap B \cap C) = 0$

$$\begin{aligned}P(A \cup B \cup C) &= P(A) + P(B) + P(C) - P(A \cap B) - P(A \cap C) \\ &\quad - P(B \cap C) + P(A \cap B \cap C) \\ &= \frac{1}{4} + \frac{1}{4} + \frac{1}{4} - \frac{1}{5} = \frac{11}{20}\end{aligned}$$

(2) $P(A' \cap B') = P(A \cup B)' = 1 - P(A \cup B)$
$= 1 - [P(A) + P(B) - P(A \cap B)]$

$$= 1 - \left[\frac{1}{4} + \frac{1}{4} - \frac{1}{5}\right] = \frac{7}{10}$$

【例題 8】 設 A、B、C 為三事件，且 $P(A) = P(B) = P(C) = \frac{1}{4}$，$P(A \cap B) = P(B \cap C) = 0$，$P(C \cap A) = \frac{1}{8}$，試求

(1) A、B、C 三事件之中至少發生一件的機率.

(2) A、B、C 均不發生的機率.

【解】 $(A \cap B \cap C) \subseteq (A \cap B) \Rightarrow P(A \cap B \cap C) \leq P(A \cap B)$

因 $P(A \cap B) = 0$，故 $P(A \cap B \cap C) = 0$

(1) A、B、C 三事件之中至少發生一件的機率為

$$P(A \cup B \cup C) = P(A) + P(B) + P(C) - P(A \cap B) - P(B \cap C)$$
$$- P(C \cap A) + P(A \cap B \cap C)$$
$$= \frac{1}{4} + \frac{1}{4} + \frac{1}{4} - 0 - 0 - \frac{1}{8} + 0 = \frac{5}{8}$$

(2) A、B、C 均不發生的機率為

$$P(A' \cap B' \cap C') = P(A \cup B \cup C)' = 1 - P(A \cup B \cup C)$$
$$= 1 - \frac{5}{8} = \frac{3}{8}$$

【例題 9】 甲、乙兩人以手槍射擊，甲的命中率為 0.8，乙的命中率為 0.7，兩人同時的命中率為 0.6，試求

(1) 兩人均未命中的機率． (2) 乙命中但甲未命中的機率．

【解】 設 A 與 B 分別表示甲與乙命中的事件，則

$$P(A) = 0.8, \quad P(B) = 0.7, \quad P(A \cap B) = 0.6$$

(1) 因 $\quad A' \cap B' = (A \cup B)'$

故 $\quad P(A' \cap B') = P((A \cup B)') = 1 - P(A \cup B)$

$$= 1 - P(A) - P(B) + P(A \cap B)$$
$$= 1 - 0.8 - 0.7 + 0.6$$
$$= 0.1$$

(2) 因 $\quad P(B) = P(B \cap A) + P(B \cap A')$

故 $\quad P(A' \cap B) = P(B) - P(A \cap B)$
$$= 0.7 - 0.6$$
$$= 0.1$$

【例題 10】 農林水果行將水蜜桃與梨子兩種水果合裝成一箱出售，每箱都以 40 個裝成，其中大小均有，且個數如下：

	大	小	合計
梨子	16	14	30
水蜜桃	6	4	10
合計	22	18	40

現有某一位客人擬購買一箱 40 個裝的大梨子，老闆拿了一箱已包裝好的水果給他．該客人為了慎重起見就隨意由箱中抽出一個，如果發現是水蜜桃或小梨子就不買，試問這位客人抽出的一個恰好是水蜜桃或小梨子的機率為多少？

【解】 設 B 為該位客人隨意抽出一個水果是水蜜桃的事件，C 為抽出小水果的事件．由上表的資料，得

$$P(B) = \frac{10}{40} , P(C) = \frac{18}{40} , P(B \cap C) = \frac{4}{40}$$

因此，所欲求的機率為

$$P(B \cup C) = P(B) + P(C) - P(B \cap C)$$
$$= \frac{10}{40} + \frac{18}{40} - \frac{4}{40} = \frac{24}{40} = \frac{3}{5}$$

習題 3-1

1. 一枚品質均勻的硬幣，向空投擲三次，俟落地後，觀察其正面 (H) 或反面 (T) 出現在地面上，試寫出此隨機試驗之樣本空間，並做此隨機試驗的樹狀圖．

2. 投擲一黑一白兩骰子，試寫出其樣本空間．

3. 在第 2 題中，試描述下列各事件．
   (1) 兩骰子點數和為 7．　　(2) 兩骰子點數和大於等於 10．
   (3) 最大點數等於 2．　　(4) 最小點數等於 1．

4. 試求一電燈泡使用壽命所構成的樣本空間及此電燈泡使用壽命在十年以內的事件．

5. 設某隨機試驗的樣本空間為 S，而 $A、B \subset S$．若某次試驗產生的樣本為 a．試解釋下列各問題．
   (1) $a \in A'$　　(2) $a \in A \cup B$　　(3) $a \in A \cap B$
   (4) $A \subset B$　　(5) $A = \phi$

6. 設 $A、B$ 為兩事件，且 $P(A \cup B) = \dfrac{3}{4}$，$P(A') = \dfrac{2}{3}$，$P(A \cap B) = \dfrac{1}{4}$．試求
   (1) $P(B)$　　(2) $P(A - B)$

7. 設 $A、B、C$ 為三事件，且 $P(A) = P(B) = P(C) = \dfrac{1}{5}$，$P(A \cap B) = \dfrac{1}{10}$，$P(B \cap C) = P(C \cap A) = 0$．試求
   (1) $P(A \cup B \cup C)$　　(2) $P(A' \cap B')$

8. 設 $A、B$ 表示兩事件，且 $P(A) = \dfrac{1}{3}$，$P(B) = \dfrac{1}{4}$，$P(A \cup B) = \dfrac{2}{5}$．試求
   (1) $P(A \cap B)$　　(2) $P(A' \cap B)$　　(3) $P(A' \cup B)$．

9. 某公司有二個缺，應徵者有 15 男、17 女，今在此 32 人中任取 2 位，試求剛好得到一男一女的機率．

10. A、B、C、D、E 五個字母中，任取 2 個 (每字被取之機會均等)．試求
    (1) 此二字母均為子音的機率．
    (2) 此二字母恰有一個為母音的機率．

11. 有六對夫婦，自其中任選 2 人．試求

(1) 此 2 人恰好是夫婦的機率.

(2) 此 2 人為一男一女的機率.

12. 將 "probability" 的 11 個字母重新排成一列，試求相同字母不能排在相鄰位置的機率.

13. 甲袋中有 5 個紅球、4 個白球，乙袋中有 4 個紅球、5 個白球，今從甲、乙兩袋各任取 2 球，試求所取得的 4 球均為同色的機率.

14. 某人擲一骰子 100 次，其中出現 6 點共 23 次，若再擲此骰子 100 次，其中出現 6 點共 18 次，試問 6 點出現之相對次數為多少？

3-3　條件機率與獨立事件

一事件發生的機率常因另一事件的發生與否而有所改變．例如：某校學生人數 1000 人中，男生 600 人，有色盲者 200 人，其中色盲之女生占 50 人．今從全體學生 (看成樣本空間 S) 任選一人，設 B、G、E 分別表示選上 "男生"、"女生"、"色盲" 的事件，則選上色盲者的機率為 $P(E) = \dfrac{200}{1000} = \dfrac{1}{5}$，但如果已知選上男生 ($B$ 事件已發生)，此人是色盲的機率就變成 $\dfrac{150}{600} = \dfrac{1}{4}$ (見圖 3-3-1)．換句話說，B 事件的發生影響到 E 事件的機率，這就是條件機率的概念．

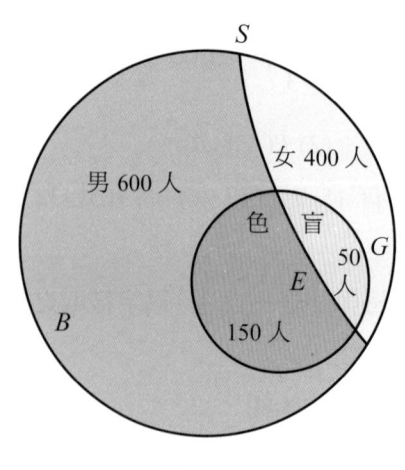

圖 3-3-1

當樣本空間 S 中某一事件 B 已發生，而欲求事件 A 發生的機率，這種機率稱為事件 A 的條件機率，以符號 $P(A|B)$ 表示．條件機率就是要處理"已得知試驗的部分"結果 (事件 B 發生) 下，重新估計另一事件 A 發生的機率．

在前例 (圖 3-3-1) 中，已知選上男生正表示試驗的結果是 B 事件發生，因此樣本空間 S 中的樣本點可以剔除女生，而 B 事件看成新的樣本空間 (該試驗的所有可能結果)，然後在新的樣本空間 B 中求色盲的機率，圖 3-3-1 中只需在 B 的範圍內 (600 人) 挑選色盲者 (150 人) 即可．

所以 $P(E|B) = \dfrac{150}{600} = \dfrac{1}{4}$，同理，$P(E|G) = \dfrac{50}{400} = \dfrac{1}{8}$ (在 G 的範圍內求 E 的機率)，$P(B|E) = \dfrac{150}{200} = \dfrac{3}{4}$ (在 E 的範圍內求 B 的機率)．又

$$P(E|B) = \frac{n(E \cap B)}{n(B)} = \frac{\dfrac{n(E \cap B)}{n(S)}}{\dfrac{n(B)}{n(S)}} = \frac{P(E \cap B)}{P(B)}$$

我們現在定義條件機率如下．

定義 3-3-1

設 A、B 為樣本空間 S 中的兩事件，且 $P(B) > 0$，則在事件 B 發生的情況下，事件 A 的條件機率 $P(A|B)$ 為

$$P(A|B) = \frac{P(A \cap B)}{P(B)}$$

$P(A|B)$ 讀作"在 B 發生的情況下，A 發生的機率"．

【例題 1】 一個定期飛行的航班準時起飛的機率是 $P(D) = 0.83$，準時到達的機率是 $P(A) = 0.82$，而準時起飛和到達的機率是 $P(D \cap A) = 0.78$．試求下列機率
(1) 已知飛機準時起飛後，其準時到達的機率．

(2) 已知飛機已經準時到達時，其準時起飛的機率.

【解】 (1) 已知飛機準時起飛後，其準時到達的機率是

$$P(A|D) = \frac{P(D \cap A)}{P(D)} = \frac{0.78}{0.83} = 0.94$$

(2) 已知飛機已經準時到達時，其準時起飛的機率是

$$P(D|A) = \frac{P(D \cap A)}{P(A)} = \frac{0.78}{0.82} = 0.95$$

【例題 2】 某位顧客向大維公司購買 100 個電子零件，該公司之職員以 8 個不合格品與 92 個合格品混合裝成一箱，這位顧客隨意由其中抽取兩個電子零件檢查. 如果發現是不合格品，則拒收該箱電子零件，試問這位顧客抽出兩個電子零件均為合格品的機率為多少？

【解】 設 A 與 B 分別為第一個與第二個抽出的電子零件均為合格品的事件，則兩個電子零件均為合格品的事件即為 $A \cap B$，因為

$$P(A) = \frac{92}{100}, \quad P(B|A) = \frac{91}{99}$$

故所求之機率為

$$P(A \cap B) = P(A)P(B|A) = \frac{92}{100} \times \frac{91}{99} = \frac{2093}{2475}$$

【例題 3】 擲一枚公正硬幣 3 次，令 A 表示第一次出現正面的事件，B 表示 3 次中至少 2 次出現正面的事件，求 $P(B|A)$ 及 $P(A|B)$.

【解】 $A = \{$正正正，正正反，正反正，正反反$\}$

$B = \{$正正正，正正反，正反正，反正正$\}$

$A \cap B = \{$正正正，正正反，正反正$\}$

$$P(B|A) = \frac{P(A \cap B)}{P(A)} = \frac{\frac{3}{8}}{\frac{4}{8}} = \frac{3}{4}, \quad P(A|B) = \frac{P(A \cap B)}{P(B)} = \frac{\frac{3}{8}}{\frac{4}{8}} = \frac{3}{4}$$

定理 3-3-1　條件機率之性質

設 A、B、C 為樣本空間 S 中的任意三事件，且 $P(C) > 0$，$P(B) > 0$，則有

(1) $P(\phi|C) = 0$

(2) $P(C|C) = 1$

(3) $0 \leq P(A|C) \leq 1$

(4) $P(A'|C) = 1 - P(A|C)$

(5) $P(A \cup B|C) = P(A|C) + P(B|C) - P(A \cap B|C)$

(6) $P(A) = P(A|B)P(B) + P(A|B')P(B')$

證　(3) 因 $(A \cap C) \subset C$，可知，$0 \leq n(A \cap C) \leq n(C)$，故

$$0 \leq \frac{n(A \cap C)}{n(C)} \leq 1$$

又

$$0 \leq \frac{\dfrac{n(A \cap C)}{n(S)}}{\dfrac{n(C)}{n(S)}} \leq 1$$

即

$$0 \leq \frac{P(A \cap C)}{P(C)} \leq 1$$

故

$$0 \leq P(A|C) \leq 1$$

其餘留給讀者自證.

【例題 4】　設 A 與 B 為同一樣本空間的兩事件，且 $P(A) = \dfrac{1}{3}$，$P(B) = \dfrac{1}{4}$，$P(A \cap B) = \dfrac{1}{6}$. 試求 (1) $P(A|B)$　(2) $P(B|A)$　(3) $P(A'|B')$　(4) $P(B'|A')$.

【解】　(1) $P(A|B) = \dfrac{P(A \cap B)}{P(B)} = \dfrac{\dfrac{1}{6}}{\dfrac{1}{4}} = \dfrac{2}{3}$

(2) $P(B|A) = \dfrac{P(B \cap A)}{P(A)} = \dfrac{\frac{1}{6}}{\frac{1}{3}} = \dfrac{1}{2}$

(3) 因 $P(A' \cap B') = P((A \cup B)') = 1 - P(A \cup B)$
$= 1 - [P(A) + P(B) - P(A \cap B)]$
$= 1 - \left(\dfrac{1}{3} + \dfrac{1}{4} - \dfrac{1}{6}\right) = \dfrac{7}{12}$

故 $P(A'|B') = \dfrac{P(A' \cap B')}{P(B')} = \dfrac{\frac{7}{12}}{1 - \frac{1}{4}} = \dfrac{7}{9}$

(4) $P(B'|A') = \dfrac{P(B' \cap A')}{P(A')} = \dfrac{\frac{7}{12}}{1 - \frac{1}{3}} = \dfrac{7}{8}$

【例題 5】 擲一骰子 (各點出現機會均等)，若出現 1、2 點，則自 {a, b, c, d, e} 中任取一字母；若出現 3、4、5、6 點，則自 {f, g, h, i} 中任取一字母，試求取到子音字母之機率.

【解】 令 A 表骰子出現 1、2 點之事件，A' 表骰子出現 3、4、5、6 點之事件，B 表取到子音字母之事件. 見圖 3-3-2.

故 $P(B) = P(A) \cdot P(B|A) + P(A') \cdot P(B|A')$
$= \dfrac{2}{6} \times \dfrac{3}{5} + \dfrac{4}{6} \times \dfrac{3}{4} = \dfrac{7}{10}$

```
                                         子音：$\frac{2}{6} \times \frac{3}{5}$
                    $P(B|A)=\frac{3}{5}$
                    (出現 b, c, d)        (出現 1, 2 點
                                          且選到 b, c, d)
  $P(A)=\frac{2}{6}$
  (出現 1, 2 點)     $\frac{2}{5}$
                    (出現 a, e)          母音：$\frac{2}{6} \times \frac{2}{5}$

                                         子音：$\frac{4}{6} \times \frac{3}{4}$
                    $P(B|A')=\frac{3}{4}$
                    (出現 f, g, h)        (出現 3, 4, 5, 6 點
  $P(A')=\frac{4}{6}$                     且選到 f, g, h)
  (出現 3, 4, 5, 6 點)
                    $\frac{1}{4}$
                    (出現 i)             母音：$\frac{4}{6} \times \frac{1}{4}$
```

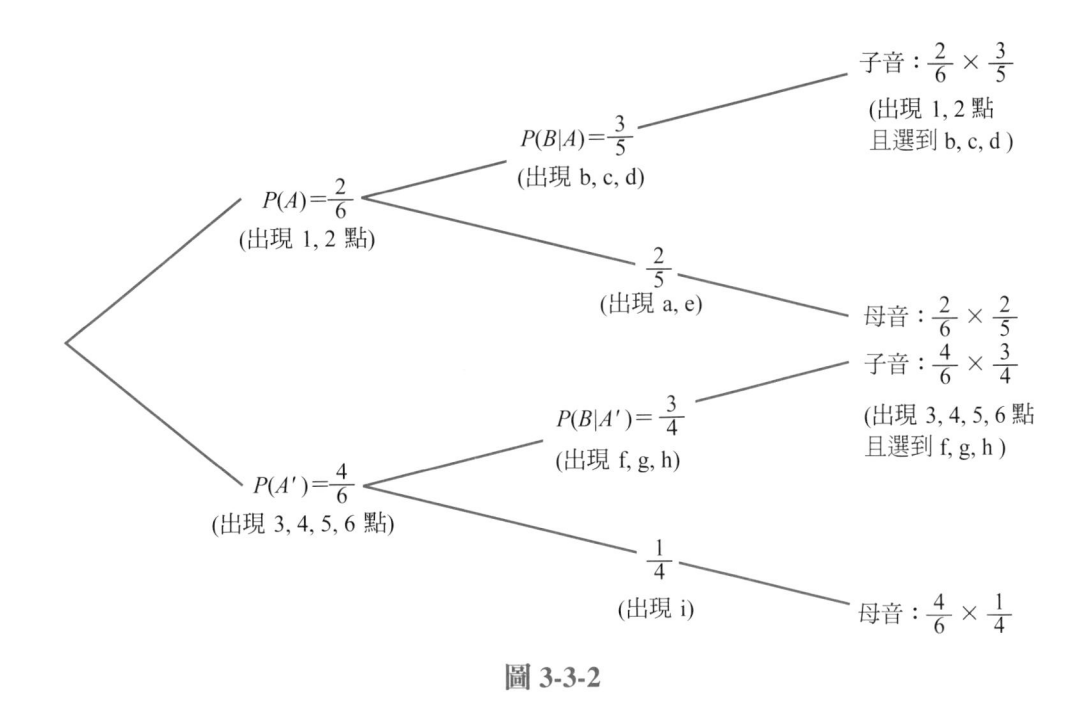

圖 3-3-2

設 A、B 為任意兩事件，若 $P(A) > 0$，$P(B) > 0$，則條件機率的式子可以寫成：

$$P(A \cap B) = P(A)P(B|A) = P(B)P(A|B) \tag{3-3-1}$$

此式稱為條件機率的乘法公式，它告訴我們如何去求兩個事件 A 與 B 同時發生的機率.

定理 3-3-2

若 $P(A) > 0$，$P(A \cap B) > 0$，則

$$P(A \cap B \cap C) = P(A)P(B|A)P(C|A \cap B)$$

證　由條件機率定義可得

$$P(C|A \cap B) = \frac{P(A \cap B \cap C)}{P(A \cap B)}$$

$$P(B|A) = \frac{P(A \cap B)}{P(A)}$$

故
$$P(A \cap B \cap C) = P(A \cap B)P(C|A \cap B)$$
$$= P(A)P(B|A)P(C|A \cap B).$$

一般而言，我們可將定理 3-3-2 推廣到 n 個事件，而得到下面的定理，稱為條件機率的乘法定理，它告訴我們如何去求 n 個事件同時發生的機率.

定理 3-3-3　條件機率的乘法定理

設 A_i, $i=1, 2, 3, \cdots, n$，為 n 個事件，且已知 $P(A_1) > 0$, $P(A_1 \cap A_2) > 0$, $\cdots$, $P(A_1 \cap A_2 \cap A_3 \cap \cdots \cap A_{n-1}) > 0$，則

$$P(A_1 \cap A_2 \cap A_3 \cap \cdots \cap A_n) = P(A_1)P(A_2|A_1)P(A_3|A_1 \cap A_2)\cdots$$
$$P(A_n|A_1 \cap A_2 \cap A_3 \cap \cdots \cap A_{n-1})$$

下面的例題就是有關條件機率乘法定理的應用.

【例題 6】　設一袋中有 7 個紅球、5 個白球、4 個黃球，今連續取三次，每次取一球，若取後再放回袋中，試求依次取得紅球、白球、黃球之機率.

【解】　令 A_1 表第一次取紅球之事件、A_2 表第二次取白球之事件、A_3 表第三次取黃球之事件，則

$$P(A_1) = \frac{7}{16}, \quad P(A_2|A_1) = \frac{5}{16}, \quad P(A_3|A_1 \cap A_2) = \frac{4}{16}$$

故

$$P(A_1 \cap A_2 \cap A_3) = P(A_1) \cdot P(A_2|A_1) \cdot P(A_3|A_1 \cap A_2)$$
$$= \frac{7}{16} \cdot \frac{5}{16} \cdot \frac{4}{16} = \frac{35}{1024}$$

所以，依次取得紅球、白球、黃球之機率為 $\frac{35}{1024}$.

【例題 7】　袋中有 3 個紅球、4 個白球、5 個黃球，共 12 個球，每次任取一球，取後不放回，共取三次，試求

(1) 取出的球依次為紅、白、黃色的機率.

(2) 第二次取出白球的機率.

【解】 (1) 設 R_i 表示第 i 次取得紅球的事件、W_j 表示第 j 次取得白球的事件、Y_k 表示第 k 次取得白球的事件.

取出的球依次為紅、白、黃色的機率為

$$P(R_1 \cap W_2 \cap Y_3) = P(R_1)P(W_2|R_1)P(Y_3|R_1 \cap W_2)$$

$$= \frac{3}{12} \cdot \frac{4}{11} \cdot \frac{5}{10} = \frac{1}{22}$$

(2) 第二次取出白球的機率為

$$P(W_1 \cap W_2) + P(W_i \cap W_2) = P(W_1)P(W_2|W_1) + P(W_i)P(W_2|W_i)$$

$$= \frac{4}{12} \times \frac{3}{11} + \frac{8}{12} \times \frac{4}{11} = \frac{1}{3}$$

如果在一隨機試驗中，有 A、B 兩個事件，可能"事件 A 的發生既不減少也不增加事件 B 發生的機會"，換句話說，"A 與 B 兩事件無關".

設 A 與 B 為樣本空間 S 中的任二事件，且 $P(A) > 0$，$P(B) > 0$. 若 $P(A) = P(A|B)$，則稱 A 與 B 無關. 若 A 與 B 無關，則

$$P(A) = P(A|B)$$

即

$$P(A) = \frac{P(A \cap B)}{P(B)}$$

$$P(A \cap B) = P(A)P(B)$$

$$P(B) = \frac{P(A \cap B)}{P(A)}$$

即

$$P(B) = P(B|A)$$

因此 B 與 A 無關.

定義 3-3-2

若且唯若

$$P(B|A)=P(B) \text{ 且 } P(A|B)=P(A)$$

則二事件 A 與 B 為獨立事件，否則為相關事件.

定理 3-3-4　獨立事件之機率乘法法則

若 A 和 B 為二獨立事件，則

$$P(A\cap B)=P(A)\cdot P(B|A)=P(A)\cdot P(B)$$

證　因 A、B 為二獨立事件，則

$$P(A|B)=P(A)$$

由條件機率定義知

$$P(A|B)=\frac{P(A\cap B)}{P(B)},\quad P(B)\neq 0$$

故得

$$\frac{P(A\cap B)}{P(B)}=P(A)$$

即

$$P(A\cap B)=P(A)\cdot P(B)$$

綜合上述，欲判斷兩事件 A 和 B 是否獨立，則可驗證下列三式中是否有任一式成立

1. $P(A|B)=P(A)$
2. $P(B|A)=P(B)$ 　　　　　　　　　　　　　　　　　　　　　　(3-3-2)
3. $P(A\cap B)=P(A)\cdot P(B)$

在此，特別提醒讀者切勿將"互斥事件"與"獨立事件"混淆，這是兩個完全不相同的觀念. 當事件 A 與 B 之交集為空集合，即 $P(A\cap B)=0$ 時，我們稱 A 與 B 為互斥事

件．然而，如果 A 與 B 為獨立事件，則 $P(A \cap B) = P(A) \cdot P(B)$．

由此可知，只要事件 A 與 B 其中任一事件之機率不為 0，則此兩種特性不可能同時存在．故式 (3-3-2) 之第 3 式為 A、B 二事件為獨立事件之充分必要條件．

【例題 8】 某公司徵求一位職員，有 18 位應徵者，其中有 6 位是女性，9 位至少有三年工作經驗，女性應徵者中有 3 位至少有三年工作經驗，該公司決定由這 18 位應徵者中隨意任用一位，試問任用女性的事件與任用至少有三年工作經驗的事件是否獨立？

【解】 設 A 為任用至少有三年工作經驗的事件，B 為任用女性的事件，則

$$P(A) = \frac{9}{18} = \frac{1}{2} \qquad P(B) = \frac{6}{18} = \frac{1}{3}$$

$$P(A \cap B) = \frac{3}{18} = \frac{1}{6}$$

因此 $$P(A|B) = \frac{P(A \cap B)}{P(B)} = \frac{\frac{1}{6}}{\frac{1}{3}} = \frac{1}{2} = P(A)$$

所以，A 與 B 為獨立事件，但讀者亦可利用

$$P(A \cap B) = \frac{1}{6} = P(A) \cdot P(B)$$

來判斷 A、B 為獨立事件．

【例題 9】 一個小鎮有一輛消防車和一輛救護車可供發生緊急事件使用．需要消防車的時候其可用機率為 0.98，需要救護車時其可用機率是 0.92，假設大樓火災裡有一人受傷，試求救護車和消防車都立即可用的機率．

【解】 設 A 與 B 分別代表消防車和救護車立即可用的事件，則

$$P(A \cap B) = P(A) \cdot P(B) = (0.98)(0.92) = 0.9016$$

即 A 與 B 為獨立事件．

由 A、B 二事件獨立之條件，我們可以推廣到 A、B、C 三事件獨立之條件如下．

定義 3-3-3

設 A、B、C 均為同一樣本空間的三個事件，若
(1) $P(A \cap B) = P(A)P(B)$
(2) $P(B \cap C) = P(B)P(C)$
(3) $P(C \cap A) = P(C)P(A)$
(4) $P(A \cap B \cap C) = P(A)P(B)P(C)$
則稱 A、B、C 三事件獨立．

【例題 10】 袋中有 60 個同樣的球，分別記以 1，2，3，…，60 號．自袋中任取一球，設每球被取到的機會均等，且設 A、B、C 分別表示取出球號為 2 的倍數、3 的倍數、5 的倍數的事件，試證 A、B、C 為獨立事件．

【解】 $P(A) = \dfrac{30}{60} = \dfrac{1}{2}$，$P(B) = \dfrac{20}{60} = \dfrac{1}{3}$，$P(C) = \dfrac{12}{60} = \dfrac{1}{5}$

(i) $P(A \cap B) = \dfrac{10}{60} = \dfrac{1}{6} = P(A)P(B)$

(ii) $P(B \cap C) = \dfrac{4}{60} = \dfrac{1}{15} = P(B)P(C)$

(iii) $P(C \cap A) = \dfrac{6}{60} = \dfrac{1}{10} = P(C)P(A)$

(iv) $P(A \cap B \cap C) = \dfrac{2}{60} = \dfrac{1}{30} = P(A)P(B)P(C)$

故 A、B、C 為獨立事件．

利用獨立事件機率之乘法法則，可將 A 與 B 聯集之機率以下列定理表示．

定理 3-3-5

設 A 與 B 為樣本空間中的兩個獨立事件，則

$$P(A \cup B) = P(A) + P(B) - P(A) \cdot P(B)$$

證　因 A 與 B 為獨立事件，得

$$P(A \cap B) = P(A) \cdot P(B)$$

又由和事件之機率知

$$P(A \cup B) = P(A) + P(B) - P(A \cap B)$$

故得

$$P(A \cup B) = P(A) + P(B) - P(A) \cdot P(B)$$

【例題 11】　某零售商向日光燈製造商購買兩箱 120 支裝的日光燈，每箱都有 6 支不良品．該零售商的購買人決定由每箱各隨意取出一支日光燈出來檢查，試問至少有一支是不良品的機率為多少？

【解】　設 A 與 B 分別代表由第一箱與第二箱抽出的日光燈為不良品的事件．由於從第一箱抽出與從第二箱抽出互不影響，所以 A 與 B 為獨立事件，故

$$P(A) = P(B) = \frac{6}{120}$$

因此，此問題的機率為

$$\begin{aligned} P(A \cup B) &= P(A) + P(B) - P(A)P(B) \\ &= \frac{6}{120} + \frac{6}{120} - \frac{6}{120} \cdot \frac{6}{120} \\ &= 0.0975 \end{aligned}$$

如果 A 與 B 為兩獨立事件，則事件 A、B 與它們的餘事件或兩餘事件 A'、B' 之間是否獨立呢？可由下述定理得知．

定理 3-3-6

設 A 與 B 為獨立事件，則

(1) A 與 B' 亦為獨立事件，同理，A' 與 B 亦為獨立事件.

(2) A' 與 B' 亦為獨立事件.

【例題 12】 甲、乙兩人各進行一次射擊，如果兩人的命中率均為 0.6，計算

(1) 兩人均命中的機率.

(2) 恰有一人命中的機率.

(3) 至少有一人命中的機率.

【解】 以 A 表示甲命中的事件，以 B 表示乙命中的事件.

(1) 兩人均命中的事件為 $A \cap B$，又 A 與 B 為獨立事件，故所求機率為

$$\begin{aligned} P(A \cap B) &= P(A)P(B) \\ &= 0.6 \times 0.6 \\ &= 0.36 \end{aligned}$$

(2) "兩人各射擊一次，恰有一人命中"包括兩種情況：一種是甲命中、乙未命中 (事件 $A \cap B'$ 發生)；另一種是甲未命中、乙命中 (事件 $A' \cap B$ 發生). 根據題意，這兩種情況在各射擊一次時不可能同時發生，即 $A \cap B'$ 與 $A' \cap B$ 互斥，故所求機率為

$$\begin{aligned} P(A \cap B') + P(A' \cap B) &= P(A)P(B') + P(A')P(B) \\ &= 0.6 \times (1-0.6) + (1-0.6) \times 0.6 \\ &= 0.24 + 0.24 \\ &= 0.48 \end{aligned}$$

(3) 兩人均未命中的機率為

$$P(A' \cap B') = P(A')P(B') = (1-0.6) \times (1-0.6)$$
$$= 0.16$$

因此，至少有一人命中的機率為

$$P(A \cup B) = 1 - P(A' \cap B')$$
$$= 1 - 0.16$$
$$= 0.84$$

習題 3-2

1. 設 A 與 B 為兩事件，$P(A) = \dfrac{1}{3}$，$P(B) = \dfrac{1}{5}$，$P(A \cup B) = \dfrac{1}{2}$. 試求

   (1) $P(B|A)$　　(2) $P(A|B)$　　(3) $P(A|B')$

2. 設 A 與 B 為兩事件，$P(A') = \dfrac{1}{3}$，$P(B) = \dfrac{1}{4}$，$P(A \cup B) = \dfrac{3}{5}$，試求 $P(A|B')$.

3. 擲一公正骰子兩次，以 A 表示第一次點數大於第二次點數的事件，B 表示兩次點數和為偶數的事件，試求 $P(B|A)$ 及 $P(A|B)$.

4. 擲一公正硬幣三次，以 A 表示第一次出現正面的事件，B 表示三次中至少兩次出現正面的事件，試求 $P(B|A)$ 及 $P(A|B)$.

5. 擲一公正骰子兩次，以 A 表示第一次出現的點數為偶數的事件，B 表示兩次點數和為 8 點的事件，試求 $P(B|A)$ 及 $P(A|B)$.

6. 由 1 到 60 的自然數中任取一數，以 A、B、C 分別表示取到的數為 2 的倍數、3 的倍數、5 的倍數的事件，試求 $P(B|A)$ 及 $P(C|A \cap B)$.

7. 擲三枚均勻的硬幣，試求至少出現兩正面的事件下，第一個出現正面的機率為多少？

8. 設某班級共有 100 人，其中有色盲者 20 人，100 人中有男生 70 人，女生 30 人，而有色盲之女生共 5 人. 試求下列各機率.

   (1) 100 人中選一人，求選中女生的條件下，被選者有色盲之機率.

   (2) 100 人中選一人，求選中男生的條件下，被選者無色盲之機率.

9. 袋中有 7 個紅球、4 個白球、2 個黑球. 若各球被抽中的機會均等，試求第一、二、三次均抽到白球的機率 (設取出三球不放回).

10. 將 "seesaw" 一字任意排成一列，已知 s 排在最左邊，試求 2 個 e 相鄰的機率.

11. 將 5 個球任意放入 A、B、C 三個袋子中，在 A、B 兩袋總共放入 3 個球的條件下，試求 A 袋中恰好放入 1 個球的機率.

12. 擲一公正硬幣 6 次，令 A 表示 6 次中至少 4 次出現正面的事件，B 表示 6 次中至少 4 次連續出現正面的事件. 試求

    (1) 事件 A 發生的機率.

    (2) 在事件 A 發生的條件下，事件 B 發生的機率.

13. 袋中有 7 個紅球、4 個白球、2 個黑球，每次任取一球，取後不放回，共取三次，試求三次均抽到白球的機率.

14. A 袋中有 1 個黃球、2 個白球，B 袋中有 2 個黃球、3 個白球，C 袋中有 3 個黃球、5 個白球，今自各袋中任取一球. 試求

    (1) 3 個球均為黃球的機率.

    (2) 3 個球中恰有 1 個黃球的機率.

15. 甲袋中有 3 個白球、2 個紅球，乙袋中有 2 個白球、4 個紅球，丙袋中有 1 個白球、2 個紅球，今任選一袋，再自袋中任取一球，試求取得白球的機率.

16. 一袋中裝有紅、黃、藍、白四球，今由袋中任取一球，設 A 表取到紅球或藍球之事件，B 表取到紅球或白球之事件. 若各球被取到之機會均等，試問 A 與 B 為獨立事件抑或相依事件？

17. 由一副撲克牌中隨機抽取一張，令 A 代表抽出黑桃的事件，B 代表抽出老 K 的事件，試問 A 與 B 是否為統計獨立？

18. 某君平時均固定搭乘公司的交通車上班，該交通車每次會準時到達候車處的機率為 80%，而此君會準時趕到候車處的機率為 60%. 若交通車與此君均同時準時到達的機率為 48%，試問該交通車準時到達的現象與此君準時到達是否為獨立事件？

19. 設 A、B 為二統計獨立事件，且 $P(A) = \dfrac{1}{2}$，$P(A \cup B) = \dfrac{2}{3}$. 試求

    (1) $P(B)$　　(2) $P(A|B)$　　(3) $P(B'|A)$

20. 設 A 與 B 分別表示甲、乙活過十年以上的事件，且 $P(A) = \dfrac{1}{4}$，$P(B) = \dfrac{1}{3}$. 若 A 與 B 為獨立事件，試求

(1) 兩人都活十年以上的機率.

(2) 至少有一人活十年以上的機率.

(3) 沒有一人活十年以上的機率.

21. 設 A 與 B 為獨立事件，$P(A)=0.4$，$P(A' \cap B')=0.18$，試求 $P(B)$.

22. 某人向水果店購買兩盒各裝有 40 個奇異果的禮盒，每盒中均有 3 個不良品，他決定從每盒隨意取出 1 個出來檢查，試問

   (1) 至少有 1 個是不良品的機率為多少？

   (2) 取出的 2 個均非不良品的機率為多少？

3-4　貝士定理

在條件機率之應用上有一個很重要的定理稱為**貝士定理** (Bayes Theorem)．簡單型的**貝士法則**如下

$$\text{若 } P(A) \neq 0, \ P(B) \neq 0, \ \text{則 } P(A \mid B) = \frac{P(B \mid A) P(A)}{P(B)}$$

$P(A)$ 稱為**事前機率** (prior probability)，$P(B \mid A)$ 為**條件機率**，$P(A \mid B)$ 稱為**事後機率** (posterior probability)．在應用貝士定理時，必須要知道其事前機率，舉例說明如下．

假設某工廠有三部機器生產同一種產品，其生產率及產品之不良率如下表所示

機器	A	B	C
生產率	0.5	0.25	0.25
不良率	0.02	0.02	0.04

該廠每天共生產 10,000 件產品，現自一天所生產之產品中隨機抽取一件，若檢驗之結果為不良品，試問該產品來自各機器之機率各為多少？

首先設定下列各事件：

D 代表該產品為不良品．

N 代表該產品為良品．

A 代表該產品係由 A 部機器所生產者．

B 代表該產品係由 B 部機器所生產者.

C 代表該產品係由 C 部機器所生產者.

現利用樹狀圖來分析：

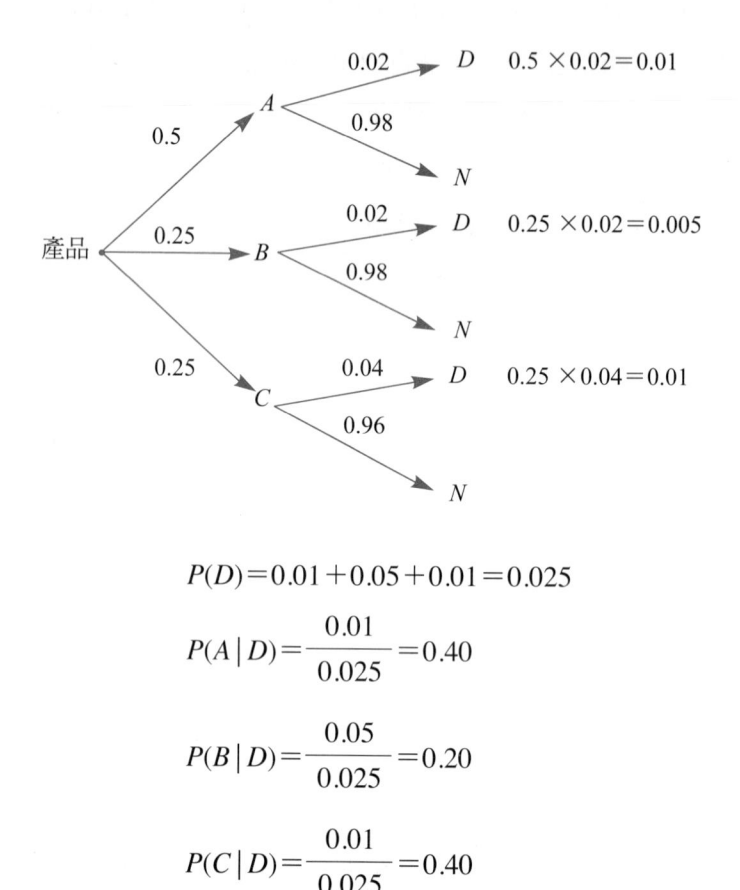

```
                      0.02    D    0.5 × 0.02 = 0.01
              A
         0.5      0.98
                          N
                      0.02    D    0.25 × 0.02 = 0.005
產品     0.25   B
                      0.98
                          N
                      0.04    D    0.25 × 0.04 = 0.01
         0.25   C
                      0.96
                          N
```

$$P(D) = 0.01 + 0.05 + 0.01 = 0.025$$

$$P(A \mid D) = \frac{0.01}{0.025} = 0.40$$

$$P(B \mid D) = \frac{0.05}{0.025} = 0.20$$

$$P(C \mid D) = \frac{0.01}{0.025} = 0.40$$

在該產品未經檢驗之前，我們知道該產品來自 A、B、C 三部機器之機率分別為 0.5、0.25、0.25，此三機率乃於未知產品為良否之前所發生，故稱為事前機率. 於是得知該產品為不良品之後，其來自 A、B、C 三部機器之機率分別為 0.40、0.20 及 0.40，我們稱其為事後機率.

由簡單型之貝士法則，可推廣為一般形式之貝士定理，首先我們介紹樣本空間 S 的分割觀念.

定義 3-4-1

設 A_1，A_2，A_3，$\cdots$，A_n 為樣本空間 S 中的 n 個事件，若 A_1，A_2，A_3，$\cdots$，A_n 滿足

(1) $A_1 \cup A_2 \cup A_3 \cup \cdots \cup A_n = S$

(2) $A_i \cap A_j = \phi$，$i \neq j$，$i, j = 1, 2, 3, \cdots, n$

則稱 $\{A_1, A_2, A_3, \cdots, A_n\}$ 為樣本空間 S 的一個分割．

如圖 3-4-1 所示．

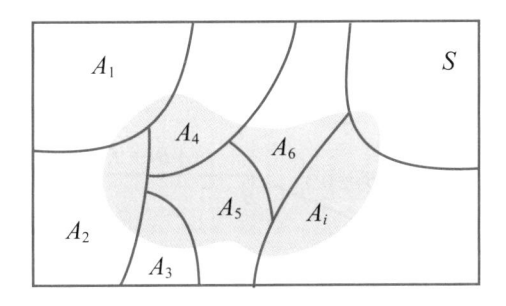

圖 3-4-1　機率總和之文氏圖解

有時，要求某一事件 B 的機率，必須將 B 先分割，再一小塊一小塊的求，最後拼湊 (相加) 成 B 的機率。根據機率性質的加法性及條件機率的乘法定理，可以導出下面的分割定理．

定理 3-4-1　機率總和定理

設 $\{A_1, A_2, A_3, \cdots, A_n\}$ 為樣本空間 S 的一個分割，$P(A_i) > 0$，$i = 1, 2, 3, \cdots, n$，B 為 S 中的任一事件，則

$$P(B) = \sum_{i=1}^{n} P(B \cap A_i) = \sum_{i=1}^{n} P(A_i)P(B \mid A_i)$$

有關於機率總和定理，我們可以用樹狀圖 (圖 3-4-2) 來加以表示如下：

132 管理數學導論

$$P(B) = \sum_{i=1}^{n} P(A_i) P(B|A_i)$$

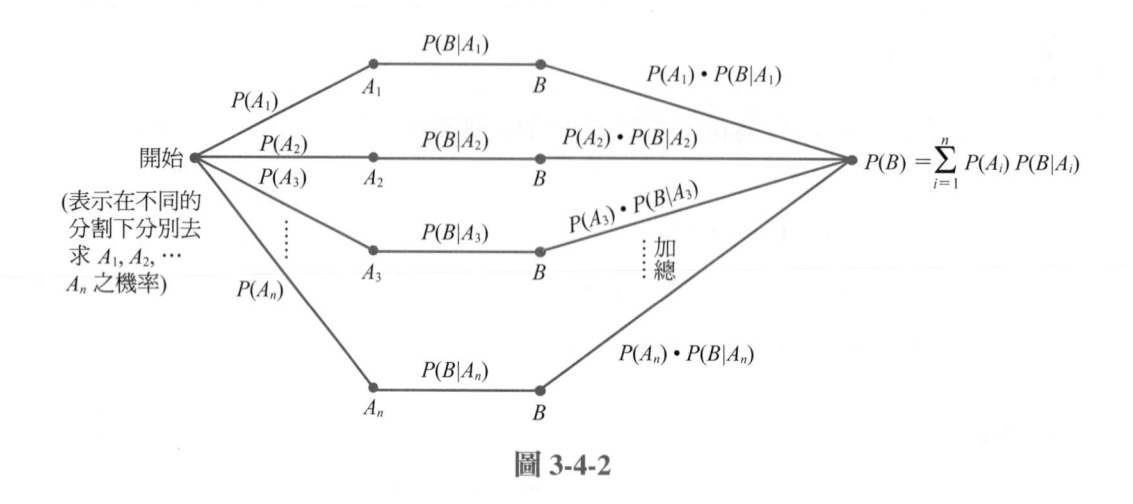

（表示在不同的分割下分別去求 $A_1, A_2, \cdots A_n$ 之機率）

圖 3-4-2

【例題 1】 一樹狀圖如圖 3-4-3 所示，試求 (1) $P(A)$ (2) $P(B|A)$ (3) $P(B'|A)$.

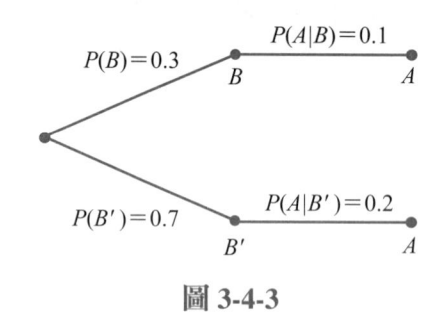

圖 3-4-3

【解】 (1) $P(A) = P(B) \cdot P(A|B) + P(B')P(A|B')$
$= 0.3 \times 0.1 + 0.7 \times 0.2 = 0.03 + 0.14$
$= 0.17$

(2) $P(B|A) = \dfrac{0.3 \times 0.1}{0.17} \approx 0.176$

(3) $P(B'|A) = \dfrac{0.7 \times 0.2}{0.17} \approx 0.823$

【例題 2】 某校社團中，高一學生佔 60％，高二學生佔 30％，高三學生佔 10％，高一學生中戴眼鏡者佔 20％，高二學生中戴眼鏡者佔 25％，高三學生中戴眼鏡者佔 30％. 自該社團中任意叫出一位社員，求此社員為戴眼鏡者的機率.

【解】 設 A_1、A_2、A_3 分別表示他是高一、高二、高三學生的事件，又設 B 為「選出一社員他是戴眼鏡者的事件」。

由題意知全部社員的 60% 是高一學生，故自全部社員中任意選出一人是高一學生的機率為 60%，即 $P(A_1)=60\%$.

同理可知：$P(A_2)=30\%$，$P(A_3)=10\%$.

再由題意知高一學生中戴眼鏡的人佔 20%，換句話說，在我們知道一社員是高一學生的條件下，他是「戴眼鏡的人」的機率是 20%，即 $P(B|A_1)=20\%$.

同理可知：$P(B|A_2)=25\%$，$P(B|A_3)=30\%$.

因 $\{A_1, A_2, A_3\}$ 為樣本空間 S 的一分割，故依定理 3-4-1，知

$$P(B) = \sum_{i=1}^{3} P(A_i)P(B|A_i)$$
$$= P(A_1)P(B|A_1) + P(A_2)P(B|A_2) + P(A_3)P(B|A_3)$$
$$= 60\% \times 20\% + 30\% \times 25\% + 10\% \times 30\%$$
$$= \frac{3}{5} \times \frac{1}{5} + \frac{3}{10} \times \frac{1}{4} + \frac{1}{10} \times \frac{3}{10}$$
$$= \frac{49}{200}$$

讀者應注意該題計算之過程如下：各步驟間相乘，各類(互斥)相加.

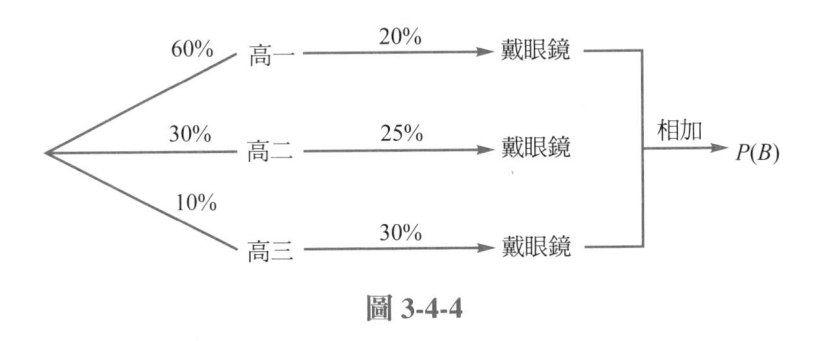

圖 3-4-4

定理 3-4-2　貝士一般定理

設 $\{A_1, A_2, A_3, \cdots, A_n\}$ 為樣本空間 S 的一個分割，B 為 S 中的任意事件，若 $P(B) > 0$，$P(A_i) > 0$，$i = 1, 2, 3, \cdots, n$，則對每一自然數 k，$1 \leq k \leq n$，我們有

$$P(A_k | B) = \frac{P(A_k)P(B|A_k)}{\sum_{i=1}^{n} P(A_i)P(B|A_i)}$$

證　由條件機率的定義可得

$$P(A_k | B) = \frac{P(B \cap A_k)}{P(B)} = \frac{P(A_k)P(B|A_k)}{P(B)}$$

又由定理 3-4-1 可知

$$P(B) = \sum_{i=1}^{n} P(A_i)P(B|A_i)$$

故

$$P(A_k | B) = \frac{P(A_k)P(B|A_k)}{\sum_{i=1}^{n} P(A_i)P(B|A_i)}$$

其實，貝士定理就是分割定理與乘法定理的組合．

乘法定理

$$P(A_k | B) = \frac{P(B \cap A_k)}{P(B)} = \frac{P(A_k)P(B|A_k)}{\sum_{i=1}^{n} P(A_i)P(B|A_i)}$$

分割定理

【例題 3】　有 A_1、A_2、A_3 三個袋子，A_1 袋中裝有 1 個白球、2 個黑球、3 個紅球，A_2 袋中裝有 2 個白球、1 個黑球、1 個紅球，A_3 袋中裝有 4 個白球、5 個黑球、3 個紅球．今任意從一袋隨機抽取 1 個紅球及 1 個白球，試求此二球來

自 A_3 袋的機率為多少？

【解】 由題意，設隨機抽取 1 個紅球及 1 個白球為事件 B，即得

$$P(A_1)=P(A_2)=P(A_3)=\frac{1}{3}, \quad P(B|A_1)=\frac{3}{6}\times\frac{1}{5}=\frac{1}{10}$$

$$P(B|A_2)=\frac{1}{4}\times\frac{2}{3}=\frac{1}{6}, \quad P(B|A_3)=\frac{3}{12}\times\frac{4}{11}=\frac{1}{11}$$

$$\therefore P(A_3|B)=\frac{P(A_3\cap B)}{P(B)}=\frac{P(A_3)P(B|A_3)}{P(B)}$$

$$=\frac{\frac{1}{3}\times\frac{1}{11}}{\frac{1}{3}\times\frac{1}{10}+\frac{1}{3}\times\frac{1}{6}+\frac{1}{3}\times\frac{1}{11}}=\frac{15}{59}$$

此一個紅球及一個白球是由 A_3 袋中抽取的機率為 $\frac{15}{59}$

【例題4】 某人欲從三家租車公司租借汽車：60% 從租車公司 A，30% 從租車公司 B，10% 從租車公司 C．但從租車公司 A 租借的車有 9% 需做引擎調整，從租車公司 B 租借的車有 20% 需做引擎調整，從租車公司 C 租借的車有 6% 需做引擎調整．試問

(1) 此人租借的車需做引擎調整的機率有多少？

(2) 此需做引擎調整的車從租車公司 B 租借的機率有多少？

【解】 設 E 表示租借的車需做引擎調整的事件，而 B_1、B_2 和 B_3 分別表示汽車從租車公司 A、B、C 租借的事件，則由貝士定理知

(1) $P(E)=P(B_1)P(E|B_1)+P(B_2)P(E|B_2)+P(B_3)P(E|B_3)$

$\qquad =(0.6)(0.09)+(0.3)(0.2)+(0.1)(0.06)$

$\qquad =0.12$

(2) $P(B_2|E)=\dfrac{P(B_2)P(E|B_2)}{P(E)}=\dfrac{(0.3)(0.2)}{0.12}=0.5$

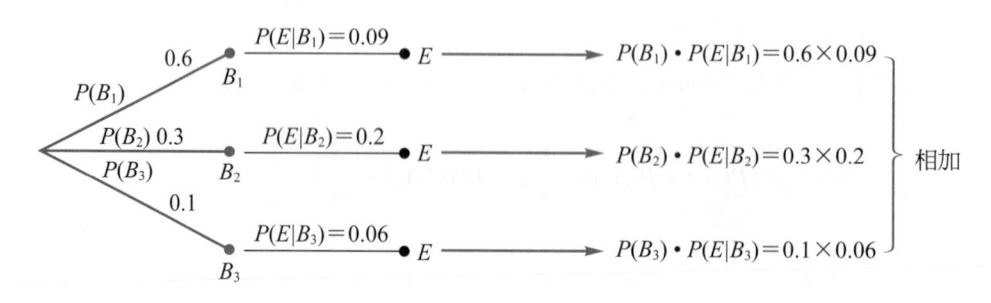

```
                    P(E|B₁)=0.09
         0.6  •————————————————• E  ————————→  P(B₁)·P(E|B₁)=0.6×0.09  ⎫
  P(B₁)     B₁                                                          ⎪
      •   P(B₂) 0.3    P(E|B₂)=0.2                                      ⎪
          ————————•————————————• E  ————————→  P(B₂)·P(E|B₂)=0.3×0.2    ⎬ 相加
      P(B₃)    B₂                                                        ⎪
          0.1       P(E|B₃)=0.06                                         ⎪
              •————————————————• E  ————————→  P(B₃)·P(E|B₃)=0.1×0.06   ⎭
               B₃
```

圖 3-4-5

【例題 5】　某燈泡公司有北、中、南三家製造廠，各廠產量的比率佔總產量分別為 30％、30％、40％，各廠不合格的產品佔該廠產量的比率依次為 1.5％、1.2％、1％．今董事長親臨視察，在總倉庫 (三廠的產品集中一處) 中任意挑出一個產品，經檢驗結果是不合格的產品，試問此產品是北、中、南三廠製造的機率各為多少？

【解】　分別以 A、B、C 表示產品是由北廠、中廠、南廠製造的事件，以 D 表示不合格產品的事件，則 {A, B, C} 為樣本空間的一個分割，且 $P(A)=0.3$, $P(B)=0.3$, $P(C)=0.4$, $P(D|A)=0.015$, $P(D|B)=0.012$, $P(D|C)=0.01$.

$$P(A|D)=\frac{P(A \cap D)}{P(D)}=\frac{P(A)P(D|A)}{P(A)P(D|A)+P(B)P(D|B)+P(C)P(D|C)}$$

$$=\frac{0.3 \times 0.015}{0.3 \times 0.015 + 0.3 \times 0.012 + 0.4 \times 0.01}$$

$$=\frac{0.0045}{0.0121}=\frac{45}{121}$$

$$P(B|D)=\frac{P(B)P(D|B)}{P(D)}=\frac{0.0036}{0.0121}=\frac{36}{121}$$

$$P(C|D)=\frac{P(C)P(D|C)}{P(D)}=\frac{0.004}{0.0121}=\frac{40}{121}$$

【例題 6】　A_1、A_2 及 A_3 都是研究股票的理論，在某一羣投資人中，相信這三種理論的機率分佈大約是

$$P(A_1)=\frac{1}{2},\ \ P(A_2)=\frac{1}{3},\ \ P(A_3)=\frac{1}{6}$$

現在用 A_1、A_2 及 A_3 三種理論，分別對下一季股票之漲跌作出下列之預測

理論	股票預測		
	A：上漲	B：持平	C：下跌
A_1	$\frac{1}{5}$	$\frac{3}{5}$	$\frac{1}{5}$
A_2	$\frac{1}{5}$	$\frac{1}{5}$	$\frac{3}{5}$
A_3	$\frac{4}{5}$	$\frac{1}{10}$	$\frac{1}{10}$

如果下一季之股票真的上漲，試求在預測上漲的條件下，相信這三種理論而獲利的投資者的機率分佈.

【解】 假如下一季股票真的上漲了，則事件 A 確定發生，現分別將 $P(A|A_1)=\frac{1}{5}$、$P(A|A_2)=\frac{1}{5}$ 及 $P(A|A_3)=\frac{4}{5}$ 代入貝士定理

$$P(A_i|A)=\frac{P(A_i)P(A|A_i)}{\sum_{j=1}^{3}P(A_j)P(A|A_j)}\qquad (i=1,\ 2,\ 3)$$

所以

$$P(A_1|A)=\frac{\frac{1}{2}\times\frac{1}{5}}{\frac{1}{2}\times\frac{1}{5}+\frac{1}{3}\times\frac{1}{5}+\frac{1}{6}\times\frac{4}{5}}=\frac{1}{3}$$

$$P(A_2|A)=\frac{\frac{1}{3}\times\frac{1}{5}}{\frac{1}{2}\times\frac{1}{5}+\frac{1}{3}\times\frac{1}{5}+\frac{1}{6}\times\frac{4}{5}}=\frac{2}{9}$$

$$P(A_3|A) = \dfrac{\dfrac{1}{6} \times \dfrac{4}{5}}{\dfrac{1}{2} \times \dfrac{1}{5} + \dfrac{1}{3} \times \dfrac{1}{5} + \dfrac{1}{6} \times \dfrac{4}{5}} = \dfrac{4}{9}$$

我們亦可以用樹狀圖 (圖 3-4-6) 說明上面的情形.

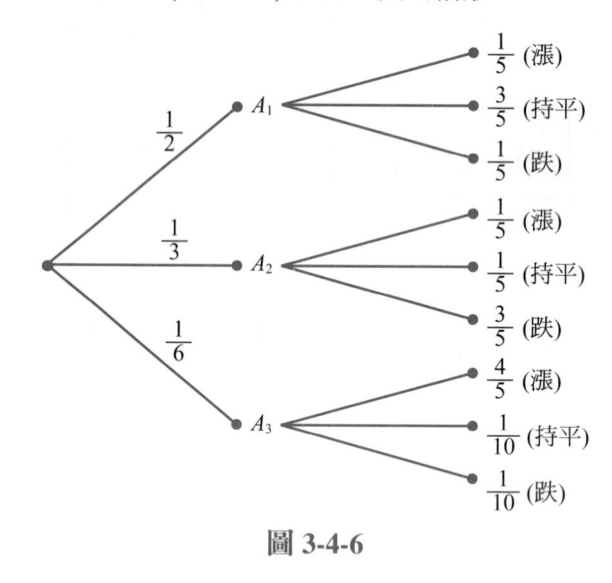

圖 3-4-6

由於相信 A_1 理論, 知下一季股票上漲之機率為 $\dfrac{1}{2} \times \dfrac{1}{5} = \dfrac{1}{10}$. 同理, 由於相信 A_2、A_3 理論而知下一季股票上漲的機率分別為

$$\dfrac{1}{3} \times \dfrac{1}{5} = \dfrac{1}{15} \quad \text{及} \quad \dfrac{1}{6} \times \dfrac{4}{5} = \dfrac{2}{15}$$

由 A_1、A_2、A_3 理論得到下一季股票上漲的總機率為

$$\dfrac{1}{10} + \dfrac{1}{15} + \dfrac{2}{15} = \dfrac{9}{30}$$

所以

$$P(A_1|A) = \dfrac{P(A|A_1)}{P(A)} = \dfrac{\dfrac{1}{10}}{\dfrac{9}{30}} = \dfrac{1}{3}$$

$$P(A_2 \mid A) = \frac{P(A \mid A_2)}{P(A)} = \frac{\dfrac{1}{15}}{\dfrac{9}{30}} = \frac{2}{9}$$

$$P(A_3 \mid A) = \frac{P(A \mid A_3)}{P(A)} = \frac{\dfrac{2}{15}}{\dfrac{9}{30}} = \frac{4}{9}$$

3-5　白努利試驗

如果我們進行一系列的隨機試驗，在每次試驗中，事件 A 或者發生，或者不發生，假設每次試驗的結果與其他各次的試驗結果無關，這樣的一系列重複試驗，就稱為白努利試驗.

> **定理 3-5-1　白努利定理**
>
> 如果在白努利試驗中，事件 A 發生之機率為 p $(0 < p < 1)$，則在 n 次試驗中，事件 A 恰巧發生 k 次的機率是 $C_k^n p^k q^{n-k}$，其中 $p+q=1$，這個機率通常記為 $b(k, n, p)$.

我們不直接證明該定理是成立的，我們可以藉助下面的例子來說明白努利定理.

某射手射擊一次，擊中目標的機率是 p，且各次射擊是否擊中相互之間沒有影響，那麼，他射擊四次恰好擊中三次的機率是多少？

設此射手在第一、二、三、四次射擊中，擊中目標的事件分別記為 A_1、A_2、A_3、A_4，則未擊中目標的事件為 A_1'、A_2'、A_3'、A_4'，他射擊四次恰好擊中三次，共有下面四種情況

$$A_1 \cap A_2 \cap A_3 \cap A_4', \qquad A_1 \cap A_2 \cap A_3' \cap A_4,$$
$$A_1 \cap A_2' \cap A_3 \cap A_4, \qquad A_1' \cap A_2 \cap A_3 \cap A_4$$

上述每一種情況都可看成是在四個位置上選三個寫上 A，另一個寫上 A'，所以這些情

況的總數等於從四個元素中取出三個的組合數 C_3^4，即 4 個.

由於各次射擊是否擊中相互之間沒有影響，故

$$P(A_1 \cap A_2 \cap A_3 \cap A_4') = P(A_1)P(A_2)P(A_3)P(A_4')$$
$$= p \times p \times p \times (1-p) = p^3(1-p)$$

$$P(A_1 \cap A_2 \cap A_3' \cap A_4) = P(A_1)P(A_2)P(A_3')P(A_4)$$
$$= p \times p \times (1-p) \times p = p^3(1-p)$$

$$P(A_1 \cap A_2' \cap A_3 \cap A_4) = P(A_1)P(A_2')P(A_3)P(A_4)$$
$$= p \times (1-p) \times p \times p = p^3(1-p)$$

$$P(A_1' \cap A_2 \cap A_3 \cap A_4) = P(A_1')P(A_2)P(A_3)P(A_4)$$
$$= (1-p) \times p \times p \times p = p^3(1-p)$$

這就是說，在上面射擊四次恰好擊中三次的情況中，每一種情況發生的機率均是 $p^3(1-p)$. 因這四種情況彼此互斥，故所求的機率為

$$P(A_1 \cap A_2 \cap A_3 \cap A_4') + P(A_1 \cap A_2 \cap A_3' \cap A_4) + P(A_1 \cap A_2' \cap A_3 \cap A_4)$$
$$+ P(A_1' \cap A_2 \cap A_3 \cap A_4) = 4p^3(1-p) = C_3^4 p^3(1-p)$$

在上面的例子中，四次射擊可以看成是進行四次獨立重複試驗.

一般而言，在一隨機試驗中，設事件 A 發生的機率為 p，若 n 次試驗互不影響，則在此 n 次試驗中，事件 A 恰好發生 k 次的機率為

$$C_k^n p^k (1-p)^{n-k} = C_k^n p^k q^{n-k} \qquad (0 \le k \le n)$$

所以，
$$b(k, n, p) = C_k^n p^k q^{n-k}$$

故白努利定理又稱為二項式分佈定理，因為可以看出，機率 $b(k, n, p)$ 等於二項式 $(q+px)^n$ 的展開式中 x^k 的係數.

推論：在 n 次的試驗中，事件 A 至少發生 k 次的機率為

$$C_k^n p^k (1-p)^{n-k} + C_{k+1}^n p^{k+1} (1-p)^{n-k-1} + \cdots + C_n^n p^n$$

【例題 1】 袋中有 2 個白球、3 個紅球，今自袋中每次任取一球，取後放回，連續取五次，試求

(1) 恰有三次取得白球的機率.

(2) 三次取得白球 (但最後一次是白球) 的機率.

【解】 每次取得白球的機率為 $\frac{2}{5}$，取得紅球的機率為 $\frac{3}{5}$.

(1) 所求的機率為 $C_3^5 \left(\frac{2}{5}\right)^3 \left(\frac{3}{5}\right)^2 = \frac{144}{625}$

(2) 所求的機率為 $C_2^4 \left(\frac{2}{5}\right)^2 \left(\frac{3}{5}\right)^2 \left(\frac{2}{5}\right) = \frac{432}{3125}$

【例題 2】 某次考試，共有選擇題十題，某生決定不唸書，單憑猜測去答題，他自信對每題的猜測有 $\frac{1}{2}$ 的把握，試問他猜中最少七題的機率是多少？

【解】 因該生對這十題選擇題的猜測可以視為一系列的重複試驗，因此，該生答中 k 題的機率是 $C_k^{10} p^k q^{10-k}$.

因為 $p = \frac{1}{2}$，所以，

$$C_k^{10} p^k q^{10-k} = C_k^{10} \left(\frac{1}{2}\right)^k \left(\frac{1}{2}\right)^{10-k}$$

故該生答中最少七題的機率是

$$p(k \geq 7) = C_7^{10}\left(\frac{1}{2}\right)^{10} + C_8^{10}\left(\frac{1}{2}\right)^{10} + C_9^{10}\left(\frac{1}{2}\right)^{10} + C_{10}^{10}\left(\frac{1}{2}\right)^{10}$$

$$= \left(\frac{1}{2}\right)^{10} [120 + 45 + 10 + 1]$$

$$= \frac{176}{2^{10}} = \frac{11}{64} \approx 0.172$$

3-6　數學期望值

　　為了說明數學期望值這個觀念，我們先考慮下面的例子：假設投擲一顆骰子，出現了 2 點得 20 元，出現其他的點失去 1 元，討論投擲一次的得失情形．事實上，投擲骰子一次，可能得 20 元，亦可能失去 1 元，究竟是得 20 元還是失去 1 元，並不清楚，但將這個試驗做 100 次，假如 2 點出現了 15 次，其他點出現了 85 次，所得的結果是 $20 \times 15 - 1 \times 85 = 215$ 元，即平均每次約得 2 元左右．這種平均值就是投擲骰子一次的期望值．當試驗 N 的次數增大，期望值就愈穩定，在 N 次試驗中，2 點出現了 a 次，其他點出現了 b 次，則一次的平均得失是

$$\frac{20a-b}{N} = 20\left(\frac{a}{N}\right) - 1 \cdot \left(\frac{b}{N}\right)$$

如果骰子點數出現的機會均等，當 N 增大時，$\frac{a}{N} \to \frac{1}{6}$，$\frac{b}{N} \to \frac{5}{6}$，即

$$20 \times \frac{1}{6} - 1 \times \frac{5}{6} = 2.5$$

這個值就稱為**數學期望值**．

定義 3-6-1

設一試驗的樣本空間為 S，$\{A_1, A_2, A_3, \cdots, A_n\}$ 為 S 的一個分割，若事件 A_i 發生，可得 m_i 元，$i = 1, 2, 3, \cdots, n$，則稱

$$\sum_{i=1}^{n} m_i P(A_i)$$

為此試驗的**數學期望值**，簡稱為**期望值**．

【例題 1】　擲一顆公正骰子，出現么點可得 300 元，出現偶數點可得 200 元，出現其他各點可得 60 元，試求擲一次骰子所得金額的期望值．

【解】　擲一顆骰子，出現么點的機率為 $\frac{1}{6}$，出現偶數點的機率為 $\frac{1}{2}$，出現 3 點、

5 點的機率為 $\frac{1}{3}$，故所求的期望值為

$$300 \text{ 元} \times \frac{1}{6} + 200 \text{ 元} \times \frac{1}{2} + 60 \text{ 元} \times \frac{1}{3} = 170 \text{ 元}$$

【例題 2】 袋中有五十元、十元硬幣各 3 枚，今自袋中任取 2 枚，試求所得總金額之期望值.

【解】 自袋中任取 2 枚硬幣，共有 $C_2^6 = 15$ 種方法

取到 2 枚五十元硬幣的機率為 $\frac{C_2^3}{15} = \frac{3}{15}$

取到 2 枚十元硬幣的機率為 $\frac{C_2^3}{15} = \frac{3}{15}$

取到 1 枚五十元、1 枚十元硬幣的機率為 $\frac{C_1^3 \times C_1^3}{15} = \frac{9}{15}$

故期望值為

$$100 \text{ 元} \times \frac{3}{15} + 20 \text{ 元} \times \frac{3}{15} + 60 \text{ 元} \times \frac{9}{15} = 60 \text{ 元}$$

在例題 2 中，袋中兩種硬幣的平均價值為

$$\frac{50 \text{ 元} \times 3 + 10 \text{ 元} \times 3}{6} = 30 \text{ 元}$$

取 2 枚硬幣的平均價值為 30 元×2＝60 元，即期望值等於平均價值.

習題 3-3

1. 某校圍棋社由甲、乙、丙三班同學組成，各佔 60％、30％、10％。社員中甲班人數的 $\frac{1}{5}$，乙班人數的 $\frac{1}{5}$，丙班人數的 $\frac{1}{4}$ 亦為排球隊員. 某次圍棋社推選新社長，每人當選的機會均等，試求排球隊員當選的機率.

2. 某校高三學生中，第一類組佔 40％，第二類組佔 10％，第三類組佔 20％，第四

類組佔 30%．已知第一類組學生中喜歡數學的人佔 90%，第二類組學生中喜歡數學的人佔 20%，第三類組學生中喜歡數學的人佔 75%，第四類組學生中喜歡數學的人佔 80%；今自該校高三學生中任選一人，試求此人喜歡數學的機率．

3. 某工廠有 A、B、C 三部機器，各機器之產品依序分別佔總產量之 50%、30% 和 20%，但 A 機器之產品中有 4% 不合格，B 機器之產品中有 5% 不合格，C 機器之產品中有 6% 不合格．
   (1) 若自所有產品中任選一件產品，試求此產品為不合格品之機率．
   (2) 若自所有產品中任選一件產品，發現此件產品為不合格品，試求此不合格產品為 C 機器所生產之機率．

4. 某項胸部 X 光檢查的可靠程度如下：對於有肺結核病者 95% 可發現，對於無肺結核病者有 4% 會被誤判為有病．設某地區人口中患肺結核病者佔 1%，若其中任意一人經 X 光檢驗出為肺結核病患者，試問此人確有肺結核病的機率．

5. 某校橋藝社由高一、高二、高三學生組成，各佔 35%、30%、35%，而社員中高一人數的 $\frac{1}{5}$，高二人數的 $\frac{2}{5}$，高三人數的 $\frac{1}{7}$ 亦為合唱團團員．今橋藝社改選新社長，每人當選的機會均等，已知新當選的社長是合唱團團員，試求此社長是高二學生的機率．

6. 設某工廠由甲、乙、丙三部機器製造某一零件，其產量分別佔總產量的 50%、30%、20%，而產品中依次有 3%、4%、5% 的不良品．今從產品中任取一個，
   (1) 試求取出的產品為不良品的機率．
   (2) 若該產品為不良品，試求它分別由甲、乙、丙機器製造的機率．

7. 某大學學生的分布及戴眼鏡的百分比如下表．今自全部學生中任選一人，試求
   (1) 該生戴眼鏡的機率若干？
   (2) 若被選上的學生是戴眼鏡者，則此人是大四學生的機率若干？

年級 百分比	大一學生	大二學生	大三學生	大四學生
佔學生的百分比	35%	25%	20%	20%
戴眼鏡者佔該年級學生的百分比	35%	35%	40%	50%

8. 袋中有 7 個白球、3 個紅球，今自袋中每次任取 1 球，取後放回，連取 4 次，試求取得 2 次紅球的機率．

9. 某地區 B 血型的人佔全人口的 25%，
   (1) 任取 24 人，試求此 24 人全部都不是 B 血型的機率。(log 2＝0.301，log 3＝0.477)
   (2) 任取 26 人，試求其中恰有 2 人為 B 血型的機率．

10. 某公司發行每張 100 元的彩券 2000 張，其中有 2 張獎金各 50,000 元，有 8 張獎金各 10,000 元，有 10 張獎金各 1000 元．試問購買此彩券是否有利？

11. 假設某期彩券發行 1000 萬張，每張 10 元，獎額分配如下

第一特獎	1 張	獎金 2000 萬元
頭　　獎	1 張	獎金　100 萬元
二　　獎	1 張	獎金　 50 萬元
三　　獎	100 張	獎金　 10 萬元
四　　獎	1000 張	獎金　 1 萬元
五　　獎	10000 張	獎金　1000 元

試問買一張彩券的期望值有多少？購買此彩券是否有利？

12. 同時擲兩顆公正的骰子，所得點數和的期望值為多少？

13. 袋中有十元、五元硬幣各 4 枚，今自袋中任取 3 枚，則期望值為多少？

14. 設 $S＝\{1, 2, 3, 4, 5, 6, 7, 8, 9, 10\}$，今自 S 中任選一數 (機會均等)，試求其正因數個數的期望值．

3-7　隨機變數、機率密度函數、累積分配函數

我們在基本機率中曾經提到隨機試驗的結果可以用樣本空間來表示．例如投擲銅幣兩次，若以"H"表示正面，以"T"表示反面，則投擲銅幣兩次的樣本空間為 $S＝\{(H, H), (H, T), (T, H), (T, T)\}$．若定義一**隨機函數** X，且令 $X(H, H)＝2$，$X(H, T)＝1$，$X(T, H)＝1$，$X(T, T)＝0$，則函數 X 將樣本空間內的元素對應至一實數集合 $R＝\{0, 1, 2\}$，則函數 X 稱為樣本空間 S 的一**隨機變數**，其對應的關係如圖 3-7-1 所示．

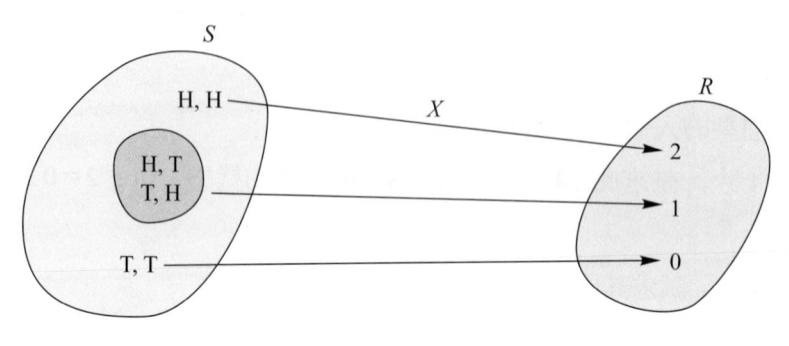

圖 3-7-1

定義 3-7-1

設 S 為一樣本空間，若存在一函數 X 將樣本空間中的每一個樣本點 s，$s \in S$，對應至唯一的實數值 x，即 $X(s)=x$，則函數 X 稱為樣本空間 S 的一個隨機變數 (random variable)。X 的值域為一實數集合 R_x，

$$R_x = \{x ; X(s)=x ; s \in S\}$$

一般皆以大寫字母 X，Y，…等表示隨機變數，而以小寫字母 x，y，…等表示隨機變數所取的值。依值域的情形，隨機變數有兩種類型：離散與連續。若隨機變數的值域為有限或為可數的無限，則稱該隨機變數為離散隨機變數；若隨機變數的值域構成一區間，則稱該隨機變數為連續隨機變數。

【例題 1】 電子元件檢驗的結果只有合格品與不合格品等兩類，因此樣本空間 $S=$ {合格品，不合格品}。今在生產線上檢驗甲、乙兩電子元件的結果，若以 A 代表合格品，B 代表不合格品，則樣本空間可表成

$$S = \{AA, AB, BA, BB\}$$

若隨機變數 X 代表不合格品的個數，則

$$X(AA)=0$$
$$X(AB)=X(BA)=1$$
$$X(BB)=2$$

故 $R_x = \{0, 1, 2\}$

由於樣本空間 S 裡的出象結果皆具有相同之機率，即

$$P(AA) = P(AB) = P(BA) = P(BB) = \frac{1}{4}$$

R_x 中事件 $\{X=0\}$ 的機率，由定義知：

$$P(X=0) = P(AA) = \frac{1}{4}$$

又， $P(X=1) = P(\{AB, BA\}) = \frac{2}{4} = \frac{1}{2}$

$$P(X=2) = P(BB) = \frac{1}{4}$$

其機率可表示如圖 3-7-2 所示．

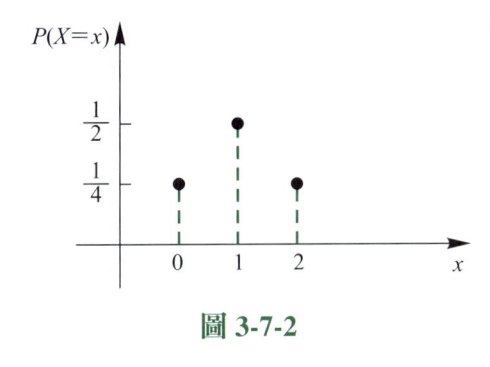

圖 3-7-2

定義 3-7-2

設 X 為離散隨機變數，若對每一個 x 的可能結果均滿足

(1) $f(x) \geq 0$

(2) $\sum\limits_{x} f(x) = 1$

(3) $P(X=x) = f(x)$

則稱 $f(x)$ 為**機率函數**或**機率質量函數**．有序數對 $(x, f(x))$ 的集合為 X 的**機率分配**．

【例題 2】　一電腦經銷商共有 10 台同型筆記型電腦，其中 3 台是有瑕疵的，如果某公司隨機購買 2 台，試求瑕疵品的機率分配.

【解】　令 X 為隨機變數，其值 x 表公司所購買筆記型電腦中具有瑕疵的電腦數，則 x 可能為 0，1，2.

$$f(0) = P(X=0) = \frac{C_0^3 \times C_2^7}{C_2^{10}} = \frac{7}{15}$$

$$f(1) = P(X=1) = \frac{C_1^3 \times C_1^7}{C_2^{10}} = \frac{7}{15}$$

$$f(2) = P(X=2) = \frac{C_2^3 \times C_0^7}{C_2^{10}} = \frac{1}{15}$$

因此，X 的機率分配為

x	0	1	2
$f(x)$	$\dfrac{7}{15}$	$\dfrac{7}{15}$	$\dfrac{1}{15}$

若連續隨機變數 X 的值域為有限區間，則機率函數 f 在該區間外之所有點的值定義為 0，這可以推廣到無限區間的情形. 假定 X 的值域為 $[a, b]$，則其機率 $P(a \leq X \leq b)$ 相當於在機率函數 f 的圖形下方以及區間 $[a, b]$ 上方之部分的面積 (見圖 3-7-3)，亦即，

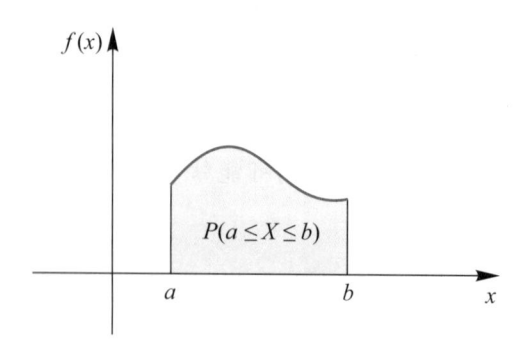

圖 3-7-3

$$P(a \leq X \leq b) = \int_a^b f(x)\,dx$$

定義 3-7-3

設 X 為連續隨機變數，若滿足

(1) $f(x) \geq 0$ 對所有 $x \in (-\infty, \infty)$ 皆成立.

(2) $\int_{-\infty}^{\infty} f(x)\,dx = 1$

(3) $P(a \leq X \leq b) = \int_a^b f(x)\,dx$

則稱 $f(x)$ 為 X 的**機率密度函數**.

若 X 為連續隨機變數，則
$$P(a \leq X \leq b) = P(a < X \leq b) = P(a \leq X < b) = P(a < X < b)$$

【例題 3】 令連續隨機變數 X 的機率密度函數為

$$f(x) = \begin{cases} \dfrac{x^2}{3}, & -2 \leq x \leq 1 \\ 0, & \text{其他} \end{cases}$$

(1) 試證 f 滿足定義 3-7-3 的條件 (2).

(2) 計算 $P(0 < X \leq 1)$.

【解】 (1) $\int_{-\infty}^{\infty} f(x)\,dx = \int_{-2}^{1} \dfrac{x^2}{3}\,dx = \dfrac{x^3}{9}\bigg|_{-2}^{1} = \dfrac{1}{9} - \left(-\dfrac{8}{9}\right) = 1$

(2) $P(0 < X \leq 1) = P(0 \leq X \leq 1) = \int_0^1 \dfrac{x^2}{3}\,dx = \dfrac{x^3}{9}\bigg|_0^1 = \dfrac{1}{9}$

【例題 4】 令 X 為連續隨機變數，且

$$f(x) = \begin{cases} kx, & 1 \leq x \leq 3 \\ 0, & \text{其他} \end{cases}$$

(1) 決定常數 k 的值使 f 為 X 的機率密度函數.

(2) 計算 $P(2.1 \leq X \leq 2.5)$.

【解】 (1) 在 f 之圖形下方的面積必等於 1，因而

$$1 = \int_1^3 kx \, dx = \frac{k}{2} x^2 \Big|_1^3 = k\left(\frac{9}{2} - \frac{1}{2}\right) = 4k$$

故 $k = \dfrac{1}{4}$.

(2) $P(2.1 \leq X \leq 2.5) = \int_{2.1}^{2.5} \dfrac{1}{4} x \, dx = \dfrac{1}{8} x^2 \Big|_{2.1}^{2.5} = \dfrac{1}{8}(6.25 - 4.41) = 0.23$

定義 3-7-4

設離散隨機變數 X 的機率函數為 $f(x)$，且對任一實數 x，令

$$F(x) = P(X \leq x) = \sum_{t \leq x} f(t)$$

則稱 $F(x)$ 為 X 的累積分配函數.

【例題 5】 投擲一枚均勻的銅板，樣本空間 $S = \{H, T\}$. 設 $P(H) = p$, $P(T) = 1 - p$. 若隨機變數 X 的定義如下：

$$X(H) = 1, \quad X(T) = 0$$

則此隨機變數 X 的累積分配函數為何？

【解】 我們導出 X 的累積分配函數 $F(x)$ 如下：

首先，當 $x < 0$ 時，$\{X \leq x\}$ 為空集合，故

$$F(x) = P(X \leq x) = P(\phi) = 0$$

當 $0 \leq x < 1$ 時，

$$F(x)=P(X\leq x)=P(X=0)=1-p$$

當 $x \geq 1$ 時，

$$F(x)=P(X\leq x)$$
$$=P(X=0)+P(X=1)$$
$$=1-p+p=1$$

故得

$$F(x)=\begin{cases} 0 & , x<0 \\ 1-p, & 0\leq x<1 \\ 1 & , x\geq 1 \end{cases}$$

其圖形為階梯狀，如圖 3-7-4 所示.

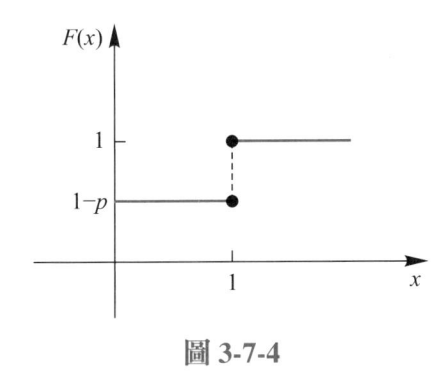

圖 3-7-4

【例題 6】　求例題 2 之隨機變數 X 的累積分配函數，並利用 $F(x)$ 證明 $f(1)=\dfrac{7}{15}$.

【解】　X 的機率分配為

x	0	1	2
$f(x)$	$\dfrac{7}{15}$	$\dfrac{7}{15}$	$\dfrac{1}{15}$

$$F(0)=P(X\leq 0)=f(0)=\dfrac{7}{15}$$

$$F(1)=P(X\leq 1)=f(0)+f(1)=\dfrac{14}{15}$$

$$F(2) = P(X \leq 2) = f(0) + f(1) + f(2) = 1$$

所以,

$$F(x) = \begin{cases} 0 & , x < 0 \\ \dfrac{7}{15} & , 0 \leq x < 1 \\ \dfrac{14}{15} & , 1 \leq x < 2 \\ 1 & , x \geq 2 \end{cases}$$

$$f(1) = F(1) - F(0) = \frac{14}{15} - \frac{7}{15} = \frac{7}{15}$$

今給出下列的基本性質

1. $P(X > a) = 1 - P(X \leq a) = 1 - F(a)$
2. $P(a < X \leq b) = P(X \leq b) - P(X \leq a) = F(b) - F(a)$
3. $f(x) = P(X = x) = P(X \leq x) - P(X < x) = F(x) - P(X < x)$

【例題 7】 已知離散隨機變數 X 的累積分配函數如下

$$F(x) = \begin{cases} 0 & , x < 1 \\ \dfrac{1}{4} & , 1 \leq x < 3 \\ \dfrac{1}{2} & , 3 \leq x < 5 \\ \dfrac{3}{4} & , 5 \leq x < 7 \\ 1 & , x \geq 7 \end{cases}$$

試求 X 的機率函數 $f(x)$.

【解】 由 $F(x)$ 得知,機率函數僅在 1, 3, 5, 7 有機率,

$$f(1) = P(X \leq 1) - P(X < 1) = F(1) - P(X < 1) = \frac{1}{4}$$

$$f(3)=F(3)-P(X<3)=\frac{1}{2}-\frac{1}{4}=\frac{1}{4}$$

$$f(5)=F(5)-P(X<5)=\frac{3}{4}-\frac{1}{2}=\frac{1}{4}$$

$$f(7)=F(7)-P(X<7)=1-\frac{3}{4}=\frac{1}{4}$$

故機率函數列表如下

x	1	3	5	7
$f(x)$	$\frac{1}{4}$	$\frac{1}{4}$	$\frac{1}{4}$	$\frac{1}{4}$

定義 3-7-5

設連續隨機變數 X 的機率密度函數為 $f(x)$，且對任一實數 x，令

$$F(x)=P(X\leq x)=\int_{-\infty}^{x} f(t)\,dt$$

則稱 $F(x)$ 為 X 的**累積分配函數**.

在定義 3-7-5 中，利用微積分基本定理可知

$$F'(x)=f(x)$$

【例題 8】 設連續隨機變數 X 的機率密度函數為

$$f(x)=\begin{cases}\dfrac{x^2}{3},&-2\leq x\leq 1\\0,&\text{其他}\end{cases}$$

(1) 試求 $F(x)$.
(2) 計算 $P(0<X\leq 1)$.

【解】　(1) 當 $x < -2$ 時，$\quad F(x) = \int_{-\infty}^{-2} 0 \, dt = 0$

當 $-2 \leq x \leq 1$ 時，$F(x) = \int_{-1}^{x} \dfrac{t^2}{3} dt = \dfrac{x^3 + 8}{9}$

當 $x > 1$ 時，$\quad F(x) = \int_{-\infty}^{-2} 0 \, dt + \int_{-2}^{1} \dfrac{t^2}{3} dt + \int_{1}^{x} 0 \, dt = 1$

所以，$\quad F(x) = \begin{cases} 0, & x < -2 \\ \dfrac{x^3 + 8}{9}, & -2 \leq x \leq 1 \\ 1, & x > 1 \end{cases}$

(2) $P(0 < X \leq 1) = F(1) - F(0) = 1 - \dfrac{8}{9} = \dfrac{1}{9}$

累積分配函數 $F(x)$ 有下列特性

1. $0 \leq F(x) \leq 1$.
2. $F(x)$ 為非遞減函數，即，若 $a < b$，則 $F(a) \leq F(b)$.
3. $\lim\limits_{x \to -\infty} F(x) = 0$, $\lim\limits_{x \to \infty} F(x) = 1$.

3-8　隨機變數之數學期望值

隨機變數的一個重要的特色是它的"平均"值. 統計學者通常將隨機變數 X 的平均值稱為 X 的數學期望值或期望值，記為 $E(X)$ 或 μ_X；但是，當我們所討論的隨機變數是十分明確時，可將 μ_X 簡寫為 μ.

定義 3-8-1

令 X 表機率函數是 $f(x)$ 的隨機變數.

若 X 為離散，則 X 的期望值為

$$\mu = E(X) = \sum_x x f(x)$$

若 X 為連續，則 X 的期望值為

$$\mu = E(X) = \int_{-\infty}^{\infty} x f(x)\, dx$$

【例題 1】 設連續隨機變數 X 的機率密度函數為

$$f(x) = \begin{cases} e^{-x}, & x \geq 0 \\ 0, & x < 0 \end{cases}$$

求 X 的期望值.

【解】 期望值為

$$\begin{aligned}
E(X) &= \int_{-\infty}^{\infty} x f(x)\, dx = \int_0^{\infty} x e^{-x}\, dx \\
&= \lim_{t \to \infty} \left\{ -x e^{-x} \Big|_0^t + \int_0^t e^{-x}\, dx \right\} \\
&= -\lim_{t \to \infty} \frac{t}{e^t} - \lim_{t \to \infty} \left(e^{-x} \Big|_0^t \right) \\
&= -\lim_{t \to \infty} \frac{1}{e^t} - \lim_{t \to \infty} (e^{-t} - 1) \\
&= 1
\end{aligned}$$

定理 3-8-1

若 a 與 b 均為常數，則

$$E(aX + b) = a\, E(X) + b$$

註：若 $X_1, X_2, X_3, \cdots, X_n$ 為樣本空間 S 上的隨機變數，則

$$E(X_1+X_2+X_3+\cdots+X_n)=E(X_1)+E(X_2)+E(X_3)+\cdots+E(X_n)$$

定義 3-8-2

令 X 表機率函數是 $f(x)$ 的隨機變數。

若 X 為離散，則隨機變數 $g(X)$ 的期望值為

$$\mu_{g(X)}=E[g(X)]=\sum_x g(x)f(x)$$

若 X 為連續，則隨機變數 $g(X)$ 的期望值為

$$\mu_{g(X)}=E[g(X)]=\int_{-\infty}^{\infty} g(x)f(x)\,dx$$

定理 3-8-2

若 a 與 b 均為常數，則

$$E[a\,g(X)+b\,h(X)]=a\,E[g(X)]+b\,E[h(X)]$$

【例題 2】 設隨機變數 X 的機率密度函數為

$$f(x)=\begin{cases} 2(1-x), & 0<x<1 \\ 0, & \text{其他} \end{cases}$$

試求 $E(2X+3X^2)$。

【解】
$$E(X)=\int_{-\infty}^{\infty} xf(x)\,dx=\int_0^1 2x(1-x)\,dx$$

$$=\left(x^2-\frac{2}{3}x^3\right)\Big|_0^1=\frac{1}{3}$$

$$E(X^2)=\int_{-\infty}^{\infty} x^2 f(x)\,dx=\int_0^1 2x^2(1-x)\,dx$$

$$=\left(\frac{2}{3}x^3-\frac{2}{4}x^4\right)\Big|_0^1=\frac{1}{6}$$

所以，

$$E(2X+3X^2)=2E(X)+3E(X^2)$$
$$=\frac{2}{3}+\frac{3}{6}=\frac{7}{6}$$

定理 3-8-3

若 X 與 Y 為兩個獨立的隨機變數，則

$$E(XY)=E(X)\,E(Y)$$

隨機變數的平均值或期望值在統計學中特別重要，因為它描述了機率分配的中心點．可是，平均值本身卻未給予此分配的形狀作適當的描述，而我們需要知道觀測值如何由平均值延伸．因此，為了研判分配的形狀的散佈程度，有必要考量觀測值的變異性．

定義 3-8-3

令 X 為具有機率函數 $f(x)$ 及平均值 μ 的隨機變數．

若 X 為離散，則 X 的**變異數**為

$$\sigma_X^2=\text{Var}(X)=E[(X-\mu)^2]=\sum_x (x-\mu)^2 f(x)$$

若 X 為連續，則 X 的變異數為

$$\sigma_X^2=\text{Var}(X)=E[(X-\mu)^2]=\int_{-\infty}^{\infty}(x-\mu)^2 f(x)\,dx$$

變異數的正平方根 $\sqrt{\text{Var}(X)}$ 稱為 X 的**標準差**，記為 σ_X．

若 X 散佈得離平均值 μ 愈遠，則其變異數就會愈大；若皆集中於 μ 附近，則其變異數就會較小．與變異數一樣，從標準差也可以看出機率分配的散佈程度．

求 Var(X) 有另一個比較好用的公式，因為它經常可以簡化計算過程.

定理 3-8-4

隨機變數 X 的變異數為
$$\text{Var}(X) = E(X^2) - [E(X)]^2$$

定理 3-8-5

設隨機變數 X 的機率函數為 $f(x)$.

若 X 為離散，則隨機變數 $g(X)$ 的變異數為
$$\sigma^2_{g(X)} = \text{Var}[g(X)] = E\{[g(X) - \mu_{g(X)}]^2\} = \sum_x [g(x) - \mu_{g(X)}]^2 f(x)$$

若 X 為連續，則隨機變數 $g(X)$ 的變異數為
$$\sigma^2_{g(X)} = \text{Var}[g(X)] = E\{[g(X) - \mu_{g(X)}]^2\} = \int_{-\infty}^{\infty} [g(x) - \mu_{g(X)}]^2 f(x)\, dx$$

定理 3-8-6

若 a 與 b 均為常數，則
$$\text{Var}(aX + b) = a^2 \text{Var}(X)$$

證
$$\begin{aligned}
\text{Var}(aX+b) &= E\{[(aX+b) - E(aX+b)]^2\} \\
&= E\{[aX + b - aE(X) - b]^2\} \\
&= E\{a^2[X - E(X)]^2\} \\
&= a^2 E[(X - \mu)^2] \\
&= a^2 \text{Var}(X)
\end{aligned}$$

下面定理提供了對於隨機變數的值在其平均值左右 k 個標準差內出現的機率，做一個保守的估計.

定理 3-8-7　柴比雪夫定理

任何隨機變數 X 的值在其平均值 μ 左右 k 個標準差 σ 之區間內出現的機率至少為 $1-\dfrac{1}{k^2}$，即，

$$P(\mu-k\sigma < X < \mu+k\sigma) \geq 1-\dfrac{1}{k^2}$$

【例題 3】　隨機變數 X 的平均值 $\mu=10$，變異數 $\sigma^2=9$，其機率分配未知，試求

(1) $P(-2 < X < 22)$

(2) $P(|X-10| \geq 6)$

【解】　(1) $P(-2 < X < 22) = P[10-(4)(3) < X < 10+(4)(3)]$

$$\geq 1-\dfrac{1}{4^2} = \dfrac{15}{16}$$

(2) $P(|X-10| \geq 6) = 1-P(|X-10| < 6) = 1-P(-6 < X-10 < 6)$

$$= 1-P[10-(2)(3) < X < 10+(2)(3)]$$

$$\leq \dfrac{1}{4}$$

3-9　常用離散機率分配

離散機率分配不論是用直方圖、列表或公式表示，都可描述其情形.

均勻分配

最簡單的離散機率分配為隨機變數的每一個值具有相等的機率，這樣的機率分配稱為離散均勻分配.

定義 3-9-1

若一隨機變數 X 的所有可能值 x_1, x_2, x_3, $\cdots$, x_k 具有相同的機率,則其離散均勻分配為

$$f(x\,;\,k)=\frac{1}{k},\ x=x_1,\ x_2,\ x_3,\ \cdots,\ x_k$$

我們用符號 $f(x\,;\,k)$ 取代 $f(x)$,表示均勻分配決定於參數 k.

【例題 1】 從一個裝有 5 瓩、40 瓩、60 瓩和 100 瓩各一個燈泡的盒子中,隨機選取一燈泡,因而樣本空間 $S=\{5,\ 40,\ 60,\ 100\}$ 中每一元素發生的機率均為 $\frac{1}{4}$。所以,均勻分配為

$$f(x\,;\,4)=\frac{1}{4},\ x=5,\ 40,\ 60,\ 100$$

【例題 2】 擲一公正骰子,其樣本空間 $S=\{1,\ 2,\ 3,\ 4,\ 5,\ 6\}$ 中每一元素出現的機率均為 $\frac{1}{6}$,因此,均勻分配為

$$f(x\,;\,6)=\frac{1}{6},\ x=1,\ 2,\ 3,\ 4,\ 5,\ 6$$

定理 3-9-1

離散均勻分配 $f(x\,;\,k)$ 的平均值為

$$\mu=\frac{\sum_{i=1}^{k} x_i}{k}$$

變異數為

$$\sigma^2=\frac{\sum_{i=1}^{k}(x_i-\mu)^2}{k}$$

【例題 3】 參考例題 2，可得

$$\mu = \frac{1+2+3+4+5+6}{6} = 3.5$$

$$\sigma^2 = \frac{(1-3.5)^2+(2-3.5)^2+\cdots+(6-3.5)^2}{6} = \frac{35}{12}$$

定理 3-9-2

若隨機變數 X 的離散均勻分配為 $f(x\,;\,k) = \frac{1}{k}$，$x = 1,\ 2,\ 3,\ \cdots,\ k$，則

$$E(X) = \frac{k+1}{2}, \quad \mathrm{Var}(X) = \frac{k^2-1}{2}$$

證 $E(X) = \sum\limits_{x=1}^{k} x \cdot \frac{1}{k} = \frac{1}{k} \cdot \frac{k(k+1)}{2} = \frac{k+1}{2}$

$E(X^2) = \sum\limits_{x=1}^{k} x^2 \cdot \frac{1}{k} = \frac{1}{k} \cdot \frac{k(k+1)(2k+1)}{6} = \frac{(k+1)(2k+1)}{6}$

$\mathrm{Var}(X) = E(X^2) - [E(X)]^2 = \frac{(k+1)(2k+1)}{6} - \left(\frac{k+1}{2}\right)^2 = \frac{k^2-1}{12}$

【例題 4】 參考例題 2，利用定理 3-9-2，可得

$$E(X) = \frac{1+6}{2} = 3.5$$

$$\mathrm{Var}(X) = \frac{6^2-1}{12} = \frac{35}{12}$$

【例題 5】 若隨機變數 X 的機率分配為

$$f(x\,;\,8) = \frac{1}{8},\ x = 1,\ 2,\ 3,\ \cdots,\ 8$$

試求 (1) $P(X \geq 5)$

(2) $E(X)$ 與 $\text{Var}(X)$.

【解】 (1) $P(X \geq 5) = \sum_{x=5}^{8} f(x\,;\,8) = \sum_{x=5}^{8} \dfrac{1}{8} = \dfrac{1}{2}$

(2) $E(X) = \dfrac{1+8}{2} = 4.5$，$\text{Var}(X) = \dfrac{8^2-1}{12} = \dfrac{21}{4}$

二項分配

若一個隨機試驗只有兩個可能的結果，一者視為"成功"，另一者視為"失敗"，則稱此試驗為白努利試驗. 若隨機變數 X 表示白努利試驗的兩個結果，則通常以 "$X=1$" 表示成功，而以 "$X=0$" 表示失敗. 假如成功的機率為 $p=P(X=1)$，失敗的機率為 $q=P(X=0)$，且 $p+q=1$，則白努利試驗的機率函數為

$$f(x) = \begin{cases} p^x(1-p)^{1-x}, & x=0,\,1\,;\,0 \leq p \leq 1 \\ 0, & \text{其他} \end{cases}$$

此時我們稱 X 的分配為白努利分配，簡記為 $X \sim B(1,\,p)$.

如果一個試驗是由 n 次重複的白努利試驗所構成，每次成功的機率皆為 p，且每次試驗皆為獨立，則這樣的試驗被稱為二項試驗，n 次試驗的成功數 X 稱為二項隨機變數，此離散隨機變數的機率分配稱為二項分配.

定義 3-9-2

在一個獨立試驗 n 次之二項試驗中，若成功機率是 p，且其二項隨機變數 X 的機率函數為

$$f(x) = P(X=x) = \begin{cases} \binom{n}{x} p^x(1-p)^{n-x}, & x=0,\,1,\,2,\,3,\,\cdots,\,n\,;\,0 \leq p \leq 1 \\ 0, & \text{其他} \end{cases}$$

則稱 X 的分配為二項分配，簡記為 $X \sim B(n,\,p)$.

【例題 6】 假設某校有三分之一的學生患近視，今任選 10 位學生，求至少 2 人患近視的機率為何？

【解】　設 X 表 10 位學生中有近視的人數，則 X 的分配為 $B\left(10, \dfrac{1}{3}\right)$，故 10 人中恰有 k 人患近視的機率為

$$P(X=k) = \binom{10}{k}\left(\dfrac{1}{3}\right)^k\left(\dfrac{2}{3}\right)^{10-k}$$

至少有 2 人患近視的機率為

$$P(X \geq 2) = 1 - P(X < 2) = 1 - P(X=0) - P(X=1)$$

$$= 1 - \left(\dfrac{2}{3}\right)^{10} - 10\left(\dfrac{1}{3}\right)\left(\dfrac{2}{3}\right)^9$$

$$= 1 - \left(\dfrac{2}{3}\right)^9\left[\dfrac{2}{3} + 10 \cdot \dfrac{1}{3}\right] \approx 0.896$$

定理 3-9-3

若 $X \sim B(n, p)$，則

$$E(X) = np, \quad \text{Var}(X) = np(1-p)$$

波瓦松分配

波瓦松分配主要是描述在某單位時間區間內發生某事件之次數的機率分配．

定義 3-9-3

若隨機變數 X 的機率函數為

$$f(x) = P(X=x) = \begin{cases} \dfrac{e^{-\lambda}\lambda^x}{x!}, & x = 0, 1, 2, 3, \cdots \\ 0, & \text{其他} \end{cases}$$

則稱 X 的分配為**波瓦松分配**，其中 λ 表示單位時間內發生某事件的平均次數．

定理 3-9-4

若 X 的分配為波瓦松分配，則 $E(X)=\lambda$，$\text{Var}(X)=\lambda$

在二項分配 $B(n, p)$ 中取 $np=\lambda$ (常數)，並令 $n \to \infty$，則 $B(n, p)$ 的極限為波瓦松分配；換句話說，我們可用波瓦松分配來估計二項分配.

【例題 7】 設某機器發生故障的機率為 0.002，今運轉該機器 100 次，則其發生故障 2 次的機率為何？

【解】
$$\lambda = np = 100 \times 0.002 = 0.2$$

$$P(X=2) = e^{-0.2} \frac{(0.2)^2}{2!}$$

$$= 0.01638$$

【例題 8】 某汽車停車場管理員觀察汽車以平均每小時 360 輛進入停車場，試求

(1) 1 分鐘內至多 2 輛汽車進入停車場的機率.

(2) 2 分鐘內至少 3 輛汽車進入停車場的機率.

【解】 (1) 設隨機變數 X 表示 1 分鐘內進入停車場的車輛數，則

$$\lambda = \frac{360}{60} \times 1 = 6 \times 1 = 6 \text{ (1 分鐘平均有 6 輛汽車進入)}$$

故

$$P(X \leq 2) = \sum_{x=0}^{2} \frac{e^{-6} 6^x}{x!} = e^{-6}(1+6+18)$$

$$= 0.062$$

(2) 設隨機變數 X 表示 2 分鐘內進入停車場的車輛數，則

$$\lambda = \frac{360}{60} \times 2 = 12$$

故

$$P(X \geq 3) = 1 - P(X \leq 2)$$

$$= 1 - \sum_{x=0}^{2} \frac{e^{-12}(12)^x}{x!}$$

$$= 1 - e^{-12}(1 + 12 + \frac{144}{2})$$

$$= 1 - 85e^{-12}$$

$$= 1 - 0.0006$$

$$= 0.9994$$

3-10　常用連續機率分配

在整個統計學的領域裡，最重要的連續機率分配是常態分配，也常被稱為高斯分配.

定義 3-10-1

若連續隨機變數 X 的機率密度函數為

$$f(x) = \frac{1}{\sigma\sqrt{2\pi}} e^{-\frac{1}{2}\left(\frac{x-\mu}{\sigma}\right)^2}, \quad -\infty < x < \infty$$

其中 μ 與 σ 為參數，分別代表平均值與標準差，則稱 X 的分配為常態分配，簡記為 $X \sim N(\mu, \sigma^2)$，而 X 被稱為常態隨機變數.

在定義 3-10-1 中，函數 f 的圖形為對稱於直線 $x=\mu$ 的鐘形曲線，又常稱為常態曲線. 此曲線在 $x=\mu\pm\sigma$ 處有反曲點，曲線在 $\mu-\sigma < x < \mu+\sigma$ 的範圍內下凹，而在其他地方則上凹；其最高點的座標為 $\left(\mu, \frac{1}{\sigma\sqrt{2\pi}}\right)$. 由參數 σ 可以看出此曲線的廣狹：若 σ 值小，則曲線高而狹；若 σ 值大，則曲線低而廣. 另外，一旦 μ 及 σ 確定後，常態分配即完全決定，如圖 3-10-1 所示.

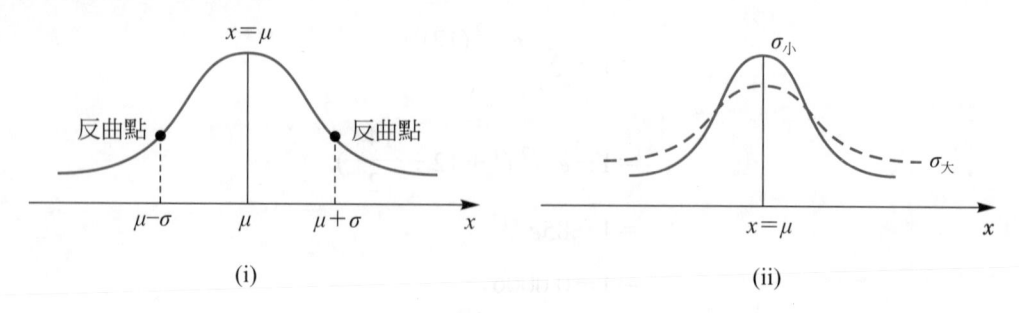

圖 3-10-1

若 $X \sim N(0, 1)$，即 $\mu=0$，$\sigma^2=1$，則稱 X 的分配為標準常態分配，其機率密度函數常寫成

$$\phi(x)=\frac{1}{\sqrt{2\pi}} e^{-\frac{x^2}{2}}, \quad -\infty < x < \infty$$

定理 3-10-1

令 $X \sim N(\mu, \sigma^2)$.

(1) 若 $Z=aX+b$，則 $Z \sim N(a\mu+b, a^2\sigma^2)$.

(2) 若 $Z=\dfrac{x-\mu}{\sigma}$，則 $Z \sim N(0, 1)$.

定理 3-10-1(2) 中的變換

$$Z=\frac{x-\mu}{\sigma}$$

常稱為標準化.

設 $Z \sim N(0, 1)$，則

$$\phi(z)=\frac{1}{\sqrt{2\pi}} e^{-\frac{z^2}{2}}$$

其累積分配函數為

$$\Phi(z)=P(Z \leq z)=\int_{-\infty}^{z} \frac{1}{\sqrt{2\pi}} e^{-\frac{t^2}{2}} dt$$

因 $\phi(z)$ 的圖形對稱於直線 $z=0$，故

$$\Phi(-z) = \phi(z)$$

因此，在 $-z$ 左邊而位於曲線下方的面積與在 z 右邊而位於曲線下方的面積相等，即，

$$\int_{-\infty}^{-z} \phi(t)\, dt = \int_{z}^{\infty} \phi(t)\, dt$$

又

$$\int_{z}^{\infty} \phi(t)\, dt = 1 - \int_{-\infty}^{z} \phi(t)\, dt$$

可得

$$\phi(-z) = 1 - \phi(z) \tag{3-10-1}$$

若 $X \sim N(\mu, \sigma^2)$，μ 與 σ 為已知常數，則可利用定理 3-10-1(2) 將其標準化，即，令 $Z = \dfrac{X-\mu}{\sigma}$，使得 $Z \sim N(0, 1)$. 然後，由

$$\begin{aligned} F(x) &= P(X \leq x) \\ &= P\left(\frac{X-\mu}{\sigma} \leq \frac{x-\mu}{\sigma}\right) \\ &= P\left(Z \leq \frac{x-\mu}{\sigma}\right) \\ &= \Phi\left(\frac{x-\mu}{\sigma}\right) \end{aligned}$$

以附表查出所欲求的值.

【例題 1】 設 $X \sim N(100, 100)$，試求

(1) $P(X \leq 120)$

(2) $P(|X-100| \leq 20)$

【解】 (1) $P(X \leq 120) = F(120) = \Phi\left(\dfrac{120-100}{10}\right) = \Phi(2) = 0.9772$

(2) $P(|X-100| \leq 20) = P(80 \leq X \leq 120)$

$$= P(X \leq 120) - P(X \leq 80)$$
$$= \Phi\left(\frac{120-100}{10}\right) - \Phi\left(\frac{80-100}{10}\right)$$
$$= \Phi(2) - \Phi(-2)$$
$$= \Phi(2) - (1 - \Phi(2))$$
$$= 2\Phi(2) - 1$$
$$= 0.9544$$

【例題 2】 設隨機變數 X 具有下面的機率分配

x	1	2	3	4
$f(x)$	0.1	0.2	0.3	0.4

(1) 計算 X 的平均值 μ 及標準差 σ.

(2) 試求標準化隨機變數 $Z = \dfrac{X-\mu}{\sigma}$ 的機率分配.

【解】 (1) $\mu = E(X) = \Sigma\, x f(x) = 1(0.1) + 2(0.2) + 3(0.3) + 4(0.4)$
$\qquad = 0.1 + 0.4 + 0.9 + 1.6 = 3$

$E(X)^2 = \Sigma\, x^2 f(x) = 1(0.1) + 4(0.2) + 9(0.3) + 16(0.4)$
$\qquad = 0.1 + 0.8 + 2.7 + 6.4 = 10$

$\sigma^2 = \text{Var}(X) = E(X^2) - \mu^2 = 10 - 9 = 1 \Rightarrow \sigma = 1$

(2) 利用 $Z = \dfrac{X-\mu}{\sigma} = x - 3$ 與 $f(z) = f(x)$，可得 Z 的機率分配如下

z	-2	-1	0	1
$f(z)$	0.1	0.2	0.3	0.4

定理 3-10-2

若隨機變數 X 的分配為二項分配 $B(n, p)$，則當 n 足夠大時，

$$Z = \frac{X - np}{\sqrt{npq}}$$

之分配的極限形式為標準常態分配 $N(0, 1)$.

實際上，當 $np \geq 5$ 且 $n(1-p) \geq 5$ 時，就可利用定理 3-10-2，其主要的功能為利用常態分配來近似二項分配，可以省掉許多繁瑣的計算.

定理 3-10-2 在應用時的形式可表示如下：當 $n \to \infty$ 且 $a < b$ 時，

$$P(a \leq X \leq b) \approx P\left(\frac{a - 0.5 - np}{\sqrt{npq}} < Z < \frac{b + 0.5 - np}{\sqrt{npq}}\right)$$

$$= \Phi\left(\frac{b + 0.5 - np}{\sqrt{npq}}\right) - \Phi\left(\frac{a - 0.5 - np}{\sqrt{npq}}\right)$$

上式中，$X \sim B(n, p)$，$Z \sim N(0, 1)$.

定理 3-10-3

(1) 設 $X \sim B(n, p)$，$Y \sim B(m, p)$，若 X 與 Y 獨立，則

$$X + Y \sim B(n + m, p)$$

(2) 設 $X \sim N(\mu_X, \sigma_X^2)$，$Y \sim N(\mu_Y, \sigma_Y^2)$，若 X 與 Y 獨立，則

$$aX + bY \sim N(a\mu_X + b\mu_Y, a^2\sigma_X^2 + b^2\sigma_Y^2)$$

其中 a 與 b 均為常數.

【例題 3】 設 X 為常態分配，其平均值為 100，標準差為 10.

(1) 當 a 為何值時，$P(X < a) = 0.95$.

(2) 當 b 為何值時，$P(X > b) = 0.90$.

(3) 當 c 為何值時，$P(|X-100|<c)=0.90$.

【解】　(1) $P(X<a)=P\left(\dfrac{X-100}{10}<\dfrac{a-100}{10}\right)=\Phi\left(\dfrac{a-100}{10}\right)=0.95$

且 $\Phi(1.645)=0.95$，故 $\dfrac{a-100}{10}=1.645$，可得

$$a=100+16.45=116.45$$

(2) $P(X>b)=1-\Phi\left(\dfrac{6-100}{10}\right)=\Phi\left(-\dfrac{b-100}{10}\right)=\Phi\left(\dfrac{100-b}{10}\right)=0.90$

且 $\Phi(1.283)=0.90$，故 $\dfrac{100-b}{10}=1.283$，可得

$$b=100-12.83=87.17$$

(3) $P(|X-100|<c)=P(-c<X-100<c)$

$$=P\left(-\dfrac{c}{10}<\dfrac{X-100}{10}<\dfrac{c}{10}\right)$$

$$=2\Phi\left(\dfrac{c}{10}\right)-1=0.90$$

即 $\Phi\left(\dfrac{c}{10}\right)=0.95$，又 $\Phi(1.645)=0.95$，故 $\dfrac{c}{10}=1.645$

可得　　　　　　　　　　$c=16.45$

習題 3-4

1. 在投擲一公平骰子的試驗中，定義隨機變數 X 如下

$$X(i)=10i,\ i=1,\ 2,\ 3,\ 4,\ 5,\ 6\in S$$

試求此隨機變數 X 的累積分配函數.

2. 設隨機變數 X 具有下面的機率分配

x	2	4	6	8
$p(x)$	0.4	0.3	0.2	0.1

(1) 試求 X 的平均值 μ 及標準差 σ.

(2) 試求標準化隨機變數 $Z=\dfrac{X-\mu}{\sigma}$ 的機率分配.

3. 設隨機變數 X 的平均值 $\mu=100$，標準差 $\sigma=5$.

(1) 利用柴比雪夫不等式 (定理 3-8-7) 求 $P(80 \leq X \leq 120)$.

(2) 對平均值 $\mu=100$，找出一區間使得 X 在該區間內的機率至少為 0.99.

4. 假設隨機變數 X 的平均值為 $\mu=30$，標準差為 $\sigma=2$，利用柴比雪夫不等式求

(1) $P(X \leq 40)$

(2) $P(X \geq 20)$

5. 設隨機變數 X 的平均值為 $\mu=40$，標準差為 $\sigma=5$，利用柴比雪夫不等式求 b 的值使得 $P(40-b \leq X \leq 40+b) \geq 0.96$.

6. 若隨機變數 X 的平均值為 $\mu=80$，標準差 σ 未知，利用柴比雪夫不等式求 σ 的值使得 $P(75 \leq X \leq 85) \geq 0.96$.

7. 設隨機變數 X 的機率密度函數 f 的圖形中有一部分在區間 $[0，2]$ 上方之一等腰三角形的兩腰，而其他部分在 x 軸上.

(1) 試求函數 f.

(2) 試求 X 的平均值 μ.

8. 若隨機變數 X 的機率函數為

$$f(x)=\begin{cases} p(1-p)^x, & x=0,\ 1,\ 2,\ 3,\ \cdots\,;\ 0<p\leq 1 \\ 0, & \text{其他} \end{cases}$$

則稱 X 的分配為幾何分配.

(1) 試證：$E(X)=\dfrac{1-p}{p}$，$\mathrm{Var}(X)=\dfrac{1-p}{p^2}$.

(2) 試求幾何分配的累積分配函數.

9. 若 X 為波瓦松分配，且 $P(X=0)=P(X=1)$，試求 $E(X)$.

10. 若 X 為二項分配 $b(n,\ p)$，且 $E(X)=5$，$\mathrm{Var}(X)=4$，試求 n 與 p.

11. 若隨機變數 X 的機率函數為

$$f(x) = \begin{cases} \lambda e^{-\lambda x}, & x \geq 0, \ \lambda > 0 \\ 0, & x < 0 \end{cases}$$

則稱 X 的分配為指數分配.

(1) 試證：$E(X) = \dfrac{1}{\lambda}$，$\text{Var}(X) = \dfrac{1}{\lambda^2}$.

(2) 試求指數分配的累積分配函數.

12. 設 X 為常態分配，其平均值為 100，標準差為 10，試求
  (1) $P(X < 95)$
  (2) $P(X > 90)$
  (3) $P(80 < X < 85)$
  (4) $P(|X - 100| < 20)$

13. 設 X 為常態分配，X 值小於 60 者佔 10%，大於 90 者佔 5%，試求 X 的平均值與變異數.

第 4 章
線性規劃 (一)

4-1 預備知識 (二元一次不等式)

設 a、b、$c \in \mathbb{R}$，且 $a^2+b^2 \neq 0$，則型如下列的不等式，稱為二元一次不等式.

$$ax+by+c > 0$$
$$ax+by+c < 0 \qquad (4\text{-}4\text{-}1)$$
$$ax+by+c \geq 0$$
$$ax+by+c \leq 0$$

求式 (4-4-1) 的解以圖解方式為宜. 就 xy-平面上的點 (x_0, y_0)，若以 $x=x_0$ 及 $y=y_0$ 代入式 (4-4-1) 能使不等式 (4-4-1) 成立，則稱點 (x_0, y_0) 為式 (4-4-1) 的解. 所有滿足式 (4-4-1) 的解所成的集合稱為不等式 (4-4-1) 的解集合.

在 xy-平面上，直線 L 的方程式為 $ax+by+c=0$，它將坐標平面分割成三部分：

$$\Gamma_+ = \{(x, y) \mid ax+by+c > 0\}$$
$$\Gamma_- = \{(x, y) \mid ax+by+c < 0\}$$
$$L = \{(x, y) \mid ax+by+c = 0\}$$

茲將它們圖形的位置，詳述如下：

1. 當 $b>0$ 時，$L: y=-\dfrac{a}{b}x-\dfrac{c}{b}$，此時不等式 $ax+by+c > 0$ 或 $y > -\dfrac{a}{b}x-\dfrac{c}{b}$

的圖形表示 L 的上側部分. 同理，當 $b>0$，則 $ax+by+c < 0$ 或 $y < -\dfrac{a}{b}x-\dfrac{c}{b}$

表示 L 的下側部分. 如圖 4-1-1 所示.

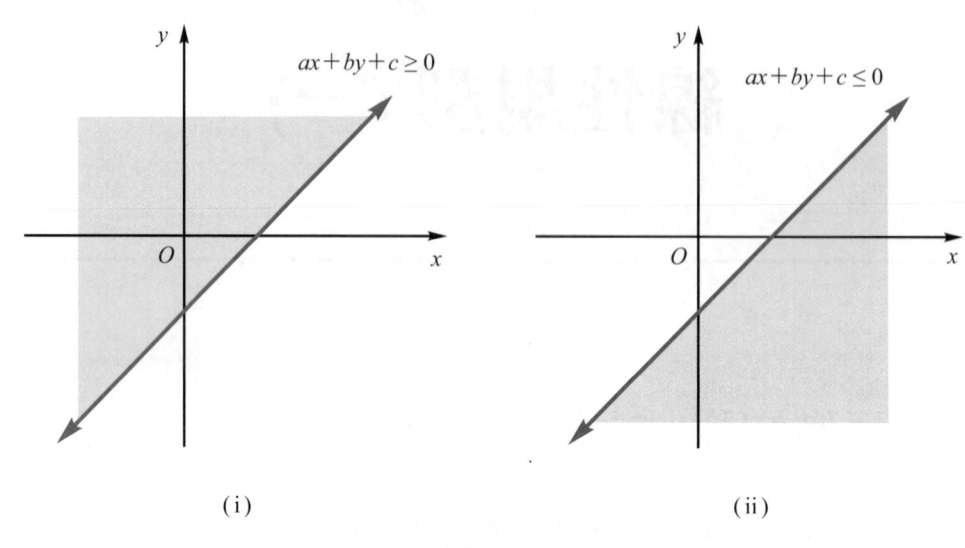

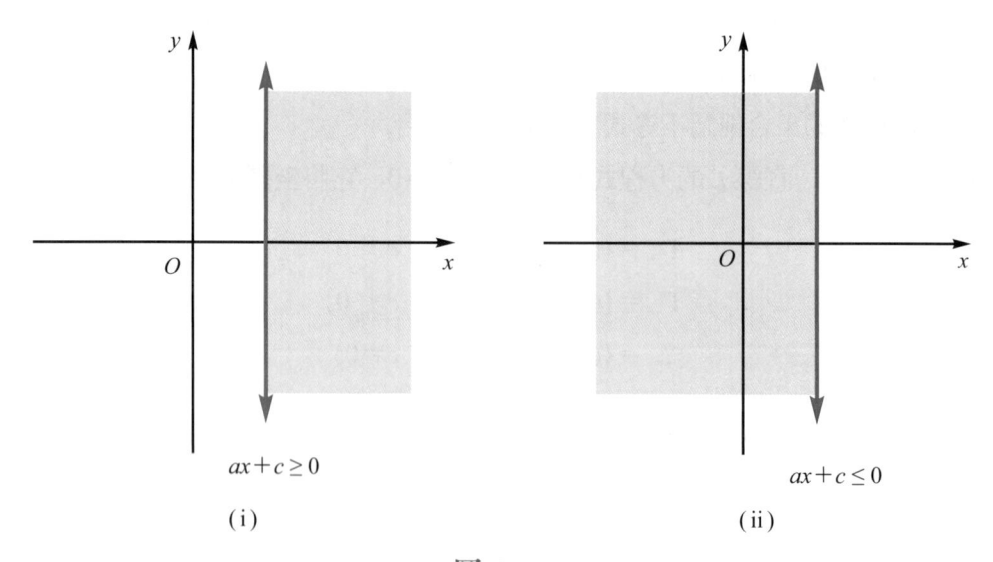

(i) $ax+by+c \geq 0$

(ii) $ax+by+c \leq 0$

圖 4-1-1

2. 當 $b=0$ 時，$L : x = -\dfrac{c}{a}$ $(a \neq 0)$，此時不等式 $x > -\dfrac{c}{a}$ 與 $x < -\dfrac{c}{a}$ 的圖形分別表示 L 的右方部分與左方部分. 如圖 4-1-2 所示.

(i) $ax+c \geq 0$

(ii) $ax+c \leq 0$

圖 4-1-2

3. 當 $a=0$ 時，$L：y=-\dfrac{c}{b}$ $(b\neq 0)$，此時不等式 $y>-\dfrac{c}{b}$ 與 $y<-\dfrac{c}{b}$ 的圖形分別表示 L 的上方部分與下方部分．如圖 4-1-3 所示．

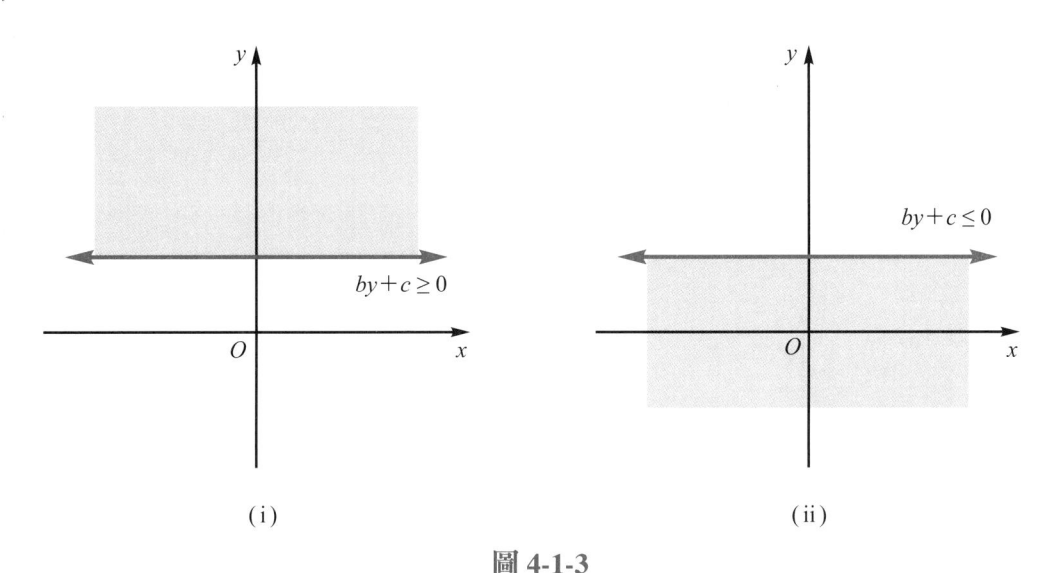

(i) $by+c \geq 0$

(ii) $by+c \leq 0$

圖 4-1-3

註：當不等式為 ≥ 或 ≤ 型時，其圖形為半平面且包含直線 $ax+by+c=0$；若不等式為 ＞0 或 ＜0 型時，其圖形為一半平面但不含直線 $ax+by+c=0$ (此時將直線繪成虛線，表示不等式的圖形不含此直線)．

欲判斷不等式 $ax+by+c>0$ 或 $ax+by+c<0$ 所表示的區域是在直線 $ax+by+c=0$ 的哪一側，通常可用某一側的一固定點的坐標代入 $ax+by+c$：

1. 若其值大於 0，則該側的區域就是由 $ax+by+c>0$ 所確定．
2. 若其值小於 0，則該側的區域就是由 $ax+by+c<0$ 所確定．

如果已知兩點 $P(x_1, y_1)$、$Q(x_2, y_2)$ 及直線 $L：ax+by+c=0$，我們可有下列的性質：

1. P 與 Q 在 L 的反側 $\Leftrightarrow (ax_1+by_1+c)(ax_2+by_2+c)<0$．
2. P 與 Q 在 L 的同側 $\Leftrightarrow (ax_1+by_1+c)(ax_2+by_2+c)>0$．

【例題 1】 已知兩點 $A(2, 5)$ 與 $B(4, -1)$. 試判斷 A 與 B 在直線 $L: 2x-y+6=0$ 的同側或反側？

【解】 以 $A(2, 5)$ 代入方程式等號的左邊，可得 $4-5+6=5>0$. 以 $B(4, -1)$ 代入方程式等號的左邊，可得 $8+1+6=15>0$. A、B 的坐標均使 $2x-y+6>0$，故 A 與 B 在 L 的同側.

【例題 2】 圖示下列各線性不等式的解.

(1) $3x-2y+12<0$ (2) $3x+y-5 \geq 0$

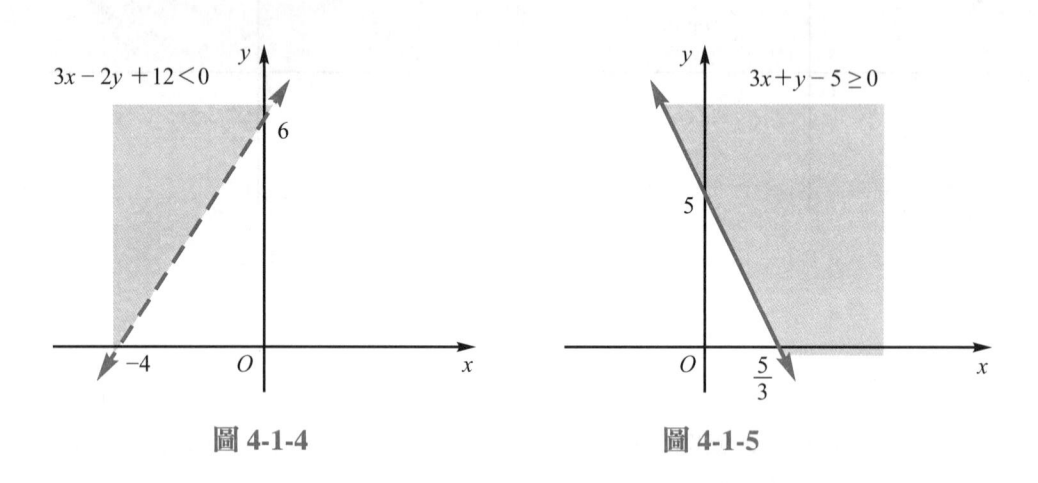

圖 4-1-4 圖 4-1-5

【解】 (1) 作直線 $3x-2y+12=0$ (以虛線表示). 以原點 $(0, 0)$ 代入 $3x-2y+12$，可得 $0-0+12>0$，故原點不在 $3x-2y+12<0$ 所表示的區域內. 如圖 4-1-4 所示.

(2) 作直線 $3x+y-5=0$ (以實線表示). 以原點 $(0, 0)$ 代入 $3x+y-5$，可得 $0+0-5<0$，故原點不在 $3x+y-5 \geq 0$ 所表示的區域內. 如圖 4-1-5 所示.

對於聯立不等式而言，其解集合為各個不等式之解集合的交集，見下面例子.

【例題 3】 圖示下列各聯立不等式的解.

(1) $\begin{cases} x-3y-9<0 \\ 2x+3y-6>0 \end{cases}$

(2) $\begin{cases} -2x+y \geq 2 \\ x-3y \leq 6 \\ x<1 \end{cases}$

【解】 (1) 不等式 $x-3y-9<0$ 的解為直線 $x-3y-9=0$ 的左上側，不等式 $2x+3y-6>0$ 的解為直線 $2x+3y-6=0$ 的右上側，而兩者的共同部分就是原聯立不等式的解，如圖 4-1-6 所示.

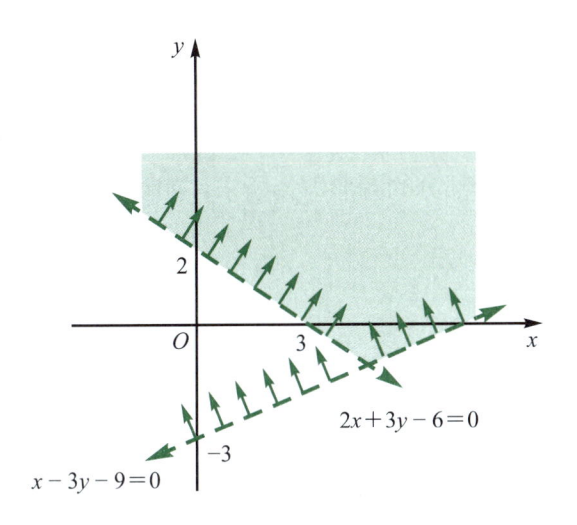

圖 4-1-6

(2) $-2x+y \geq 2$ 的解集合為直線 $-2x+y=2$ 的左上側加上直線 $-2x+y=2$ 本身. $x-3y \leq 6$ 的解集合為直線 $x-3y=6$ 的左上側加上直線 $x-3y=6$ 本身. $x<1$ 的解集合為直線 $x=1$ 的左側. 所求聯立不等式的解集合為上述三個解集合的交集，如圖 4-1-7 所示.

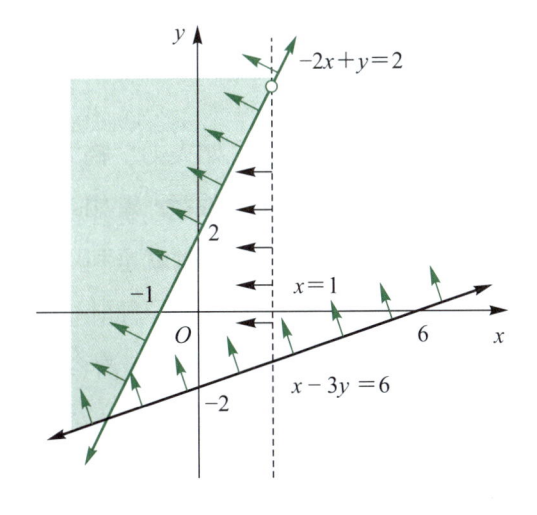

圖 4-1-7

【例題 4】　作不等式組 $\begin{cases} 2x+y-2<0 \\ x-y>0 \\ 2x+3y+9>0 \end{cases}$

的圖形.

【解】　$2x+y-2<0$ 的解集合為 $2x+y-2=0$ 的左下側部分，$x-y>0$ 的解集合為 $x-y=0$ 的右下側部分，$2x+3y+9>0$ 的解集合為 $2x+3y+9=0$ 的右上側部分，所以，陰影部分的圖形即為所求，如圖 4-1-8 所示.

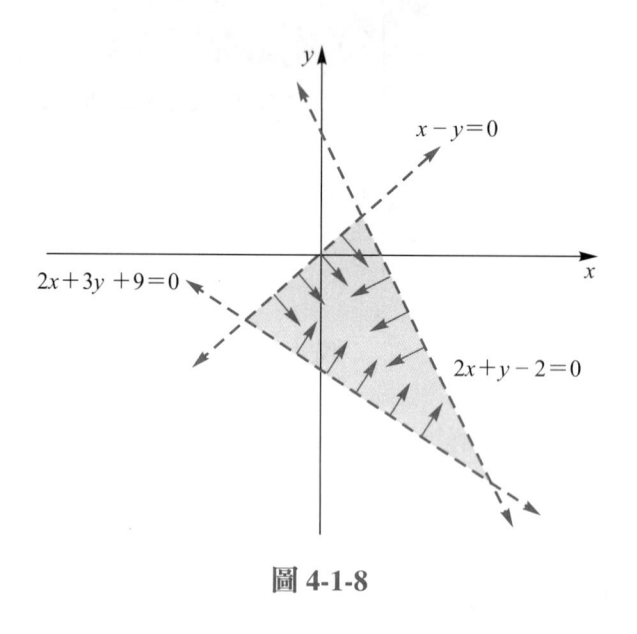

圖 4-1-8

4-2　線性規劃之意義

當我們在做決策時，經常要在有限的資源，如人力、物力及財力等的條件下，做出最適當的決定，以使所做的決策能獲得最佳的效益. 譬如，在工廠的生產決策中，我們希望能獲得最大利潤或花費最小成本. 線性規劃就是利用數學方法解決此種決策問題的一種簡單而又便捷的工具. 所以，線性規劃是一種計量的決策工具，主要是用於研究經濟資源的分配問題，藉以決定如何將有限的經濟資源做最有效的調配與運用，以求發揮資源的最高效能，俾能以最低的代價，獲取最高的效益. 因此，如何將一個決策問題轉換成線性規劃問題，以及如何求解線性規劃問題將是一個非常重要的工作.

「線性」一詞是指問題中資源的限制與目標，均可發展為連續之線性函數 (等式或不等式)；而「規劃」一詞乃指應用某些數理決策，以使有限資源獲得最佳應用，而達目標之最佳效果.

線性規劃係由美國數學家 G. Dantzing 於 1951 年所創，其發展之歷史雖短，但其在工商企業及經濟上已被廣泛地應用，如產品組合、產品成分之配方、生產設備之分配、運輸方式之選擇、賽局策略之選擇……等，均可用線性規劃作最佳之決策.

許多數學應用問題皆與二元一次聯立不等式有關，而聯立不等式的解答往往相當的多. 在 xy-平面上，由某些直線所圍成區域內的每一點 (x, y) 若適合題意，則稱為該問題的可行解，而該區域稱為該問題的可行解區域.

對於一個線性規劃問題，我們如何將該問題用數學式子來表示呢？先看看下面的例子.

某製衣公司擬推出甲、乙二款男士內衣，其可用資源之資料及二種產品每件內衣所需消耗之機器時間如下表：

機器類別	每件產品所需耗用之機器小時數		可用機器時數 (時／月)
	產品甲	產品乙	
機器 A	2	4	200
機器 B	5	3	300

若已知甲、乙產品每件內衣的利潤分別為 200 元、300 元，試求各產品每月應各生產多少數量，公司才可獲得最大利潤？

設 x、y 分別代表產品甲、乙每月之生產量. 對機器 A 而言，其限制式應為：

$$2x + 4y \leq 200 \tag{4-2-1}$$

對機器 B 而言，其限制式應為：

$$5x + 3y \leq 300 \tag{4-2-2}$$

又因產量無負值，故

$$x, y \geq 0, \ x、y \text{ 是整數} \tag{4-2-3}$$

而我們的目的乃在上面之限制條件下，求利潤 $z = 200x + 300y$ 的最大值.

這是一個典型二元線性規劃的例子，其中式 (4-2-1)、(4-2-2) 稱為限制條件，式 (4-2-3) 稱為非負條件，而 z 稱為目標函數. 滿足限制條件與非負條件的所有點所成的集合，稱為可行解區域. 由此一例子得知，二元線性規劃問題其解法如下

1. 依題意列出限制式及目標函數.
2. 根據限制式畫出限制區域 (稱為可行解區域).
3. 找出滿足目標函數的最適當解 (稱為最適解).

今舉一些例子以說明如何求目標函數之極大值或極小值.

【例題 1】 已知可行解區域如圖 4-2-1 所示，試利用此一區域決定目標函數 $P = 2x + 3y$ 之極大值與極小值.

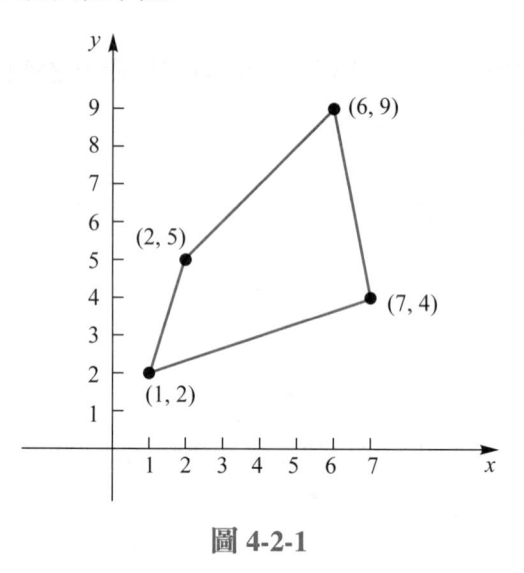

圖 4-2-1

【解】

(x, y)	$P = 2x + 3y$	
(1, 2)	8	← 最小值
(2, 5)	19	
(6, 9)	39	← 最大值
(7, 4)	26	

第 4 章 線性規劃 (一)

【例題 2】 試求目標函數 $P = 2x_1 + x_2$ 受限制於下列條件之極大值與極小值

$$\begin{cases} x_1 + x_2 \geq 2 \\ 6x_1 + 4x_2 \leq 36 \\ 4x_1 + 2x_2 \leq 20 \\ x_1 \geq 0, \ x_2 \geq 0 \end{cases}$$

【解】 步驟 1：先繪出下列可行解區域，如圖 4-2-2 所示.

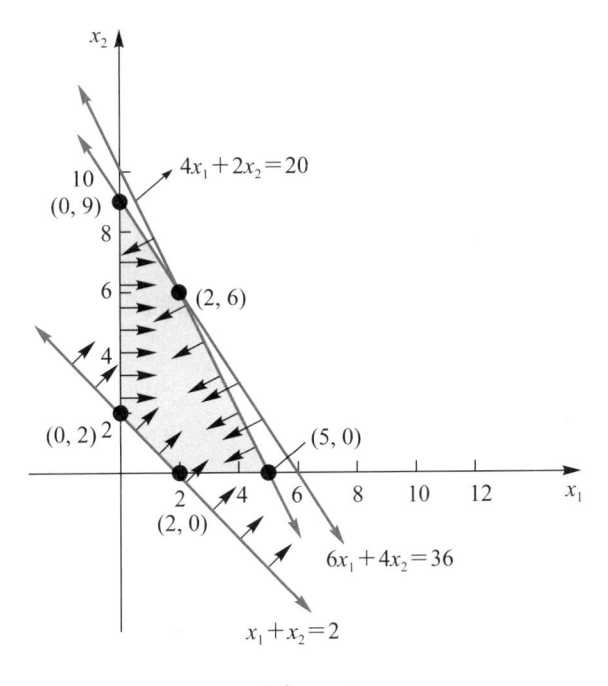

圖 4-2-2

步驟 2：極點如圖 4-2-2 所示，有四個極點的 x 座標及 y 座標分別為 x-軸及 y-軸上的截距，第五個極點為下列方程組之解

$$\begin{cases} 6x_1 + 4x_2 = 36 \\ 4x_1 + 2x_2 = 20 \end{cases}$$

$x_1 = 2, \ x_2 = 6.$

步驟 3：我們計算目標函數 $P = 2x_1 + x_2$ 在每個極點之值.

極點	$P=2x_1+x_2$	
(5, 0)	$2\times(5)+0=10$	← 最大值
(2, 0)	$2\times(2)+0=4$	
(0, 2)	$2\times(0)+2=2$	← 最小值
(0, 9)	$2\times(0)+9=9$	
(2, 6)	$2\times(2)+6=10$	← 最大值

步驟 4：$P=2x_1+x_2$ 的最小值為 2 發生在極點 (0, 2)。

$P=2x_1+x_2$ 的最大值為 10 發生在極點 (5, 0) 與 (2, 6)。此為多重最適解，在連接 (5, 0) 與 (2, 6) 之線段上的任意點也會產生 $P=2x_1+x_2$ 的最大值。

我們知道求此類線性規劃問題的解時，係依據限制條件 (線性不等式) 畫出其可行解區域，此可行解區域是一多面凸集合，然後由多面凸集合的頂點所對應的目標函數值去找到最適解 (optimum solution) (或最佳解)。那麼，什麼叫做凸集合呢？我們將會在下兩節中來介紹一些有關線性規劃之數理知識。

4-3　線性函數與凸集合

定義 4-3-1　線性函數

設 f 是定義在 n 維空間 $I\!R^n$ 上的函數，如果對 $I\!R^n$ 中的任意點 $X=(x_1, x_2, x_3, \cdots, x_n)$ 而言，$f(X)$ 可以寫成

$$f(X)=a_1x_1+a_2x_2+a_3x_3+\cdots+a_nx_n \qquad (4\text{-}3\text{-}1)$$

的形式，其中 a_i ($i=1, 2, 3, \cdots, n$) 都是常數。那麼，函數 f 就稱之為**線性函數**。

定義 4-3-2

設 S 是 n 維空間 $\mathbb{R}^n$ 的一個子集．連接 S 中的任意兩點 A 與 B，若 $\overline{AB}$ 全部都落在集合 S 上；換言之，對集合 S 上的任意兩點 A、B 而言，如果所有的點

$$C=(1-t)A+tB \subset S\,(0 \leq t \leq 1)$$

則稱 S 為一個凸集合 (convex set)．

圖 4-3-1(i) 與 (ii) 都是凸集合，但 (iii) 與 (iv) 顯然不是凸集合，因為 (iii) 與 (iv) 中，$\overline{AB}$ 並非全部落在圖形之內．

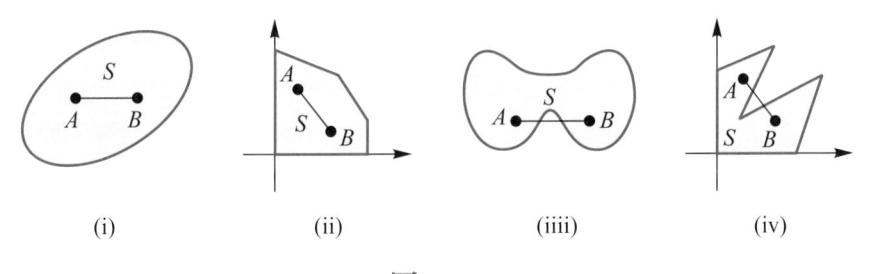

(i)　　　　(ii)　　　　(iiii)　　　　(iv)

圖 4-3-1

定義 4-3-3

凸集合 S 中的一個點 $X \in \mathbb{R}^n$，若不為 S 中任意一個線段的內點 (interior point)，則稱 X 為極點 (extreme point) 或頂點．

定理 4-3-1

線性不等式方程組 $AX \leq B$，其中 $A=[a_{ij}]_{m \times n}$, $\mathbf{X}=[x_1\ \ x_2\ \ x_3\ \ \cdots\ \ x_n]^T$, $B=[b_1\ \ b_2\ \ b_3\ \ \cdots\ \ b_m]^T$ 的解集合必然是多面凸集合．

【例題 1】 試用圖解法求線性不等式方程組 $AX \leq B$ 的解集合，其中

$$A = \begin{bmatrix} 1 & 1 \\ -1 & 1 \\ -2 & -1 \end{bmatrix}, \quad X = \begin{bmatrix} x_1 \\ x_2 \end{bmatrix}, \quad B = \begin{bmatrix} 2 \\ -2 \\ -2 \end{bmatrix}$$

【解】 問題中共有三個線性不等式

$$\begin{cases} x_1 + x_2 \leq 2 \\ -x_1 + x_2 \leq -2 \\ -2x_1 - x_2 \leq -2 \end{cases}$$

先繪出直線 $x_1 + x_2 = 2$，$-x_1 + x_2 = -2$，$-2x_1 - x_2 = -2$. 如圖 4-3-2 所示.

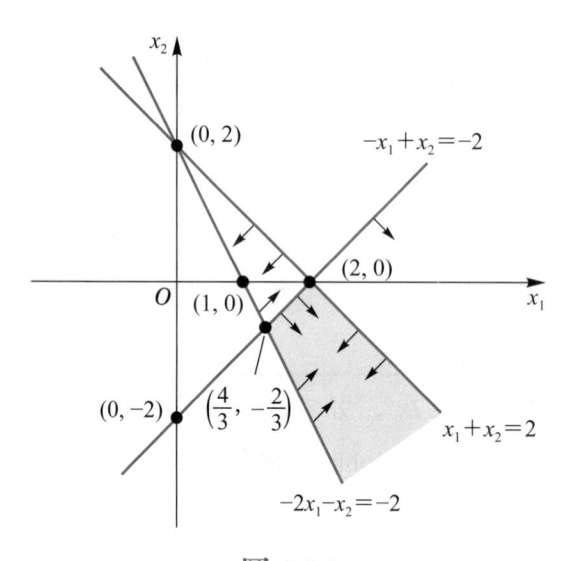

圖 4-3-2

因為原點 (0, 0) 不在直線 $x_1 + x_2 = 2$ 之上，並且 (0, 0) 滿足不等式 $x_1 + x_2 \leq 2$，所以這個線性方程式的解集合必須包括原點 (0, 0)，因此這個解集合必須是以直線 $x_1 + x_2 = 2$ 為邊界的左半平面.

同理，可求得 $-x_1 + x_2 \leq -2$ 的解集合是以直線 $-x_1 + x_2 = -2$ 為邊界的右半平面，$-2x_1 - x_2 \leq -2$ 的解集合是以直線 $-2x_1 - x_2 = -2$ 為邊界的右半平面. 這三個解集合的交集，如圖 4-3-2 中繪有顏色的部分，就是這三個線

性不等式的共同解. 顯然這一個集合是多面凸集合, 它的頂點分別是 $(2, 0)$ 與 $\left(\dfrac{4}{3}, -\dfrac{2}{3}\right)$.

4-4 線性規劃的方法 (圖解法)

線性規劃的問題, 是研究在一系列線性不等式的限制條件下, 線性函數

$$f(X) = c_1 x_1 + c_2 x_2 + c_3 x_3 + \cdots + c_n x_n \tag{4-4-1}$$

何時會取得極大值 (或極小值). 這個給定的線性函數 $f(X)$, 通常稱為目標函數 (objective function), 我們現在寫出線性規劃的一般「數學模式」如下

$$\text{Max 或 Min. } f(X) = c_1 x_1 + c_2 x_2 + c_3 x_3 + \cdots + c_n x_n$$

$$\text{受制於} \begin{cases} a_{11}x_1 + a_{12}x_2 + a_{13}x_3 + \cdots + a_{1n}x_n \leq (\text{或} \geq \text{或} =) b_1 \\ a_{21}x_1 + a_{22}x_2 + a_{23}x_3 + \cdots + a_{2n}x_n \leq (\text{或} \geq \text{或} =) b_2 \\ \vdots \quad \vdots \quad \vdots \quad \vdots \quad \vdots \quad \vdots \\ a_{m1}x_1 + a_{m2}x_2 + a_{m3}x_3 + \cdots + a_{mn}x_n \leq (\text{或} \geq \text{或} =) b_m \end{cases} \tag{4-4-2}$$

$$x_i \geq 0, \quad i = 1, 2, 3, \cdots, n$$

如果有一 $X = (x_1, x_2, x_3, \cdots, x_n)$ 滿足式 (4-4-2) 的所有限制條件, 就稱 X 為線性規劃式 (4-4-2) 的一個可行解 (feasible function). 所有可行解所成的集合稱之為可行解集合. 該可行解集合必然是一個多面凸集合 S. 我們一般稱此集合為可行解區域.

所以線性規劃的問題, 是探討目標函數 $f(X)$, 何時會在多面凸集合 S 上取得最大值 (或最小值). 多面凸集合 S 上的每一個點, 都是滿足所有限制條件的一個可行解. 如果在多面凸集合 S 上的某點, 恰好使目標函數 $f(X)$ 在這個點上取得最大值 (或最小值), 那麼, 這個點就稱為目標函數在限制條件下的一個最適解 (或最佳解). 一般而言, 最適解並不是唯一的.

下面的定理, 是線性規劃的基本定理, 它說明最適解必然會在多面凸集合 S 上的頂點處出現.

定理 4-4-1　基本定理

設 $f(X)$ 是定義在有界多面凸集合 S 上的線性函數，則 $f(X)$ 的極大值或極小值 (如果存在) 必出現在 S 上的頂點處．

定理 4-4-1 是線性規劃的理論基礎，以後有廣泛的應用．一般，若限制條件比較少，而決策變數不多於二個的問題都採用圖解法求解，利用該方法求線性規劃問題最適解的步驟如下：

1. 繪出多面凸集合 (可行解區域)．
2. 找出可行解區域頂點 (或極點) 的座標．
3. 比較目標函數 $f(X)$ 在各頂點 (或極點) 的值．

【例題 1】　給出限制條件

$$\begin{cases} x_1 + 2x_2 \leq 2 \\ 2x_1 + x_2 \leq 2 \\ x_1 \geq 0 \\ x_2 \geq 0 \end{cases}$$

試用圖解法，求 $f(X) = 5x_1 + x_2$ 的最大值與最小值．

【解】　可行解區域 $x_1 \geq 0$，$x_2 \geq 0$，$x_1 + 2x_2 - 2 \leq 0$，$2x_1 + x_2 - 2 \leq 0$ 的圖形如圖 4-4-1 所示．

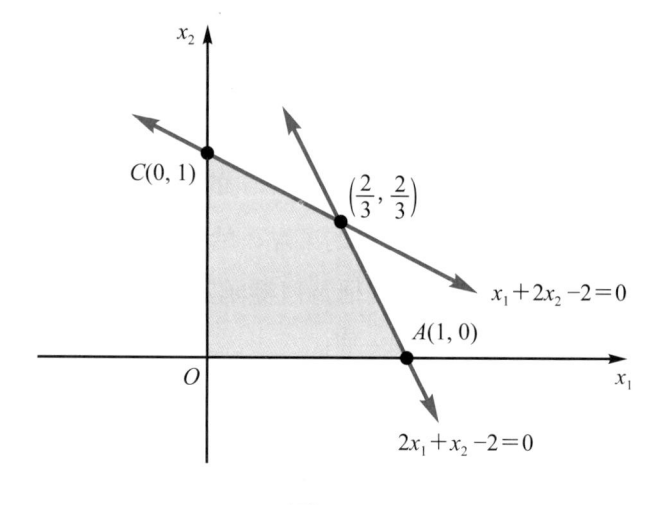

圖 4-4-1

頂點 (極點)	$f(X)=5x_1+x_2$
$(0, 0)$	0
$(1, 0)$	5
$\left(\dfrac{2}{3}, \dfrac{2}{3}\right)$	4
$(0, 1)$	1

← 最小值
← 最大值

故 $5x_1+x_2$ 的最大值為 5，最小值為 0.

【例題 2】 某工廠生產甲、乙兩種產品，已知甲產品每噸需用 9 噸的煤，4 瓩的電，3 個工作日 (一個工人工作一天等於 1 個工作日)；乙產品每噸需用 4 噸的煤，5 瓩的電，10 個工作日. 又知甲產品每噸可獲利 7 萬元，乙產品每噸可獲利 12 萬元，且每天供煤最多 360 噸，用電最多 200 瓩，勞動人數最多 300 人. 試問每天生產甲、乙兩種產品各多少噸，才能獲利最高？又最大利潤是多少？

【解】

	煤	電	工作日	利潤
甲	9 噸	4 瓩	3 個	7 萬元
乙	4 噸	5 瓩	10 個	12 萬元
限　制	360 噸	200 瓩	300 個	

設每天生產甲產品 x_1 噸，乙產品 x_2 噸，則

$$\begin{cases} 9x_1+4x_2 \leq 360 \\ 4x_1+5x_2 \leq 200 \\ 3x_1+10x_2 \leq 300 \\ x_1 \geq 0, \ x_2 \geq 0 \end{cases}$$

利潤為 $(7x_1+12x_2)$ 萬元. 可行解區域如圖 4-4-2 所示.

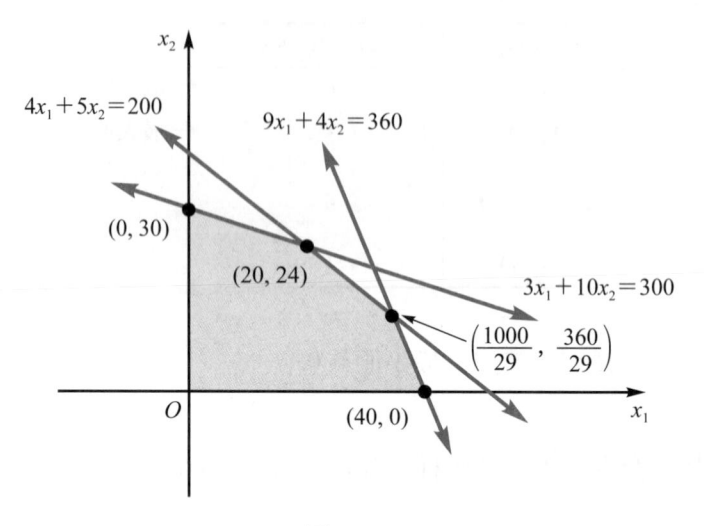

圖 4-4-2

$(x_1,\ x_2)$	$7x_1+12x_2$
$(0,\ 0)$	0
$(40,\ 0)$	280
$\left(\dfrac{1000}{29},\ \dfrac{360}{29}\right)$	$\dfrac{11320}{29}$
$(20,\ 24)$	428 ← 最大值
$(0,\ 30)$	360

故每天生產甲產品 20 噸，乙產品 24 噸，可獲最大利潤 428 萬元．

【例題 3】 電視台由國華廣告公司特約播出國片與西洋片兩種影片，其中國片播映時間 20 分鐘，廣告時間 1 分鐘，收視觀眾為 60 萬人．另外西洋片播映時間為 10 分鐘，廣告時間 1 分鐘，收視觀眾為 20 萬人．國華廣告公司規定每星期最少要有 6 分鐘廣告，而電視台每週只能為國華廣告公司提供不多於 80 分鐘的節目時間．試問在國華公司與節目時間的限制條件下，電視台應每週播映國片與西洋片多少次，以期維持最高的收視率？

【解】 將上述資料，寫成下面的方案表

電視 時間 片集	國片	西洋片	要求
節目時間	20 分鐘	10 分鐘	不超過 80 分鐘
廣告時間	1 分鐘	1 分鐘	最少 6 分鐘
收看觀眾	60 萬人	20 萬人	Max. $f(X)$

設 x_1 是國片每週播映的次數，x_2 是西洋片每週播映的次數．根據上面的資料，可得出下面的限制條件．

$$\begin{cases} 20x_1 + 10x_2 \leq 80 \\ x_1 + x_2 \geq 6 \\ x_1 \geq 0, \ x_2 \geq 0 \end{cases}$$

收看這兩個節目的觀眾人數為 $600{,}000x_1 + 200{,}000x_2$，所以目標函數為

$$f(X) = 600{,}000x_1 + 200{,}000x_2$$

故得線性規劃的數學模式為

$$\text{Max. } f(X) = 600{,}000x_1 + 200{,}000x_2$$

$$\text{受制於} \begin{cases} 20x_1 + 10x_2 \leq 80 \\ x_1 + x_2 \geq 6 \\ x_1 \geq 0 \\ x_2 \geq 0 \end{cases}$$

依限制條件繪出可行解區域，如圖 4-4-3 所示．

頂點 (極點)	$f(X)$	
$A(0, 8)$	1,600,000	
$B(0, 6)$	1,200,000	
$C(2, 4)$	2,000,000	← 最大值

190 管理數學導論

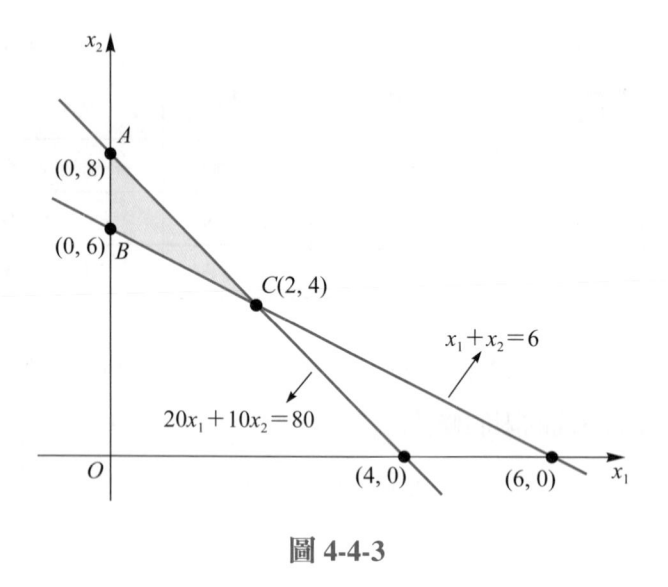

圖 4-4-3

故電視台每週應播映國片兩次，西洋片四次. 每週吸引二百萬觀眾 (收視次數) 收看電視台這兩部影片.

在比較可行解區域的頂點 (或極點) 所對應的目標函數值去找最適解時，要注意有時符合題意的解僅限於可行解區域內的格子點 (即，可行解的 x_1 與 x_2 值必須是整數)，此時，如果有的頂點並非格子點，則它就不符合題意. 今舉例說明其解法.

【例題 4】 某家貨運公司有載重 4 噸的 A 型貨車 7 輛，載重 5 噸的 B 型貨車 4 輛，及 9 名司機. 今受託每天至少要運送 30 噸的煤，試問這家公司有多少種調度車輛的辦法？又設 A 型貨車開一趟需要費用 500 元，B 型貨車需要費用 800 元，試問應怎樣調度才能最節省？

【解】 設調度 A 型貨車 x_1 輛，B 型貨車 x_2 輛，依題意得，

$$\text{Min. } f(X) = 500x_1 + 800x_2$$

受制於

$$0 \leq x_1 \leq 7$$
$$0 \leq x_2 \leq 4$$
$$x_1 + x_2 \leq 9$$
$$4x_1 + 5x_2 \geq 30$$
$$x_1, x_2 \text{ 是整數}$$

找出可行解區域的格子點 (x_1，x_2 均是整數的點)，如圖 4-4-4 所示.

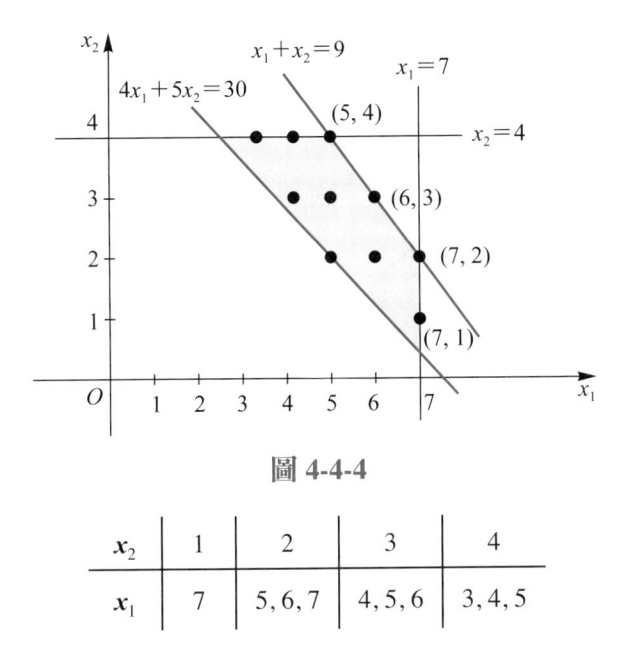

圖 4-4-4

x_2	1	2	3	4
x_1	7	5, 6, 7	4, 5, 6	3, 4, 5

故共有 10 種調度法.

	(x_1, x_2)	$f(X)$	(x_1, x_2)	$f(X)$
	(7, 1)	4300	(5, 3)	4900
最小→	(5, 2)	4100	(6, 3)	5400
	(6, 2)	4600	(3, 4)	4700
	(7, 2)	5100	(4, 4)	5200
	(4, 3)	4400	(5, 4)	5700

故調度 A 型貨車 5 輛，B 型貨車 2 輛時，會最節省.

【例題 5】 試求目標函數 $P = 2x_1 + x_2$ 受限制於下列條件之極大值

$$\begin{cases} x_1 + x_2 \leq 6 \\ x_1 - x_2 \leq 2 \\ x_1 \geq 0, \ x_2 \geq 0 \end{cases}$$

【解】 我們首先繪出線性不等式方程組之可行解區域. 由圖 4-4-5 中知，點 A、B、

C、D 位於直線相交之邊界上,這些點稱之為極點.我們可以立即發現這些極點決定了目標函數之極大值或極小值.

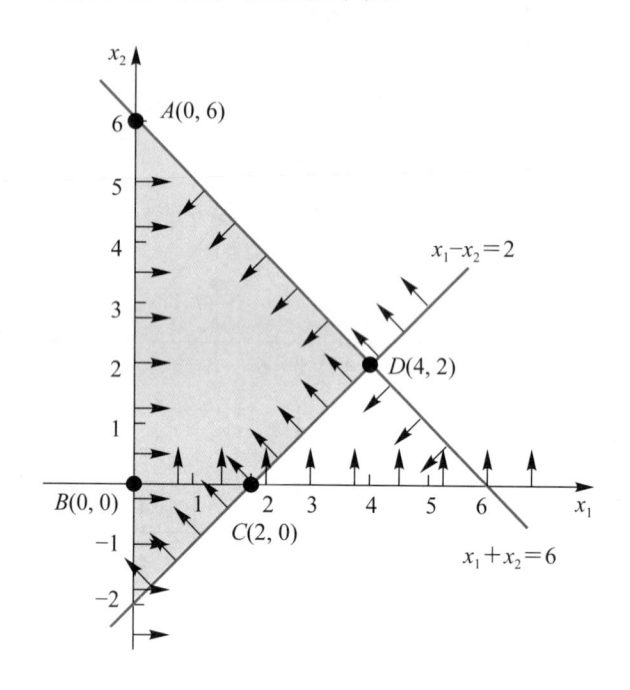

圖 4-4-5

現在位於可行解區域中之每一點皆滿足線性不等式方程組之限制式.然而,若想要求得一點,且在該點上具有目標函數之最大值,我們可以在圖 4-4-5 中加繪一些直線,它代表目標函數 $P=2x_1+x_2$ 中不同的 P 值.我們任意選取 P 的值為 0,4,8 與 12.這就產生方程式

$$0=2x_1+x_2,\ 4=2x_1+x_2,\ 8=2x_1+x_2,\ 12=2x_1+x_2$$

在圖 4-4-5 中所加繪的四條直線如圖 4-4-6 所示.因為它們的斜率均為 -2,故四條直線皆互相平行.由觀察得知 P 的值顯然不能等於 12,因為 $P=12$ 之圖形位於可行解區域之外部.可是,在直線 $P=8$ 上且位於可行解區域之內部的每一點,由這些點所決定的 x_1 與 x_2 之值能使 $2x_1+x_2=8$ 成立.
顯然,當 $P=8$ 與 $P=12$ 之間的某一條平行於這四條線之直線就可以代表目標函數,這將產生 P 的最大值.因此,使 P 最大化之 x_1 與 x_2 之值並且仍然可滿足所有限制式,將是這些平行直線族平行移動時,恰好接觸到可行解

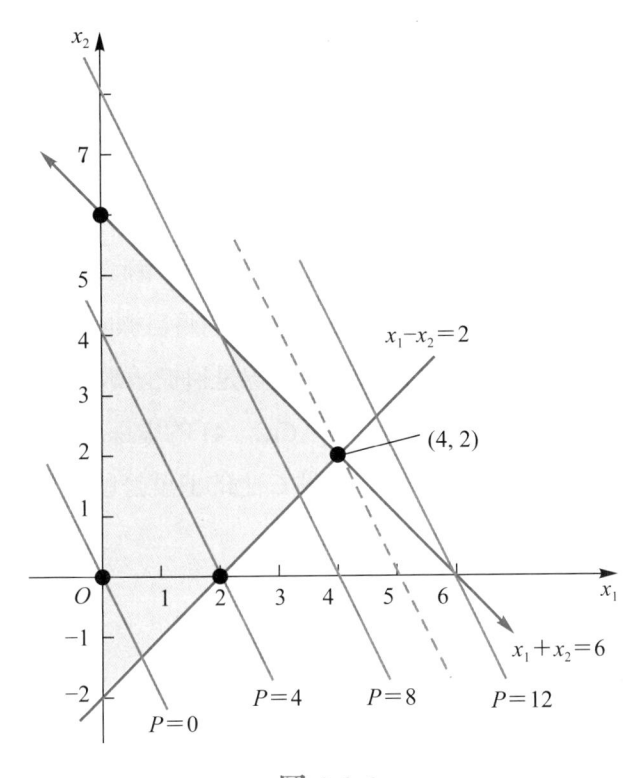

圖 4-4-6

區域之極點的座標 (x_1, x_2)。如圖 4-4-6 繪虛線者，顯然該點發生在極點 $(4, 2)$，故在該點 P 的值為

$$P = 2x_1 + x_2 = 2(4) + 2 = 10$$

由以上之討論，在圖解法中，兩個決策變數的目標函數實際上是一斜率為定值的直線族，隨著直線平移，$f(X)$ 值也隨之改變。設目標函數為 $f(X) = a_1 x_1 + a_2 x_2$，我們有下述之平移情況

1. 當 x_1 之係數 $a_1 > 0$，直線愈往右移，$f(X)$ 值愈大 (愈往左移 $f(X)$ 值愈小).
2. 當 x_1 之係數 $a_1 < 0$，直線愈往左移，$f(X)$ 值愈大 (愈往右移 $f(X)$ 值愈小).
3. 當 x_2 之係數 $a_2 > 0$，直線愈往上移，$f(X)$ 值愈大 (愈往下移 $f(X)$ 值愈小).
4. 當 x_2 之係數 $a_2 < 0$，直線愈往下移，$f(X)$ 值愈大 (愈往上移 $f(X)$ 值愈小).

由以上四種情況，我們得知以圖解法求最適解時，若將目標函數 $f(X)$ 視為一參數，就可以得到一組斜率為 $-\dfrac{a_1}{a_2}$ 的直線族。將限制條件作圖，得出可行解區域，以 $-\dfrac{a_1}{a_2}$ 為斜率的直線與可行解區域相交於區域的某一頂點 (或極點) X_1，若 X_1 離原點最近，則 $f(X_1)$ 就是目標函數 $f(X)$ 的最小值；若該頂點離原點最遠，則 $f(X_1)$ 就是目標函數 $f(X)$ 的最大值。在本節例題 5 中，如果我們將目標函數 $f(X) = 600,000x_1 + 200,000x_2$ 繪圖，如圖 4-4-7 所示，就得圖中之虛線是目標函數 $f(X)$ 的直線集合，它們的斜率皆為 -3，其中與可行解區域相交於 $C(2, 4)$ 的虛線就是離開原點最遠而又與可行解區域相交的目標函數，所以 $f(X)$ 在點 C 上的值就是所求的最大值。

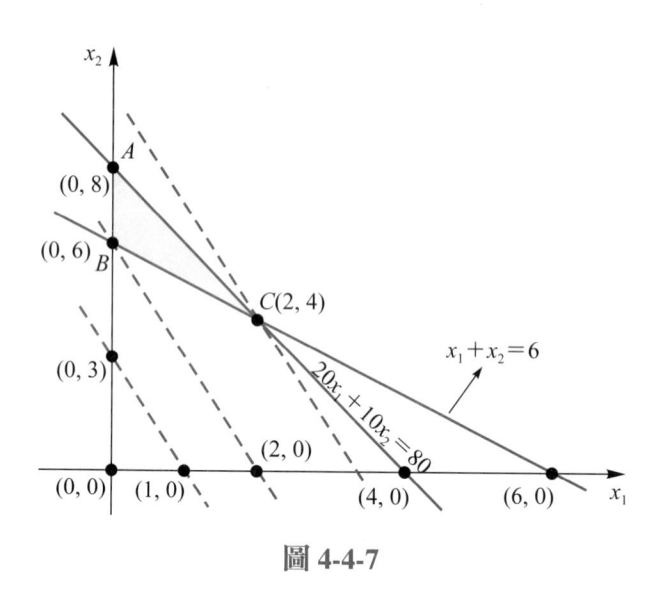

圖 4-4-7

下面的例子說明當可行解區域是無限時，亦可求得目標函數的最小值。

【例題 6】 最小成本問題

公賣局台北酒廠有兩部蓋瓶機器，分別將陳年紹興、高粱酒、米酒蓋瓶，該兩部機器每天的生產力及開動成本如下表

品種＼機器	甲	乙
陳年紹興	300 瓶/天	400 瓶/天
高粱酒	100 瓶/天	100 瓶/天
米酒	100 瓶/天	500 瓶/天
開動成本	300 元/天	500 元/天

現在台北酒廠接獲出口訂單，需要陳年紹興 34,000 瓶、高粱酒 10,000 瓶、米酒 15,000 瓶，為了要將機器的開動成本減到最少，每部機器應分別開動多少天？

【解】 設 x_1 是機器甲開動的日數，x_2 是機器乙開動的日數．

依題意得出下列線性規劃的數學模式

$$\text{Min.} \quad C(X) = 300x_1 + 500x_2 \text{ 元}$$

$$\text{受制於} \begin{cases} 300x_1 + 400x_2 \geq 34,000 \\ 100x_1 + 100x_2 \geq 10,000 \\ 100x_1 + 500x_2 \geq 15,000 \\ x_1 \geq 0, \ x_2 \geq 0 \end{cases}$$

將限制條件繪圖，得到可行解區域，顯然，目標函數 $C(X)$ 的斜率為 $-\dfrac{3}{5}$．這個可行解區域是無界的集合，離原點最近而斜率為 $-\dfrac{3}{5}$ 的直線與可行解區域相交於一點 C，這點 C 的值就是目標函數 (成本函數) $C(X)$ 滿足限制條件的最小值。由圖 4-4-8 得知，離原點最近而斜率為 $-\dfrac{3}{5}$ 的直線，交可行解區域於點 $C(100, 10)$．即機器甲需開動 100 天，機器乙需開動 10 天，最少的成本為

$$300 \times 100 + 500 \times 10 = 35,000 \text{ 元}$$

圖 4-4-8

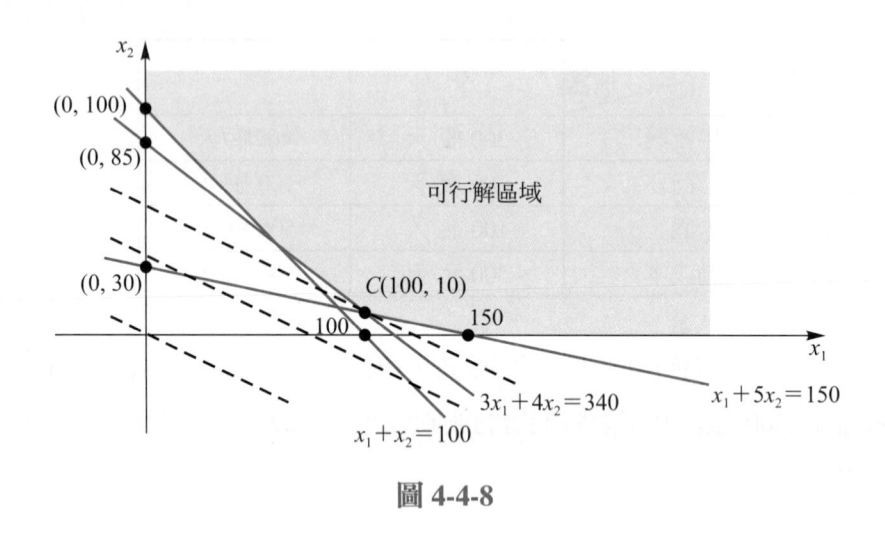

4-5 線性規劃問題的討論

線性規劃問題如果有解，也不一定就是唯一解，其解的情形有多重解、一組解、不可行解，或無限值解等.

多重解

【例題 1】

$$\text{Max. } f(X) = 3.5x_1 + 2.5x_2$$

$$\text{受制於} \begin{cases} 7x_1 + 5x_2 \leq 35 \\ 10x_1 + 3x_2 \leq 30 \\ x_1 \geq 0, \ x_2 \geq 0 \end{cases}$$

【解】 圖 4-5-1 中有顏色的部分為可行解區域，所有在線段 $\overline{PQ}$ 上的點都是最適解（或最佳解）. 本例題有無限多組解：$P = (0, 7)$ 及 $Q = \left(\dfrac{45}{29}, \dfrac{140}{29}\right)$，以及任何介於 P 與 Q 之間的點. 因為將這些點代入目標函數中，目標函數值均為 17.5. 而本例題之所以有無限多組解，是因為目標函數與限制條件 $7x_1 + 5x_2 = 35$ 有相同之斜率.

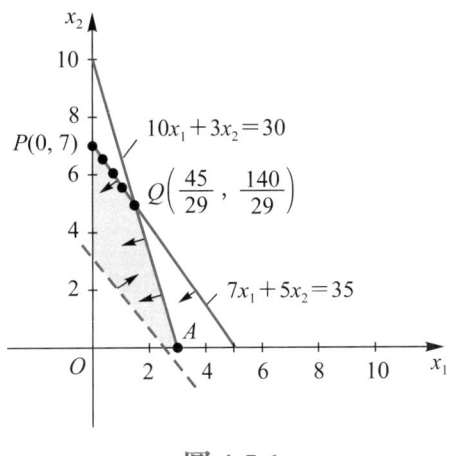

圖 4-5-1

無限值解

【例題 2】 Max. $f(X) = 3x_1 + 6x_2$

受制於 $\begin{cases} 2x_1 + x_2 \geq 12 \\ x_1 + 2x_2 \geq 8 \\ x_1 \geq 0, \ x_2 \geq 0 \end{cases}$

【解】 本題可行解區域，如圖 4-5-2 中之顏色部分，為無限制界線，且由於目標函數為最大化，使得 $f(X)$ 為無限大，故為無限值解.

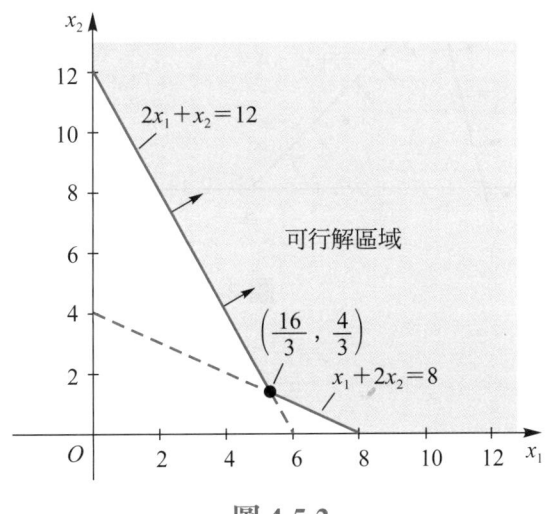

圖 4-5-2

讀者應注意若該例題改為求 Min.，可行解區域雖為無限制界限，但點 $\left(\dfrac{16}{3}, \dfrac{4}{3}\right)$ 可得最小目標函數值 $f(X)=24$，則不屬於無限值解．

不可行解

如果線性規劃問題的可行解區域為空集合，換而言之，沒有任何點能滿足所有的限制條件，則該線性規劃問題具有不可行解 (infeasible solution)．

【例題 3】 Max. $f(X)=4x_1+8x_2$

$$\text{受制於} \begin{cases} x_1+x_2 \leq 4 \\ 4x_1-x_2 \leq 2 \\ 2x_1-x_2 \geq 12 \\ x_1,\ x_2 \geq 0 \end{cases}$$

【解】 本例題的限制條件如圖 4-5-3 所示，沒有任何點能完全滿足所有的不等式，因此本線性規劃為不可行解．

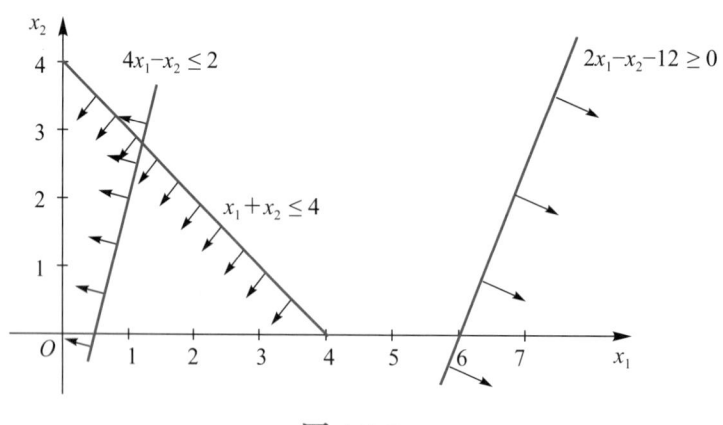

圖 4-5-3

習題 4-1

1. 圖示下列線性不等式之解.
   (1) $x+y > 4$ (2) $x+y \leq 4$

2. 已知可行解區域如下圖所示，試利用此一區域決定目標函數 $P = 2x_1 + 5x_2$ 的極大值與極小值.

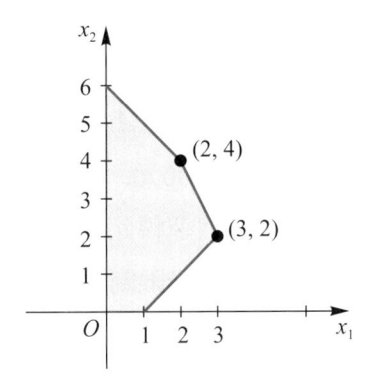

3. 試畫出不等式組

$$\begin{cases} 2x + y - 2 < 0 \\ x - y > 0 \\ 2x + 3y + 9 > 0 \end{cases}$$

的圖形.

4. 設 $x \geq 0$，$y \geq 0$，$2x+y \leq 8$，$2x+3y \leq 12$，試求 $x+y$ 的最大值.

5. 在 $x \geq 0$，$y \geq 0$，$x+2y \leq 2$，$2x+y \leq 2$ 的條件下，試求 $x+5y$ 的最大值與最小值.

6. 某農民有田 40 畝，欲種甲、乙兩種作物．甲作物的成本每畝需 500 元，乙作物的成本每畝需 2,000 元．收成後，甲作物每畝獲利 2,000 元，乙作物每畝獲利 6,000 元．若該農民有資本 50,000 元，試問甲、乙兩種作物各種幾畝，才可獲得最大利潤？

7. 某農夫有一塊菜圃，最少須施氮肥 5 公斤、磷肥 4 公斤及鉀肥 7 公斤．已知農會出售甲、乙兩種肥料，甲種肥料每公斤 10 元，其中含氮 20％、磷 10％、鉀 20％；乙種肥料每公斤 14 元，其中含氮 10％、磷 20％、鉀 20％．試問他向農會購買甲、乙兩種肥料各多少公斤加以混合施肥，才能使花費最少而又有足量的氮、磷及鉀肥？

8. 甲種維他命丸每粒含 5 個單位維他命 A、9 個單位維他命 B，乙種維他命丸每粒含 6 個單位維他命 A、4 個單位維他命 B. 假設每人每天最少需要 29 個單位維他命 A 及 35 個單位維他命 B. 又已知甲種維他命丸每粒 5 元，乙種維他命丸每粒 4 元，則每天吃這兩種維他命丸各多少粒，才能使消費最少而能從其中攝取足夠的維他命 A 及 B？

9. 某食品包裝公司有機器兩部，甲機器每天包裝 400 磅火腿、100 磅雞腿、200 磅香腸，甲機器開動成本每天為 100 元. 乙機器每天包裝 200 磅火腿、100 磅雞腿、700 磅香腸，乙機器開動成本每天為 200元. 現有訂單，需要包裝 800 磅火腿、500磅雞腿、2,000 磅香腸，試問應如何運轉此二部機器，使成本減至最少？

10. 試以圖解法來說明下列線性規劃問題有無限制解.

$$\text{Max. } f(X) = 2x_1 + 5x_2$$

$$\text{受制於} \begin{cases} 2x_1 - 3x_2 \leq 8 \\ x_1 - 2x_2 \leq 10 \\ x_1, \ x_2 \geq 0 \end{cases}$$

11. 試以圖解法來說明下列線性規劃問題有多重最適解.

$$\text{Max. } f(X) = 3x_1 + 2x_2$$

$$\text{受制於} \begin{cases} 6x_1 + 4x_2 \leq 24 \\ 10x_1 + 3x_2 \leq 30 \\ x_1, \ x_2 \geq 0 \end{cases}$$

12. 試決定下列線性不等式所構成之可行解區域為有界限抑或無界限.

$$\begin{cases} 3x_1 + 2x_2 \geq 5 \\ x_1 + 3x_2 \leq 4 \end{cases}$$

第 5 章
線性規劃 (二)

5-1　一般線性規劃模型之標準形式

任何線性規劃問題必定可以寫成下列的形式，我們稱之為**標準形式**.

$$\text{Max. } f(\boldsymbol{X}) = c_1 x_1 + c_2 x_2 + c_3 x_3 + \cdots + c_n x_n \tag{5-1-1}$$

$$\text{受制於} \begin{cases} a_{11} x_1 + a_{12} x_2 + a_{13} x_3 + \cdots + a_{1n} x_n = b_1 \\ a_{21} x_1 + a_{22} x_2 + a_{23} x_3 + \cdots + a_{2n} x_n = b_2 \\ \vdots \quad\quad \vdots \quad\quad \vdots \quad\quad\quad \vdots \quad\quad \vdots \\ a_{m1} x_1 + a_{m2} x_2 + a_{m3} x_3 + \cdots + a_{mn} x_n = b_m \\ x_i \geq 0, \quad i = 1, 2, 3, \cdots, n \end{cases} \tag{5-1-2}$$

讀者應注意式 (5-1-1) 與式 (5-1-2) 有三個特點，即

1. 目標函數為最大化.
2. 每個限制條件右邊的常數 b_i 必為非負.
3. 除決策變數要非負的限制條件是"≥"外，所有限制條件均為等式.

若線性規劃問題僅含有兩個決策變數，由於其可行解區域是平面的，可立即得出多面凸集合 S 的頂點 (或極點). 但是對於三個決策變數之線性規劃問題，其可行解區域為三維空間，而頂點係由三個平面 (限制條件) 之交集合所形成. 若使用僅限於二維空間之圖解法當然不能適用，很顯然的，n 維空間亦如此. 因此我們在下一節介紹一種**基本可行解法** (或代數法). 在介紹該方法之前，我們先討論如何將一般的線性規劃模型化為標準形式. 首先我們介紹線性規劃模型當中**差額變數**、**超額變數**與**解**的觀念.

201

定義 5-1-1

(1) 若引進一新的非負之虛擬變數 x_{n+1} 使得不等式 $a_{i1}x_1+a_{i2}x_2+a_{i3}x_3+\cdots+a_{in}x_n \leq b_i$ 變成方程式

$$a_{i1}x_1+a_{i2}x_2+a_{i3}x_3+\cdots+a_{in}x_n+x_{n+1}=b_i$$

則稱 x_{n+1} 為差額變數 (slack variable)。

(2) 若引進一新的非負之虛擬變數 x_{n+1} 使得不等式 $a_{i1}x_1+a_{i2}x_2+a_{i3}x_3+\cdots+a_{in}x_n \geq b_i$ 變成方程式

$$a_{i1}x_1+a_{i2}x_2+a_{i3}x_3+\cdots+a_{in}x_n-x_{n+1}=b_i$$

則稱 x_{n+1} 為超額變數 (surplus variable)。

定義 5-1-2

若向量 $X=[x_1 \quad x_2 \quad \cdots \quad x_n \quad x_{n+1} \quad \cdots \quad x_{n+m}]^T$ 為聯立方程式 $AX=B$ 的解,且其中 n 個變數均為 0,則稱此 n 個變數為非基本變數 (nonbasic variable),而其他 m 個變數稱為基本變數 (basic variable)。X 稱為 $AX=B$ 的一個基本解 (basic solution)。

定義 5-1-3

若向量 $X=[x_1 \quad x_2 \quad \cdots \quad x_n \quad x_{n+1} \quad \cdots \quad x_{n+m}]^T$ 為聯立方程式 $AX=B$ 的基本解,且滿足非負的條件 $X \geq 0$,則稱 X 為 $AX=B$ 之基本可行解 (basic feasible solution)。

線性規劃數學模型的標準化主要目的在於將模型中限制式的不等式形式轉換為等式之形式,以便於計算.

一般而言,若有一線性規劃模型如下

$$\text{Max. } f(X) = c_1 x_1 + c_2 x_2 + c_3 x_3 + \cdots + c_n x_n$$

受制於 $\begin{cases} a_{11}x_1 + a_{12}x_2 + a_{13}x_3 + \cdots + a_{1n}x_n \leq b_1 \\ a_{21}x_1 + a_{22}x_2 + a_{23}x_3 + \cdots + a_{2n}x_n \leq b_2 \\ \vdots \qquad \vdots \qquad \vdots \qquad \qquad \vdots \qquad \vdots \\ a_{m1}x_1 + a_{m2}x_2 + a_{m3}x_3 + \cdots + a_{mn}x_n \leq b_m \\ x_1, \ x_2, \ x_3, \ \cdots, \ x_n \geq 0, \ b_i \geq 0 \ (i=1, \ 2, \ \cdots, \ m) \end{cases}$ (5-1-3)

為了代數處理上的方便，我們可將線性規劃模型利用差額變數與超額變數的觀念轉換為標準形式．若 b_i 為負數，只要將該方程式的兩邊各乘上 -1 就行了．

$$\text{Max. } f(X) = c_1 x_1 + c_2 x_2 + c_3 x_3 + \cdots + c_n x_n + 0x_{n+1} + 0x_{n+2} + \cdots + 0x_{n+m}$$

受制於 $\begin{cases} a_{11}x_1 + a_{12}x_2 + \cdots + a_{1n}x_n + x_{n+1} \qquad\qquad\qquad\qquad = b_1 \\ a_{21}x_1 + a_{22}x_2 + \cdots + a_{2n}x_n \qquad\quad + x_{n+2} \qquad\qquad\qquad = b_2 \\ a_{31}x_1 + a_{32}x_2 + \cdots + a_{3n}x_n \qquad\qquad\qquad + x_{n+3} \qquad\qquad = b_3 \\ \vdots \qquad \vdots \qquad \vdots \qquad\qquad\qquad\qquad\qquad\qquad \vdots \\ a_{m1}x_1 + a_{m2}x_2 + \cdots + a_{mn}x_n \qquad\qquad\qquad\qquad\qquad + x_{n+m} = b_m \\ x_i \geq 0 \ (i=1, \ 2, \ 3, \ \cdots, \ n) \end{cases}$ (5-1-4)

例如

$$\text{Max. } f(X) = x_1 + 2x_2$$

受制於 $\begin{cases} x_1 + x_2 \leq 7 \\ 2x_1 + 3x_2 \leq 16 \\ x_1 \geq 0, \ x_2 \geq 0 \end{cases}$

第一個與第二個限制式均為 "$\leq$"，為了使左右式相等，故在限制條件不等式的左端各加上一非負的差額變數 x_3 與 x_4，使其成為等式．故將線性規劃模型改寫成下列之標準形式．

$$\text{Max. } f(X) = x_1 + 2x_2 + 0x_3 + 0x_4$$

受制於 $\begin{cases} x_1 + x_2 + x_3 = 7 \\ 2x_1 + 3x_2 + x_4 = 16 \\ x_1 \geq 0, \ x_2 \geq 0, \ x_3 \geq 0, \ x_4 \geq 0 \end{cases}$

【例題1】　試將下列線性規劃問題轉換成標準形式.

$$\text{Max. } f(X) = x_1 + 2x_2$$

$$\text{受制於} \begin{cases} x_1 + 2x_2 \leq 12 \\ x_1 + x_2 \geq 2 \\ x_2 \leq 6 \\ x_1 \geq 0, \ x_2 \geq 0 \end{cases}$$

【解】　第一個與第三個限制式含"≤"，為了使左右式相等，故在限制條件不等式的左端各加上一非負的差額變數 x_3 與 x_5，使其成為等式

$$\begin{cases} x_1 + 2x_2 + x_3 = 12 \\ x_2 + x_5 = 6 \end{cases}$$

而第二個限制式含"≥"，為了使左右式相等，故在限制條件不等式的左端減去一非負的超額變數 x_4，使其成為等式

$$x_1 + x_2 - x_4 = 2$$

故原線性規劃模型經轉換為標準形式後，即將模型寫成下列等式之形式

$$\text{Max. } f(X) = x_1 + 2x_2 + 0x_3 + 0x_4 + 0x_5$$

$$\text{受制於} \begin{cases} x_1 + 2x_2 + x_3 = 12 \\ x_1 + x_2 - x_4 = 2 \\ x_2 + x_5 = 6 \\ x_i \geq 0, \ i = 1, 2, 3, 4, 5 \end{cases}$$

註：此一模型求解之方法將留待 5-3 節中討論.

若對於一求極小值之線性規劃問題，如下所示

$$\text{Min. } f(X) = c_1x_1 + c_2x_2 + c_3x_3 + \cdots + c_nx_n$$

$$\text{受制於} \begin{cases} a_{11}x_1 + a_{12}x_2 + a_{13}x_3 + \cdots + a_{1n}x_n \geq b_1 \\ a_{21}x_1 + a_{22}x_2 + a_{23}x_3 + \cdots + a_{2n}x_n \geq b_2 \\ \vdots \quad\quad \vdots \quad\quad \vdots \quad\quad\quad \vdots \quad\quad \vdots \\ a_{m1}x_1 + a_{m2}x_2 + a_{m3}x_3 + \cdots + a_{mn}x_n \geq b_m \\ x_i \geq 0 \ (i=1, 2, \cdots, n) \end{cases} \quad (5\text{-}1\text{-}5)$$

可轉換為

$$\text{Max.} \ -f(\boldsymbol{X}) = -c_1 x_1 - c_2 x_2 - c_3 x_3 - \cdots - c_n x_n$$

即 Max.$(-f)$ 是與 Min. f 同義.

$$\text{受制於} \begin{cases} a_{11}x_1 + a_{12}x_2 + \cdots + a_{1n}x_n - x_{n+1} \quad\quad\quad\quad\quad = b_1 \\ a_{21}x_1 + a_{22}x_2 + \cdots + a_{2n}x_n \quad\quad\quad -x_{n+2} \quad\quad = b_2 \\ \vdots \quad\quad \vdots \quad\quad\quad \vdots \quad\quad\quad\quad\quad\quad\quad\quad \vdots \\ a_{m1}x_1 + a_{m2}x_2 + \cdots + a_{mn}x_n \quad\quad\quad\quad\quad -x_{n+m} = b_m \\ x_i \geq 0 \ (i=1, 2, 3, \cdots, n) \end{cases} \quad (5\text{-}1\text{-}6)$$

【例題 2】 試將下列線性規劃問題轉換成標準形式.

$$\text{Min.} \ f(\boldsymbol{X}) = 2x_1 + 3x_2$$

$$\text{受制於} \begin{cases} -3x_1 + x_2 \leq -2 \\ x_1 + 2x_2 \geq 10 \\ x_1 \geq 0, \ x_2 \geq 0 \end{cases}$$

【解】 因第一個限制式之右端為 -2，故將原問題改寫成

$$\text{Min.} \ f(\boldsymbol{X}) = 2x_1 + 3x_2$$

$$\text{受制於} \begin{cases} 3x_1 - x_2 \geq 2 \\ x_1 + 2x_2 \geq 10 \\ x_1 \geq 0, \ x_2 \geq 0 \end{cases}$$

介入兩個超額變數 x_3 與 x_4，將原線性規劃問題轉換為標準形式

$$\text{Max.} \ -f(X) = -2x_1 - 3x_2$$

$$\text{受制於} \begin{cases} 3x_1 - x_2 - x_3 = 2 \\ x_1 + 2x_2 - x_4 = 10 \\ x_i \geq 0, \ i = 1, 2, 3, 4 \end{cases}$$

讀者應注意，將線性規劃模型轉換為標準形式時，倘若決策變數並無符號限制時，亦即可正、可負，亦可為零，則可令兩個新的非負變數之差等於線性規劃中無符號限制之決策變數並同時取代之. 例如，若決策變數 x_4 無符號限制時，則可令

$$x_4 = x_4' - x_4'', \ \text{其中} \ x_4' \geq 0 \ \text{與} \ x_4'' \geq 0$$

並將其取代線性規劃中全部的 x_4，並加上限制條件 $x_4' \geq 0$ 與 $x_4'' \geq 0$.

又若決策變數並不為非負而是非正之限制時，則可令一新的非負變數等於並取代此決策變數. 例如，若決策變數 $x_5 \leq 0$，則可令

$$x_5^* = -x_5, \ \text{其中} \ x_5^* \geq 0$$

並將其取代線性規劃中全部的 x_5，而加上限制條件 $x_5^* \geq 0$.

【例題 3】 試將下列線性規劃問題轉換為標準形式.

$$\text{Min.} \ f(X) = 6x_1 - 5x_2 + 4x_3$$

$$\text{受制於} \begin{cases} x_1 + x_2 + x_3 \leq 6 \\ x_1 - x_2 + x_3 \geq 2 \\ -3x_1 + x_2 + 2x_3 = 8 \\ x_1, \ x_2 \geq 0 \end{cases}$$

【解】 該線性規劃問題為最小化，首先將原目標函數等號之左右兩端同時乘上負號以便轉換為最大化，且符合標準形式 (5-1-1)，即

令

$$g(X) = -f(X)$$

便可轉換成，

$$\text{Max.} \ g(X) = -f(X) = -6x_1 + 5x_2 - 4x_3$$

然後在第一個與第二個限制條件中分別加入一非負的差額變數 x_4 與超額變數 x_5，使其成為等式．

$$\begin{cases} x_1+x_2+x_3+x_4 =6 \\ x_1-x_2+x_3 -x_5=2 \end{cases}$$

最後再令 $x_3=x_3'-x_3''$，其中 $x_3' \geq 0$，$x_3'' \geq 0$ 以便取代符號無限制的變數 x_3，於是，求得經轉換後線性規劃的標準形式如下

$$\text{Max. } g(X) = -6x_1+5x_2-4x_3'+4x_3''+0x_4+0x_5$$

受制於 $\begin{cases} x_1+x_2+x_3'-x_3''+x_4 =6 \\ x_1-x_2+x_3'-x_3'' -x_5=2 \\ -3x_1+x_2+2x_3'-2x_3'' =8 \\ x_1,\ x_2,\ x_3',\ x_3'',\ x_4,\ x_5 \geq 0 \end{cases}$

【例題 4】 試將下列線性規劃問題轉換成標準形式．

$$\text{Min. } f(X) = 10x_1-15x_2-7x_3+5x_4$$

受制於 $\begin{cases} 5x_1+x_2+5x_3+x_4 \leq 6 \\ -3x_1+x_2-4x_3+3x_4 \geq 5 \\ x_1+x_2+x_3+2x_4 \leq 1 \\ x_1,\ x_2,\ x_3 \geq 0 \\ x_4 \leq 0 \end{cases}$

【解】 因為決策變數中 $x_4 \leq 0$，故令

$$x_4^* = -x_4, \quad \text{其中 } x_4^* \geq 0$$

可得，

$$\text{Min. } f(X) = 10x_1-15x_2-7x_3-5x_4^*$$

受制於 $\begin{cases} 5x_1+x_2+5x_3-x_4^* \leq 6 \\ -3x_1+x_2-4x_3-3x_4^* \geq 5 \\ x_1+x_2+x_3-2x_4^* \leq 1 \\ x_1,\ x_2,\ x_3,\ x_4^* \geq 0 \end{cases}$

令 $g(X) = -f(X)$，以便轉換為最大化，則目標函數變為

$$\text{Max. } g(X) = -f(X) = -10x_1 + 15x_2 + 7x_3 + 5x_4^*$$

最後引入差額變數 x_5、x_7 與超額變數 x_6，將限制條件中的不等式轉換成等式的限制條件，以便轉換成標準形式

$$\text{Max. } g(X) = -10x_1 + 15x_2 + 7x_3 + 5x_4^* + 0x_5 + 0x_6 + 0x_7$$

受制於
$$\begin{cases} 5x_1 + x_2 + 5x_3 - x_4^* + x_5 = 6 \\ -3x_1 + x_2 - 4x_3 - 3x_4^* - x_6 = 5 \\ x_1 + x_2 + x_3 - 2x_4^* + x_7 = 1 \\ x_1, x_2, x_3, x_4^*, x_5, x_6, x_7 \geq 0 \end{cases}$$

5-2 線性規劃問題之基本可行解法 (代數法)

在本節中我們將討論如何利用基本可行解法 (或代數法) 求線性規劃問題的最適解 (或最佳解). 我們可依照下列之步驟求解.

步驟 1：首先將線性規劃模式轉換為標準形式，即將模式中限制式的不等式轉換為等式.

步驟 2：決定可行解之個數，有關可行解個數之計算，若原變數有 n 個，差額變數與超額變數共有 m 個，限制式共有 r 個，則共有 $C_r^{n+m} = \dfrac{(n+m)!}{r!(n+m-r)!}$ 個可行解. 例如，原變數有 2 個，$n=2$，差額變數與超額變數共有 2 個，$m=2$，限制式共有 2 個，$r=2$，所以共有 $C_2^4 = 6$ 個可行解. 可行解之求法，一般先假定 $(n+m-r)$ 個變數為 0，代入等式之限制式中，解聯立方程式，即可求得其他變數之解.

步驟 3：選擇可行解中變數值 $x_i \geq 0$ 者，視為基本可行解.

步驟 4：在基本可行解中選擇滿足目標函數之解即為最適解.

【例題 1】 試求下列之線性規劃問題.

$$\text{Max. } f(X) = 2x_1 + 3x_2$$

受制於 $\begin{cases} 3x_1 + 2x_2 \leq 8 \\ x_1 - x_2 \leq 7 \\ x_1 \geq 0, \ x_2 \geq 0 \end{cases}$

【解】 步驟 1：首先將線性規劃問題轉換為標準式

$$\text{Max. } f(X) = 2x_1 + 3x_2 + 0 \cdot x_3 + 0 \cdot x_4$$

受制於 $\begin{cases} 3x_1 + 2x_2 + x_3 = 8 \\ x_1 - x_2 + x_4 = 7 \\ x_i \geq 0 \ (i = 1, \ 2, \ 3, \ 4) \end{cases}$

步驟 2：可行解之個數共有 $C_2^4 = 6$ 個，並令 $n + m - r = 4 - 2 = 2$ 個變數為 0，代入上述方程組中解聯立方程式，所求得之可行解如下：

可行解 $(x_1, \ x_2, \ x_3, \ x_4)$	基本可行解 $(x_1, \ x_2, \ x_3, \ x_4)$	$f(x) = 2x_1 + 3x_2$	Max. f
$(0, \ 0, \ 8, \ 7)$	$(0, \ 0, \ 8, \ 7)$	0	
$(0, \ 4, \ 0, \ 11)$	$(0, \ 4, \ 0, \ 11)$	12	12
$(0, \ -7, \ 22, \ 0)$			
$\left(\dfrac{8}{3}, \ 0, \ 0, \ \dfrac{13}{3}\right)$	$\left(\dfrac{8}{3}, \ 0, \ 0, \ \dfrac{13}{3}\right)$	$\dfrac{16}{3}$	
$(7, \ 0, \ -13, \ 0)$			
$\left(\dfrac{22}{5}, \ -\dfrac{13}{5}, \ 0, \ 0\right)$			

所以 $x_1 = 0, \ x_2 = 4$ 為最適解，可得 Max. $f = 12$.

【例題 2】 試求下列之線性規劃問題

$$\text{Max. } f(X) = x_1 + 4x_2$$

受制於 $\begin{cases} 2x_1 + x_2 \leq 32 \\ x_1 + x_2 \leq 18 \\ x_1 + 3x_2 \leq 36 \\ x_1 \geq 0, \ x_2 \geq 0 \end{cases}$

【解】 首先引入差額變數 x_3、x_4 與 x_5，將線性規劃問題轉換為標準形式.

$$\text{Max. } f(X) = x_1 + 4x_2 + 0x_3 + 0x_4 + 0x_5$$

受制於 $\begin{cases} 2x_1 + x_2 + x_3 = 32 \\ x_1 + x_2 + x_4 = 18 \\ x_1 + 3x_2 + x_5 = 36 \\ x_i \geq 0 \ (i=1, 2, 3, 4, 5) \end{cases}$

因原變數有 2 個，$n=2$，差額變數有 3 個，$m=3$，限制式共有 3 個，$r=3$，所以共有 $C_3^5 = 10$ 個可行解，並令 $n+m-r=2+3-3=2$ 個變數為 0，代入上述方程組中解聯立方程式，所求得之可行解如下：

可行解 $(x_1, x_2, x_3, x_4, x_5)$	基本可行解 $(x_1, x_2, x_3, x_4, x_5)$	$f(x)=x_1+4x_2$	Max. f
(0, 0, 32, 18, 36)	(0, 0, 32, 18, 36)	0	
(0, 32, 0, −14, −60)			
(0, 18, 14, 0, −18)			
(0, 12, 20, 6, 0)	(0, 12, 20, 6, 0)	48	48
(16, 0, 0, 2, 20)	(16, 0, 0, 2, 20)	16	
(18, 0, −4, 0, 18)			
(36, 0, −40, −18, 0)			
(14, 4, 0, 0, 10)	(14, 4, 0, 0, 10)	30	
(12, 8, 0, −2, 0)			
(9, 9, 5, 0, 0)	(9, 9, 5, 0, 0)	45	

所以，$x_1=0$，$x_2=12$ 為最適解，可得 Max. $f=48$.

5-3 單純形法

單純形法 (simplex method) 是 1947 年由美國數學家佐治・鄧錫 (George B. Dantzig) 所提出的. 他的方法是將一組線性限制式的求基本解過程藉由矩陣之基本列運算來處理. 單純形法的最大優點是它的求解過程, 可採用電子計算機來幫助計算. 在一般應用上, 我們要解決的線性規劃問題, 通常所涉及的決策變數的個數往往很多, 用圖解法或代數法來求解是不可能的, 單純形法的發現是數學上的一個重要成就, 它提供了解決具有龐大數量不等式及決策變數的線性規劃問題的一般方法. 雖然此種方法仍然只在基本可行解中去尋找最適解, 但它不必列出所有的基本解, 而是以較好的一個基本可行解代替一個較差的基本可行解, 直到沒有再好的基本可行解存在時為止.

為了方便說明單純形法起見, 我們考慮下列的線性規劃問題

$$\text{Max. } f(\boldsymbol{X}) = 0.2x_1 + 0.35x_2$$

$$\text{受制於} \begin{cases} \dfrac{1}{4}x_1 + \dfrac{1}{3}x_2 \leq 100 \\ \dfrac{1}{20}x_1 + \dfrac{6}{50}x_2 \leq 30 \\ x_1, \ x_2 \geq 0 \end{cases} \tag{5-3-1}$$

引進差額變數 x_3 與 x_4 之後, 得

$$\begin{cases} \dfrac{1}{4}x_1 + \dfrac{1}{3}x_2 + x_3 = 100 \\ \dfrac{1}{20}x_1 + \dfrac{6}{50}x_2 + x_4 = 30 \end{cases} \tag{5-3-2}$$

因為這個線性方程組有兩個互相獨立的方程式, 有 4 個變量, 故線性方程組的解不是唯一的, 它有無窮多個解. 而這些解都是由一組自由變量所決定, 自由變量的個數等於未知變量的個數減去方程式的個數. 上面的情形, 顯然自由未知變量共有 2 個.

考慮方程組 (5-3-2) 的擴增矩陣

$$A = \begin{bmatrix} x_1 & x_2 & x_3 & x_4 \\ \dfrac{1}{4} & \dfrac{1}{3} & 1 & 0 \vdots 100 \\ \dfrac{1}{20} & \boxed{\dfrac{6}{50}} & 0 & 1 \vdots 30 \end{bmatrix} \tag{5-3-3}$$

變量 x_3 及 x_4 的係數都是 1，所以當 $x_1 = 0$，$x_2 = 0$ 時，則 $x_3 = 100$，$x_4 = 30$。現在想求得 x_1 及 x_2 之值，必須將變量 x_1 及 x_2 的對應係數分別變為 1。為了要達到這個目的，我們將矩陣 A 中第二行，對應於 x_2 的元素 $\dfrac{6}{50}$ 圈起，整列除以 $\dfrac{6}{50}$。這個被圈起的元素稱為基準元素 (pivot)。於是矩陣 A 就變成

$$B = \begin{bmatrix} x_1 & x_2 & x_3 & x_4 \\ \dfrac{1}{4} & \dfrac{1}{3} & 1 & 0 \vdots 100 \\ \dfrac{5}{12} & 1 & 0 & \dfrac{25}{3} \vdots 250 \end{bmatrix} \xrightarrow{-\frac{1}{3}R_2 + R_1}$$

$$C = \begin{bmatrix} x_1 & x_2 & x_3 & x_4 \\ \boxed{\dfrac{1}{9}} & 0 & 1 & -\dfrac{25}{9} \vdots \dfrac{50}{3} \\ \dfrac{5}{12} & 1 & 0 & \dfrac{25}{3} \vdots 250 \end{bmatrix} \xrightarrow{9R_1}$$

$$D = \begin{bmatrix} x_1 & x_2 & x_3 & x_4 \\ 1 & 0 & 9 & -25 \vdots 150 \\ \dfrac{5}{12} & 1 & 0 & \dfrac{25}{3} \vdots 250 \end{bmatrix} \xrightarrow{-\frac{5}{12}R_1 + R_2}$$

$$E=\begin{bmatrix} x_1 & x_2 & x_3 & x_4 & \\ 1 & 0 & 9 & -25 & \vdots & 150 \\ 0 & 1 & -\dfrac{15}{4} & \dfrac{225}{12} & \vdots & 187.5 \end{bmatrix}$$

因此，當 $x_3=0$，$x_4=0$ 時，就求得 $x_1=150$，$x_2=187.5$.

由此可見，線性方程組的基本解，可用矩陣之基本列運算來求得，故單純形法就是採用矩陣的基本列運算，來求得線性規劃問題之最適解。我們現在考慮下列之線性規劃問題如何以單純形法解之.

Max. $f(X)=c_1x_1+c_2x_2+c_3x_3+\cdots+c_nx_n$

受制於 $\begin{cases} a_{11}x_1+a_{12}x_2+a_{13}x_3+\cdots+a_{1n}x_n \leq b_1 \\ a_{21}x_1+a_{22}x_2+a_{23}x_3+\cdots+a_{2n}x_n \leq b_2 \\ \vdots \quad \vdots \quad \vdots \quad \vdots \quad \vdots \\ a_{m1}x_1+a_{m2}x_2+a_{m3}x_3+\cdots+a_{mn}x_n \leq b_m \\ x_i \geq 0\ (i=1,\ 2,\ 3,\ \cdots,\ n),\ b_i \geq 0\ (i=1,\ 2,\ 3,\ \cdots,\ m) \end{cases}$ (5-3-4)

首先，我們引入差額變數 x_{n+1}, x_{n+2}, $\cdots$, x_{n+m}，使式 (5-3-4) 化為

Max. $f(X)=c_1x_1+c_2x_2+\cdots+c_nx_n+0\cdot x_{n+1}+0\cdot x_{n+2}+\cdots+0\cdot x_{n+m}$

受制於 $\begin{cases} a_{11}x_1+a_{12}x_2+\cdots+a_{1n}x_n+x_{n+1} \qquad\qquad\qquad =b_1 \\ a_{21}x_1+a_{22}x_2+\cdots+a_{2n}x_n \qquad +x_{n+2} \qquad\qquad =b_2 \\ \vdots \quad \vdots \quad \vdots \quad\qquad\qquad\qquad \vdots \\ a_{m1}x_1+a_{m2}x_2+\cdots+a_{mn}x_n \qquad\qquad\qquad +x_{n+m}=b_m \\ x_1,\ x_2,\ x_3,\ \cdots,\ x_n,\ x_{n+1},\ \cdots,\ x_{n+m} \geq 0 \end{cases}$ (5-3-5)

如果令 $f(X)=f$，且把上式的目標函數化為

$$-c_1x_1-c_2x_2-\cdots-c_nx_n-0\cdot x_{n+1}-0\cdot x_{n+2}-\cdots-0\cdot x_{n+m}+f=0$$

再加上式 (5-3-5) 的 m 個方程式，可用擴增矩陣表為

$$A=\begin{bmatrix} a_{11} & a_{12} & a_{13} & \cdots & a_{1n} & 1 & 0 & \cdots & 0 & 0 & \vdots & b_1 \\ a_{21} & a_{22} & a_{23} & \cdots & a_{2n} & 0 & 1 & \cdots & 0 & 0 & \vdots & b_2 \\ \vdots & \vdots & \vdots & & \vdots & \vdots & \vdots & & \vdots & \vdots & \vdots & \vdots \\ a_{m1} & a_{m2} & a_{m3} & \cdots & a_{mn} & 0 & 0 & \cdots & 1 & 0 & \vdots & b_m \\ \cdots & \cdots & \cdots & \cdots & \cdots & \cdots & \cdots & \cdots & \cdots & \cdots & \cdots & \cdots \\ -c_1 & -c_2 & -c_3 & \cdots & -c_n & 0 & 0 & \cdots & 0 & 1 & \vdots & 0 \end{bmatrix}$$

其中上方欄位由左至右為決策變數 $x_1, x_2, x_3, \cdots, x_n$，差額變數 $x_{n+1}, x_{n+2}, \cdots, x_{n+m}, f$。

(5-3-6)

上述式 (5-3-6) 之矩陣最下一列的數字來自於目標函數之係數，稱之為目標列，故式 (5-3-6) 之擴增矩陣就稱之為起始單純形表.

【例題 1】 試對下列線性規劃問題之極大化模式，建立一起始單純形表.

$$\text{Max. } f(X) = 2x_1 - x_2 + x_3$$

受制於 $\begin{cases} 2x_1 + x_2 + 3x_3 \leq 5 \\ -x_1 + 3x_2 \leq 7 \\ x_1 \geq 0, \ x_2 \geq 0, \ x_3 \geq 0 \end{cases}$

【解】 因為有兩個限制式 (不考慮非負的條件)，我們需要對兩個限制式分別介入兩個差額變數 x_4 與 x_5，再將限制式寫成等式的形式得

$$2x_1 + x_2 + 3x_3 + x_4 = 5$$
$$-x_1 + 3x_2 + x_5 = 7$$

其次再將目標函數寫成

$$-2x_1 + x_2 - x_3 + 0x_4 + 0x_5 + f = 0$$

故起始單純形表如下

$$\begin{array}{c} \overbrace{\quad x_1 \quad x_2 \quad x_3 \quad}^{\text{決策變數}} \quad \overbrace{\quad x_4 \quad x_5 \quad}^{\text{差額變數}} \quad f \\ \left[\begin{array}{ccccc:c} 2 & 1 & 3 & 1 & 0 & 0 & 5 \\ -1 & 3 & 0 & 0 & 1 & 0 & 7 \\ \hdashline -2 & 1 & -1 & 0 & 0 & 1 & 0 \end{array}\right] \end{array}$$

由例題 1 之方程組中知，該方程組有兩個方程式 5 個變數，故有無限多個解。如果我們由每個方程式中分別解得 x_4 與 x_5，如下

$$x_4 = 5 - 2x_1 - x_2 - 3x_3$$
$$x_5 = 7 + x_1 - 3x_2$$

x_4 與 x_5 就稱之為基本變數 (basic variables)，而 x_1、x_2 與 x_3 稱之為非基本變數 (nonbasic variables)。一般而言，我們考慮非基本變數可為任何值且令它們的值為 0，則

$$x_4 = 5 - 2(0) - 0 - 3(0) = 5$$
$$x_5 = 7 + 0 - 3(0) = 7$$

當我們令所有之非基本變數等於 0 所得到之解稱之為基本解 (basic solution)。事實上，此一線性方程組之基本解為 $x_1 = 0$，$x_2 = 0$，$x_3 = 0$，$x_4 = 5$ 與 $x_5 = 7$。由於所有的值為非負，我們可稱它為一基本可行解 (basic feasible solution)。

下面我們列出採用單純形法求目標函數極大值的一般運算步驟，並以流程圖說明之。

1. 單純形法第一個步驟即是先設定一起始基本可行解。也就是在 x_1，x_2，x_3，…，x_{n+1}，x_{n+2}，…，x_{n+m} 中設定 m 個基本變數，其餘的 n 個變數為非基本變數。一般我們可令 x_{n+1}，x_{n+2}，x_{n+3}，…，x_{n+m} 為基本變數，此時其值分別為式 (5-3-6) 擴增矩陣右邊最後一行之元素 b_1，b_2，b_3，…，b_m。

如何區別非基本變數與基本變數是非常重要的，下列我們將提供如何由起始單純形表中決定基本與非基本變數的方法，例如，

$$\begin{array}{ccccc} x_1 & x_2 & x_3 & x_4 & f \end{array}$$

$$\begin{bmatrix} 1 & 1 & 0 & 3 & 0 & \vdots & 5 \\ 0 & 2 & 1 & 1 & 0 & \vdots & 2 \\ \hdotsfor{7} \\ 0 & -5 & 0 & 4 & 1 & \vdots & 10 \end{bmatrix}$$

若起始單純形表每行 (column) 上端所對應之變數的係數僅包含一個 1，而其他元素皆為 0，則此一變數稱之為基本變數，如 x_1、x_3 與 f 為基本變數，其所在之行稱之為基本行．若每行上端所對應之變數的係數不具有此種性質，則稱之為非基本變數，如 x_2、x_4，且可令其為 0．

2. 在式 (5-3-6) 矩陣中，f 為基本變數，x_1, x_2, x_3, …, x_n 為非基本變數．故 x_1, x_2, x_3, …, x_n 之值設定為 0，可得 $f(X)=0$，即目標函數值為 0．為了求極大值，必須改善 f 之值．改善的方法就是變動基本變數及非基本變數．由非基本變數變動為基本變數的變數稱之為調入變數 (entering variable)．而由基本變數變動為非基本變數的變數稱之為調出變數 (leaving variable)．所以，第二個步驟就是要在 x_1, x_2, x_3, …, x_n 中找出調入變數．由目標函數 $f(X)=c_1x_1+c_2x_2+\cdots+c_nx_n+0\cdot x_{n+1}+0\cdot x_{n+2}+\cdots+0\cdot x_{n+m}$ 可看出，若 c_i 最大，則以 x_i 作為調入變數對目標函數值的貢獻也是最大．故在式 (5-3-6) 的最下一列 (含有目標函數 f 的那一列)，找出 $-c_j$ 之值為最小的 x_j 作為調入變數．此時，x_j 所在之行稱為主軸行 (pivot column)．如果有兩個大小相同的負數，可以任選一個．

3. 找出調入變數之後，也必須找出一調出變數．其找法如下：在式 (5-3-6) 中找出 $-c_j$ 之值為最小所對應之行，若為第 j 行，則將第 j 行中不等於 0 的元素分別去除式 (5-3-6) 最右端行向量中的那個對應元素，並求得 $\dfrac{b_i}{a_{ij}}$ 之值．我們從其中找出最小的正商值 (如果此最小的正商值不只一個時，可任選一個．)，所在的列稱為主軸列 (pivot row)．此主軸列會與某基本行相交，且其相交之元素為 1．此時，此一基本行所對應的變數即為調出變數．而主軸行及主軸列相交的元素稱為軸元素 (pivot element) (或基準元素)，為了易於區別，特將此軸元素加上一個圓圈．見下表．

$$A = \begin{matrix} & x_1 & x_2 & x_3 & x_4 & f & \\ \text{軸元素} \rightarrow & \begin{bmatrix} ④ & 1 & 1 & 0 & 0 & \vdots & 60 \\ 2 & 2 & 0 & 1 & 0 & \vdots & 48 \\ \cdots & \cdots & \cdots & \cdots & \cdots & & \cdots \\ -5 & -4 & 0 & 0 & 1 & \vdots & 0 \end{bmatrix} & \begin{matrix} \frac{60}{4}=15 \leftarrow \text{主軸列 (因為 } 15<24) \\ \frac{48}{2}=24 \\ \\ \end{matrix} \end{matrix}$$

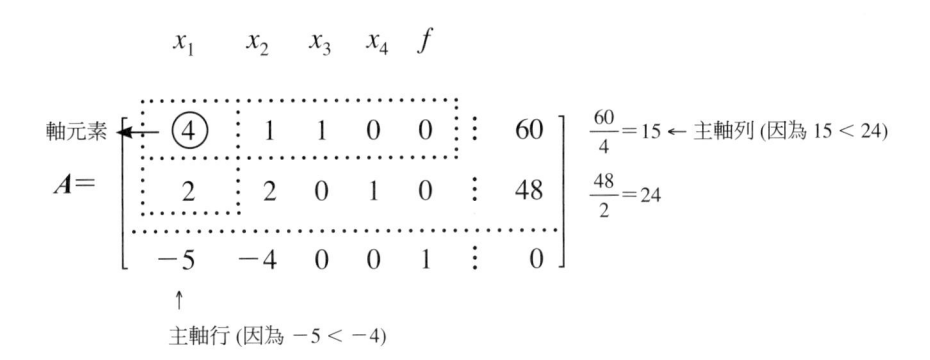

↑
主軸行 (因為 $-5 < -4$)

在上表中 $a_{11}=4$ 為軸元素，選 x_1 為調入變數 (因 x_1 係由非基本變數變動為基本變數的變數)，選 x_3 為調出變數 (因 x_3 係由基本變數變動為非基本變數的變數)，其意義為 x_1 取代 x_3 進入基本變數中．如果主軸行中元素皆不為正值，則表示線性規劃問題有無限值解，計算亦停止．

4. 利用矩陣的基本列運算把主軸行化為只有軸元素為 1，其餘的元素均為 0．

5. 經過前面的步驟之後，可得到類似於式 (5-3-6) 之矩陣。但此時，式 (5-3-6) 矩陣中的 c_j、a_{ij} 及 b_i 已經有所改變．再對新的矩陣重複步驟 1～4，在每次矩陣的基本列變換中，皆要找出軸元素，直至式 (5-3-6) 中最下一列 (即目標函數列) 的元素不是正數就是 0 為止，此時，基本行所對應之基本變數的解即為擴增矩陣虛線右邊所對應之值．而對應於常數項的值就是目標函數的最大值．

【例題 2】 已知下列之矩陣

$$\begin{matrix} x_1 & x_2 & x_3 & x_4 & x_5 & f & \\ \begin{bmatrix} 3 & 1 & -2 & 3 & 0 & 0 & \vdots & 13 \\ 1 & 0 & -1 & 1 & 1 & 0 & \vdots & 22 \\ \cdots & \cdots & \cdots & \cdots & \cdots & \cdots & & \cdots \\ 4 & 0 & 7 & 0 & 0 & 1 & \vdots & 87 \end{bmatrix} \end{matrix}$$

(1) 試決定基本變數與非基本變數．

(2) 試求所給定矩陣之解．

【解】 (1) 因第 2 行、第 5 行、第 6 行上端所對應之變數的係數僅含一個 1，而其他元素皆為 0，故 x_2、x_5 與 f 稱為基本變數，而 x_1、x_3 與 x_4 為非基本變數．

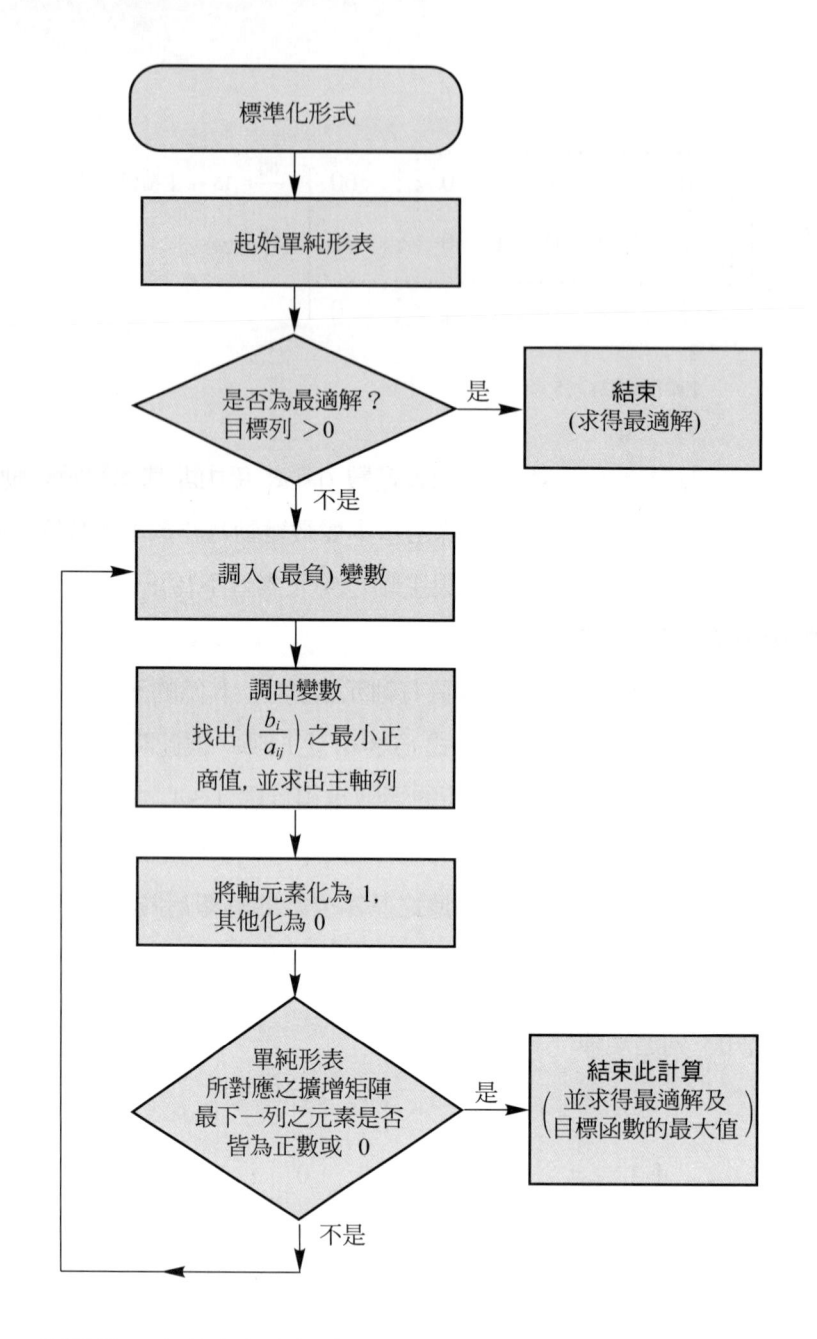

```
          ┌─────────────┐
          │  標準化形式  │
          └──────┬──────┘
                 ▼
          ┌─────────────┐
          │  起始單純形表 │
          └──────┬──────┘
                 ▼
            ╱是否為最適解?╲   是
            ╲ 目標列 >0  ╱ ──────▶ ┌──────────┐
                 │                 │   結束    │
                 │ 不是            │(求得最適解)│
                 ▼                 └──────────┘
          ┌─────────────┐
    ┌───▶│ 調入(最負)變數 │
    │    └──────┬──────┘
    │           ▼
    │    ┌─────────────┐
    │    │   調出變數    │
    │    │ 找出(bᵢ/aᵢⱼ) │
    │    │ 之最小正商值, │
    │    │  並求出主軸列  │
    │    └──────┬──────┘
    │           ▼
    │    ┌─────────────┐
    │    │將軸元素化為1, │
    │    │  其他化為0   │
    │    └──────┬──────┘
    │           ▼
    │     ╱單純形表  ╲
    │    ╱所對應之擴增矩陣╲  是   ┌──────────┐
    │    ╲最下一列之元素是否╱────▶│  結束此計算│
    │     ╲皆為正數或 0 ╱        │(並求得最適解及)│
    │           │                │ 目標函數的最大值│
    │           │ 不是            └──────────┘
    └───────────┘
```

(2) 矩陣第 1 列所表之方程式為

$$3x_1 + x_2 - 2x_3 + 3x_4 = 13 \quad \cdots\cdots\cdots ①$$

因為 x_1、x_3 與 x_4 為非基本變數，故可令其為 0，則①式變成

$$3(0) + x_2 - 2(0) + 3(0) = 13$$

$$x_2 = 13$$

同理，矩陣第 2 列所表之方程式為

$$x_1 - x_3 + x_4 + x_5 = 22 \quad (令\ x_1,\ x_3,\ x_4\ 為\ 0)$$
$$x_5 = 22$$

由最後一列得

$$f = 87$$

故 $x_1 = 0$，$x_2 = 13$，$x_3 = 0$，$x_4 = 0$，$x_5 = 22$，$f = 87$ 為已知矩陣所表方程組的解．

【例題 3】 試利用單純形法解下列之線性規劃問題

$$\text{Max.}\ f(X) = 3x_1 + 2x_2$$

$$\text{受制於}\ \begin{cases} x_1 + x_2 \leq 5 \\ 2x_1 + x_2 \leq 6 \\ x_1 \geq 0,\ x_2 \geq 0 \end{cases}$$

【解】 步驟 1：由於目標函數與限制式已給定，我們需要介入兩個差額變數 x_3 與 x_4 將限制式寫成等式之形式如下

$$x_1 + x_2 + x_3 \qquad\quad = 5$$
$$2x_1 + x_2 \qquad + x_4 = 6$$

目標函數寫成

$$-3x_1 - 2x_2 + f = 0$$

故得起始單純形表如下

$$\begin{array}{cccccc} x_1 & x_2 & x_3 & x_4 & f & \end{array}$$

$$\left[\begin{array}{ccccc:c} 1 & 1 & 1 & 0 & 0 & 5 \\ 2 & 1 & 0 & 1 & 0 & 6 \\ \hdashline -3 & -2 & 0 & 0 & 1 & 0 \end{array}\right]$$

步驟 2：決定主軸行、商值、主軸列與軸元素如下

$$
\begin{array}{c}
\begin{array}{ccccc} x_1 & x_2 & x_3 & x_4 & f \end{array} \\
\text{軸元素} \longleftarrow \left[\begin{array}{ccccc:c} 1 & 1 & 1 & 0 & 0 & 5 \\ ② & 1 & 0 & 1 & 0 & 6 \\ \hdashline -3 & -2 & 0 & 0 & 1 & 0 \end{array}\right] \begin{array}{l} \text{商值} \\ 5/1=5 \\ 6/2=3 \longleftarrow \text{主軸列} \end{array} \\
\quad\uparrow \\
\quad\text{主軸行}
\end{array}
$$

步驟 3：選擇 x_1 為調入變數，x_4 為調出變數．

$$
\left[\begin{array}{ccccc:c} 1 & 1 & 1 & 0 & 0 & 5 \\ ② & 1 & 0 & 1 & 0 & 6 \\ \hdashline -3 & -2 & 0 & 0 & 1 & 0 \end{array}\right] \xrightarrow{\frac{1}{2}R_2} \left[\begin{array}{ccccc:c} 1 & 1 & 1 & 0 & 0 & 5 \\ 1 & \frac{1}{2} & 0 & \frac{1}{2} & 0 & 3 \\ \hdashline -3 & -2 & 0 & 0 & 1 & 0 \end{array}\right]
$$

$$
\xrightarrow[3R_2+R_3]{-1R_2+R_3} \left[\begin{array}{ccccc:c} 0 & \frac{1}{2} & 1 & -\frac{1}{2} & 0 & 2 \\ 1 & \frac{1}{2} & 0 & \frac{1}{2} & 0 & 3 \\ \hdashline 0 & -\frac{1}{2} & 0 & \frac{3}{2} & 1 & 9 \end{array}\right]
$$

步驟 4：由於上述單純形表最下一列尚留有負值，我們再回到步驟 2. 對新的起始單形表重新選擇 x_2 為調入變數，x_3 為調出變數．

$$\begin{array}{c c c c c} x_1 & x_2 & x_3 & x_4 & f \end{array} \qquad 商值$$

$$\left[\begin{array}{ccccc:c} 0 & \boxed{\tfrac{1}{2}} & 1 & -\tfrac{1}{2} & 0 & 2 \\ 1 & \tfrac{1}{2} & 0 & \tfrac{1}{2} & 0 & 3 \\ \hdashline 0 & -\tfrac{1}{2} & 0 & \tfrac{3}{2} & 1 & 9 \end{array}\right] \begin{array}{l} \leftarrow 2\big/\tfrac{1}{2}=4 \\[4pt] \ \ 3\big/\tfrac{1}{2}=6 \\[4pt] \ \ \text{主軸列} \end{array}$$

$$\uparrow\ \text{主軸行}$$

$$\begin{array}{c c c c c} x_1 & x_2 & x_3 & x_4 & f \end{array}$$

$$\left[\begin{array}{ccccc:c} 0 & \boxed{\tfrac{1}{2}} & 1 & -\tfrac{1}{2} & 0 & 2 \\ 1 & \tfrac{1}{2} & 0 & \tfrac{1}{2} & 0 & 3 \\ \hdashline 0 & -\tfrac{1}{2} & 0 & \tfrac{3}{2} & 1 & 9 \end{array}\right] \underset{\sim}{2R_1}$$

$$\begin{array}{c c c c c} x_1 & x_2 & x_3 & x_4 & f \end{array}$$

$$\left[\begin{array}{ccccc:c} 0 & 1 & 2 & -1 & 0 & 4 \\ 1 & \tfrac{1}{2} & 0 & \tfrac{1}{2} & 0 & 3 \\ \hdashline 0 & -\tfrac{1}{2} & 0 & \tfrac{3}{2} & 1 & 9 \end{array}\right] \begin{array}{l} -\tfrac{1}{2}R_1+R_2 \\[4pt] \tfrac{1}{2}R_1+R_3 \end{array}$$

$$\begin{array}{c c c c c} x_1 & x_2 & x_3 & x_4 & f \end{array}$$

$$\left[\begin{array}{ccccc:c} 0 & 1 & 2 & -1 & 0 & 4 \\ 1 & 0 & -1 & 1 & 0 & 1 \\ \hdashline 0 & 0 & 1 & 1 & 1 & 11 \end{array}\right]$$

由於上述單純形表之最下一列已無負值，故停止計算.

步驟 5：最適解為 $x_1=1$，$x_2=4$，$x_3=0$，$x_4=0$ 與 $f=11$. 此即當 $x_1=1$，$x_2=4$，其他差額變數皆為 0 時，f 具有極大值 11.

【例題 4】　求解下列線性規劃問題

$$\text{Max. } f(X)=0.2x_1+0.35x_2$$

$$\text{受制於}\begin{cases} \dfrac{1}{4}x_1+\dfrac{1}{3}x_2 \leq 100 \\[2mm] \dfrac{1}{20}x_1+\dfrac{6}{50}x_2 \leq 30 \\[2mm] x_1, \ x_2 \geq 0 \end{cases}$$

【解】　首先引入差額變數 x_3 與 x_4，就得出線性方程組

$$\begin{cases} \dfrac{1}{4}x_1+\dfrac{1}{3}x_2+x_3 \qquad\qquad =100 \\[2mm] \dfrac{1}{20}x_1+\dfrac{6}{50}x_2 \qquad +x_4 \qquad =30 \\[2mm] -0.2x_1-0.35x_2 \qquad\qquad +f=0 \end{cases}$$

這個線性方程的變量都是非負的，它的擴增矩陣是

$$A=\begin{bmatrix} x_1 & x_2 & x_3 & x_4 & f & \vdots & \\ \dfrac{1}{4} & \dfrac{1}{3} & 1 & 0 & 0 & \vdots & 100 \\ \dfrac{1}{20} & \boxed{\dfrac{6}{50}} & 0 & 1 & 0 & \vdots & 30 \\ \cdots & \cdots & \cdots & \cdots & \cdots & & \cdots \\ -0.2 & -0.35 & 0 & 0 & 1 & \vdots & 0 \end{bmatrix}$$

商值：$100 \Big/ \dfrac{1}{3}=300$

$30 \Big/ \dfrac{6}{50}=250 \quad \xrightarrow{\frac{50}{6}R_2}$

← 主軸列

↑ 主軸行

第 5 章　線性規劃 (二)　**223**

$$B = \begin{bmatrix} \dfrac{1}{4} & \dfrac{1}{3} & 1 & 0 & 0 & \vdots & 100 \\ \dfrac{5}{12} & 1 & 0 & \dfrac{50}{6} & 0 & \vdots & 250 \\ \cdots & \cdots & \cdots & \cdots & \cdots & \vdots & \cdots \\ -\dfrac{2}{10} & -\dfrac{35}{100} & 0 & 0 & 1 & \vdots & 0 \end{bmatrix} \begin{matrix} -\dfrac{1}{3}R_2 + R_1 \\ \dfrac{35}{100}R_2 + R_3 \end{matrix}$$

$$C = \begin{bmatrix} \boxed{\dfrac{1}{9}} & 0 & 1 & -\dfrac{25}{9} & 0 & \vdots & \dfrac{50}{3} \\ \dfrac{5}{12} & 1 & 0 & \dfrac{50}{6} & 0 & \vdots & 250 \\ \cdots & \cdots & \cdots & \cdots & \cdots & \vdots & \cdots \\ -\dfrac{13}{240} & 0 & 0 & \dfrac{35}{12} & 1 & \vdots & 87.5 \end{bmatrix} \begin{matrix} \leftarrow \dfrac{50}{3} \Big/ \dfrac{1}{9} = 150 \\ \\ 250 \Big/ \dfrac{5}{12} = 600 \xrightarrow{9R_1} \\ \text{主軸列} \end{matrix}$$

↑
主軸行

$$D = \begin{bmatrix} 1 & 0 & 9 & -25 & 0 & \vdots & 150 \\ \dfrac{5}{12} & 1 & 0 & \dfrac{50}{6} & 0 & \vdots & 250 \\ \cdots & \cdots & \cdots & \cdots & \cdots & \vdots & \cdots \\ -\dfrac{13}{240} & 0 & 0 & \dfrac{35}{12} & 1 & \vdots & 87.5 \end{bmatrix} \begin{matrix} -\dfrac{5}{12}R_1 + R_2 \\ \dfrac{13}{240}R_1 + R_3 \end{matrix}$$

$$E = \begin{bmatrix} 1 & 0 & 9 & -25 & 0 & \vdots & 150 \\ 0 & 1 & -\dfrac{15}{4} & \dfrac{225}{12} & 0 & \vdots & 187.5 \\ \cdots & \cdots & \cdots & \cdots & \cdots & \vdots & \cdots \\ 0 & 0 & \dfrac{39}{80} & \dfrac{75}{48} & 1 & \vdots & 95.625 \end{bmatrix}$$

此時，$$f = 95.625 - \frac{39}{80}x_3 - \frac{75}{48}x_4$$

因為，$x_3 \geq 0$，$x_4 \geq 0$，所以 f 的極大值為 95.625. 而問題之最適解為

$$X = [150 \quad 187.5 \quad 0 \quad 0]^T$$

故原有問題的最適解為 $X = [x_1 \quad x_2]^T = [150 \quad 187.5]^T$. 所以此一線性規劃問題有單一解.

同理，我們可以用單純形法解下列之線性規劃問題.

Min. $f(X) = c_1 x_1 + c_2 x_2 + c_3 x_3 + \cdots + c_n x_n$

受制於 $\begin{cases} a_{11}x_1 + a_{12}x_2 + a_{13}x_3 + \cdots + a_{1n}x_n \geq b_1 \\ a_{21}x_1 + a_{22}x_2 + a_{23}x_3 + \cdots + a_{2n}x_n \geq b_2 \\ \vdots \quad\quad \vdots \quad\quad \vdots \quad\quad\quad\quad \vdots \quad\quad \vdots \\ a_{m1}x_1 + a_{m2}x_2 + a_{m3}x_3 + \cdots + a_{mn}x_n \geq b_m \\ x_i \geq 0 \ (i=1, 2, 3, \cdots, n), \ b_i \geq 0 \ (i=1, 2, 3, \cdots, m) \end{cases}$ (5-3-7)

首先，我們引入超額變數 x_{n+1}, x_{n+2}, $\cdots$, x_{n+m}，使式 (5-3-7) 化為

Min. $f(X) = c_1 x_1 + c_2 x_2 + c_3 x_3 + \cdots + c_n x_n + 0 \cdot x_{n+1} + 0 \cdot x_{n+2} + \cdots + 0 \cdot x_{n+m}$

受制於 $\begin{cases} a_{11}x_1 + a_{12}x_2 + \cdots + a_{1n}x_n - x_{n+1} \quad\quad\quad\quad\quad = b_1 \\ a_{21}x_1 + a_{22}x_2 + \cdots + a_{2n}x_n \quad\quad -x_{n+2} \quad\quad\quad = b_2 \\ \vdots \quad\quad \vdots \quad\quad\quad \vdots \quad\quad\quad\quad\quad\quad\quad\quad \vdots \\ a_{m1}x_1 + a_{m2}x_2 + \cdots + a_{mn}x_n \quad\quad\quad\quad\quad -x_{n+m} = b_m \\ x_1, \ x_2, \ x_3, \ \cdots, \ x_n, \ x_{n+1}, \ \cdots, \ x_{n+m} \geq 0 \end{cases}$ (5-3-8)

【例題 5】 試求下列之線性規劃問題.

Min. $f(X) = 3x_1 + 7x_2$

受制於 $\begin{cases} 4x_1 + x_2 \geq 8 \\ 5x_1 + 2x_2 \geq 1 \\ x_1 \geq 0, \ x_2 \geq 0 \end{cases}$

【解】 引入超額變數 x_3 與 x_4，將線性規劃問題改寫成下列之線性模式：

$$\text{Min. } f(X) = 3x_1 + 7x_2 + 0 \cdot x_3 + 0 \cdot x_4$$

$$\text{受制於} \begin{cases} 4x_1 + x_2 - x_3 = 8 \\ 5x_1 + 2x_2 - x_4 = 1 \\ x_i \geq 0 \ (i = 1, 2, 3, 4) \end{cases}$$

現在利用單純形法解此問題.

$$A = \begin{bmatrix} x_1 & x_2 & x_3 & x_4 & f & \\ 4 & 1 & -1 & 0 & 0 & \vdots & 8 \\ 5 & ② & 0 & -1 & 0 & \vdots & 1 \\ \cdots & \cdots & \cdots & \cdots & \cdots & & \cdots \\ -3 & -7 & 0 & 0 & 1 & \vdots & 0 \end{bmatrix} \begin{matrix} \frac{8}{1} = 8 \\ \frac{1}{2} = 0.5 \leftarrow \text{主軸列} \end{matrix} \xrightarrow{\frac{1}{2}R_2}$$

↑ 主軸行

$$B = \begin{bmatrix} x_1 & x_2 & x_3 & x_4 & f & \\ 4 & 1 & -1 & 0 & 0 & \vdots & 8 \\ \frac{5}{2} & 1 & 0 & -\frac{1}{2} & 0 & \vdots & \frac{1}{2} \\ \cdots & \cdots & \cdots & \cdots & \cdots & & \cdots \\ -3 & -7 & 0 & 0 & 1 & \vdots & 0 \end{bmatrix} \xrightarrow[7R_2 + R_3]{-1R_2 + R_1}$$

$$C = \begin{bmatrix} x_1 & x_2 & x_3 & x_4 & f & \\ \frac{3}{2} & 0 & -1 & \boxed{\frac{1}{2}} & 0 & \vdots & \frac{15}{2} \\ \frac{5}{2} & 1 & 0 & -\frac{1}{2} & 0 & \vdots & \frac{1}{2} \\ \cdots & \cdots & \cdots & \cdots & \cdots & & \cdots \\ \frac{29}{2} & 0 & 0 & -\frac{7}{2} & 1 & \vdots & \frac{7}{2} \end{bmatrix} \begin{matrix} \leftarrow \frac{15}{2} / \frac{1}{2} = 15 \\ \frac{1}{2} / -\frac{1}{2} = -1 \\ \text{主軸列} \end{matrix} \xrightarrow{2R_1}$$

↑ 主軸行

$$D = \begin{bmatrix} x_1 & x_2 & x_3 & x_4 & f & \\ 3 & 0 & -2 & 1 & 0 & \vdots & 15 \\ \dfrac{5}{2} & 1 & 0 & -\dfrac{1}{2} & 0 & \vdots & \dfrac{1}{2} \\ \hdashline \dfrac{29}{2} & 0 & 0 & -\dfrac{7}{2} & 1 & \vdots & \dfrac{7}{2} \end{bmatrix} \begin{matrix} \frac{1}{2}R_1 + R_2 \\ \frac{7}{2}R_1 + R_3 \end{matrix}$$

$$E = \begin{bmatrix} x_1 & x_2 & x_3 & x_4 & f & \\ 3 & 0 & -2 & 1 & 0 & \vdots & 15 \\ ④ & 1 & -1 & 0 & 0 & \vdots & 8 \\ \hdashline 25 & 0 & -7 & 0 & 1 & \vdots & 56 \end{bmatrix} \begin{matrix} \frac{15}{3}=5 \\ \frac{8}{4}=2 \end{matrix} \;\; \frac{1}{4}R_2$$

↑ 主軸行　　　　　　　主軸列

$$F = \begin{bmatrix} x_1 & x_2 & x_3 & x_4 & f & \\ 3 & 0 & -2 & 1 & 0 & \vdots & 15 \\ 1 & \dfrac{1}{4} & -\dfrac{1}{4} & 0 & 0 & \vdots & 2 \\ \hdashline 25 & 0 & -7 & 0 & 1 & \vdots & 56 \end{bmatrix} \begin{matrix} -3R_2 + R_1 \\ -25R_2 + R_3 \end{matrix}$$

$$G = \begin{bmatrix} x_1 & x_2 & x_3 & x_4 & f & \\ 0 & -\dfrac{3}{4} & -\dfrac{5}{4} & 1 & 0 & \vdots & 9 \\ 1 & \dfrac{1}{4} & -\dfrac{1}{4} & 0 & 0 & \vdots & 2 \\ \hdashline 0 & -\dfrac{25}{4} & -\dfrac{3}{4} & 0 & 1 & \vdots & 6 \end{bmatrix}$$

由上述擴增矩陣 G 的最後一列垂直虛線左邊的元素除 f 之係數為 1 之外，其餘對應於 x_1, x_2, x_3, x_4 之元素不是 0 就是負數，因此，做到此就已完成之運算部分，故當 $x_1=2$, $x_2=0$ 時，f 的最小值為 6.　◁◁

以下是有關線性規劃問題中，若限制條件中含有"≥"與"≤"之混合式問題之解法.

【例題 6】　試求下列之線性規劃問題.

$$\text{Max. } f(X) = 5x_1 + 10x_2$$

$$\text{受制於} \begin{cases} x_1 + x_2 \leq 20 \\ 2x_1 - x_2 \geq 10 \\ x_1 \geq 0, \ x_2 \geq 0 \end{cases}$$

【解】　先將第二個限制式"≥"兩端同乘以 -1，寫成下式

$$-2x_1 + x_2 \leq -10$$

故線性規劃模式如下

$$\text{Max. } f(X) = 5x_1 + 10x_2$$

$$\text{受制於} \begin{cases} x_1 + x_2 \leq 20 \\ -2x_1 + x_2 \leq -10 \\ x_1 \geq 0, \ x_2 \geq 0 \end{cases}$$

引入差額變數 x_3 與 x_4，將線性規劃問題改寫成下列之線性模式

$$\text{Max. } f(X) = 5x_1 + 10x_2 + 0 \cdot x_3 + 0 \cdot x_4$$

$$\text{受制於} \begin{cases} x_1 + x_2 + x_3 = 20 \\ -2x_1 + x_2 + x_4 = -10 \\ x_i \geq 0 \ (i=1, \ 2, \ 3, \ 4) \end{cases}$$

現在利用單純形法解此問題.

$$\begin{array}{c} \quad x_1 \quad\; x_2 \quad x_3 \; x_4 \quad f \\ \left[\begin{array}{ccccc:c} 1 & 1 & 1 & 0 & 0 & 20 \\ -2 & 1 & 0 & 1 & 0 & -10 \\ \hdashline -5 & -10 & 0 & 0 & 1 & 0 \end{array}\right] \end{array}$$

由上述之起始單純形表，我們不難發現擴增矩陣最右一行有一元素為 -10，其意義為基本變數 x_4 之起始值為 -10，這就違背了所有變數皆得 ≥ 0 之限制條件，故在使用單純形法之前，首先我們必須將上述起始單純形表轉換成下列之標準單純形表．

$$A = \left[\begin{array}{ccccc:c} 1 & 1 & 1 & 0 & 0 & 20 \\ \boxed{-2} & 1 & 0 & 1 & 0 & -10 \\ \hdashline -5 & -10 & 0 & 0 & 1 & 0 \end{array}\right] \begin{array}{l} \frac{20}{1}=20 \\ \frac{-10}{-2}=5 \quad \xrightarrow{-\frac{1}{2}R_2} \\ \text{主軸列} \end{array}$$

主軸行 ↑

$$B = \left[\begin{array}{ccccc:c} 1 & 1 & 1 & 0 & 0 & 20 \\ 1 & -\frac{1}{2} & 0 & -\frac{1}{2} & 0 & 5 \\ \hdashline -5 & -10 & 0 & 0 & 1 & 0 \end{array}\right] \xrightarrow{\substack{-1R_2+R_1 \\ 5R_2+R_3}}$$

$$C = \left[\begin{array}{ccccc:c} 0 & \boxed{\frac{3}{2}} & 1 & \frac{1}{2} & 0 & 15 \\ 1 & -\frac{1}{2} & 0 & -\frac{1}{2} & 0 & 5 \\ \hdashline 0 & -\frac{25}{2} & 0 & -\frac{5}{2} & 1 & 25 \end{array}\right] \begin{array}{l} 15\big/\frac{3}{2}=10 \\ 5\big/-\frac{1}{2}=-10 \quad \xrightarrow{\frac{2}{3}R_1} \\ \text{主軸列} \end{array}$$

主軸行 ↑

$$D = \begin{bmatrix} \begin{matrix} x_1 & x_2 & x_3 & x_4 & f \end{matrix} \\ \begin{array}{ccccc:c} 0 & 1 & \frac{2}{3} & \frac{1}{3} & 0 & 10 \\ 1 & -\frac{1}{2} & 0 & -\frac{1}{2} & 0 & 5 \\ \hdashline 0 & -\frac{25}{2} & 0 & -\frac{5}{2} & 1 & 25 \end{array} \end{bmatrix} \begin{matrix} \frac{1}{2}R_1 + R_2 \\ \frac{25}{2}R_1 + R_3 \end{matrix}$$

$$E = \begin{bmatrix} \begin{matrix} x_1 & x_2 & x_3 & x_4 & f \end{matrix} \\ \begin{array}{ccccc:c} 0 & 1 & \frac{2}{3} & \frac{1}{3} & 0 & 10 \\ 1 & 0 & \frac{1}{3} & -\frac{1}{3} & 0 & 10 \\ \hdashline 0 & 0 & \frac{25}{3} & \frac{5}{3} & 1 & 150 \end{array} \end{bmatrix}$$

上述擴增矩陣 E 之最後一列垂直虛線左邊的元素除 f 之係數為 1 之外，其餘對應於 x_1, x_2, x_3, x_4 之元素不是 0 就是正數，因此，做到此就已完成了運算部分，故當 $x_1 = 10$，$x_2 = 10$，$x_3 = 0$，$x_4 = 0$ 時，f 之最大值為 150.

【例題 7】 試求下列之線性規劃問題.

$$\text{Min. } f(X) = -x_1 - x_2 - 2x_3$$

$$\text{受制於} \begin{cases} x_1 - 4x_2 - 10x_3 \leq -20 \\ 3x_1 + x_2 + x_3 \leq 3 \\ x_i \geq 0 \ (i = 1, 2, 3) \end{cases}$$

【解】 先將第一個限制式 "$\leq$" 兩端同乘以 -1，寫成下式

$$-x_1 + 4x_2 + 10x_3 \geq 20$$

故線性規劃模式如下

$$\text{Min. } f(X) = -x_1 - x_2 - 2x_3$$

受制於
$$\begin{cases} -x_1 + 4x_2 + 10x_3 \geq 20 \\ 3x_1 + x_2 + x_3 \leq 3 \\ x_i \geq 0 \ (i=1, 2, 3) \end{cases}$$

引入超額變數 x_4 與差額變數 x_5，將線性規劃問題改寫成下列之線性模式.

$$\text{Min. } f(X) = -x_1 - x_2 - 2x_3 + 0 \cdot x_4 + 0 \cdot x_5$$

受制於
$$\begin{cases} -x_1 + 4x_2 + 10x_3 - x_4 = 20 \\ 3x_1 + x_2 + x_3 + x_5 = 3 \\ x_i \geq 0 \ (i=1, 2, 3, 4, 5) \end{cases}$$

現在利用單純形法解此問題.

首先找調入變數，在最後一列目標函數列中且對應於 x_1, x_2, x_3, x_4, x_5 的元素中找出最大之正值 2，故選 x_3 為調入變數，其所在之行為主軸行．並將原來求極大時的結束條件"目標函數列中不是 0 就是正數"改為"目標函數列中對應到 x_1, x_2, x_3, x_4, x_5 之元素不是 0 就是負數."

$$A = \begin{bmatrix} -1 & 4 & \boxed{10} & -1 & 0 & 0 & \vdots & 20 \\ 3 & 1 & 1 & 0 & 1 & 0 & \vdots & 3 \\ \hdashline 1 & 1 & 2 & 0 & 0 & 1 & \vdots & 0 \end{bmatrix} \begin{matrix} \leftarrow \frac{20}{10}=2 \\ \frac{3}{1}=3 \\ \\ \leftarrow \text{主軸列} \end{matrix} \xrightarrow{\frac{1}{10}R_1}$$

↑ 主軸行

$$B = \begin{bmatrix} -\frac{1}{10} & \frac{4}{10} & 1 & -\frac{1}{10} & 0 & 0 & \vdots & 2 \\ 3 & 1 & 1 & 0 & 1 & 0 & \vdots & 3 \\ \hdashline 1 & 1 & 2 & 0 & 0 & 1 & \vdots & 0 \end{bmatrix} \begin{matrix} -1R_1+R_2 \\ -2R_1+R_3 \end{matrix}$$

$$C = \begin{bmatrix} x_1 & x_2 & x_3 & x_4 & x_5 & f & \\ -\dfrac{1}{10} & \dfrac{4}{10} & 1 & -\dfrac{1}{10} & 0 & 0 & \vdots & 2 \\ \boxed{\dfrac{31}{10}} & \dfrac{6}{10} & 0 & \dfrac{1}{10} & 1 & 0 & \vdots & 1 \\ \hdashline \dfrac{6}{5} & \dfrac{1}{5} & 0 & \dfrac{1}{5} & 0 & 1 & \vdots & -4 \end{bmatrix} \begin{matrix} 2 \Big/ -\dfrac{1}{10} = -20 \\ 1 \Big/ \dfrac{31}{10} = \dfrac{10}{31} \end{matrix} \xrightarrow{\dfrac{10}{31} R_2}$$

↑ 主軸行 ← 主軸列

$$D = \begin{bmatrix} x_1 & x_2 & x_3 & x_4 & x_5 & f & \\ -\dfrac{1}{10} & \dfrac{4}{10} & 1 & -\dfrac{1}{10} & 0 & 0 & \vdots & 2 \\ 1 & \dfrac{6}{31} & 0 & \dfrac{1}{31} & \dfrac{10}{31} & 0 & \vdots & \dfrac{10}{31} \\ \hdashline \dfrac{6}{5} & \dfrac{1}{5} & 0 & \dfrac{1}{5} & 0 & 1 & \vdots & -4 \end{bmatrix} \xrightarrow{\substack{\frac{1}{10} R_2 + R_1 \\ -\frac{6}{5} R_2 + R_3}}$$

$$E = \begin{bmatrix} x_1 & x_2 & x_3 & x_4 & x_5 & f & \\ 0 & \dfrac{13}{31} & 1 & -\dfrac{3}{31} & \dfrac{1}{31} & 0 & \vdots & \dfrac{63}{31} \\ 1 & \dfrac{6}{31} & 0 & \boxed{\dfrac{1}{31}} & \dfrac{10}{31} & 0 & \vdots & \dfrac{10}{31} \\ \hdashline 0 & -\dfrac{1}{31} & 0 & \dfrac{5}{31} & -\dfrac{12}{31} & 1 & \vdots & -\dfrac{136}{31} \end{bmatrix} \begin{matrix} \dfrac{63}{31} \Big/ -\dfrac{3}{31} = -21 \\ \dfrac{10}{31} \Big/ \dfrac{1}{31} = 10 \end{matrix} \xrightarrow{31 R_2}$$

↑ 主軸行 ← 主軸列

$$F = \begin{bmatrix} & x_1 & x_2 & x_3 & x_4 & x_5 & f & \\ & 0 & \frac{13}{31} & 1 & -\frac{3}{31} & \frac{1}{31} & 0 & \vdots & \frac{63}{31} \\ & 31 & 6 & 0 & 1 & 10 & 0 & \vdots & 10 \\ & \cdots & \cdots & \cdots & \cdots & \cdots & \cdots & & \cdots \\ & 0 & -\frac{1}{31} & 0 & \frac{5}{31} & -\frac{12}{31} & 1 & \vdots & -\frac{136}{31} \end{bmatrix} \begin{matrix} \frac{3}{31}R_2 + R_1 \\ -\frac{5}{31}R_2 + R_3 \end{matrix}$$

$$G = \begin{bmatrix} x_1 & x_2 & x_3 & x_4 & x_5 & f & \\ 3 & 1 & 1 & 0 & 1 & 0 & \vdots & 3 \\ 31 & 6 & 0 & 1 & 10 & 0 & \vdots & 10 \\ \cdots & \cdots & \cdots & \cdots & \cdots & \cdots & & \cdots \\ -5 & -1 & 0 & 0 & -2 & 1 & \vdots & -6 \end{bmatrix}$$

上面擴增矩陣 G 的最後一列垂直虛線左邊的元素中除 f 之係數為 1 外，其餘對應於 x_1, x_2, x_3, x_4, x_5 之元素不是 0 就是負數，故知最適解為 $[x_1 \ x_2 \ x_3]^T = [0 \ 0 \ 3]^T$，$f(X)$ 的最小值為 -6。

【例題 8】 福記海鮮酒樓豉椒蟹每斤 40 元，清蒸黃魚每斤 60 元，炒九孔每斤 50 元。現楊先生想請客三桌，他囑咐該酒樓經理說，魚的重量不可超過九孔及蟹的重量之和，蟹的重量是九孔重量的兩倍以上，但又聲明，全部用魚、九孔、蟹的總重量不得超過 27 斤。試問福記海鮮酒樓總經理要滿足楊先生的要求，又欲楊先生付出最多的金錢，每桌各應分配蟹、黃魚、九孔多少斤？

【解】 首先我們先建立數學模型，設蟹、黃魚、九孔的重量分別為 x_1、x_2 及 x_3 斤，依楊先生之要求是

$$\begin{cases} x_1 + x_2 + x_3 \leq 27 \\ 2x_3 \leq x_1 \\ x_2 \leq x_1 + x_3 \\ x_i \geq 0 \ (i=1, 2, 3) \end{cases}$$

但楊先生所付出之金錢 $f=40x_1+60x_2+50x_3$ (元) 最多.
故線性規劃模型為

$$\text{Max. } f(X)=40x_1+60x_2+50x_3 \text{ (元)}$$

$$\text{受制於} \begin{cases} x_1+x_2+x_3 \le 27 \\ 2x_3 \le x_1 \\ x_2 \le x_1+x_3 \\ x_i \ge 0 \ (i=1, 2, 3) \end{cases}$$

我們先引入差額變數 x_4、x_5、x_6，得下面的線性規劃模型為

$$\text{Max. } f(X)=40x_1+60x_2+50x_3+0\cdot x_4+0\cdot x_5+0\cdot x_6 \text{ (元)}$$

$$\text{受制於} \begin{cases} x_1+x_2+x_3+x_4=27 \\ -x_1+2x_3+x_5=0 \\ -x_1+x_2-x_3+x_6=0 \end{cases}$$

其中 $x_i \ (i=1, 2, \cdots, 6) \ge 0$.

將上式以擴增矩陣寫出

$$A=\begin{bmatrix} x_1 & x_2 & x_3 & x_4 & x_5 & x_6 & f & \vdots & \\ 1 & 1 & 1 & 1 & 0 & 0 & 0 & \vdots & 27 \\ -1 & 0 & 2 & 0 & 1 & 0 & 0 & \vdots & 0 \\ -1 & ① & -1 & 0 & 0 & 1 & 0 & \vdots & 0 \\ \hdashline -40 & -60 & -50 & 0 & 0 & 0 & 1 & \vdots & 0 \end{bmatrix}$$

商值：$\frac{27}{1}=27$，$\frac{0}{1}=0$ ←主軸列

$\begin{matrix} -1R_3+R_1 \\ 60R_3+R_4 \end{matrix}$

↑
主軸行

矩陣 A 中的最後一列，-60 為最小，含 -60 的那一行，它大於 0 的元素都是 1.

$$B = \begin{array}{c} \begin{array}{ccccccc} x_1 & x_2 & x_3 & x_4 & x_5 & x_6 & f \end{array} \\ \left[\begin{array}{ccccccc:c} 2 & 0 & 2 & 1 & 0 & -1 & 0 & 27 \\ -1 & 0 & \boxed{2} & 0 & 1 & 0 & 0 & 0 \\ -1 & 1 & -1 & 0 & 0 & 1 & 0 & 0 \\ \hdashline -100 & 0 & -110 & 0 & 0 & 60 & 1 & 0 \end{array}\right] \end{array}$$

商值
$\dfrac{27}{2} = 13.5$
$\dfrac{0}{2} = 0 \leftarrow$ 主軸列
$\dfrac{1}{2} R_2$

↑ 主軸行

$$C = \left[\begin{array}{ccccccc:c} 2 & 0 & 2 & 1 & 0 & -1 & 0 & 27 \\ -\dfrac{1}{2} & 0 & 1 & 0 & \dfrac{1}{2} & 0 & 0 & 0 \\ -1 & 1 & -1 & 0 & 0 & 1 & 0 & 0 \\ \hdashline -100 & 0 & -110 & 0 & 0 & 60 & 1 & 0 \end{array}\right]$$

$-2R_2 + R_1$
$R_2 + R_3$
$110R_2 + R_4$

$$D = \left[\begin{array}{ccccccc:c} \boxed{3} & 0 & 0 & 1 & -1 & -1 & 0 & 27 \\ -\dfrac{1}{2} & 0 & 1 & 0 & \dfrac{1}{2} & 0 & 0 & 0 \\ -\dfrac{3}{2} & 1 & 0 & 0 & \dfrac{1}{2} & 1 & 0 & 0 \\ \hdashline -155 & 0 & 0 & 0 & 55 & 60 & 1 & 0 \end{array}\right]$$

商值
$\dfrac{27}{3} = 9 \leftarrow$ 主軸列
$\dfrac{1}{3} R_1$

↑ 主軸行

$$E = \begin{bmatrix} & x_1 & x_2 & x_3 & x_4 & x_5 & x_6 & f & \\ & 1 & 0 & 0 & \dfrac{1}{3} & -\dfrac{1}{3} & -\dfrac{1}{3} & 0 & \vdots & 9 \\ & -\dfrac{1}{2} & 0 & 1 & 0 & \dfrac{1}{2} & 0 & 0 & \vdots & 0 \\ & -\dfrac{3}{2} & 1 & 0 & 0 & \dfrac{1}{2} & 1 & 0 & \vdots & 0 \\ & \cdots & \cdots & \cdots & \cdots & \cdots & \cdots & \cdots & & \cdots \\ & -155 & 0 & 0 & 0 & 55 & 60 & 1 & \vdots & 0 \end{bmatrix} \begin{matrix} \dfrac{1}{2}R_1 + R_2 \\ \dfrac{3}{2}R_1 + R_3 \\ 155R_1 + R_4 \end{matrix}$$

$$F = \begin{bmatrix} & x_1 & x_2 & x_3 & x_4 & x_5 & x_6 & f & \\ & 1 & 0 & 0 & \dfrac{1}{3} & -\dfrac{1}{3} & -\dfrac{1}{3} & 0 & \vdots & 9 \\ & 0 & 0 & 1 & \dfrac{1}{6} & \dfrac{1}{3} & -\dfrac{1}{6} & 0 & \vdots & \dfrac{9}{2} \\ & 0 & 1 & 0 & \dfrac{1}{2} & 0 & \dfrac{1}{2} & 0 & \vdots & \dfrac{27}{2} \\ & \cdots & \cdots & \cdots & \cdots & \cdots & \cdots & \cdots & & \cdots \\ & 0 & 0 & 0 & \dfrac{155}{3} & \dfrac{10}{3} & \dfrac{25}{3} & 1 & \vdots & 1395 \end{bmatrix}$$

此時，矩陣 F 中最後一列垂直虛線左邊的元素都是正數或 0，並且

$$f = 1395 - \frac{155}{3} x_4 - \frac{10}{3} x_5 - \frac{25}{3} x_6$$

其中 x_4、x_5 及 x_6 都是非負數，所以 f 的最大值為 1395 元．這時，$x_1 = 9$，$x_2 = \dfrac{27}{2}$，$x_3 = \dfrac{9}{2}$．換言之，福記海鮮酒樓經理每桌應分配蟹 3 斤，黃魚 4 斤半，九孔 1 斤半，楊先生則要付出 1395 元．

5-4 大 M 法

　　如果我們所探討的線性規劃問題如同式 (5-3-4) 之模式，我們只需要利用單純形法就可解決問題。但當線性規劃中之限制條件有 "≥" 或 (及) "=" 之情形者，使用單純形法就沒有那麼容易了，我們必須引進人為變數 (artificial variable)，由於限制式中須加入人為變數，故稱之為大 M 法 (big M method)。現在我們以下面例題來說明大 M 法之求解方法。

　　若有一線性規劃問題如下

$$\text{Max. } f(X) = 2x_1 - 3x_2 - x_3$$

$$\text{受制於} \begin{cases} 3x_1 + x_2 + 4x_3 \geq 6 \\ 3x_1 + 2x_2 - x_3 = 5 \\ x_1 + 3x_2 - 3x_3 \leq 8 \\ x_i \geq 0 \ (i=1, 2, 3) \end{cases}$$

首先引入超額變數 x_4 及差額變數 x_5，即可轉換為標準形式如下

$$\text{Max. } f(X) = 2x_1 - 3x_2 - x_3 + 0 \cdot x_4 + 0 \cdot x_5$$

$$\text{受制於} \begin{cases} 3x_1 + x_2 + 4x_3 - x_4 = 6 \\ 3x_1 + 2x_2 - x_3 = 5 \\ x_1 + 3x_2 - 3x_3 + x_5 = 8 \\ x_i \geq 0 \ (i=1, 2, \cdots, 5) \end{cases} \quad (5\text{-}4\text{-}1)$$

讀者會發現在第一個限制條件中，如果我們令 $x_1 = x_2 = x_3 = 0$，將得到 $x_4 = -6$，此不滿足變數不為負數的要求。故補救的辦法是另外加入一非負值之人為變數 s_1，使得

$$3x_1 + x_2 + 4x_3 - x_4 + s_1 = 6$$

另第二個限制條件中（"="）

$$3x_1 + 2x_2 - x_3 = 5$$

亦會得到 0＝5 這種矛盾情形，我們亦可另外加入一非負值之人為變數 s_2，使得

$$3x_1 + 2x_2 - x_3 + s_2 = 5$$

故式 (5-4-1) 改成

$$\text{Max. } f(X) = 2x_1 - 3x_2 - x_3 + 0 \cdot x_4 + 0 \cdot s_1 + 0 \cdot s_2 + 0 \cdot x_5$$

受制於 $\begin{cases} 3x_1 + x_2 + 4x_3 - x_4 + s_1 = 6 \\ 3x_1 + 2x_2 - x_3 + s_2 = 5 \\ x_1 + 3x_2 - 3x_3 + x_5 = 8 \\ x_1, x_2, x_3, x_4, s_1, s_2, x_5 \geq 0 \end{cases}$ (5-4-2)

當人為變數 s_1 與 s_2 於最適解中不為零時，例如 $s_2 > 0$，則第二限制式

$$3x_1 + 2x_2 - x_3 + s_2 = 5$$

會有

$$3x_1 + 2x_2 - x_3 < 5 \text{ (但必須等於 5)}$$

不合理之情形發生，因此，為了確保人為變數於最適解中為零，故我們將目標函數改為

$$\text{Max. } f(X) = 2x_1 - 3x_2 - x_3 + 0 \cdot x_4 - Ms_1 - Ms_2 + 0 \cdot x_5$$

其中 M 為非常大的正數 (此為大 M 法名稱之由來)，其目的在於「強迫」人為變數最後為零，否則將因 M 之關係，而使得 $f(X)$ 無法最大化。於是，最後之線性規劃模式變為

$$\text{Max. } f(X) = 2x_1 - 3x_2 - x_3 + 0 \cdot x_4 - Ms_1 - Ms_2 + 0 \cdot x_5$$

受制於 $\begin{cases} 3x_1 + x_2 + 4x_3 - x_4 + s_1 = 6 \\ 3x_1 + 2x_2 - x_3 + s_2 = 5 \\ x_1 + 3x_2 - 3x_3 + x_5 = 8 \\ x_1, x_2, x_3, x_4, s_1, s_2, x_5 \geq 0 \end{cases}$ (5-4-3)

綜合以上所述，我們將大 M 法之步驟歸納如下

1. 若線性規劃問題之限制式中含有 "≤" 號，只需在不等式的左端加上一非負的差額變數。

2. 若線性規劃問題之限制式中含有"≥"號，則除了在不等式的左端減去一非負的超額變數外，還要加上一人為變數.
3. 若線性規劃問題之限制式中含有"＝"號，則必須在等號左端加上一人為變數.
4. 在原始的目標函數中，再加上步驟 1、2、3 中所提到的差額變數、超額變數以及人為變數. 差額變數及超額變數前的係數設為 0. 而人為變數前的係數視線性規劃問題而定，如果是求極大化，則係數設為 $-M$；如果是求極小化，則係數設為 M. M 是一個假定為很大的一個正數.
5. 經過前面的處理之後，就可利用單純形法之求解步驟求解.

【例題 1】 試以大 M 法求

$$\text{Max. } f(X) = x_1 + 2x_2 + 2x_3$$

受制於 $\begin{cases} x_1 + x_2 + 2x_3 \leq 12 \\ 2x_1 + x_2 + 5x_3 = 20 \\ x_1 + x_2 - x_3 \geq 8 \\ x_i \geq 0 \ (i = 1, 2, 3) \end{cases}$

【解】 原線性規劃模式經修正後之標準形式為

$$\text{Max. } f(X) = x_1 + 2x_2 + 2x_3 + 0 \cdot x_4 - Ms_1 + 0 \cdot x_5 - Ms_2$$

受制於 $\begin{cases} x_1 + x_2 + 2x_3 + x_4 = 12 \\ 2x_1 + x_2 + 5x_3 + s_1 = 20 \\ x_1 + x_2 - x_3 - x_5 + s_2 = 8 \\ x_1, x_2, x_3, x_4, x_5, s_1, s_2 \geq 0, \text{ 其中 } s_1 \text{、} s_2 \text{ 為人為變數} \end{cases}$

由於人為變數 s_1、s_2 為基本變數，故首先要將人為變數在目標函數中之係數都化為零，故由限制式中解出 s_1 與 s_2，得

$$s_1 = 20 - 2x_1 - x_2 - 5x_3$$
$$s_2 = 8 - x_1 - x_2 + x_3 + x_5$$

代入目標函數中，得

$$f(X) = x_1 + 2x_2 + 2x_3 + 0 \cdot x_4 - M(20 - 2x_1 - x_2 - 5x_3) + 0 \cdot x_5$$
$$- M(8 - x_1 - x_2 + x_3 + x_5)$$
$$= (1+3M)x_1 + (2+2M)x_2 + (2+4M)x_3 + 0 \cdot x_4 - Mx_5 - 28M$$

故利用大 M 法，將原混合式問題之線性規劃模型轉為標準形式為

Max. $f(X) = (1+3M)x_1 + (2+2M)x_2 + (2+4M)x_3 + 0 \cdot x_4 - Mx_5 - 28M$

受制於
$$\begin{cases} x_1 + x_2 + 2x_3 + x_4 = 12 \\ 2x_1 + x_2 + 5x_3 + s_1 = 20 \\ x_1 + x_2 - x_3 - x_5 + s_2 = 8 \\ x_1, \ x_2, \ x_3, \ x_4, \ x_5, \ s_1, \ s_2 \geq 0 \end{cases}$$

下面就是其擴增矩陣形式，並利用矩陣之基本列運算求解．

$$A = \begin{bmatrix} & x_1 & x_2 & x_3 & x_4 & s_1 & x_5 & s_2 & f & & \text{商值} \\ & 1 & 1 & 2 & 1 & 0 & 0 & 0 & 0 & \vdots & 12 & \frac{12}{2}=6 \\ & 2 & 1 & ⑤ & 0 & 1 & 0 & 0 & 0 & \vdots & 20 & \frac{20}{5}=4 \quad \frac{1}{5}R_2 \\ & 1 & 1 & -1 & 0 & 0 & -1 & 1 & 0 & \vdots & 8 \\ \hdashline & -(1+3M) & -(2+2M) & -(2+4M) & 0 & 0 & M & 0 & 1 & \vdots & -28M \end{bmatrix}$$

主軸列

↑
主軸行

首先找調入變數，因 $-(2+4M) < -(1+3M) < -(2+2M) < 0$．故 $-(2+4M)$ 為 A 矩陣中最後一列元素的最小負數，所以，選 x_3 為調入變數．基本可行解為

$$X = [x_1 \ \ x_2 \ \ x_3 \ \ x_4 \ \ x_5 \ \ s_1 \ \ s_2]^T = [0 \ \ 0 \ \ 0 \ \ 12 \ \ 0 \ \ 20 \ \ 8]^T$$

$$f(X) = -28M$$

$$B = \begin{bmatrix} x_1 & x_2 & x_3 & x_4 & s_1 & x_5 & s_2 & f & \\ 1 & 1 & 2 & 1 & 0 & 0 & 0 & 0 & \vdots & 12 \\ \dfrac{2}{5} & \dfrac{1}{5} & 1 & 0 & \dfrac{1}{5} & 0 & 0 & 0 & \vdots & 4 \\ 1 & 1 & -1 & 0 & 0 & -1 & 0 & 0 & \vdots & 8 \\ \hdashline -(1+3M) & -(2+2M) & -(2+4M) & 0 & 0 & M & 0 & 1 & \vdots & -28M \end{bmatrix} \begin{matrix} -2R_2+R_1 \\ R_2+R_3 \\ (2+4M)R_3+R_4 \end{matrix}$$

$$C = \begin{bmatrix} x_1 & x_2 & x_3 & x_4 & s_1 & x_5 & s_2 & f & \\ \dfrac{1}{5} & \dfrac{3}{5} & 0 & 1 & -\dfrac{2}{5} & 0 & 0 & 0 & \vdots & 4 \\ \dfrac{2}{5} & \dfrac{1}{5} & 1 & 0 & \dfrac{1}{5} & 0 & 0 & 0 & \vdots & 4 \\ \boxed{\dfrac{7}{5}} & \dfrac{6}{5} & 0 & 0 & \dfrac{1}{5} & -1 & 1 & 0 & \vdots & 12 \\ \hdashline -\left(\dfrac{1}{5}+\dfrac{7}{5}M\right) & -\left(\dfrac{5}{8}+\dfrac{6}{5}M\right) & 0 & 0 & \left(\dfrac{2}{5}+\dfrac{4}{5}M\right) & M & 0 & 1 & \vdots & 8-12M \end{bmatrix}$$

商值
$4 \Big/ \dfrac{1}{5}=20$
$4 \Big/ \dfrac{2}{5}=10$
$12 \Big/ \dfrac{7}{5}=\dfrac{60}{7} \quad \xrightarrow{\frac{5}{7}R_3}$
主軸列

↑ 主軸行 $\left(\because -\left(\dfrac{1}{5}+\dfrac{7}{5}M\right) < -\left(\dfrac{8}{5}+\dfrac{6}{5}M\right) < 0 \right)$

基本可行解為

$$X = [x_1 \quad x_2 \quad x_3 \quad x_4 \quad x_5 \quad s_1 \quad s_2]^T = [0 \quad 0 \quad 4 \quad 4 \quad 0 \quad 0 \quad 12]^T$$

$$f(X) = 8-12M$$

$$D = \begin{bmatrix} x_1 & x_2 & x_3 & x_4 & s_1 & x_5 & s_2 & f & \\ \dfrac{1}{5} & \dfrac{3}{5} & 0 & 1 & -\dfrac{2}{5} & 0 & 0 & 0 & \vdots & 4 \\ \dfrac{2}{5} & \dfrac{1}{5} & 1 & 0 & \dfrac{1}{5} & 0 & 0 & 0 & \vdots & 4 \\ 1 & \dfrac{6}{7} & 0 & 0 & \dfrac{1}{7} & -\dfrac{5}{7} & \dfrac{5}{7} & 0 & \vdots & \dfrac{60}{7} \\ \hdashline -\left(\dfrac{1}{5}+\dfrac{7}{5}M\right) & -\left(\dfrac{5}{8}+\dfrac{6}{5}M\right) & 0 & 0 & \left(\dfrac{2}{5}+\dfrac{4}{5}M\right) & M & 0 & 1 & \vdots & 8-12M \end{bmatrix} \begin{matrix} -\dfrac{1}{5}R_3+R_1 \\ -\dfrac{2}{5}R_3+R_2 \\ \left(\dfrac{1}{5}+\dfrac{7}{5}\right)R_3+R_4 \end{matrix}$$

$$E = \begin{array}{c} \begin{matrix} x_1 & x_2 & x_3 & x_4 & s_1 & x_5 & s_2 & f \end{matrix} \\ \left[\begin{array}{ccccccc:c} 0 & \boxed{\tfrac{3}{7}} & 0 & 1 & -\tfrac{3}{7} & \tfrac{1}{7} & -\tfrac{1}{7} & 0 : \tfrac{16}{7} \\ 0 & -\tfrac{1}{7} & 1 & 0 & \tfrac{1}{7} & \tfrac{2}{7} & -\tfrac{2}{7} & 0 : \tfrac{4}{7} \\ 1 & \tfrac{6}{7} & 0 & 0 & \tfrac{1}{7} & -\tfrac{5}{7} & \tfrac{5}{7} & 0 : \tfrac{60}{7} \\ \hdashline 0 & -\tfrac{10}{7} & 0 & 0 & \tfrac{3}{7}+M & -\tfrac{1}{7} & \tfrac{1}{7}+M & 1 : \tfrac{68}{7} \end{array}\right] \end{array}$$

商值
$\tfrac{16}{7} \Big/ \tfrac{3}{7} = \tfrac{16}{3}$

$\tfrac{60}{7} \Big/ \tfrac{6}{7} = 10$ ← 主軸列

↑ 主軸行 $\left(\because -\tfrac{10}{7} < -\tfrac{1}{7} < 0\right)$

$\xrightarrow{\tfrac{7}{3}R_1}$

基本可行解為

$$X = [x_1 \ \ x_2 \ \ x_3 \ \ x_4 \ \ x_5 \ \ s_1 \ \ s_2]^T = \begin{bmatrix} \tfrac{60}{7} & 0 & \tfrac{4}{7} & \tfrac{16}{7} & 0 & 0 & 0 \end{bmatrix}^T$$

$$f(X) = \tfrac{68}{7}$$

$$F = \begin{array}{c} \begin{matrix} x_1 & x_2 & x_3 & x_4 & s_1 & x_5 & s_2 & f \end{matrix} \\ \left[\begin{array}{ccccccc:c} 0 & 1 & 0 & \tfrac{7}{3} & -1 & \tfrac{1}{3} & -\tfrac{1}{3} & 0 : \tfrac{16}{3} \\ 0 & -\tfrac{1}{7} & 1 & 0 & \tfrac{1}{7} & \tfrac{2}{7} & -\tfrac{2}{7} & 0 : \tfrac{4}{7} \\ 1 & \tfrac{6}{7} & 0 & 0 & \tfrac{1}{7} & -\tfrac{5}{7} & \tfrac{5}{7} & 0 : \tfrac{60}{7} \\ \hdashline 0 & -\tfrac{10}{7} & 0 & 0 & \tfrac{3}{7}+M & -\tfrac{1}{7} & \tfrac{1}{7}+M & 1 : \tfrac{68}{7} \end{array}\right] \end{array}$$

$\xrightarrow{\begin{array}{c}\tfrac{1}{7}R_1+R_2\\-\tfrac{6}{7}R_1+R_3\\\tfrac{10}{7}R_1+R_4\end{array}}$

$$G = \begin{bmatrix} 0 & 1 & 0 & \frac{7}{3} & -1 & \frac{1}{3} & -\frac{1}{3} & 0 & \vdots & \frac{16}{3} \\ 0 & 0 & 1 & \frac{1}{3} & 0 & \frac{1}{3} & -\frac{1}{3} & 0 & \vdots & \frac{4}{3} \\ 1 & 0 & 0 & -2 & 1 & -1 & 1 & 0 & \vdots & 4 \\ \cdots & \cdots & \cdots & \cdots & \cdots & \cdots & \cdots & \cdots & & \cdots \\ 0 & 0 & 0 & \frac{10}{3} & -1+M & \frac{1}{3} & -\frac{1}{3}+M & 1 & \vdots & \frac{52}{3} \end{bmatrix}$$

（上方欄位：$x_1\ x_2\ x_3\ x_4\ s_1\ x_5\ s_2\ f$）

此時，擴增矩陣 G 中最後一列垂直虛線左邊的元素除 f 之係數為 1 之外，其餘對應於 x_1，x_2，x_3，x_4，x_5，s_1，s_2 之元素不是正數就是零，因此求得基本可行解為

$$X = [x_1\ x_2\ x_3\ x_4\ x_5\ s_1\ s_2]^T = \begin{bmatrix} 4 & \frac{16}{3} & \frac{4}{3} & 0 & 0 & 0 & 0 \end{bmatrix}^T$$

而原問題之最適解為 $X = \begin{bmatrix} 4 & \frac{16}{3} & \frac{4}{3} \end{bmatrix}^T$，最大值為 $\frac{52}{3}$。

【例題 2】 試求下列之線性規劃.

$$\text{Min. } f(X) = x_1 + 2x_2$$

受制於
$$\begin{cases} x_1 + 2x_2 \leq 16 \\ x_1 + 3x_2 \geq 20 \\ x_1 + x_2 = 10 \\ x_i \geq 0\ (i=1,\ 2) \end{cases}$$

【解】 方法 I

首先引入差額變數 x_3 與超額變數 x_4 及人為變數 s_1、s_2，將原線性規劃問題轉變為

第 5 章　線性規劃 (二)

$$\text{Max.} \ -f(\boldsymbol{X}) = -x_1 - 2x_2 + 0 \cdot x_3 + 0 \cdot x_4 - Ms_1 - Ms_2$$

受制於
$$\begin{cases} x_1 + 2x_2 + x_3 = 16 \\ x_1 + 3x_2 \quad -x_4 + s_1 = 20 \\ x_1 + x_2 \quad +s_2 = 10 \\ x_1, \ x_2, \ x_3, \ x_4, \ s_1, \ s_2 \geq 0 \end{cases}$$

由限制式中解得 s_1 與 s_2,

$$s_1 = 20 - x_1 - 3x_2 + x_4$$
$$s_2 = 10 - x_1 - x_2$$

代入目標函數中，則

$$-f(\boldsymbol{X}) = (2M-1)x_1 + (4M-2)x_2 - Mx_4 - 30M$$

下面就是其擴增矩陣形式，並利用矩陣之基本列運算求解.

$$A = \begin{bmatrix} x_1 & x_2 & x_3 & x_4 & s_1 & s_2 & -f & \vdots & \\ 1 & 2 & 1 & 0 & 0 & 0 & 0 & \vdots & 16 \\ 1 & ③ & 0 & -1 & 1 & 0 & 0 & \vdots & 20 \\ 1 & 1 & 0 & 0 & 0 & 1 & 0 & \vdots & 10 \\ \cdots & \cdots & \cdots & \cdots & \cdots & \cdots & \cdots & \vdots & \cdots \\ -(2M-1) & -(4M-2) & 0 & M & 0 & 0 & 1 & \vdots & -30M \end{bmatrix}$$

商值
$\dfrac{16}{2}=8$
$\dfrac{20}{3}\approx 6.6 \quad \dfrac{1}{3}R_2$
$\dfrac{10}{1}=10$
←主軸列

↑
主軸行 $(\because -(4M-2) < -(2M-1) < 0)$

$$B = \begin{bmatrix} x_1 & x_2 & x_3 & x_4 & s_1 & s_2 & -f & \vdots & \\ 1 & 2 & 1 & 0 & 0 & 0 & 0 & \vdots & 16 \\ \dfrac{1}{3} & ① & 0 & -\dfrac{1}{3} & \dfrac{1}{3} & 0 & 0 & \vdots & \dfrac{20}{3} \\ 1 & 1 & 0 & 0 & 0 & 1 & 0 & \vdots & 10 \\ \cdots & \cdots & \cdots & \cdots & \cdots & \cdots & \cdots & \vdots & \cdots \\ -(2M-1) & -(4M-2) & 0 & M & 0 & 0 & 1 & \vdots & -30M \end{bmatrix}$$

$-2R_2 + R_1$
$-1R_2 + R_3$
$(4M-2)R_2 + R_4$

$$C = \begin{bmatrix} x_1 & x_2 & x_3 & x_4 & s_1 & s_2 & -f & \\ \frac{1}{3} & 0 & 1 & \frac{2}{3} & -\frac{2}{3} & 0 & 0 & \vdots & \frac{8}{3} \\ \frac{1}{3} & 1 & 0 & -\frac{1}{3} & \frac{1}{3} & 0 & 0 & \vdots & \frac{20}{3} \\ \boxed{\frac{2}{3}} & 0 & 0 & \frac{1}{3} & -\frac{1}{3} & 1 & 0 & \vdots & \frac{10}{3} \\ \cdots & \cdots & \cdots & \cdots & \cdots & \cdots & \cdots & & \cdots \\ -\left(\frac{2}{3}M-\frac{1}{3}\right) & 0 & 0 & -\left(\frac{1}{3}M-\frac{2}{3}\right) & \left(\frac{4}{3}M-\frac{2}{3}\right) & 0 & 1 & \vdots & -\left(\frac{40}{3}+\frac{10}{3}M\right) \end{bmatrix}$$

商值:
$\frac{8}{3} \Big/ \frac{1}{3} = 8$
$\frac{20}{3} \Big/ \frac{1}{3} = 20$
$\frac{10}{3} \Big/ \frac{2}{3} = 5 \quad \frac{3}{2}R_3$ ← 主軸列

↑ 主軸行

$$\left(\because -\left(\frac{2}{3}M-\frac{1}{3}\right) < -\left(\frac{1}{3}M-\frac{1}{3}\right) < 0\right)$$

$$D = \begin{bmatrix} x_1 & x_2 & x_3 & x_4 & s_1 & s_2 & -f & \\ \frac{1}{3} & 0 & 1 & \frac{2}{3} & -\frac{2}{3} & 0 & 0 & \vdots & \frac{8}{3} \\ \frac{1}{3} & 1 & 0 & -\frac{1}{3} & \frac{1}{3} & 0 & 0 & \vdots & \frac{20}{3} \\ 1 & 0 & 0 & \frac{1}{2} & -\frac{1}{2} & \frac{3}{2} & 0 & \vdots & 5 \\ \cdots & \cdots & \cdots & \cdots & \cdots & \cdots & \cdots & & \cdots \\ -\left(\frac{2}{3}M-\frac{1}{3}\right) & 0 & 0 & -\left(\frac{1}{3}M-\frac{2}{3}\right) & \left(\frac{4}{3}M-\frac{2}{3}\right) & 0 & 1 & \vdots & -\left(\frac{40}{3}+\frac{10}{3}M\right) \end{bmatrix}$$

$-\frac{1}{3}R_3 + R_1$
$-\frac{1}{3}R_3 + R_2$
$\left(\frac{2}{3}M-\frac{1}{3}\right)R_3 + R_4$

$$E = \begin{bmatrix} x_1 & x_2 & x_3 & x_4 & s_1 & s_2 & -f & \\ 0 & 0 & 1 & \frac{1}{2} & -\frac{1}{2} & -\frac{1}{2} & 0 & \vdots & 1 \\ 0 & 1 & 0 & -\frac{1}{2} & \frac{1}{2} & -\frac{1}{2} & 0 & \vdots & 5 \\ 1 & 0 & 0 & \frac{1}{2} & -\frac{1}{2} & \frac{3}{2} & 0 & \vdots & 5 \\ \cdots & \cdots & \cdots & \cdots & \cdots & \cdots & \cdots & & \cdots \\ 0 & 0 & 0 & \frac{1}{2} & M-\frac{1}{2} & M-\frac{1}{2} & 1 & \vdots & -15 \end{bmatrix}$$

由於擴增矩陣 E 最後一列垂直虛線左邊的元素除 $-f$ 之係數為 1 之外，其餘對應於 x_1, x_2, x_3, x_4, s_1, s_2 之元素均為正數或零，故知最適解為 $x_1=5$, $x_2=5$. $-f(X)$ 的最大值為 -15，即 $f(X)$ 之最小值為 15.

方法 II

引入差額變數 x_3、超額變數 x_4 及人為變數 s_1、s_2，將原線性規劃問題轉變為

Min. $f(X)=x_1+2x_2+0\cdot x_3+0\cdot x_4+Ms_1+Ms_2$

受制於 $\begin{cases} x_1+2x_2+x_3 = 16 \\ x_1+3x_2 -x_4+s_1 = 20 \\ x_1+x_2 +s_2=10 \\ x_1, x_2, x_3, x_4, x_5, s_1, s_2 \geq 0 \end{cases}$

由限制式中解得 s_1 與 s_2，

$$s_1=20-x_1-3x_2+x_4$$
$$s_2=10-x_1-x_2$$

代入目標函數中，則

$$f(X)=(1-2M)x_1+(2-4M)x_2+Mx_4+30M$$

下面就是其擴增矩陣形式，並利用矩陣之基本列運算求解.

$$A=\begin{bmatrix} x_1 & x_2 & x_3 & x_4 & s_1 & s_2 & f & \\ 1 & 2 & 1 & 0 & 0 & 0 & 0 & \vdots & 16 \\ 1 & ③ & 0 & -1 & 1 & 0 & 0 & \vdots & 20 \\ 1 & 1 & 0 & 0 & 0 & 1 & 0 & \vdots & 10 \\ \cdots & \cdots & \cdots & \cdots & \cdots & \cdots & \cdots & \cdots & \cdots \\ -(1-2M) & -(2-4M) & 0 & -M & 0 & 0 & 1 & \vdots & 30M \end{bmatrix}$$

商值： $\frac{16}{2}=8$，$\frac{20}{3}\approx 6.6$ ($\frac{1}{3}R_2$)，$\frac{10}{1}=10$ ——主軸列

↑ 主軸行

首先找調入變數，因 $-(2-4M) > -(1-2M) > 0$，故 $-(2-4M)$ 為擴增矩陣 A 中最後一列垂直虛線左邊元素的最大正數，所以選 x_2 為調入變數.

$$B = \begin{bmatrix} x_1 & x_2 & x_3 & x_4 & s_1 & s_2 & f & \\ 1 & 2 & 1 & 0 & 0 & 0 & 0 & \vdots & 16 \\ \dfrac{1}{3} & ① & 0 & -\dfrac{1}{3} & \dfrac{1}{3} & 0 & 0 & \vdots & \dfrac{20}{3} \\ 1 & 1 & 0 & 0 & 0 & 1 & 0 & \vdots & 10 \\ \hdashline -(1-2M) & -(2-4M) & 0 & -M & 0 & 0 & 1 & \vdots & 30M \end{bmatrix} \begin{matrix} -2R_2+R_1 \\ -1R_2+R_3 \\ (2-4M)R_2+R_4 \end{matrix} \sim$$

$$C = \begin{bmatrix} x_1 & x_2 & x_3 & x_4 & s_1 & s_2 & f & & 商值 \\ \dfrac{1}{3} & 0 & 1 & \dfrac{2}{3} & -\dfrac{2}{3} & 0 & 0 & \vdots & \dfrac{8}{3} \\ \dfrac{1}{3} & 1 & 0 & -\dfrac{1}{3} & \dfrac{1}{3} & 0 & 0 & \vdots & \dfrac{20}{3} \\ ⓪\dfrac{2}{3} & 0 & 0 & \dfrac{1}{3} & -\dfrac{1}{3} & 1 & 0 & \vdots & \dfrac{10}{3} \\ \hdashline -\left(\dfrac{1}{3}-\dfrac{2}{3}M\right) & 0 & 0 & -\left(\dfrac{2}{3}-\dfrac{1}{3}M\right) & \dfrac{2}{3}-\dfrac{4}{3}M & 0 & 1 & \vdots & \dfrac{40}{3}+\dfrac{10}{3}M \end{bmatrix}$$

$$\dfrac{8}{3} \Big/ \dfrac{1}{3} = 8$$
$$\dfrac{20}{3} \Big/ \dfrac{1}{3} = 20 \quad \dfrac{3}{2}R_3$$
$$\dfrac{10}{3} \Big/ \dfrac{2}{3} = 5 \quad \leftarrow 主軸列$$

↑
主軸行

$$\left(\because -\left(\dfrac{1}{3}-\dfrac{2}{3}M\right) > -\left(\dfrac{2}{3}-\dfrac{1}{3}M\right) > 0\right)$$

$$D = \begin{bmatrix} x_1 & x_2 & x_3 & x_4 & s_1 & s_2 & f & \\ \dfrac{1}{3} & 0 & 1 & \dfrac{2}{3} & -\dfrac{2}{3} & 0 & 0 & \vdots & \dfrac{8}{3} \\ \dfrac{1}{3} & 1 & 0 & -\dfrac{1}{3} & \dfrac{1}{3} & 0 & 0 & \vdots & \dfrac{20}{3} \\ 1 & 0 & 0 & \dfrac{1}{2} & -\dfrac{1}{2} & \dfrac{3}{2} & 0 & \vdots & 5 \\ \hdashline -\left(\dfrac{1}{3}-\dfrac{2}{3}M\right) & 0 & 0 & -\left(\dfrac{2}{3}-\dfrac{1}{3}M\right) & \dfrac{2}{3}-\dfrac{4}{3}M & 0 & 1 & \vdots & \dfrac{40}{3}+\dfrac{10}{3}M \end{bmatrix} \begin{matrix} -\dfrac{1}{3}R_3+R_1 \\ -\dfrac{1}{3}R_3+R_2 \\ \left(\dfrac{1}{3}-\dfrac{2}{3}M\right)R_3+R_4 \end{matrix}$$

$$E = \begin{bmatrix} & x_1 & x_2 & x_3 & x_4 & s_1 & s_2 & f & \\ & 0 & 0 & 1 & \frac{1}{2} & -\frac{1}{2} & -\frac{1}{2} & 0 & \vdots & 1 \\ & 0 & 1 & 0 & -\frac{1}{2} & \frac{1}{2} & -\frac{1}{2} & 0 & \vdots & 5 \\ & 1 & 0 & 0 & \frac{1}{2} & -\frac{1}{2} & \frac{3}{2} & 0 & \vdots & 5 \\ \hdashline & 0 & 0 & 0 & -\frac{1}{2} & \frac{1}{2}-M & \frac{1}{2}-M & 1 & \vdots & 15 \end{bmatrix}$$

由於擴增矩陣 E 最後一列垂直虛線左邊的元素除 f 之係數為 1 之外，其餘對應於 x_1, x_2, x_3, x_4, s_1, s_2 之元素不是負數就是零，故知最適解為 $x_1 = 5$, $x_2 = 5$, 且

$$f(X) = 15 + \frac{1}{2}x_4 + \left(M - \frac{1}{2}\right)s_1 + \left(M - \frac{1}{2}\right)s_2$$

所以，當 $x_4 = 0$, $s_1 = 0$, $s_2 = 0$ 時，$f(X)$ 之最小值為 15.

*5-5 對偶問題

一些求極小值的線性規劃問題，我們稱之為原始問題 (primal problem)，往往可以變為求極大值的線性規劃問題. 同理，一個求極大值的線性規劃問題，亦可變為求極小值的線性規劃問題，且具有相同的最適解. 這個定理，我們稱之為對偶定理 (duality theorem). 因為原始問題與對偶問題具有相同之最適解，故這兩者，我們可以選擇其中一個較容易求解的問題來求最適解.

我們現在想先透過下面的例子來說明原始問題與對偶問題間的關係.

問題 1

$$\text{Max. } f(X) = 8x_1 + 10x_2$$

$$\text{受制於 } \begin{cases} 2x_1 + x_2 \leq 50 \\ x_1 + 2x_2 \leq 70 \\ x_1 \geq 0, \ x_2 \geq 0 \end{cases}$$

首先引入差額變數 x_3 與 x_4，並可以得到下列之擴增矩陣 A，

$$A = \begin{bmatrix} x_1 & x_2 & x_3 & x_4 & f & & 商值 \\ 2 & 1 & 1 & 0 & 0 & \vdots & 50 \\ 1 & ② & 0 & 1 & 0 & \vdots & 70 \\ \cdots & \cdots & \cdots & \cdots & \cdots & & \cdots \\ -8 & -10 & 0 & 0 & 1 & \vdots & 0 \end{bmatrix} \begin{array}{l} \frac{50}{1}=50 \\ \frac{70}{2}=35 \\ \\ \text{主軸列} \end{array} \xrightarrow{\frac{1}{2}R_2}$$

↑
主軸行 (x_3, x_4 表差額變數)

$$B = \begin{bmatrix} x_1 & x_2 & x_3 & x_4 & f & & \\ 2 & 1 & 1 & 0 & 0 & \vdots & 50 \\ \frac{1}{2} & ① & 0 & \frac{1}{2} & 0 & \vdots & 35 \\ \cdots & \cdots & \cdots & \cdots & \cdots & & \cdots \\ -8 & -10 & 0 & 0 & 1 & \vdots & 0 \end{bmatrix} \xrightarrow[10R_2+R_3]{-1R_2+R_1}$$

$$C = \begin{bmatrix} x_1 & x_2 & x_3 & x_4 & f & & 商值 \\ \boxed{\tfrac{3}{2}} & 0 & 1 & -\frac{1}{2} & 0 & \vdots & 15 \\ \frac{1}{2} & 1 & 0 & \frac{1}{2} & 0 & \vdots & 35 \\ \cdots & \cdots & \cdots & \cdots & \cdots & & \cdots \\ -3 & 0 & 0 & 5 & 1 & \vdots & 350 \end{bmatrix} \begin{array}{l} 15 \big/ \frac{3}{2}=10 \\ \\ 35 \big/ \frac{1}{2}=70 \\ \\ \text{主軸列} \end{array} \xrightarrow{\frac{2}{3}R_1}$$

↑
主軸行

$$D = \begin{bmatrix} x_1 & x_2 & x_3 & x_4 & f & & \\ ① & 0 & \frac{2}{3} & -\frac{1}{3} & 0 & \vdots & 10 \\ \frac{1}{2} & 1 & 0 & \frac{1}{2} & 0 & \vdots & 35 \\ \cdots & \cdots & \cdots & \cdots & \cdots & & \cdots \\ -3 & 0 & 0 & 5 & 1 & \vdots & 350 \end{bmatrix} \xrightarrow[3R_1+R_3]{-\frac{1}{2}R_1+R_2}$$

$$E = \begin{bmatrix} & x_1 & x_2 & x_3 & x_4 & f & \\ & 1 & 0 & \frac{2}{3} & -\frac{1}{3} & 0 & \vdots & 10 \\ & 0 & 1 & -\frac{1}{3} & \frac{2}{3} & 0 & \vdots & 30 \\ \hdashline & 0 & 0 & 2 & 4 & 1 & \vdots & 380 \end{bmatrix}$$

最適解為 $x_1 = 10$, $x_2 = 30$, 最大值為 380.

問題 2

$$\text{Min. } g(Y) = 50y_1 + 70y_2$$

$$\text{受制於} \begin{cases} 2y_1 + y_2 \geq 8 \\ y_1 + 2y_2 \geq 10 \\ y_1 \geq 0, \ y_2 \geq 0 \end{cases}$$

引入超額變數 y_3、y_4 與人為變數 s_1、s_2 之後，將線性規劃問題轉換為標準形式如下

$$\text{Min. } g(Y) = 50y_1 + 70y_2 + Ms_1 + Ms_2$$
$$= (50 - 3M)y_1 + (70 - 3M)y_2 + My_3 + My_4 + 18M$$

$$\text{受制於} \begin{cases} 2y_1 + y_2 - y_3 + s_1 = 8 \\ y_1 + 2y_2 - y_4 + s_2 = 10 \\ y_1 \geq 0, \ y_2 \geq 0, \ y_3 \geq 0, \ y_4 \geq 0, \ s_1 \geq 0, \ s_2 \geq 0 \end{cases}$$

$$A = \begin{bmatrix} y_1 & y_2 & y_3 & s_1 & y_4 & s_2 & g & \text{商值} \\ \textcircled{2} & 1 & -1 & 1 & 0 & 0 & 0 & \vdots & 8 \\ 1 & 2 & 0 & 0 & -1 & 1 & 0 & \vdots & 10 \\ \hdashline -(50-3M) & -(70-3M) & -M & 0 & -M & 0 & 1 & \vdots & 18M \end{bmatrix} \begin{matrix} \frac{8}{2} = 4 \\ \frac{10}{1} = 10 \\ \text{主軸列} \end{matrix} \xrightarrow{\frac{1}{2}R_1}$$

↑
主軸行

$$B = \begin{bmatrix} y_1 & y_2 & y_3 & s_1 & y_4 & s_2 & g & \\ \text{①} & \frac{1}{2} & -\frac{1}{2} & \frac{1}{2} & 0 & 0 & 0 & \vdots & 4 \\ 1 & 2 & 0 & 0 & -1 & 1 & 0 & \vdots & 10 \\ \hdashline -(50-3M) & -(70-3M) & -M & 0 & -M & 0 & 1 & \vdots & 18M \end{bmatrix} \begin{matrix} -1R_1 + R_2 \\ (50-3M)R_1 + R_3 \end{matrix}$$

$$C = \begin{bmatrix} y_1 & y_2 & y_3 & s_1 & y_4 & s_2 & g & & \text{商值} \\ 1 & \frac{1}{2} & -\frac{1}{2} & \frac{1}{2} & 0 & 0 & 0 & \vdots & 4 \\ 0 & \text{⓷}\frac{3}{2} & \frac{1}{2} & -\frac{1}{2} & -1 & 1 & 0 & \vdots & 6 \\ \hdashline 0 & -\left(45-\frac{3}{2}M\right) & -\left(25-\frac{1}{2}M\right) & 25-\frac{3}{2}M & -M & 0 & 1 & \vdots & 200+6M \end{bmatrix} \begin{matrix} 4 \bigg/ \frac{1}{2} = 8 \\ 6 \bigg/ \frac{3}{2} = 4 \quad \frac{2}{3}R_2 \\ \leftarrow \text{主軸列} \end{matrix}$$

↑ 主軸行

$$D = \begin{bmatrix} y_1 & y_2 & y_3 & s_1 & y_4 & s_2 & g & \\ 1 & \frac{1}{2} & -\frac{1}{2} & \frac{1}{2} & 0 & 0 & 0 & \vdots & 4 \\ 0 & \text{①} & \frac{1}{3} & -\frac{1}{3} & -\frac{2}{3} & \frac{2}{3} & 0 & \vdots & 4 \\ \hdashline 0 & -\left(45-\frac{3}{2}M\right) & -\left(25-\frac{1}{2}M\right) & 25-\frac{3}{2}M & -M & 0 & 1 & \vdots & 200+6M \end{bmatrix} \begin{matrix} -\frac{1}{2}R_2 + R_1 \\ \left(45-\frac{3}{2}M\right)R_2 + R_3 \end{matrix}$$

$$E = \begin{bmatrix} y_1 & y_2 & y_3 & s_1 & y_4 & s_2 & g & \\ 1 & 0 & -\frac{2}{3} & \frac{2}{3} & \frac{1}{3} & -\frac{1}{3} & 0 & \vdots & 2 \\ 0 & 1 & \frac{1}{3} & -\frac{1}{3} & -\frac{2}{3} & \frac{2}{3} & 0 & \vdots & 4 \\ \hdashline 0 & 0 & -10 & 10-M & -30 & 30-M & 1 & \vdots & 380 \end{bmatrix}$$

最適解為 $y_1=2$, $y_2=4$, 最小值為 380.

該兩問題說明了以兩種不同的方法求解，所得出的最適解都一樣，故線性規劃的原始問題與其對偶問題，具有相同之最適解，即，當原始問題目標為最大化，則對偶問題目標為最小化；又若原始問題目標為最小化，則對偶問題目標為最大化．且原始問題之限制式及目標函數之係數與其對應的對偶問題之限制式及目標函數之係數間，有著密切的關係．

我們可以將原始問題所對應之擴增矩陣予以轉置，就可以轉變成原始問題之對偶問題，例如

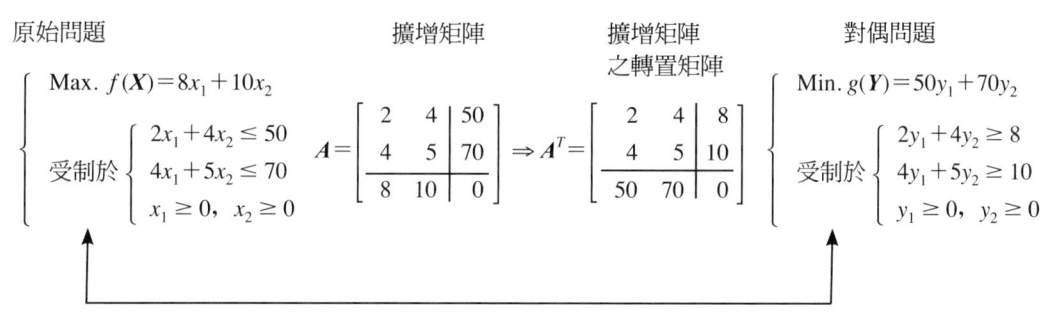

原始問題

$$\begin{cases} \text{Max. } f(X)=8x_1+10x_2 \\ \text{受制於} \begin{cases} 2x_1+4x_2 \leq 50 \\ 4x_1+5x_2 \leq 70 \\ x_1 \geq 0,\ x_2 \geq 0 \end{cases} \end{cases}$$

擴增矩陣

$$A=\begin{bmatrix} 2 & 4 & | & 50 \\ 4 & 5 & | & 70 \\ \hline 8 & 10 & | & 0 \end{bmatrix} \Rightarrow A^T=\begin{bmatrix} 2 & 4 & | & 8 \\ 4 & 5 & | & 10 \\ \hline 50 & 70 & | & 0 \end{bmatrix}$$

對偶問題

$$\begin{cases} \text{Min. } g(Y)=50y_1+70y_2 \\ \text{受制於} \begin{cases} 2y_1+4y_2 \geq 8 \\ 4y_1+5y_2 \geq 10 \\ y_1 \geq 0,\ y_2 \geq 0 \end{cases} \end{cases}$$

求目標函數 $f(X)$ 之最大值與求目標函數 $g(Y)$ 之最小值是等價的．

若以矩陣符號表示

原始問題

$$\text{Max. } f(X)=\begin{bmatrix} 8 & 10 \end{bmatrix}\begin{bmatrix} x_1 \\ x_2 \end{bmatrix}$$

$$\text{受制於} \begin{bmatrix} 2 & 4 \\ 4 & 5 \end{bmatrix}\begin{bmatrix} x_1 \\ x_2 \end{bmatrix} \leq \begin{bmatrix} 50 \\ 70 \end{bmatrix}$$

$$X \geq 0$$

對偶問題

$$\text{Min. } g(Y)=\begin{bmatrix} 50 & 70 \end{bmatrix}\begin{bmatrix} y_1 \\ y_2 \end{bmatrix}$$

$$\text{受制於} \begin{bmatrix} 2 & 4 \\ 4 & 5 \end{bmatrix}\begin{bmatrix} y_1 \\ y_2 \end{bmatrix} \geq \begin{bmatrix} 8 \\ 10 \end{bmatrix}$$

$$Y \geq 0$$

我們可以很清楚歸納原始問題與對偶問題兩者間的關係，並由此一例題，讀者可以看出由原始問題化為對偶問題時，原始問題目標函數之係數矩陣出現在對偶問題限制式右端之行向量，而原始問題限制式右端的行向量，則出現在對偶問題目標函數中的係數矩陣。又對偶問題限制式左端之係數矩陣，恰為原始問題限制式左端係數矩陣之轉置，此外，原始問題如求極大值，對偶問題則為求極小值。現在我們可以推展到一般式之線性規劃問題。

1. 原始問題

$$\text{Max. } f(X) = \sum_{i=1}^{n} c_i x_i = c_1 x_1 + c_2 x_2 + c_3 x_3 + \cdots + c_n x_n$$

受制於
$$\begin{cases} a_{11}x_1 + a_{12}x_2 + a_{13}x_3 + \cdots + a_{1n}x_n \leq b_1 \\ a_{21}x_1 + a_{22}x_2 + a_{23}x_3 + \cdots + a_{2n}x_n \leq b_2 \\ \vdots \quad\quad \vdots \quad\quad \vdots \quad\quad\quad \vdots \quad\quad \vdots \\ a_{m1}x_1 + a_{m2}x_2 + a_{m3}x_3 + \cdots + a_{mn}x_n \leq b_m \\ x_1, \ x_2, \ x_3, \ \cdots, \ x_n \geq 0 \end{cases}$$

2. 對偶問題

$$\text{Min. } g(Y) = \sum_{j=1}^{m} b_j y_j = b_1 y_1 + b_2 y_2 + b_3 y_3 + \cdots + b_m y_m$$

受制於
$$\begin{cases} a_{11}y_1 + a_{21}y_2 + a_{31}y_3 + \cdots + a_{m1}y_m \geq c_1 \\ a_{12}y_1 + a_{22}y_2 + a_{32}y_3 + \cdots + a_{m2}y_m \geq c_2 \\ \vdots \quad\quad \vdots \quad\quad \vdots \quad\quad\quad \vdots \quad\quad \vdots \\ a_{1n}y_1 + a_{2n}y_2 + a_{3n}y_3 + \cdots + a_{mn}y_m \geq c_n \\ y_1, \ y_2, \ y_3, \ \cdots, \ y_m \geq 0 \end{cases}$$

若以矩陣符號表示，則上述兩個問題可以分別寫為

1.′ 原始問題

$$\text{Max. } f(X) = CX$$

$$\text{受制於 } \begin{cases} AX \leq B \\ X \geq 0 \end{cases} \tag{5-5-1}$$

2.' 對偶問題

$$\text{Max. } g(Y) = B^T Y^T$$

$$\text{受制於 } \begin{cases} A^T Y^T \geq C^T \\ Y \geq 0 \end{cases} \tag{5-5-2}$$

其中 $A = \begin{bmatrix} a_{11} & a_{12} & \cdots & a_{1n} \\ a_{21} & a_{22} & \cdots & a_{2n} \\ \vdots & \vdots & & \vdots \\ a_{m1} & a_{m2} & \cdots & a_{mn} \end{bmatrix}$, $X = \begin{bmatrix} x_1 \\ x_2 \\ \vdots \\ x_n \end{bmatrix}_{n \times 1}$, $B = \begin{bmatrix} b_1 \\ b_2 \\ \vdots \\ b_m \end{bmatrix}_{m \times 1}$

$C = [c_1 \ c_2 \cdots c_n]_{1 \times n}$, $Y = [y_1 \ y_2 \cdots y_m]_{1 \times m}$

而矩陣 A^T、Y^T、B^T、C^T 分別為矩陣 A、Y、B、C 之轉置矩陣.

【例題 1】 試將下列原始問題化為對偶問題.

$$\text{Max. } f(X) = 3x_1 + 4x_2 + x_3 = [3 \ \ 4 \ \ 1] \begin{bmatrix} x_1 \\ x_2 \\ x_3 \end{bmatrix}$$

$$\text{受制於 } \begin{bmatrix} 1 & 1 & 3 \\ 2 & 4 & 1 \end{bmatrix} \begin{bmatrix} x_1 \\ x_2 \\ x_3 \end{bmatrix} \leq \begin{bmatrix} 11 \\ 21 \end{bmatrix}$$

$$x_1 \geq 0, \quad x_2 \geq 0, \quad x_3 \geq 0$$

【解】 對偶問題為 $\text{Min. } g(Y) = [11 \ \ 21] \begin{bmatrix} y_1 \\ y_2 \end{bmatrix} = 11y_1 + 21y_2$

$$\text{受制於 } \begin{bmatrix} 1 & 2 \\ 1 & 4 \\ 3 & 1 \end{bmatrix} \begin{bmatrix} y_1 \\ y_2 \end{bmatrix} \geq \begin{bmatrix} 3 \\ 4 \\ 1 \end{bmatrix}$$

$$y_1 \geq 0, \quad y_2 \geq 0$$

或

$$\text{Min. } g(Y) = 11y_1 + 21y_2$$

$$\text{受制於} \begin{cases} y_1 + 2y_2 \geq 3 \\ y_1 + 4y_2 \geq 4 \\ 3y_1 + y_2 \geq 1 \\ y_1 \geq 0, \ y_2 \geq 0 \end{cases}$$

【例題 2】 試求下列線性規劃問題之最適解及其對偶問題之解.

$$\text{Max. } f(X) = 5x_1 + 5x_2$$

$$\text{受制於} \begin{cases} x_1 + 3x_2 \leq 6 \\ 6x_1 + 2x_2 \leq 12 \\ x_1 \geq 0, \ x_2 \geq 0 \end{cases}$$

【解】 首先引入差額變數 x_3 與 x_4，並將原線性規劃問題化為標準形式，如下

$$\text{Max. } f(X) = 5x_1 + 5x_2 + 0 \cdot x_3 + 0 \cdot x_4$$

$$\text{受制於} \begin{cases} x_1 + 3x_2 + x_3 = 6 \\ 6x_1 + 2x_2 + x_4 = 12 \\ x_1 \geq 0, \ x_2 \geq 0, \ x_3 \geq 0, \ x_4 \geq 0 \end{cases}$$

將上述等式寫成擴增矩陣並利用矩陣之基本列運算，得

$$A = \begin{bmatrix} x_1 & x_2 & x_3 & x_4 & f & & \\ 1 & 3 & 1 & 0 & 0 & \vdots & 6 \\ 6 & ② & 0 & 1 & 0 & \vdots & 12 \\ \hdashline -5 & -5 & 0 & 0 & 1 & \vdots & 0 \end{bmatrix} \begin{matrix} \frac{6}{1} = 6 \\ \frac{12}{6} = 2 \\ \end{matrix} \xrightarrow{\frac{1}{6} R_2}$$

商值

← 主軸列

↑ 主軸列

第 5 章　線性規劃 (二)　255

$$B = \begin{bmatrix} x_1 & x_2 & x_3 & x_4 & f & \\ 1 & 3 & 1 & 0 & 0 & \vdots & 6 \\ ① & \dfrac{1}{3} & 0 & \dfrac{1}{6} & 0 & \vdots & 2 \\ \hdashline -5 & -5 & 0 & 0 & 1 & \vdots & 0 \end{bmatrix} \begin{array}{l} -1R_2+R_1 \\ 5R_2+R_3 \end{array}$$

$$C = \begin{bmatrix} x_1 & x_2 & x_3 & x_4 & f & & \text{商值} \\ 0 & \boxed{\dfrac{8}{3}} & 1 & -\dfrac{1}{6} & 0 & \vdots & 4 \\ 1 & \dfrac{1}{3} & 0 & \dfrac{1}{6} & 0 & \vdots & 2 \\ \hdashline 0 & -\dfrac{10}{3} & 0 & \dfrac{5}{6} & 1 & \vdots & 10 \end{bmatrix} \begin{array}{l} \leftarrow 4\Big/\dfrac{8}{3}=\dfrac{3}{2} \\ \\ 2\Big/\dfrac{1}{3}=6 \quad \dfrac{3}{8}R_1 \\ \\ \text{主軸列} \end{array}$$

↑
主軸行

$$D = \begin{bmatrix} x_1 & x_2 & x_3 & x_4 & f & \\ 0 & ① & \dfrac{3}{8} & -\dfrac{1}{16} & 0 & \vdots & \dfrac{3}{2} \\ 1 & \dfrac{1}{3} & 0 & \dfrac{1}{6} & 0 & \vdots & 2 \\ \hdashline 0 & -\dfrac{10}{3} & 0 & \dfrac{5}{6} & 1 & \vdots & 10 \end{bmatrix} \begin{array}{l} -\dfrac{1}{3}R_1+R_2 \\ \dfrac{10}{3}R_1+R_3 \end{array}$$

$$E = \begin{bmatrix} x_1 & x_2 & x_3 & x_4 & f & \\ 0 & 1 & \dfrac{3}{8} & -\dfrac{1}{16} & 0 & \vdots & \dfrac{3}{2} \\ 1 & 0 & -\dfrac{1}{8} & \dfrac{3}{16} & 0 & \vdots & \dfrac{3}{2} \\ \hdashline 0 & 0 & \dfrac{5}{4} & \dfrac{5}{8} & 1 & \vdots & 15 \end{bmatrix}$$

故最適解 $x_1 = \dfrac{3}{2}$, $x_2 = \dfrac{3}{2}$, 最大值 $f(X) = 15$.

原題對偶問題為

$$\text{Min. } g(Y) = \begin{bmatrix} 6 & 12 \end{bmatrix} \begin{bmatrix} y_1 \\ y_2 \end{bmatrix} = 6y_1 + 12y_2$$

$$\text{受制於 } \begin{bmatrix} 1 & 6 \\ 3 & 2 \end{bmatrix} \begin{bmatrix} y_1 \\ y_2 \end{bmatrix} \geq \begin{bmatrix} 5 \\ 5 \end{bmatrix}$$

$$y_1 \geq 0, \quad y_2 \geq 0$$

或

$$\text{Min. } g(Y) = 6y_1 + 12y_2$$

$$\text{受制於 } \begin{cases} y_1 + 6y_2 \geq 5 \\ 3y_1 + 2y_2 \geq 5 \\ y_1 \geq 0, \ y_2 \geq 0 \end{cases}$$

先將上述問題轉換為極大值問題

$$\text{Max. } -g(Y) = -6y_1 - 12y_2$$

$$\text{受制於 } \begin{cases} y_1 + 6y_2 \geq 5 \\ 3y_1 + 2y_2 \geq 5 \\ y_1 \geq 0, \ y_2 \geq 0 \end{cases}$$

我們引入超額變數 y_3 與 y_4 及人為變數 s_1 與 s_2，將原線性規劃問題轉換為標準形式，如下

$$\text{Max. } -g(Y) = -6y_1 - 12y_2 + 0 \cdot y_3 - Ms_1 + 0 \cdot y_4 - Ms_2$$

$$\text{受制於 } \begin{cases} y_1 + 6y_2 - y_3 + s_1 = 5 \\ 3y_1 + 2y_2 - y_4 + s_2 = 5 \\ y_1 \geq 0, \ y_2 \geq 0, \ y_3 \geq 0, \ y_4 \geq 0, \ s_1 \geq 0, \ s_2 \geq 0 \end{cases}$$

由限制式中解出 s_1 與 s_2，得

$$s_1 = 5 - y_1 - 6y_2 + y_3$$
$$s_2 = 5 - 3y_1 - 2y_2 + y_4$$

代入目標函數中，最後化為

$$\text{Max.} \ -g(Y) = (4M-6)y_1 + (8M-12)y_2 - My_3 - My_4 - 10M$$

受制於
$$\begin{cases} y_1 + 6y_2 - y_3 \quad\quad\quad + s_1 \quad\quad = 5 \\ 3y_1 + 2y_2 \quad\quad\quad - y_4 \quad\quad + s_2 = 5 \\ y_1 \geq 0, \ y_2 \geq 0, \ y_3 \geq 0, \ y_4 \geq 0, \ s_1 \geq 0, \ s_2 \geq 0 \end{cases}$$

將上述等式寫成擴增矩陣，並利用矩陣之列運算，得

$$A = \begin{bmatrix} y_1 & y_2 & y_3 & y_4 & s_1 & s_2 & -g \\ 1 & ⑥ & -1 & 0 & 1 & 0 & 0 & \vdots & 5 \\ 3 & 2 & 0 & -1 & 0 & 1 & 0 & \vdots & 5 \\ \cdots & \cdots & \cdots & \cdots & \cdots & \cdots & \cdots & & \cdots \\ -(4M-6) & -(8M-12) & M & M & 0 & 0 & 1 & \vdots & -10M \end{bmatrix} \begin{matrix} \leftarrow \frac{5}{6} \approx 0.83 \\ \frac{5}{2} = 2.5 \quad \underset{\sim}{\frac{1}{6}R_1} \\ \\ \text{主軸列} \end{matrix}$$

$$\uparrow \ \text{主軸行}$$

$$B = \begin{bmatrix} y_1 & y_2 & y_3 & y_4 & s_1 & s_2 & -g \\ \frac{1}{6} & ① & -\frac{1}{6} & 0 & \frac{1}{6} & 0 & 0 & \vdots & \frac{5}{6} \\ 3 & 2 & 0 & -1 & 0 & 1 & 0 & \vdots & 5 \\ \cdots & \cdots & \cdots & \cdots & \cdots & \cdots & \cdots & & \cdots \\ -(4M-6) & -(8M-12) & M & M & 0 & 0 & 1 & \vdots & -10M \end{bmatrix} \underset{\sim}{\begin{matrix} -2R_1 + R_2 \\ (8M-12)R_1 + R_3 \end{matrix}}$$

$$C = \begin{bmatrix} \dfrac{1}{6} & 1 & -\dfrac{1}{6} & 0 & \dfrac{1}{6} & 0 & 0 & \vdots & \dfrac{5}{6} \\ \boxed{\dfrac{8}{3}} & 0 & \dfrac{1}{3} & -1 & -\dfrac{1}{3} & 1 & 0 & \vdots & \dfrac{10}{3} \\ \hdashline -\left(\dfrac{8}{3}M-4\right) & 0 & -\left(\dfrac{1}{3}M-2\right) & M & \dfrac{4}{3}M-2 & 0 & 1 & \vdots & -\left(\dfrac{10}{3}M+10\right) \end{bmatrix}$$

$\quad y_1 \quad y_2 \quad y_3 \quad y_4 \quad s_1 \quad s_2 \quad -g \qquad$ 商值

$\dfrac{5}{6} \bigg/ \dfrac{1}{6} = 5$

$\dfrac{10}{3} \bigg/ \dfrac{8}{3} = \dfrac{5}{4} \quad \xrightarrow{\frac{3}{8}R_2}$ 主軸列

↑ 主軸行

$$D = \begin{bmatrix} \dfrac{1}{6} & 1 & -\dfrac{1}{6} & 0 & \dfrac{1}{6} & 0 & 0 & \vdots & \dfrac{5}{6} \\ \textcircled{1} & 0 & \dfrac{1}{8} & -\dfrac{3}{8} & -\dfrac{1}{8} & \dfrac{3}{8} & 0 & \vdots & \dfrac{5}{4} \\ \hdashline -\left(\dfrac{8}{3}M-4\right) & 0 & -\left(\dfrac{1}{3}M-2\right) & M & \dfrac{4}{3}M-2 & 0 & 1 & \vdots & -\left(\dfrac{10}{3}M+10\right) \end{bmatrix}$$

$-\dfrac{1}{6}R_2 + R_1$

$\left(\dfrac{8}{3}M-4\right)R_2 + R_3$

$$E = \begin{bmatrix} 0 & 1 & -\dfrac{3}{16} & \dfrac{1}{16} & \dfrac{3}{16} & -\dfrac{1}{16} & 0 & \vdots & \dfrac{5}{8} \\ 1 & 0 & \dfrac{1}{8} & -\dfrac{3}{8} & -\dfrac{1}{8} & \dfrac{3}{8} & 0 & \vdots & \dfrac{5}{4} \\ \hdashline 0 & 0 & \dfrac{3}{2}* & \dfrac{3}{2}* & M-\dfrac{3}{2} & M-\dfrac{3}{2} & 1 & \vdots & -15 \end{bmatrix}$$

由於擴增矩陣 E 最後一列垂直虛線左邊的元素除 $-g$ 之係數為 1 之外，其餘 y_1, y_2, y_3, y_4, s_1, s_2 之元素不是正數就是零，故知最適解 $y_1 = \dfrac{5}{4}$, $y_2 = \dfrac{5}{8}$, 有最小值 $g(Y) = 15$. 有劃上"*"也同時是原始問題獲得最適解，即 $x_1 = \dfrac{3}{2}$, $x_2 = \dfrac{3}{2}$, 最大值 $f(X) = 15$.

綜合以上之討論，一般在求原始問題的對偶問題時，若限制式中之不等式含有 "≥" 及 "≤"，我們應先表為標準形式．關於求極大值問題，其標準形式是所有限制式都表為 "小於或等於" 的關係．同理，關於求極小值問題，其標準形式是所有限制式都表為 "大於或等於" 的關係．例如，

$$\text{Max. } f(X) = \sum_{i=1}^{n} c_i x_i$$

$$\text{受制於} \begin{cases} a_{11}x_1 + a_{12}x_2 + a_{13}x_3 + \cdots + a_{1n}x_n \leq b_1 \\ a_{21}x_1 + a_{22}x_2 + a_{23}x_3 + \cdots + a_{2n}x_n \leq b_2 \\ \vdots \qquad \vdots \qquad \vdots \qquad \vdots \qquad \vdots \\ a_{m1}x_1 + a_{m2}x_2 + a_{m3}x_3 + \cdots + a_{mn}x_n \leq b_m \\ x_1, \ x_2, \ x_3, \ \cdots, \ x_n \geq 0 \end{cases} \tag{5-5-3}$$

其中 b_1, b_2, b_3, $\cdots$, b_m 不一定是大於或等於 0，如果有一限制式的不等號是 "≥"，則在不等號的兩邊各乘上 (-1)，若限制式存有等式

$$\sum_{j=1}^{n} a_{ij} x_j = a_{i1}x_1 + a_{i2}x_2 + a_{i3}x_3 + \cdots + a_{in}x_n = b_i$$

則上面之等式以下面之兩個不等式代替，即

$$\sum_{j=1}^{n} a_{ij} x_j \geq b_i \quad \text{及} \quad \sum_{j=1}^{n} a_{ij} x_j \leq b_i$$

而上面兩式中的第二式再於不等號兩邊各乘上 (-1)，即為式 (5-5-3) 中限制條件的形式．

【例題 3】 試求下列原始問題的對偶問題．

$$\text{Min. } f(X) = 6x_1 + 8x_2$$

$$\text{受制於} \begin{cases} 3x_1 + x_2 \geq 4 \\ 5x_1 + 2x_2 \leq 10 \\ x_1 + 2x_2 = 3 \\ x_1 \geq 0, \ x_2 \geq 0 \end{cases}$$

【解】 首先將目標函數及限制條件寫成標準形式.

$$\text{Min. } f(X) = 6x_1 + 8x_2$$

$$\text{受制於} \begin{cases} 3x_1 + x_2 \geq 4 \\ -5x_1 - 2x_2 \geq -10 \\ x_1 + 2x_2 \geq 3 \\ -x_1 - 2x_2 \geq -3 \\ x_1 \geq 0, \ x_2 \geq 0 \end{cases}$$

令 $B = \begin{bmatrix} 4 \\ -10 \\ 3 \\ -3 \end{bmatrix}$, $C = [6 \ 8]$, $A = \begin{bmatrix} 3 & 1 \\ -5 & -2 \\ 1 & 2 \\ -1 & -2 \end{bmatrix}$,

$A^T = \begin{bmatrix} 3 & -5 & 1 & -1 \\ 1 & -2 & 2 & -2 \end{bmatrix}$, $X = \begin{bmatrix} x_1 \\ x_2 \end{bmatrix}$, $Y = [y_1 \ y_2 \ y_3 \ y_4]$

故原始問題以矩陣表示,

$$\text{Min. } f(X) = [6 \ 8] \begin{bmatrix} x_1 \\ x_2 \end{bmatrix}$$

$$\text{受制於} \begin{bmatrix} 3 & 1 \\ -5 & -2 \\ 1 & 2 \\ -1 & -2 \end{bmatrix} \begin{bmatrix} x_1 \\ x_2 \end{bmatrix} \geq \begin{bmatrix} 4 \\ -10 \\ 3 \\ -3 \end{bmatrix}$$

$$x_1 \geq 0, \quad x_2 \geq 0$$

所以對偶問題為

$$\text{Max. } g(Y) = B^T Y^T = [4 \ -10 \ 3 \ -3] \begin{bmatrix} y_1 \\ y_2 \\ y_3 \\ y_4 \end{bmatrix}$$

$$= 4y_1 - 10y_2 + 3y_3 - 3y_4$$

受制於 $\begin{bmatrix} 3 & -5 & 1 & -1 \\ 1 & -2 & 2 & -2 \end{bmatrix} \begin{bmatrix} y_1 \\ y_2 \\ y_3 \\ y_4 \end{bmatrix} \leq \begin{bmatrix} 6 \\ 8 \end{bmatrix}$

$y_1 \geq 0, \quad y_2 \geq 0, \quad y_3 \geq 0, \quad y_4 \geq 0$

或

Max. $g(Y) = 4y_1 - 10y_2 + 3y_3 - 3y_4$

受制於 $\begin{cases} 3y_1 - 5y_2 + y_3 - y_4 \leq 6 \\ y_1 - 2y_2 + 2y_3 - 2y_4 \leq 8 \\ y_1 \geq 0, \ y_2 \geq 0, \ y_3 \geq 0, \ y_4 \geq 0 \end{cases}$

*5-6　對偶問題之經濟意義

原始問題與對偶問題兩者之間具有密切的關係. 在數學的運算上, 當原始問題獲得最適解時, 其對偶問題的最適解亦可同時獲得, 且兩者最適解的目標函數值相等. 而兩問題的相對關係隱含著某種重要的經濟意義. 例如, 原始問題若為生產活動的資源分配問題, 則對偶問題所獲得的解即為這些資源的對偶價格 (dual price) 或影子價格 (shadow price), 我們現在利用下面的例子來說明對偶問題之經濟意義.

【例題 1】　金像公司生產桌上型與筆記型兩種電腦產品. 其中桌上型電腦每台需耗用 4 個記憶體與 2 個電阻器. 而筆記型電腦每台需耗用 2 個記憶體與 4 個電阻器. 一週內記憶體與電阻器可供應使用數量分別為 600 個和 480 個. 筆記型電腦的利潤貢獻為 $6, 而桌上型電腦之利潤貢獻為 $8. 試問金像公司應如何決定最適的產品組合, 以獲得最大的利潤貢獻.

【解】首先我們先建立數學模式，設 x_1 表桌上型電腦之生產數量，x_2 表筆記型電腦之生產數量，一桌上型電腦的貢獻為 $8，則 x_1 單位的總貢獻為 $8x_1$. 同理，筆記型電腦之總貢獻為 $6x_2$，則兩種電腦產品總貢獻 $8x_1+6x_2$ 的最大化，就是我們的目標函數.

另外，每一台桌上型電腦耗用 4 個記憶體，每台筆記型電腦耗用 2 個記憶體. 對於記憶體的需求量分別是桌上型 $4x_1$ 個，而筆記型 $2x_2$ 個. 於是，總需求數量不能超過一週內的供應數量 600 個，故

$$4x_1+2x_2 \leq 600$$

同理，電阻器供應數量的限制，為

$$2x_1+4x_2 \leq 480$$

最後，線性規劃模式可用數學方式來表示

最大化利潤貢獻 $f(\boldsymbol{X})=8x_1+6x_2$

$$受制於 \begin{cases} 4x_1+2x_2 \leq 600 \\ 2x_1+4x_2 \leq 480 \\ x_1 \geq 0, \ x_2 \geq 0 \end{cases}$$

將上述限制式寫成等式，且引入 x_3、x_4 為差額變數，得

Max. $f(\boldsymbol{X})=8x_1+6x_2$

$$受制於 \begin{cases} 4x_1+2x_2+x_3 \qquad \ = 600 \\ 2x_1+4x_2 \qquad +x_4 = 480 \end{cases}$$

$$A = \begin{array}{c} \begin{array}{cccccc} x_1 & x_2 & x_3 & x_4 & f & \end{array} \\ \left[\begin{array}{ccccc:c} ④ & 2 & 1 & 0 & 0 & 600 \\ 2 & 4 & 0 & 1 & 0 & 400 \\ \hdashline -8 & -6 & 0 & 0 & 1 & 0 \end{array} \right] \end{array} \begin{array}{l} \leftarrow \frac{600}{4}=150 \\ \ \ \ \ \frac{480}{2}=240 \\ \ \ \ \ \text{主軸列} \end{array} \xrightarrow{\frac{1}{4}R_1}$$

↑
主軸行

$$B=\left[\begin{array}{ccccc:c} ① & \dfrac{1}{2} & \dfrac{1}{4} & 0 & 0 & 150 \\ 2 & 4 & 0 & 1 & 0 & 480 \\ \hdashline -8 & -6 & 0 & 0 & 1 & 0 \end{array}\right] \begin{array}{l} -2R_1+R_2 \\ 8R_1+R_3 \end{array}$$

$$\begin{array}{ccccc} x_1 & x_2 & x_3 & x_4 & f \end{array}$$

$$C=\left[\begin{array}{ccccc:c} 1 & \dfrac{1}{2} & \dfrac{1}{4} & 0 & 0 & 150 \\ 0 & ③ & -\dfrac{1}{2} & 1 & 0 & 180 \\ \hdashline 0 & -2 & 2 & 0 & 1 & 1200 \end{array}\right] \begin{array}{l} 商值 \\ 150\Big/\dfrac{1}{2}=300 \\ \dfrac{180}{3}=60 \quad \dfrac{1}{3}R_2 \\ \text{主軸列} \end{array}$$

↑ 主軸行

$$\begin{array}{ccccc} x_1 & x_2 & x_3 & x_4 & f \end{array}$$

$$D=\left[\begin{array}{ccccc:c} 1 & \dfrac{1}{2} & \dfrac{1}{4} & 0 & 0 & 150 \\ 0 & ① & -\dfrac{1}{6} & \dfrac{1}{3} & 0 & 60 \\ \hdashline 0 & -2 & 2 & 0 & 1 & 1200 \end{array}\right] \begin{array}{l} -\dfrac{1}{2}R_2+R_1 \\ 2R_2+R_3 \end{array}$$

$$\begin{array}{ccccc} x_1 & x_2 & x_3 & x_4 & f \end{array}$$

$$E=\left[\begin{array}{ccccc:c} 1 & 0 & \dfrac{1}{3} & -\dfrac{1}{6} & 0 & 120 \\ 0 & 1 & -\dfrac{1}{6} & \dfrac{1}{3} & 0 & 60 \\ \hdashline 0 & 0 & \dfrac{5}{3} & \dfrac{2}{3} & 1 & 1320 \end{array}\right]$$

擴增矩陣 E 中最後一列垂直虛線左邊的元素除最後一元素為 1 外，其他元素不是零就是正數，且

$$f = 1320 - \frac{5}{3}x_3 - \frac{2}{3}x_4$$

當 x_3、x_4 都是零時，f 之最大值為 1320．故金像公司生產桌上型電腦 120 台，筆記型電腦 60 台，所獲得的最大利潤貢獻為 \$1320．

上述原始問題的目標函數是使貢獻最大化．公司希望經由資源之使用能夠產生利潤貢獻．因此，公司以某一成本購買這些資源，設 y_1、y_2 分別代表記憶體和電阻器的單位成本．而且公司的目標是要使這兩種資源的總支出為最小，以數學式表示為

$$\text{最小總成本 } C = 600y_1 + 480y_2$$

另外，我們已知每台桌上型電腦產生淨貢獻 \$8，同時消耗 4 個記憶體，2 個電阻器．因此，一台桌上型電腦資源耗用的總支出必須能產生至少 \$8 的貢獻．以數學式表示為

$$4y_1 + 2y_2 \geq 8$$

同理，筆記型電腦資源耗用的總支出必須能產生至少 \$6 的貢獻．以數學式表示為

$$2y_1 + 4y_2 \geq 6$$

於是，公司可由兩方面來看待這問題，若考慮兩種電腦產品的最大貢獻，這是原始問題．另一方面，若考慮兩種資源耗用總支出為最小，這是對偶問題。所以，對偶問題之線性規劃模式如下

$$\text{Min. } C = 600y_1 + 480y_2$$

$$\text{受制於} \begin{cases} 4y_1 + 2y_2 \geq 8 \\ 2y_1 + 4y_2 \geq 6 \\ y_1 \geq 0, \ y_2 \geq 0 \end{cases}$$

變數 y_1、y_2 為對偶變數．

將上述對偶問題之線性規劃模式化為標準形式為

Min. $C = (600-6M)y_1 + (480-6M)y_2 + My_3 + My_4 + 14M$

受制於 $\begin{cases} 4y_1 + 2y_2 - y_3 + s_1 = 8 \\ 2y_1 + 4y_2 - y_4 + s_2 = 6 \\ y_1 \geq 0, \ y_2 \geq 0, \ y_3 \geq 0, \ y_4 \geq 0, \ s_1 \geq 0, \ s_2 \geq 0 \end{cases}$

$$A = \begin{bmatrix} & y_1 & y_2 & y_3 & s_1 & y_4 & s_2 & C & \vdots & \text{商值} \\ & 4 & 2 & -1 & 1 & 0 & 0 & 0 & \vdots & 8 \\ & 2 & ④ & 0 & 0 & -1 & 1 & 0 & \vdots & 6 \\ \hdashline & -(600-6M) & -(480-6M) & -M & 0 & -M & 0 & 1 & \vdots & 14M \end{bmatrix}$$

$\frac{8}{2} = 4$
$\frac{6}{4} = 1.5 \ \xrightarrow{\frac{1}{4}R_2}$ 主軸列
↑ 主軸行

$$B = \begin{bmatrix} & y_1 & y_2 & y_3 & s_1 & y_4 & s_2 & C & \vdots \\ & 4 & 2 & -1 & 1 & 0 & 0 & 0 & \vdots & 8 \\ & \frac{1}{2} & ① & 0 & 0 & -\frac{1}{4} & \frac{1}{4} & 0 & \vdots & \frac{3}{2} \\ \hdashline & -(600-6M) & -(480-6M) & -M & 0 & -M & 0 & 1 & \vdots & 14M \end{bmatrix}$$

$\xrightarrow[(480-6M)R_2+R_3]{-2R_1+R_2}$

$$C = \begin{bmatrix} & y_1 & y_2 & y_3 & s_1 & y_4 & s_2 & C & \vdots & \text{商值} \\ & ③ & 0 & -1 & 1 & \frac{1}{2} & -\frac{1}{2} & 0 & \vdots & 5 \\ & \frac{1}{2} & 1 & 0 & 0 & -\frac{1}{4} & \frac{1}{4} & 0 & \vdots & \frac{3}{2} \\ \hdashline & -(360-3M) & 0 & -M & 0 & -\left(120-\frac{1}{2}M\right) & 120-\frac{3}{2}M & 1 & \vdots & 720+5M \end{bmatrix}$$

$\frac{5}{3} \approx 1.7$
$\frac{3}{2} / \frac{1}{2} = 3 \ \xrightarrow{\frac{1}{3}R_1}$
主軸列
↑ 主軸行

$$D = \begin{bmatrix} & y_1 & y_2 & y_3 & s_1 & y_4 & s_2 & C & \\ & ① & 0 & -\frac{1}{3} & \frac{1}{3} & \frac{1}{6} & -\frac{1}{6} & 0 & \vdots & \frac{5}{3} \\ & \frac{1}{2} & 1 & 0 & 0 & -\frac{1}{4} & \frac{1}{4} & 0 & \vdots & \frac{3}{2} \\ \cdots & \cdots & \cdots & \cdots & \cdots & \cdots & \cdots & \cdots & \cdots \\ & -(360-3M) & 0 & -M & 0 & -\left(120-\frac{1}{2}M\right) & 120-\frac{3}{2}M & 1 & \vdots & 720+5M \end{bmatrix} \begin{matrix} -\frac{1}{2}R_1+R_2 \\ (360-3M)R_1+R_3 \end{matrix}$$

$$E = \begin{bmatrix} & y_1 & y_2 & y_3 & s_1 & y_4 & s_2 & C & \\ & 1 & 0 & -\frac{1}{3} & \frac{1}{3} & \frac{1}{6} & -\frac{1}{6} & 0 & \vdots & \frac{5}{3} \\ & 0 & 1 & \frac{1}{6} & -\frac{1}{6} & -\frac{1}{3} & \frac{1}{3} & 0 & \vdots & \frac{3}{2} \\ \cdots & \cdots & \cdots & \cdots & \cdots & \cdots & \cdots & \cdots & \cdots \\ & 0 & 0 & -120 & 120-M & -60 & 60-M & 1 & \vdots & 1320 \end{bmatrix}$$

擴增矩陣 E 中最後一列垂直虛線左邊的元素除最後一元素為 1 外，其他元素不是零就是負數，且

$$C = 1320 + 120y_3 + (M-120)s_1 + 60y_4 + (M-60)s_2$$

當 y_3、y_4、s_1、s_2 都是零時，C 就獲得最小值為 1320。

若以圖解法由圖 5-6-11 中得頂點 $A(0, 4)$、$B(3, 0)$ 及 $C\left(\frac{5}{3}, \frac{2}{3}\right)$，最小值 1320 落在 $C\left(\frac{5}{3}, \frac{2}{3}\right)$. 與大 M 法所求之值完全相同。

原始問題在以單純形法求得最適解時，差額變數所對應之矩陣最後一列值，即為對偶問題所對應之決策變數的值。同樣地，以單純形法解對偶問題所求得之最適解，差額變數所對應之矩陣最後一列值的絕對值，即為原始問題對應之決策變數的值。就像前面原始問題所解釋的，變數 y_1、y_2 代表資源耗用的投入成本 (或價值)。最小總支出 $1320，和最大貢獻一樣。而對偶變數的值代表資源的輸入價格或邊際價值，亦可被稱為資源的影子價格或機會成本。

第 5 章　線性規劃 (二)　**267**

y_2軸上點 $A(0, 4)$，$\frac{3}{2}$，$C\left(\frac{5}{3}, \frac{2}{3}\right)$，$B(3, 0)$，可行解區域，$2y_1 + 4y_2 = 6$，$4y_1 + 2y_2 = 8$

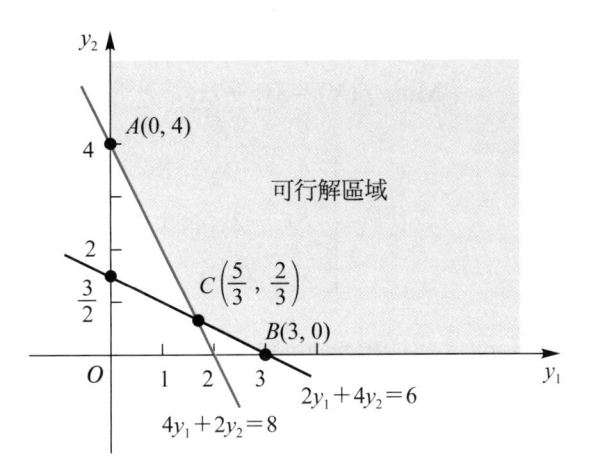

圖 5-6-1

習題 5-1

1. 試將下列各線性規劃問題轉換為標準形式.

(1) Max. $f(X) = 3x_1 + x_2 + x_3$

受制於
$\begin{cases} x_1 - x_2 + 3x_3 \geq 2 \\ 4x_1 + x_2 + 2x_3 \leq 4 \\ x_1 - x_3 = 4 \\ x_i \geq 0 \ (i = 1, 2, 3) \end{cases}$

(2) Max. $f(X) = 10x_1 + 9x_2$

受制於
$\begin{cases} \dfrac{7}{10}x_1 + x_2 \leq 630 \\ \dfrac{1}{2}x_1 + \dfrac{5}{6}x_2 \leq 600 \\ x_1 + \dfrac{2}{3}x_2 \leq 708 \\ \dfrac{1}{10}x_1 + \dfrac{1}{4}x_2 \leq 135 \\ x_1 \geq 100, \ x_2 \geq 100, \\ x_1, \ x_2 \geq 0 \end{cases}$

(3) Min. $f(X) = 15x_1 - 10x_2 - 7x_3 + 15x_4$

受制於
$\begin{cases} 5x_1 + x_2 + 5x_3 + x_4 \leq 6 \\ -3x_1 + x_2 - 4x_3 + 3x_4 \geq 7 \\ x_1 + x_2 + x_3 + x_4 \leq 2 \\ x_1, \ x_3, \ x_4 \geq 0 \\ x_2 \leq 0 \end{cases}$

2. 試利用代數法求下列之線性規劃問題.

$$\text{Min. } f(X) = 3x_1 + 7x_2$$

$$\text{受制於} \begin{cases} 4x_1 + x_2 \geq 8 \\ 5x_1 + 2x_2 \geq 1 \\ x_1 \geq 0,\ x_2 \geq 0 \end{cases}$$

3. 試利用單純形法求解下列之線性規劃問題.

(1) Max. $f(X) = 6x_1 + 4x_2$

$$\text{受制於} \begin{cases} 2x_1 + x_2 \leq 10 \\ x_1 + 4x_2 \leq 12 \\ x_1 \geq 0,\ x_2 \geq 0 \end{cases}$$

(2) Max. $f(X) = 3x_1 + 2x_2$

$$\text{受制於} \begin{cases} x_1 \leq 12 \\ x_1 + 3x_2 \leq 45 \\ 2x_1 + x_2 \leq 30 \\ x_1 \geq 0,\ x_2 \geq 0 \end{cases}$$

(3) Min. $f(X) = 2x_1 - 5x_2$

$$\text{受制於} \begin{cases} x_1 - x_2 \leq 2 \\ -4x_1 + x_2 \leq 1 \\ x_1 + x_2 \leq 6 \\ x_1 \geq 0,\ x_2 \geq 0 \end{cases}$$

4. 試將下列求極大值問題寫成標準形式.

$$\text{Max. } f(X) = 4x_1 + 5x_2$$

$$\text{受制於} \begin{cases} 5x_1 + 4x_2 \leq 200 \\ 3x_1 + 6x_2 = 180 \\ 8x_1 + 7x_2 \geq 160 \\ x_1 \geq 0,\ x_2 \geq 0 \end{cases}$$

5. 試將下列求極小值問題寫成標準形式.

$$\text{Min. } f(X) = 2x_1 + 3x_2$$

受制於 $\begin{cases} 2x_1 + x_2 = 7 \\ 3x_1 - x_2 \geq 3 \\ x_1 + x_2 \leq 5 \\ x_1 \geq 0, \ x_2 \geq 0 \end{cases}$

6. 試利用大 M 法求下列之線性規劃問題.

$$\text{Min. } f(X) = 6x_1 + 12x_2$$

受制於 $\begin{cases} x_1 + 6x_2 \geq 5 \\ 3x_1 + 2x_2 \geq 5 \\ x_1 \geq 0, \ x_2 \geq 0 \end{cases}$

7. 東方書局現出版書籍甲、乙、丙三種. 該書局的印刷部門每天工作不超過 10 小時，裝釘部門每天最多工作 15 小時，已知甲、乙、丙三種書籍的生產工作時間表如下

書籍＼工作	印刷	裝釘
甲	0.2 小時	0.8 小時
乙	0.8 小時	0.8 小時
丙	1.2 小時	0.4 小時

假設甲類書每本淨賺 16 元，乙類書每本淨賺 32 元，丙類書每本淨賺 24 元，試求東方書局一天的最高生產值為何？

8. 某公司生產甲、乙、丙產品三種，需用二種原料 A、B. A 原料公司庫存有 200，B 原料有 300. 生產甲、乙、丙產品所需使用原料 A、B 之比率如下表. 試問如何分配產量可使其利潤為最大？

產品＼原料	A	B	利潤 (元)
甲	20%	80%	20
乙	50%	50%	30
丙	60%	40%	40

9. 試將下列原始問題化為對偶問題.

$$\text{Min. } f(X) = 4x_1 + 3x_2 + 7x_3$$

$$\text{受制於 } \begin{bmatrix} 2 & 0 & 1 \\ 0 & 1 & 2 \end{bmatrix} \begin{bmatrix} x_1 \\ x_2 \\ x_3 \end{bmatrix} \geq \begin{bmatrix} 2 \\ 5 \end{bmatrix}, \quad x_1 \cdot x_2 \text{ 及 } x_3 \geq 0$$

10. 試求下述原始問題的對偶問題.

$$\text{Max. } f(X) = 9x_1 + 6x_2$$

$$\text{受制於} \begin{cases} 2x_1 + 3x_2 \leq 90 \\ 4x_1 + 2x_2 \leq 80 \\ x_2 \geq 10 \\ 5x_1 + x_2 = 25 \\ x_1 \geq 0, \quad x_2 \geq 0 \end{cases}$$

第 6 章
馬克夫鏈

6-1 馬克夫過程之基本概念

如果我們仔細觀察日常生活中所發生的許多現象，必然會發現有些現象的未來發展或演變與該現象在目前所呈現的狀態有關．若將這種現象的演變表成隨時間改變的數學模式，則通常稱之為隨機過程，如馬克夫過程．所謂馬克夫過程乃用以分析複雜系統之有效的機率模式，此與過程息息相關者為狀態 (state) 及狀態轉移 (state transition) 之觀念．

【例題 1】 甲、乙二人進行乒乓球比賽，在這一系列的比賽中，每一局是一個隨機試驗，而基本事件空間均為 $\{a, b\}$，其中 a 表甲勝，b 表乙勝．設比賽開始時甲略強於乙，設在第一局比賽中甲勝出的機率是 $\frac{2}{3}$，即 $P_1(a) = \frac{2}{3}$，而 $P_1(b) = \frac{1}{3}$．但由於某些因素使以後各局比賽中的勝負機率發生變化，比如說，甲每每勝驕敗餒，而乙則每次取得經驗使技術有進步，因而 P_2, P_3, …，可能發生如下的變化

$$P_n(a) = \frac{2}{3} \cdot \left(\frac{4}{5}\right)^{n-1}$$

$$P_n(b) = 1 - \left[\frac{2}{3} \cdot \left(\frac{4}{5}\right)^{n-1}\right]$$

這一系列的試驗過程稱為一個隨機過程．

如果這樣繼續下去，我們可以發現，在第 50 次比賽時，$P_{50}(a) \approx 0.0000119$，$P_{50}(b) \approx 0.9999881$，乙已佔了絕對優勢．

俄國數學家馬克夫 (A. A. Markov) 首先注意到上述這一系列機率 $\{P_n\}$ 的變化規律，可由以下公式決定：對 $n=1, 2, 3, \cdots$，

$$[P_{n+1}(a), \ P_{n+1}(b)] = [P_n(a), \ P_n(b)] \begin{bmatrix} \dfrac{4}{5} & \dfrac{1}{5} \\ 0 & 1 \end{bmatrix}$$

所以我們就稱這個隨機過程為一個馬克夫鏈．

馬克夫鏈是一種特殊型態的機率問題，可以用來推測未來的現象，在商業與經濟的決策抉擇問題上有重大的用途．我們先看看下面的例子．

【例題 2】 假設某地區有甲、乙、丙三家牛乳供應商，目前市場佔有率分別為 20%，20%，60%．如果明年的顧客總人數不變，我們有什麼方法可以預測明年這三家公司的顧客分別佔顧客總人數的百分比呢？

【解】 欲做這項預測，我們必須對顧客的意願有所了解，而不能只依賴目前三家公司的市場佔有率 20%，20%，60%．在對顧客意願的了解方面，為了使所做的預測有較高的可信度，必須依賴市場調查．根據市場調查顯示

1. 目前甲公司的顧客，有 60% 明年會繼續向甲公司訂購，有 20% 會轉向乙公司訂購，有 20% 會轉向丙公司訂購．
2. 目前乙公司的顧客，有 40% 明年會轉向甲公司訂購，有 40% 會繼續向乙公司訂購，有 20% 會轉向丙公司訂購．
3. 目前丙公司的顧客，有 60% 明年會轉向甲公司訂購，有 20% 會轉向乙公司訂購，有 20% 會繼續向丙公司訂購．

根據此項市場調查的結果，明年的甲公司顧客可以分成三類：目前甲公司顧客中的 60%、目前乙公司顧客中的 40%，以及目前丙公司顧客中的 60%．假設顧客總人數為 r，則明年向甲公司訂購的人數預計有

$$\frac{60}{100}\left(\frac{20}{100}r\right)+\frac{40}{100}\left(\frac{20}{100}r\right)+\frac{60}{100}\left(\frac{60}{100}r\right)=\frac{56}{100}r$$

換句話說，明年向甲公司訂購的人數預計佔顧客總人數的 56%．

同理，明年向乙公司訂購的人數預計有

$$\frac{20}{100}\left(\frac{20}{100}r\right)+\frac{40}{100}\left(\frac{20}{100}r\right)+\frac{20}{100}\left(\frac{60}{100}r\right)=\frac{24}{100}r$$

換句話說，明年向乙公司訂購的人數預計佔顧客總人數的 24%．

另外，明年向丙公司訂購的人數預計有

$$\frac{20}{100}\left(\frac{20}{100}r\right)+\frac{20}{100}\left(\frac{20}{100}r\right)+\frac{20}{100}\left(\frac{60}{100}r\right)=\frac{20}{100}r$$

換句話說，明年向丙公司訂購的人數預計佔顧客總人數的 20%．

上面所求得三個數字的計算過程相當於做下面的矩陣乘積

$$\begin{bmatrix}\frac{60}{100}&\frac{40}{100}&\frac{60}{100}\\[4pt]\frac{20}{100}&\frac{40}{100}&\frac{20}{100}\\[4pt]\frac{20}{100}&\frac{20}{100}&\frac{20}{100}\end{bmatrix}\begin{bmatrix}\frac{20}{100}\\[4pt]\frac{20}{100}\\[4pt]\frac{60}{100}\end{bmatrix}=\begin{bmatrix}\frac{56}{100}\\[4pt]\frac{24}{100}\\[4pt]\frac{20}{100}\end{bmatrix}$$

在上面這個矩陣乘積的等式中，左邊的 3×1 矩陣中各元素乃是甲、乙、丙三家公司目前的市場佔有率，右邊的 3×1 矩陣中各元素乃是甲、乙、丙三家公司預測明年的市場佔有率，左邊的 3×3 矩陣

$$P=\begin{bmatrix}\frac{60}{100}&\frac{40}{100}&\frac{60}{100}\\[4pt]\frac{20}{100}&\frac{40}{100}&\frac{20}{100}\\[4pt]\frac{20}{100}&\frac{20}{100}&\frac{20}{100}\end{bmatrix}$$

中各元素乃是有關顧客意願所做的市場調查結果．若將甲、乙、丙三家公司依次稱為第 1 公司、第 2 公司、第 3 公司，而 P 的 (i, j) 元素是 P_{ij}，則目前向第 i 公司訂購的人明年會向第 j 公司訂購的機率為 P_{ij}．

我們在此引進矩陣 P 有什麼作用呢？假定前面有關顧客意願所做的市場調查結果並非只在"目前"與"明年"之間適用，而是"每一年"及"其下一年"之間的顧客意願均適用這個結果，那麼，我們不僅可以將目前的市場佔有率矩陣

$$P^{(0)} = \begin{bmatrix} \dfrac{20}{100} \\ \dfrac{20}{100} \\ \dfrac{60}{100} \end{bmatrix}$$

左乘以矩陣 P 而得到明年的預測市場佔有率矩陣

$$P^{(1)} = \begin{bmatrix} \dfrac{56}{100} \\ \dfrac{24}{100} \\ \dfrac{20}{100} \end{bmatrix}$$

亦即，$PP^{(0)} = P^{(1)}$．同樣，可以將明年的預測市場佔有率矩陣 $P^{(1)}$ 左乘以矩陣 P 而得到後年的預測市場佔有率矩陣 $P^{(2)}$，亦即，

$$P^{(2)} = PP^{(1)} = \begin{bmatrix} \dfrac{60}{100} & \dfrac{40}{100} & \dfrac{60}{100} \\ \dfrac{20}{100} & \dfrac{40}{100} & \dfrac{20}{100} \\ \dfrac{20}{100} & \dfrac{20}{100} & \dfrac{20}{100} \end{bmatrix} \begin{bmatrix} \dfrac{56}{100} \\ \dfrac{24}{100} \\ \dfrac{20}{100} \end{bmatrix} = \begin{bmatrix} \dfrac{552}{1000} \\ \dfrac{248}{1000} \\ \dfrac{200}{1000} \end{bmatrix}$$

換句話說，後年向甲公司訂購的人數預測佔顧客總人數的 55.2%，向乙公司訂購者佔 24.8%，向丙公司訂購者佔 20%．

假定目前稱為第 0 年，明年稱為第 1 年，後年稱為第 2 年，⋯，而第 k 年的預測市場佔有率矩陣記為 $P^{(k)}$，則只要有關顧客意願的市場調查結果對「每一年」及「其下一年」之間均適用，即可得

$$P^{(k)}=PP^{(k-1)}=P^2P^{(k-2)}=\cdots=P^kP^{(0)}$$

如此，矩陣 P 就增加很多方便了．

在上面所討論的例子中，我們之所以能由目前的市場佔有率預測往後各年的市場佔有率，乃是因為我們假設矩陣 P 中各元素所代表的「訂購機率」對「每一年」及「其下一年」均適用的緣故．這種情形就是馬克夫鏈的一個例子．

在尚未定義馬克夫過程之前，我們先對一些名詞予以解釋．

1. 狀態 (state)

一個隨機試驗或觀察具有各種可能的結果，其中每一種結果即稱為狀態，而所有狀態的集合稱為狀態空間．

2. 轉移機率 (transition probability)

轉移機率係指在隨機試驗或觀察中，從一個狀態轉移到另一狀態之機率．馬克夫鏈可用圖 6-1-1 的狀態轉換圖來表示，每一種狀態由一個節點 (node) 及一個用圓圈圈起來的整數來代表，狀態與狀態之間的轉移以箭號來表示，而箭頭代表轉移的方向，箭號上的數值為每次轉移的機率，稱為轉移機率．

在圖 6-1-1 中有狀態 1 及狀態 2 兩種，介於節點 1 與節點 2 間箭號上的數值 0.2，表示經過一期後，事件從狀態 1 轉移到狀態 2 的機率為 0.2；箭號上的 0.9，表示經過一期後，事件從狀態 2 轉移到狀態 1 的機率為 0.9；而箭號上的 0.8，由

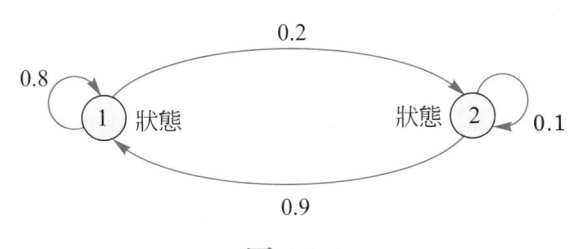

圖 6-1-1

節點 1 到節點 1，表示經過一期後事件留在狀態 1 的機率為 0.8；同理，箭號上的 0.1，由節點 2 開始到節點 2 結束，表示經過一期後事件留在狀態 2 的機率為 0.1.

3. 路徑 (path)

路徑是指可由某狀態開始而轉移至其他狀態的一種過程，而過程中依序所出現之轉移機率均大於零.

4. 有限馬克夫鏈

若狀態為有限時，則稱為有限狀態馬克夫鏈，簡稱有限馬克夫鏈；否則稱為無限馬克夫鏈.

5. 穩定馬克夫鏈

若轉移機率不隨時間變動而變動時，則稱為穩定馬克夫鏈；否則稱為不穩定馬克夫鏈.

6. 機率向量 (probability vector)

列向量 $\mathbf{v} = [v_1 \quad v_2 \quad \cdots \quad v_n]$ 若滿足下列條件

(1) $v_i \geq 0$, $i = 1, 2, \cdots, n$

(2) $\sum_{i=1}^{n} v_i = 1$

則稱 $\mathbf{v}$ 為機率向量. 同理，若為行向量亦同.

讀者應注意，由於機率向量的各分量之總和等於 1，因此任意有 n 個分量的機率向量均可用 $(n-1)$ 個未知數表示如下

$$[x_1 \quad x_2 \quad x_3 \quad \cdots \quad x_{n-1} \quad 1-x_1-x_2-\cdots-x_{n-1}].$$

【例題 3】 下列向量何者為機率向量？

$$\mathbf{x} = \begin{bmatrix} \dfrac{1}{2} & 0 & \dfrac{1}{3} & -\dfrac{1}{2} \end{bmatrix}, \quad \mathbf{y} = \begin{bmatrix} \dfrac{1}{3} & \dfrac{1}{2} & 0 & \dfrac{1}{2} \end{bmatrix}, \quad \mathbf{u} = \begin{bmatrix} \dfrac{1}{2} & \dfrac{1}{3} & \dfrac{1}{6} \end{bmatrix}$$

【解】 因 $u_i \geq 0$, $i = 1, 2, 3$, 且 $\dfrac{1}{2} + \dfrac{1}{3} + \dfrac{1}{6} = 1$

故 $\mathbf{u} = \begin{bmatrix} \dfrac{1}{2} & \dfrac{1}{3} & \dfrac{1}{6} \end{bmatrix}$ 為機率向量. 而 $\mathbf{x}$ 與 $\mathbf{y}$ 係非機率向量.

定義 6-1-1　方陣的固定點定理

設 $P=[a_{ij}]_{n\times n}$，若一非零列向量 $\mathbf{u}=[u_1\ u_2\ u_3\ \cdots\ u_n]$ 滿足 $\mathbf{u}P=\mathbf{u}$，則稱 $\mathbf{u}$ 為 n 階方陣 P 的固定點 (fixed point) 或穩定狀態向量 (steady-state vector).

【例題 4】　設 $P=\begin{bmatrix} 2 & 1 \\ 2 & 3 \end{bmatrix}$，則 $\mathbf{u}=[4\ -2]$ 為 P 的固定點，因為

$$\mathbf{u}P=[4\ -2]\begin{bmatrix} 2 & 1 \\ 2 & 3 \end{bmatrix}$$

$$=[4\ -2]=\mathbf{u}$$

定理 6-1-1

若 $\mathbf{u}$ 為矩陣 P 的一個固定點，則對任何純量 k，$k\mathbf{u}$ 仍為 P 的固定點，即

$$(k\mathbf{u})P=k(\mathbf{u}P)=k\mathbf{u}$$

所以，如果 P 有一個非零的固定點，則它必有無窮多個固定點.

【例題 5】　設 $P=\begin{bmatrix} 2 & 1 \\ 2 & 3 \end{bmatrix}$，$\mathbf{u}=[4\ -2]$，則 $2\mathbf{u}$ 為 P 的固定點，因為

$$2[4,\ -2]\begin{bmatrix} 2 & 1 \\ 2 & 3 \end{bmatrix}=[8\ -4]$$

$$=2[4\ -2]$$

6-2　有限馬克夫鏈

> **定義 6-2-1**
>
> 設一隨機序列 $\{X_t, t=0, 1, 2, \cdots\}$ 的離散狀態空間為 E，若第 $t+1$ 期的狀態僅與第 t 期的狀態有關，而與第 $0, 1, 2, \cdots, t-1$ 期的狀態無關，即
>
> $$P_r\{X_{t+1}=x_{t+1}|X_0=x_0, X_1=x_1, X_2=x_2, \cdots, X_t=x_t\}$$
> $$=P_r\{X_{t+1}=x_{t+1}|X_t=x_t\}$$
>
> 則稱 $\{X_t, t=0, 1, 2, \cdots\}$ 為一階馬克夫鏈或簡稱馬克夫鏈，而機率 $P_r\{X_{t+1}=x_{t+1}|X_t=x_t\}$ 稱為由狀態 x_t 轉移至狀態 x_{t+1} 的轉移機率。例如一個由第 $n-1$ 期至第 n 期的試驗，第 $n-1$ 期在 i 狀態，第 n 期移至 j 狀態的機率，以 P_{ij} 表示。在一階馬克夫鏈中，僅受前一期影響，所以
>
> $$P_{ij}=P_r\{X_n=j|X_{n-1}=i\}$$

由定義 6-2-1 得知有限馬克夫鏈具有下列性質

1. 每一次個別的隨機試驗必定為狀態 $E_1, E_2, \cdots, E_n$ 中的某一個。
2. 若某一次個別隨機試驗的結果為 E_i，而下一次的隨機試驗結果為 E_j 的機率為 P_{ij}，此機率只與 E_i 及 E_j 有關。我們稱 P_{ij} 為由狀態 E_i 轉移至狀態 E_j 的轉移機率。

在數學上，具有 n 個狀態的馬克夫過程或馬克夫鏈通常用下面的方陣來表示

$$\boldsymbol{P}=\begin{array}{c} \\ E_1 \\ E_2 \\ E_3 \\ \vdots \\ E_n \end{array}\begin{array}{c}\begin{array}{ccccc}E_1 & E_2 & E_3 & \cdots & E_n\end{array}\\\left[\begin{array}{ccccc} p_{11} & p_{12} & p_{13} & \cdots & p_{1n} \\ p_{21} & p_{22} & p_{23} & \cdots & p_{2n} \\ p_{31} & p_{32} & p_{33} & \cdots & p_{3n} \\ \vdots & \vdots & \vdots & & \vdots \\ p_{n1} & p_{n2} & p_{n3} & \cdots & p_{nn} \end{array}\right]\begin{array}{c}\Rightarrow 1\\\Rightarrow 1\\\Rightarrow 1\\\vdots\\\Rightarrow 1\end{array}\end{array} \quad (6\text{-}2\text{-}1)$$

在這個矩陣 $\boldsymbol{P}$ 中，由狀態 E_i 轉移至狀態 E_j 的轉移機率 $p_{ij} \geq 0$ ($i, j=1, 2, 3, \cdots, n$)

且對各 $i\,(=1,\,2,\,3,\,\cdots,\,n)$, $\sum_{j=1}^{n} p_{ij}=1$, 故稱 P 為一轉移矩陣或隨機矩陣.

【例題 1】 $\begin{bmatrix} 0.25 & 0.30 & 0.40 & 0.05 \\ 0.05 & 0.40 & 0.30 & 0.25 \\ 0.10 & 0.30 & 0.60 & 0.00 \\ 0.00 & 0.45 & 0.30 & 0.25 \end{bmatrix}$ 是一個轉移矩陣, 但

$\begin{bmatrix} \frac{1}{3} & 0 & \frac{2}{3} \\ \frac{1}{3} & \frac{1}{3} & \frac{1}{3} \\ \frac{3}{4} & \frac{1}{2} & -\frac{1}{4} \end{bmatrix}$ 及 $\begin{bmatrix} \frac{3}{4} & \frac{1}{2} \\ \frac{1}{3} & \frac{1}{3} \end{bmatrix}$ 都不是轉移矩陣.

因為這些矩陣含有負實數或者它們的列元素的和不等於 1.

【例題 2】 試依據下列轉換圖 (圖 6-2-1), 建構成轉移矩陣或隨機矩陣.

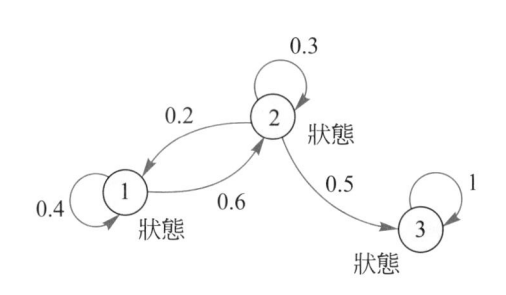

圖 6-2-1

【解】

$$P = \begin{array}{c} \\ \text{從狀態 1} \\ \text{從狀態 2} \\ \text{從狀態 3} \end{array} \begin{array}{ccc} \text{到狀態 1} & \text{到狀態 2} & \text{到狀態 3} \\ \begin{bmatrix} 0.4 & 0.6 & 0 \\ 0.2 & 0.3 & 0.5 \\ 0 & 0 & 1 \end{bmatrix} \end{array}$$

由於在圖 6-2-1 中，沒有箭號從節點 1 指到節點 3，也不存在節點 3 回到節點 1 及節點 3 回到節點 2 的箭號，所以其對應的轉移機率 p_{13}、p_{31} 和 p_{32} 的值均為 0。

【例題 3】 試依據下列轉換圖 (圖 6-2-2)，建構成轉移矩陣或隨機矩陣。

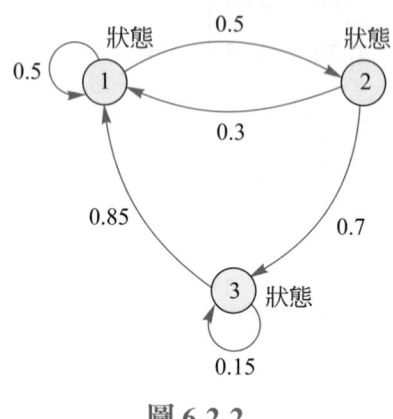

圖 6-2-2

【解】 由圖 6-2-2 所示，轉換圖有三個狀態，故轉換矩陣為 3×3 之矩陣。由狀態 1 開始有二個箭號分別指向狀態 1 與狀態 2，但無箭號指向狀態 3。所以，其對應轉移機率之值分別為 $P_{11}=0.5$，$P_{12}=0.5$，$P_{13}=0$。同理，由狀態 2 開始，我們得到轉移機率值為 $P_{21}=0.3$，$P_{22}=0$，$P_{23}=0.7$。最後，由狀態 3 開始，我們得到轉移機率值為 $P_{31}=0.85$，$P_{32}=0$，$P_{33}=0.15$。故轉移矩陣為

$$P = \begin{bmatrix} 0.5 & 0.5 & 0 \\ 0.3 & 0 & 0.7 \\ 0.85 & 0 & 0.15 \end{bmatrix}$$

讀者應特別注意，轉移矩陣有下列兩種表示方式。

1.
$$P = \begin{array}{c} \\ 1 \\ 2 \\ \vdots \\ M \end{array} \begin{array}{c} \overset{\displaystyle 至}{\diagdown}\\ 從 \end{array} \begin{bmatrix} \begin{array}{ccccc} 1 & 2 & 3 & \cdots & M \\ p_{11} & p_{12} & p_{13} & \cdots & p_{1M} \\ p_{21} & p_{22} & p_{23} & \cdots & p_{2M} \\ \vdots & \vdots & \vdots & & \vdots \\ p_{M1} & p_{M2} & p_{M3} & \cdots & p_{MM} \end{array} \end{bmatrix} \begin{array}{c} \\ \Rightarrow 1 \\ \Rightarrow 1 \\ \vdots \\ \Rightarrow 1 \end{array}$$

列表示前 $(n-1)$ 期，行表示後 (n) 期，由列到行，矩陣中每一個 p_{ij} 代表經過一期所到達狀態之機率，如 p_{13} 為目前在狀態 1 經過一期到達狀態 3 的機率. 因為是從列到行，故每列和皆為 1，即

$$\sum_{j=1}^{M} p_{ij}=1, \ i=1, \ 2, \ \cdots, \ M$$

2.

$$P = \begin{array}{c} \\ \\ \\ \end{array} \begin{array}{c} \text{從} \\ \text{至} \end{array} \begin{array}{cccc} 1 & 2 & 3 & \cdots & M \\ \begin{bmatrix} p_{11} & p_{12} & p_{13} & \cdots & p_{1M} \\ p_{21} & p_{22} & p_{23} & \cdots & p_{2M} \\ \vdots & \vdots & \vdots & & \vdots \\ p_{M1} & p_{M2} & p_{M3} & \cdots & p_{MM} \end{bmatrix} \\ \Downarrow & \Downarrow & \Downarrow & & \Downarrow \\ 1 & 1 & 1 & \cdots & 1 \end{array}$$

行表示前 $(n-1)$ 期，列表示後 (n) 期，由行到列，矩陣中每一個 p_{ij} 代表經過一期所到達狀態之機率，如 p_{13} 為目前在狀態 3 經過一期到達狀態 1 的機率. 因為是從行到列，故每行和皆為 1，即

$$\sum_{i=1}^{M} p_{ij}=1, \ j=1, \ 2, \ \cdots, \ M$$

1. 與 **2.** 之轉移矩陣互為轉置矩陣 (transpose matrix)，一般以 **1.** 表示法較常用.

【例題 4】 每天固定上午七點準時由台北開往高雄之自強號列車，鐵路局不希望出現連續 2 天列車延遲開車的情況. 因此，當某一天列車延遲開車時，鐵路局會加派更多人力，使隔天列車準時開車的機率達到 98%；如果某一天列車是準時開車，鐵路局會加派較少人力，使隔天列車準時開車的機率為 85%. 試列出自強號列車開車的轉移機率矩陣.

【解】 本題可能結果有 2 種，所以有 2 個狀態，以 E_1 表列車準時開車，E_2 表列車延遲開車. 時間週期為 1 天，當某一天列車延遲開車時，隔天列車準時開車的機率為 98%，這表示隔天列車仍然延遲開車的機率有 2%；亦即經過 1 天

之後列車開車事件從狀態 E_2 轉移為狀態 E_1 的機率為 0.98，而仍留在狀態 E_2 的機率為 0.02. 如果某一天列車是準時開車，隔天列車仍準時開車的機率為 85%，而延遲開車的機率為 15%；這表示經過一天之後列車開車事件從狀態 E_1 轉移到狀態 E_2 的機率為 0.15，而留在狀態 E_1 的機率為 0.85.

從 $(n-1)$ \ 至 (n)	E_1	E_2
E_1	0.85	0.15
E_2	0.98	0.02

則轉移矩陣為

$$P = \begin{array}{c} \\ E_1 \\ E_2 \end{array} \begin{array}{cc} E_1 & E_2 \\ \left[\begin{array}{cc} 0.85 & 0.15 \\ 0.98 & 0.02 \end{array}\right] \end{array} \begin{array}{c} \Rightarrow 1 \\ \Rightarrow 1 \end{array}$$

或

至 (n) \ 從 $(n-1)$	E_1	E_2
E_1	0.85	0.98
E_2	0.15	0.02

$$P = \begin{array}{c} \\ E_1 \\ E_2 \end{array} \begin{array}{cc} E_1 & E_2 \\ \left[\begin{array}{cc} 0.85 & 0.98 \\ 0.15 & 0.02 \end{array}\right] \end{array}$$

$$\begin{array}{cc} \Downarrow & \Downarrow \\ 1 & 1 \end{array}$$

定義 6-2-2

設 P 為一 n 階轉移矩陣，若一非零列向量 $\mathbf{u} = [u_1 \quad u_2 \quad \cdots \quad u_n]$，它的每個分量都是非負的實數，其和等於 1，並且滿足 $\mathbf{u}P = \mathbf{u}$，則稱 $\mathbf{u}$ 為 P 的機率固定點 (probability fixed point)。

【例題 5】 設轉移矩陣 $P=\begin{bmatrix} \frac{1}{4} & \frac{3}{4} \\ \frac{2}{3} & \frac{1}{3} \end{bmatrix}$, $\mathbf{u}=[8\ \ 9]$, 則

$$\mathbf{u}P=[8,\ 9]\begin{bmatrix} \frac{1}{4} & \frac{3}{4} \\ \frac{2}{3} & \frac{1}{3} \end{bmatrix}=[8\ \ 9]$$

故 $\begin{bmatrix} \frac{8}{17} & \frac{9}{17} \end{bmatrix}$ 是 P 的機率固定點.

定理 6-2-1

設 $P=\begin{bmatrix} p_{11} & p_{12} & \cdots & p_{1n} \\ p_{21} & p_{22} & \cdots & p_{2n} \\ \vdots & \vdots & & \vdots \\ p_{n1} & p_{n2} & \cdots & p_{nn} \end{bmatrix}$ 是一個轉移矩陣, $\mathbf{u}=[u_1\ \ u_2\ \ \cdots\ \ u_n]$ 為一機率向量, 則 $\mathbf{u}P$ 仍然是一個機率向量.

【例題 6】 設 $P=\begin{bmatrix} 0 & 1 \\ \frac{1}{3} & \frac{2}{3} \end{bmatrix}$ 是一個轉移矩陣, $\mathbf{u}=\begin{bmatrix} \frac{1}{3} & \frac{2}{3} \end{bmatrix}$ 為一機率向量, 則

$$\mathbf{u}P=\begin{bmatrix} \frac{1}{3} & \frac{2}{3} \end{bmatrix}\begin{bmatrix} 0 & 1 \\ \frac{1}{3} & \frac{2}{3} \end{bmatrix}=\begin{bmatrix} \frac{2}{9} & \frac{7}{9} \end{bmatrix}$$ 仍然是一個機率向量.

定理 6-2-2

轉移矩陣 A 與轉移矩陣 B 的乘積仍為轉移矩陣，尤其 A^n 亦為轉移矩陣.

定理 6-2-3

若給定轉移矩陣 $P=\begin{bmatrix} 1-p & p \\ q & 1-q \end{bmatrix}$，$0<p<1$，$0<q<1$，則 $\mathbf{u}=[q \quad p]$ 必是 P 的一個固定點.

【例題 7】 求 $P=\begin{bmatrix} 0.7 & 0.3 \\ 0.8 & 0.2 \end{bmatrix}$ 的機率固定點.

【解】 由定理 6-2-3，立即得知 $\mathbf{u}=\begin{bmatrix} \dfrac{8}{10} & \dfrac{3}{10} \end{bmatrix}$ 就是 P 的固定點. 而

$\mathbf{a}=\begin{bmatrix} \dfrac{8}{11} & \dfrac{3}{11} \end{bmatrix}$ 是 P 的機率固定點.

【例題 8】 試求轉移矩陣 $P=\begin{bmatrix} \dfrac{1}{2} & \dfrac{1}{4} & \dfrac{1}{4} \\ \dfrac{1}{2} & 0 & \dfrac{1}{2} \\ 0 & 1 & 0 \end{bmatrix}$ 的機率固定點.

【解】 設 $\mathbf{u}=[x, y, z]$，如果 $\mathbf{u}$ 是 P 的固定點，則 $\mathbf{u}P=\mathbf{u}$，即

$$[x \quad y \quad z]\begin{bmatrix} \dfrac{1}{2} & \dfrac{1}{4} & \dfrac{1}{4} \\ \dfrac{1}{2} & 0 & \dfrac{1}{2} \\ 0 & 1 & 0 \end{bmatrix}=[x \quad y \quad z]$$

因此求得，

$$\left[\frac{x}{2}+\frac{y}{2} \quad \frac{x}{4}+z \quad \frac{x}{4}+\frac{y}{2}\right]=[x \quad y \quad z]$$

故 $\begin{cases}\dfrac{x}{2}+\dfrac{y}{2}=x \\ \dfrac{x}{4}+z=y \\ \dfrac{x}{4}+\dfrac{y}{2}=z\end{cases}$ 即 $\begin{cases}x-y=0 \\ x-4y+4z=0 \\ x+2y-4z=0\end{cases}$

則係數矩陣的列梯陣為

$$\begin{bmatrix} 1 & -1 & 0 \\ 1 & -4 & 4 \\ 1 & 2 & -4 \end{bmatrix} \xrightarrow{-1R_1+R_2} \begin{bmatrix} 1 & -1 & 0 \\ 0 & -3 & 4 \\ 1 & 2 & -4 \end{bmatrix} \xrightarrow{-1R_1+R_3} \begin{bmatrix} 1 & -1 & 0 \\ 0 & -3 & 4 \\ 0 & 3 & -4 \end{bmatrix} \xrightarrow{1R_2+R_3}$$

$$\begin{bmatrix} 1 & -1 & 0 \\ 0 & -3 & 4 \\ 0 & 0 & 0 \end{bmatrix} \xrightarrow{-\frac{1}{3}R_2} \begin{bmatrix} 1 & -1 & 0 \\ 0 & 1 & -\dfrac{4}{3} \\ 0 & 0 & 0 \end{bmatrix}$$

故係數矩陣所對應之方程組為

$$\begin{cases} x - y + 0z = 0 \\ 0x + y - \dfrac{4}{3}z = 0 \\ 0x + 0y + 0z = 0 \end{cases}$$

即 $\begin{cases} x=y \\ y=\dfrac{4}{3}z \end{cases}$ 或 $\begin{cases} x=y \\ z=\dfrac{3}{4}y \end{cases}$

這線性方程組有無限多組解，令 $y=y_1$，則 $x=y_1$，$z=\dfrac{3}{4}y_1$，故線性方程組之一般解為

$$\mathbf{u} = \left[y_1 \quad y_1 \quad \frac{3}{4} y_1 \right] = y_1 \left[1 \quad 1 \quad \frac{3}{4} \right]$$

為使 **u** 成為一機率向量，可設

$$y_1 = \frac{1}{1+1+\frac{3}{4}} = \frac{1}{\frac{11}{4}} = \frac{4}{11}$$

因此，$\left[\dfrac{4}{11} \quad \dfrac{4}{11} \quad \dfrac{3}{11} \right]$ 為 **P** 的機率固定點.

註：解 $\mathbf{uP} = \mathbf{u}$ 與解 $\mathbf{u}(\mathbf{I} - \mathbf{P}) = 0$ 同義，亦即

$$[x \quad y \quad z] \begin{bmatrix} \frac{1}{2} & -\frac{1}{4} & -\frac{1}{4} \\ -\frac{1}{2} & 1 & -\frac{1}{2} \\ 0 & -1 & 1 \end{bmatrix} = [0 \quad 0 \quad 0]$$

6-3　k 步轉移機率

在馬克夫鏈轉移矩陣 **P** 中的元素 P_{ij} 為由狀態 E_i 轉移至狀態 E_j 的機率，稱為一步轉移機率 (one-step transition probability)，也可記為 $P_{ij}^{(1)}$，同理 $\mathbf{P} = \mathbf{P}^{(1)}$. 但有許多馬克夫鏈無法一步就由狀態 E_i 轉移至狀態 E_j，而是需要 k 步 (或 k 期) 的轉移.

定義 6-3-1

對於一個穩定性馬克夫鏈，我們以 $P_{ij}^{(k)}$ 表示由狀態 E_i 經過 k 次試驗之後而出現狀態 E_j 的機率，則稱此機率 $P_{ij}^{(k)}$ 為由 E_i 至 E_j 的 k 步轉移機率. 由 $P_{ij}^{(k)}$ 所構成之方陣

$$\boldsymbol{P}_{ij}^{(k)} = \begin{bmatrix} p_{11}^{(k)} & p_{12}^{(k)} & \cdots & p_{1n}^{(k)} \\ p_{21}^{(k)} & p_{22}^{(k)} & \cdots & p_{2n}^{(k)} \\ p_{31}^{(k)} & p_{32}^{(k)} & \cdots & p_{3n}^{(k)} \\ \vdots & \vdots & & \vdots \\ p_{n1}^{(k)} & p_{n2}^{(k)} & \cdots & p_{nn}^{(k)} \end{bmatrix} \quad (6\text{-}3\text{-}1)$$

稱為 k 步轉移矩陣. 例如, $p_{12}^{(4)}$ 表示由狀態 1 經過 4 期後轉移到狀態 2 的機率, 而 $p_{32}^{(10)}$ 表示由狀態 3 經過 10 期後轉移到狀態 2 的機率.

定理 6-3-1 查普曼-柯默哥羅夫方程式
(Chapman-Kalmogorov equation)

若 $\boldsymbol{P}$ 為一穩定有限馬克夫鏈的轉移矩陣, 而 $\boldsymbol{P}^{(k)}$ 為此馬克夫鏈的 k 步轉移矩陣, 則可得 $\boldsymbol{P}^{(k)} = \boldsymbol{P}^k$.

定義 6-3-2

對於具有 n 個狀態之馬克夫鏈的系統而言, 起始狀態向量 $\mathbf{u}_0$ 為一 $1 \times n$ 之列向量, 其元素為開始狀態系統內之值.

例如, 我們令 [9000　6000] 為一 1×2 矩陣且右乘以 2×2 的轉移矩陣, 我們得

$$[9000 \quad 6000] \begin{bmatrix} 0.84 & 0.16 \\ 0.07 & 0.93 \end{bmatrix} = [7980 \quad 7020]$$

我們就稱矩陣 [9000　6000] 為起始狀態向量 (initial state vector).

由以上之定義, 得知,

$$\text{第一狀態向量} = \mathbf{u}_1 = \mathbf{u}_0 \boldsymbol{P} \ (\boldsymbol{P} \text{ 為轉移矩陣})$$
$$\text{第二狀態向量} = \mathbf{u}_2 = \mathbf{u}_1 \boldsymbol{P} = (\mathbf{u}_0 \boldsymbol{P}) \boldsymbol{P} = \mathbf{u}_0 \boldsymbol{P}^2$$
$$\text{第三狀態向量} = \mathbf{u}_3 = \mathbf{u}_2 \boldsymbol{P} = (\mathbf{u}_0 \boldsymbol{P}^2) \boldsymbol{P} = \mathbf{u}_0 \boldsymbol{P}^3$$
$$\vdots$$

一般我們可求得第 k 狀態向量為

$$\mathbf{u}_k = \mathbf{u}_0 P^k, \quad k=0, 1, 2, \cdots$$

【例題 1】 甲、乙、丙三電視台，在晚上七時半到八時半的電視節目中，收視率各為 1/3. 現三電視台分別將這段時間內的節目革新，在首六個月內，收視率有下列的變化

1. 甲電視台原有觀眾，有 30% 改看乙台，30% 改看丙台.
2. 乙電視台原有觀眾，有 60% 改看甲台，10% 改看丙台.
3. 丙電視台原有觀眾，有 60% 改看甲台，10% 改看乙台.

試問一年以後，三家電視台在這段時間內的收視率有何變化？

【解】 由題意得知，在首六個月內，三家電視台的轉移矩陣為

$$P = \begin{array}{c} \\ \text{從甲台} \\ \text{從乙台} \\ \text{從丙台} \end{array} \begin{array}{ccc} \text{到甲台} & \text{到乙台} & \text{到丙台} \end{array} \\ \left[\begin{array}{ccc} 0.4 & 0.3 & 0.3 \\ 0.6 & 0.3 & 0.1 \\ 0.6 & 0.1 & 0.3 \end{array} \right]$$

已知起始機率分配向量 (或起始狀態向量) 為 $\mathbf{u}_0 = \begin{bmatrix} \dfrac{1}{3} & \dfrac{1}{3} & \dfrac{1}{3} \end{bmatrix}$. 故可知一年之後，收視率的變化為

$$\mathbf{u}_2 = \mathbf{u}_0 P^{(2)} = \mathbf{u}_0 P^2$$

$$P^2 = P \cdot P = \begin{bmatrix} 0.4 & 0.3 & 0.3 \\ 0.6 & 0.3 & 0.1 \\ 0.6 & 0.1 & 0.3 \end{bmatrix} \begin{bmatrix} 0.4 & 0.3 & 0.3 \\ 0.6 & 0.3 & 0.1 \\ 0.6 & 0.1 & 0.3 \end{bmatrix} = \begin{bmatrix} 0.52 & 0.24 & 0.24 \\ 0.48 & 0.28 & 0.24 \\ 0.48 & 0.24 & 0.28 \end{bmatrix}$$

所以，

$$\mathbf{u}_2 = \begin{bmatrix} \dfrac{1}{3} & \dfrac{1}{3} & \dfrac{1}{3} \end{bmatrix} \begin{bmatrix} 0.52 & 0.24 & 0.24 \\ 0.48 & 0.28 & 0.24 \\ 0.48 & 0.24 & 0.28 \end{bmatrix}$$

$$= \left[\frac{1}{3} \times 0.52 + \frac{1}{3} \times 0.48 + \frac{1}{3} \times 0.48 \quad \frac{1}{3} \times 0.24 + \frac{1}{3} \times 0.28 + \frac{1}{3} \times 0.24 \right.$$

$$\left. \frac{1}{3} \times 0.24 + \frac{1}{3} \times 0.24 + \frac{1}{3} \times 0.28 \right]$$

$$= [49.3\% \quad 25.3\% \quad 25.3\%]$$

故甲台的收視率分佈是 49.3%，乙台及丙台的收視率分佈都是 25.3%．

讀者應注意，假使轉移矩陣表示法是由行至列，每行總和為 1，即

$$P = \begin{array}{c} \\ 到甲台 \\ 到乙台 \\ 到丙台 \end{array} \begin{array}{ccc} 從甲台 & 從乙台 & 從丙台 \end{array} \\ \left[\begin{array}{ccc} 0.4 & 0.6 & 0.6 \\ 0.3 & 0.3 & 0.1 \\ 0.3 & 0.1 & 0.3 \end{array} \right]$$

則

$$P^2 = P \cdot P = \begin{bmatrix} 0.4 & 0.6 & 0.6 \\ 0.3 & 0.3 & 0.1 \\ 0.3 & 0.1 & 0.3 \end{bmatrix} \begin{bmatrix} 0.4 & 0.6 & 0.6 \\ 0.3 & 0.3 & 0.1 \\ 0.3 & 0.1 & 0.3 \end{bmatrix} = \begin{bmatrix} 0.52 & 0.48 & 0.48 \\ 0.24 & 0.28 & 0.24 \\ 0.24 & 0.24 & 0.28 \end{bmatrix}$$

轉移矩陣有行至列或者列至行兩種表示法，這兩種轉移矩陣互為**轉置矩陣**；但經過 n 期後的 $P^{(n)}$ **轉移矩陣**，亦有兩種表示法，且該兩種表示法互為轉置矩陣．若轉移矩陣由行至列，每行總和為 1，則 $\mathbf{u}_0$ 要寫成行向量．故設起始機率分配向量為

$$\mathbf{u}_0 = \begin{bmatrix} \frac{1}{3} \\ \frac{1}{3} \\ \frac{1}{3} \end{bmatrix}$$

故　$\mathbf{u}_2 = P^2 \cdot \mathbf{u}_0 = \begin{bmatrix} 0.52 & 0.48 & 0.48 \\ 0.24 & 0.28 & 0.24 \\ 0.24 & 0.24 & 0.28 \end{bmatrix} \begin{bmatrix} \frac{1}{3} \\ \frac{1}{3} \\ \frac{1}{3} \end{bmatrix} = \begin{bmatrix} 49.3\% \\ 25.3\% \\ 25.3\% \end{bmatrix}$

所以，由兩種轉移矩陣表示法所計算出的答案完全相同，但是在計算時要注意矩陣之安排。

6-4　正規馬克夫鏈

定義 6-4-1　正規轉移矩陣

若轉移矩陣 P 的 k 次方 P^k 中每一元素都為大於零的實數，則此轉移矩陣 P 稱為正規轉移矩陣，而此馬克夫鏈則稱為正規馬克夫鏈。

【例題 1】　$P = \begin{bmatrix} 0 & 1 \\ \frac{1}{3} & \frac{2}{3} \end{bmatrix}$ 是正規矩陣，因為 $P^2 = \begin{bmatrix} \frac{1}{3} & \frac{2}{3} \\ \frac{2}{9} & \frac{7}{9} \end{bmatrix}$。

$P = \begin{bmatrix} 1 & 0 \\ \frac{1}{2} & \frac{1}{2} \end{bmatrix}$ 不是正規矩陣，因為對 P 的任何次乘冪，它的第一列元素是 [1　0]，例如

$P^2 = \begin{bmatrix} 1 & 0 \\ \frac{3}{4} & \frac{1}{4} \end{bmatrix}$,　$P^3 = \begin{bmatrix} 1 & 0 \\ \frac{7}{8} & \frac{1}{8} \end{bmatrix}$

正規的轉移矩陣與機率固定點有極其密切的關係. 我們發現當 n 充分大時, 正規的 n 階轉移矩陣 P 的 n 次冪趨近於一個固定的 n 階轉移矩陣 W, 其中矩陣 W 的每一行都是 P 的一個機率固定點.

例如, $P = \begin{bmatrix} \frac{2}{3} & \frac{1}{3} \\ \frac{1}{2} & \frac{1}{2} \end{bmatrix}$, 顯然, P 是一個正規的轉移矩陣,

$$P^{(2)} = \begin{bmatrix} 0.611 & 0.389 \\ 0.583 & 0.417 \end{bmatrix}, \quad P^{(3)} = \begin{bmatrix} 0.602 & 0.389 \\ 0.597 & 0.403 \end{bmatrix}, \cdots$$

當 n 充分大時

$$\lim_{n \to \infty} P^{(n)} = \begin{bmatrix} 0.6 & 0.4 \\ 0.6 & 0.4 \end{bmatrix} = W$$

但對於不是正規的轉移矩陣, 上面的結果並不成立.

例如, $P = \begin{bmatrix} 0 & 1 \\ 1 & 0 \end{bmatrix}$, 顯然, P 不是正規的, 因為它的主對角線上出現了 1. 當 n 是偶數時, $P^{(n)} = I$; 當 n 為奇數時, $P^{(n)} = P$. 故 $P^{(n)}$ 並不可能趨近於一個固定的矩陣 W.

結合以上所論, 有關正規馬克夫鏈有下列之重要性質. 設 P 為正規轉移矩陣, 則

1. 此馬克夫鏈有唯一的列向量 $\mathbf{u} = [u_1 \quad u_2 \quad u_3 \quad \cdots \quad u_n]$, $u_i > 0$, $i = 1, 2, 3, \cdots, n$, 則 $\sum_{i=1}^{n} u_i = 1$, 使得 $\mathbf{u}P = \mathbf{u}$.

2. $\lim_{n \to \infty} P^{(n)}$ 存在, 若 $\lim_{n \to \infty} P^{(n)} = W$, 則 W 的每一列均由列向量 $\mathbf{u}$ 所構成.

3. 不論起始狀態向量 $\mathbf{u}_0$ 為何, 經過多次轉移後, 必趨近於 W, 即 $\lim_{n \to \infty} \mathbf{u}_0 P^{(n)} = W$.

在上述的性質中, W 可稱為穩定狀態機率 (steady-state probability). 一個正規馬克夫鏈, 不管其一開始之狀態機率分配向量為何, 經過長期隨機試驗之後, 任何狀態

j 發生之機率必趨近於 u_j，即其最後結果會趨近於穩定狀態機率．在求穩定狀態機率向量時，可令 $\mathbf{u}=[u_1 \quad u_2 \quad u_3 \quad \cdots \quad u_n]$，再由 $\mathbf{u}P=\mathbf{u}$ 及 $\sum_{i=1}^{n} u_i=1$，可得下面之聯立方程組

$$\begin{cases} p_{11}u_1+p_{21}u_2+\cdots+p_{n1}u_n=u_1 \\ p_{12}u_1+p_{22}u_2+\cdots+p_{n2}u_n=u_2 \\ \quad\vdots \qquad\quad\vdots \qquad\qquad\vdots \quad\;\; \vdots \\ p_{1n}u_1+p_{2n}u_2+\cdots+p_{nn}u_n=u_n \\ u_1+u_2+u_3+\cdots+u_n=1 \end{cases}$$

解上述線性方程組可保留最後一個方程式，前面 n 個方程式可任意刪去其中一個方程式，即可求得穩定狀態機率向量 $\mathbf{u}$．

【例題 2】 甲、乙、丙三電視台，在晚上七時半到八時半的電視節目中，收視率各為 1/3，現三電視台分別將這段時間內的節目革新，在首六個月內，收視率有下列的變化

1. 甲電視台原有觀眾，有 30% 改看乙台，30% 改看丙台．
2. 乙電視台原有觀眾，有 60% 改看甲台，10% 改看丙台．
3. 丙電視台原有觀眾，有 60% 改看甲台，10% 改看乙台．

假如這種現象一直繼續下去，最後的機率分佈如何？

【解】 設穩定狀態機率向量為 $\mathbf{u}=[u_1 \quad u_2 \quad u_3]$，且 $\sum_{i=1}^{3} u_i=1$，而

$$P=\begin{array}{c} \\ 甲 \\ 乙 \\ 丙 \end{array}\begin{array}{c} \begin{array}{ccc} 甲 & 乙 & 丙 \end{array} \\ \left[\begin{array}{ccc} 0.4 & 0.3 & 0.3 \\ 0.6 & 0.3 & 0.1 \\ 0.6 & 0.1 & 0.3 \end{array}\right] \end{array}$$

為正規轉移矩陣，於是得出

$$[u_1 \quad u_2 \quad u_3] \begin{bmatrix} 0.4 & 0.3 & 0.3 \\ 0.6 & 0.3 & 0.1 \\ 0.6 & 0.1 & 0.3 \end{bmatrix} = [u_1 \quad u_2 \quad u_3]$$

因此，有下列的線性方程組

$$\begin{cases} u_1 + u_2 + u_3 = 1 \\ 0.4u_1 + 0.6u_2 + 0.6u_3 = u_1 \\ 0.3u_1 + 0.3u_2 + 0.1u_3 = u_2 \\ 0.3u_1 + 0.1u_2 + 0.3u_3 = u_3 \end{cases}$$

解 $\begin{cases} u_1 + u_2 + u_3 = 1 \\ 0.3u_1 - 0.7u_2 + 0.1u_3 = 0 \\ 0.3u_1 + 0.1u_2 - 0.7u_3 = 0 \end{cases}$ 或 $\begin{cases} u_1 + u_2 + u_3 = 1 \\ 3u_1 - 7u_2 + u_3 = 0 \\ 3u_1 + u_2 - 7u_3 = 0 \end{cases}$

利用高斯消去法解上述線性方程組

$$\begin{bmatrix} 1 & 1 & 1 & \vdots & 1 \\ 3 & -7 & 1 & \vdots & 0 \\ 3 & 1 & -7 & \vdots & 0 \end{bmatrix} \underset{-3R_1+R_3}{\overset{-3R_1+R_2}{\sim}} \begin{bmatrix} 1 & 1 & 1 & \vdots & 1 \\ 0 & -10 & -2 & \vdots & -3 \\ 0 & -2 & -10 & \vdots & -3 \end{bmatrix} \underset{\frac{1}{2}R_3}{\overset{\frac{1}{10}R_2}{\sim}}$$

$$\begin{bmatrix} 1 & 1 & 1 & \vdots & 1 \\ 0 & -1 & -\dfrac{1}{5} & \vdots & -\dfrac{3}{10} \\ 0 & -1 & -5 & \vdots & -\dfrac{3}{2} \end{bmatrix} \underset{-1R_2+R_3}{\sim} \begin{bmatrix} 1 & 1 & 1 & \vdots & 1 \\ 0 & -1 & -\dfrac{1}{5} & \vdots & -\dfrac{3}{10} \\ 0 & 0 & -\dfrac{24}{5} & \vdots & -\dfrac{6}{5} \end{bmatrix} \underset{1R_2+R_1}{\sim}$$

$$\begin{bmatrix} 1 & 0 & \dfrac{4}{5} & \vdots & \dfrac{7}{10} \\ 0 & -1 & -\dfrac{1}{5} & \vdots & -\dfrac{3}{10} \\ 0 & 0 & -\dfrac{24}{5} & \vdots & -\dfrac{6}{5} \end{bmatrix}$$

所對應之線性方程組為

$$\begin{cases} u_1 \quad\quad + \dfrac{4}{5} u_3 = \dfrac{7}{10} \\ \quad -u_2 - \dfrac{1}{5} u_3 = -\dfrac{3}{10} \\ \quad\quad\quad -\dfrac{24}{5} u_3 = -\dfrac{6}{5} \end{cases}$$

解得 $u_3 = \dfrac{1}{4}$, $u_2 = \dfrac{1}{4}$, $u_1 = \dfrac{1}{2}$

因此,穩定狀態機率向量為 $\mathbf{u} = \begin{bmatrix} \dfrac{1}{2} & \dfrac{1}{4} & \dfrac{1}{4} \end{bmatrix}$.

即最後,甲電視台的收視率為 50%,乙電視台及丙電視台的收視率分別都變成 25%.

【例題 3】 某城市原有甲、乙兩家便利商店,彼此互相爭取顧客.現在又新開一家名為大維之便利商店.在第三家便利商店大維加入一年之後,顧客的購買行為如下:甲便利商店每月維持原有顧客 80%,分別流失 10% 至乙便利商店及大維便利商店.乙便利商店保有原有顧客 70%,並且有 20% 轉至甲便利商店,10% 轉向大維便利商店.大維便利商店保有原有顧客 90%,而有 10% 流向甲便利商店,沒有顧客流向乙便利商店.假如在一月底,甲、乙及大維便利商店的市場佔有率分別為 45%、30% 及 25%.如果轉移機率保持不變,試問三月底時各家便利商店的佔有率為何?長期以往,各家便利商店之市場佔有率又如何?

【解】 由題意得知,三家便利商店的轉移矩陣為

$$P = \begin{array}{c} \\ \text{甲} \\ \text{乙} \\ \text{大維} \end{array} \begin{array}{ccc} \text{甲} & \text{乙} & \text{大維} \end{array} \\ \begin{bmatrix} 0.8 & 0.1 & 0.1 \\ 0.2 & 0.7 & 0.1 \\ 0.1 & 0 & 0.9 \end{bmatrix}$$

已知起始機率分配向量為 $\mathbf{u}_0 = [0.45 \quad 0.3 \quad 0.25]$，故三月底三家便利商店之市場佔有率為

$$\mathbf{u}_2 = \mathbf{u}_0 P^{(2)} = \mathbf{u}_0 P^2$$

$$P^2 = P \cdot P = \begin{bmatrix} 0.8 & 0.1 & 0.1 \\ 0.2 & 0.7 & 0.1 \\ 0.1 & 0 & 0.9 \end{bmatrix} \begin{bmatrix} 0.8 & 0.1 & 0.1 \\ 0.2 & 0.7 & 0.1 \\ 0.1 & 0 & 0.9 \end{bmatrix} = \begin{bmatrix} 0.67 & 0.15 & 0.18 \\ 0.31 & 0.51 & 0.18 \\ 0.17 & 0.01 & 0.82 \end{bmatrix}$$

所以，

$$\mathbf{u}_2 = \mathbf{u}_0 P^2 = [0.45 \quad 0.3 \quad 0.25] \begin{bmatrix} 0.67 & 0.15 & 0.18 \\ 0.31 & 0.51 & 0.18 \\ 0.17 & 0.01 & 0.82 \end{bmatrix}$$

$$= [43.7\% \quad 22.3\% \quad 34\%]$$

即在三月底時，甲、乙及大維便利商店的市場佔有率分別為 43.7%、22.3% 及 34%．

設穩定狀態機率向量為 $\mathbf{u} = [u_1 \quad u_2 \quad u_3]$，且 $\sum_{i=1}^{3} u_i = 1$，而 P 為正規轉移矩陣，於是得出

$$[u_1 \quad u_2 \quad u_3] \begin{bmatrix} 0.8 & 0.1 & 0.1 \\ 0.2 & 0.7 & 0.1 \\ 0.1 & 0 & 0.9 \end{bmatrix} = [u_1 \quad u_2 \quad u_3]$$

因此得下列之線性方程組

$$\begin{cases} u_1 + u_2 + u_3 = 1 \\ 0.8u_1 + 0.2u_2 + 0.1u_3 = u_1 \\ 0.1u_1 + 0.7u_2 + 0u_3 = u_2 \\ 0.1u_1 + 0.1u_2 + 0.9u_3 = u_3 \end{cases}$$

解 $\begin{cases} u_1 + u_2 + u_3 = 1 \\ 0.1u_1 - 0.3u_2 = 0 \\ 0.1u_1 + 0.1u_2 - 0.1u_3 = 0 \end{cases}$ 或 $\begin{cases} u_1 + u_2 + u_3 = 1 \\ u_1 - 3u_2 = 0 \\ u_1 + u_2 - u_3 = 0 \end{cases}$

利用高斯消去法解上述線性方程組

$$\begin{bmatrix} 1 & 1 & 1 & \vdots & 1 \\ 1 & -3 & 0 & \vdots & 0 \\ 1 & 1 & -1 & \vdots & 0 \end{bmatrix} \xrightarrow[-1R_1+R_3]{-1R_1+R_2} \begin{bmatrix} 1 & 1 & 1 & \vdots & 1 \\ 0 & -4 & -1 & \vdots & -1 \\ 0 & 0 & -2 & \vdots & -1 \end{bmatrix} \xrightarrow{\frac{1}{4}R_2+R_1}$$

$$\begin{bmatrix} 1 & 0 & \frac{3}{4} & \vdots & \frac{3}{4} \\ 0 & -4 & -1 & \vdots & -1 \\ 0 & 0 & -2 & \vdots & -1 \end{bmatrix} \xrightarrow[-\frac{1}{2}R_3]{-\frac{1}{4}R_2} \begin{bmatrix} 1 & 0 & \frac{3}{4} & \vdots & \frac{3}{4} \\ 0 & 1 & \frac{1}{4} & \vdots & \frac{1}{4} \\ 0 & 0 & 1 & \vdots & \frac{1}{2} \end{bmatrix}$$

上述矩陣所對應之線性方程組為

$$\begin{cases} u_1 + \frac{3}{4}u_3 = \frac{3}{4} \\ u_2 + \frac{1}{4}u_3 = \frac{1}{4} \\ u_3 = \frac{1}{2} \end{cases}$$

故 $u_3 = \frac{1}{2} = 0.5$

$$u_2 = \frac{1}{4} - \frac{1}{4}u_3 = \frac{1}{4} - \frac{1}{8} = \frac{1}{8} = 0.125$$

$$u_1 = \frac{3}{4} - \frac{3}{4}u_3 = \frac{3}{4} - \frac{3}{4} \cdot \frac{1}{2} = \frac{3}{8} = 0.375$$

因此長期以往，甲、乙及大維三家便利商店之市場佔有率漸漸趨於穩定，分別為甲便利商店之佔有率為 37.5%，乙便利商店之佔有率為 12.5%，大維便利商店之佔有率為 50%．

6-5　吸收性馬克夫鏈

在 6-4 節中我們曾經討論到具有正規轉移矩陣的馬克夫鏈，不論其原始的機率向量為何，長期之後均會達到相同的穩定狀態機率向量．在本節中我們將進一步探討具有非正規轉移矩陣的馬克夫鏈，其機率向量長期之後也可能達到另一種穩定的狀態．

在馬克夫鏈過程中，當事件一旦進入某種狀態後就停留在該狀態內，不能離開，我們就稱該狀態為吸收狀態 (absorbing state)．若狀態 i 為吸收狀態，則該狀態的轉移機率為

$$p_{ij} = \begin{cases} 0, & \text{當 } i \neq j \\ 1, & \text{當 } i = j \end{cases}$$

也就是說，狀態 i 為吸收狀態時，其轉移矩陣 P 在主對角線位置有 1 存在，而該列其他位置均為 0．但讀者應注意有吸收狀態不見得就是吸收性馬克夫鏈，必須符合下列之定義．

定義 6-5-1

具有下列兩性質的馬克夫鏈稱為吸收性馬克夫鏈
(1) 至少有一吸收狀態．
(2) 事件由任何非吸收狀態開始，經過若干次轉移後，均可到達吸收狀態．

【例題 1】　下列矩陣何者為吸收性馬克夫鏈？

$$(1) \begin{bmatrix} 0.2 & 0.4 & 0.4 \\ 0.7 & 0.3 & 0 \\ 0.5 & 0.3 & 0.2 \end{bmatrix} \quad (2) \begin{bmatrix} 0.8 & 0.2 & 0 \\ 0 & 1 & 0 \\ 0.4 & 0 & 0.6 \end{bmatrix} \quad (3) \begin{bmatrix} 0.1 & 0 & 0.4 & 0.5 \\ 0 & 1 & 0 & 0 \\ 0.2 & 0 & 0.5 & 0.3 \\ 0.5 & 0 & 0.3 & 0.2 \end{bmatrix}$$

$$(4) \begin{bmatrix} 1 & 0 & 0 \\ 0 & 0.1 & 0.9 \\ 0 & 0.2 & 0.8 \end{bmatrix} \quad (5) \begin{bmatrix} 0.2 & 0.3 & 0 & 0.5 \\ 0 & 0.4 & 0 & 0.6 \\ 0.5 & 0 & 0.5 & 0 \\ 0 & 0 & 0 & 1 \end{bmatrix}$$

【解】(1) 不是吸收性馬克夫鏈，因為沒有任一狀態為吸收性.

(2) 因 $p_{22}=1$ 且同列之其他元素均為 0，故狀態 2 為吸收狀態，狀態轉移圖如圖 6-5-1.

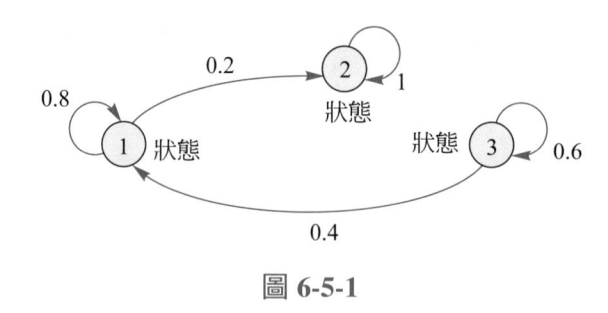

圖 6-5-1

由轉移圖可知，為吸收性馬克夫鏈，因為任何事件在非吸收狀態 1 或 3 經轉移後均可到達吸收狀態 2.

(3) 因 $p_{22}=1$ 且同列之其他元素均為 0，故狀態 2 為吸收狀態，狀態轉移圖如圖 6-5-2.

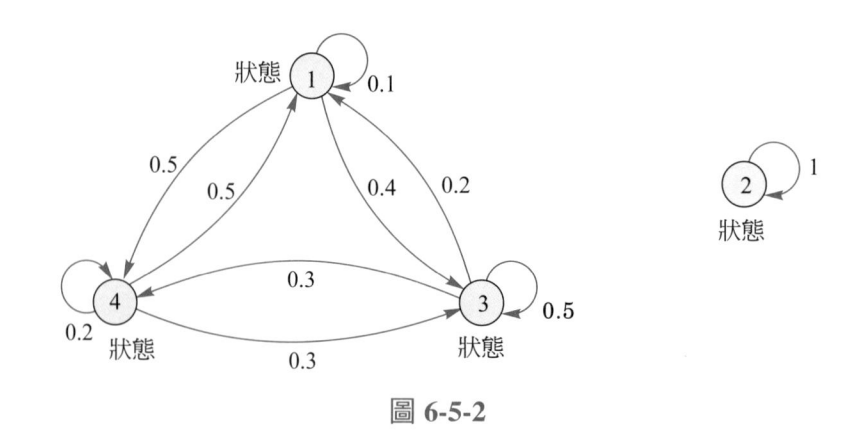

圖 6-5-2

由轉移圖可知，狀態 1，3，4 均不能轉移至吸收狀態 2，故不是吸收性馬克夫鏈.

(4) 因 $p_{11}=1$ 且同列之其他元素均為 0，故狀態 1 為吸收狀態，狀態轉移圖如圖 6-5-3.

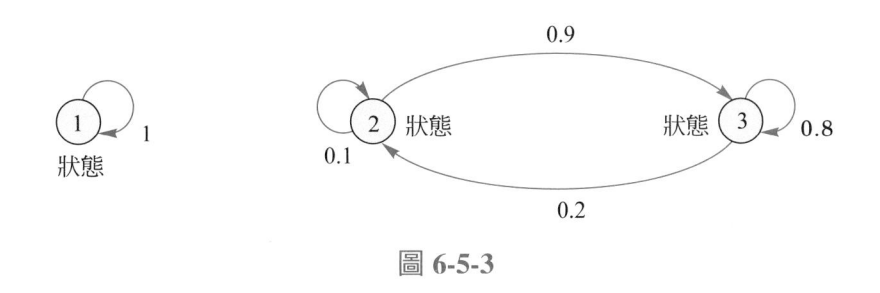

圖 6-5-3

由轉移圖可知，無論事件在非吸收狀態 2 或 3 時，均不能轉移至吸收狀態 1，故不是吸收性馬克夫鏈.

(5) 因 $p_{44}=1$ 且同列之其他元素均為 0，故狀態 4 為吸收狀態，狀態轉移圖如圖 6-5-4.

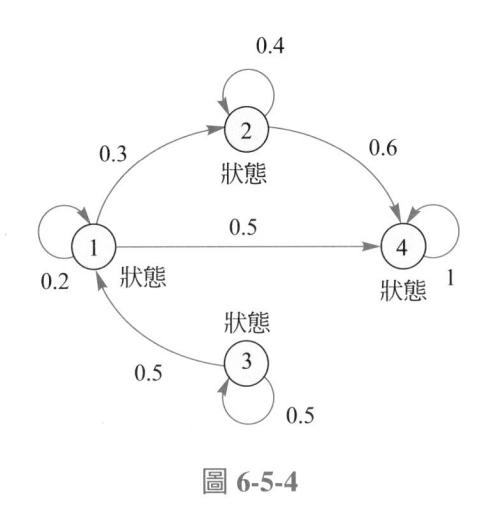

圖 6-5-4

由轉移圖可知，非吸收狀態 1、2、3 均可轉移至吸收狀態 4，故為吸收性馬克夫鏈.

吸收性馬克夫鏈性質之一是不論從那一個非吸收狀態 s_i 開始轉移，經過多次轉移後，必定會到達吸收狀態. 因此對於吸收性馬克夫鏈，我們討論三個重要的問題：

1. 由非吸收狀態開始轉移，則會被某一吸收狀態吸收之機率為多少？

2. 被吸收狀態吸收以前，在每一個非吸收狀態上平均各停留幾次？
3. 由某一非吸收狀態開始轉移，則在轉移到吸收狀態之前平均轉移幾次才會被吸收？

為了處理問題方便起見，我們將吸收性馬克夫鏈的吸收狀態調整集中在矩陣最上面，而將非吸收狀態調整排列在矩陣最下面，因此將原來之轉移矩陣化成下列標準形式

$$P = \begin{array}{c} \text{吸收} \\ \text{狀態} \\ \text{非吸收} \\ \text{狀態} \end{array} \left\{ \begin{array}{c} \begin{array}{cc} \text{吸收狀態} & \text{非吸收狀態} \end{array} \\ \left[\begin{array}{c|c} I & O \\ \hline R & Q \end{array} \right] \end{array} \right. \tag{6-5-1}$$

假設有 n 個狀態，其中 s 個為吸收狀態，$n-s$ 個為非吸收狀態，其中四個分割矩陣為

I 為由 s 個吸收狀態所組成的 $s \times s$ 單位方陣.

R 為 $(n-s) \times s$ 階的矩陣，其元素表示由某一非吸收狀態轉移一次會到達某一吸收狀態之機率.

O 為 $s \times (n-s)$ 階零矩陣，其元素表示由吸收狀態轉移到非吸收狀態的機率為 0.

Q 為 $(n-s) \times (n-s)$ 階方陣，表示由某一非吸收狀態轉移一步會到達某一非吸收狀態之機率.

例如轉移矩陣 $P = \begin{bmatrix} 1 & 0 & 0 & 0 \\ 0 & 1 & 0 & 0 \\ 0.5 & 0.1 & 0.2 & 0.2 \\ 0.4 & 0.1 & 0.4 & 0.1 \end{bmatrix}$ 即為一標準型的吸收轉移矩陣，其中

$$I = \begin{bmatrix} 1 & 0 \\ 0 & 1 \end{bmatrix}, \quad R = \begin{bmatrix} 0.5 & 0.1 \\ 0.4 & 0.1 \end{bmatrix}, \quad O = \begin{bmatrix} 0 & 0 \\ 0 & 0 \end{bmatrix}, \quad Q = \begin{bmatrix} 0.2 & 0.2 \\ 0.4 & 0.1 \end{bmatrix}$$

一般而言，並不是每一個吸收轉移矩陣均具有標準型. 但是，只要對其狀態的次序作一調整，即可使轉移矩陣表為式 (6-5-1) 之標準型.

例如，轉移矩陣

$$P = \begin{array}{c} \\ s_1 \\ s_2 \\ s_3 \\ s_4 \end{array} \begin{array}{cccc} s_1 & s_2 & s_3 & s_4 \\ \left[\begin{array}{cccc} 0.3 & 0.1 & 0.2 & 0.4 \\ 0 & 1 & 0 & 0 \\ 0 & 0 & 1 & 0 \\ 0.2 & 0.3 & 0.3 & 0.2 \end{array}\right] \end{array}$$

變換 P 的行與列，將它化成標準型如下

$$P' = \begin{array}{c} s_1 \\ s_2 \\ s_3 \\ s_4 \end{array} \begin{bmatrix} 0.3 & 0.1 & 0.2 & 0.4 \\ 0 & 1 & 0 & 0 \\ 0 & 0 & 1 & 0 \\ 0.2 & 0.3 & 0.3 & 0.2 \end{bmatrix} = \begin{array}{c} s_2 \\ s_1 \\ s_3 \\ s_4 \end{array} \begin{bmatrix} 0 & 1 & 0 & 0 \\ 0.3 & 0.1 & 0.2 & 0.4 \\ 0 & 0 & 1 & 0 \\ 0.2 & 0.3 & 0.3 & 0.2 \end{bmatrix}$$

$$= \begin{array}{c} s_2 \\ s_3 \\ s_1 \\ s_4 \end{array} \begin{bmatrix} 0 & 1 & 0 & 0 \\ 0 & 0 & 1 & 0 \\ 0.3 & 0.1 & 0.2 & 0.4 \\ 0.2 & 0.3 & 0.3 & 0.2 \end{bmatrix} = \begin{array}{c} s_2 \\ s_3 \\ s_1 \\ s_4 \end{array} \begin{bmatrix} 1 & 0 & 0 & 0 \\ 0 & 0 & 1 & 0 \\ 0.1 & 0.3 & 0.2 & 0.4 \\ 0.3 & 0.2 & 0.3 & 0.2 \end{bmatrix}$$

$$= \begin{array}{c} s_2 \\ s_3 \\ s_1 \\ s_4 \end{array} \begin{bmatrix} 1 & 0 & 0 & 0 \\ 0 & 1 & 0 & 0 \\ 0.1 & 0.2 & 0.3 & 0.4 \\ 0.3 & 0.3 & 0.2 & 0.2 \end{bmatrix} = \left[\begin{array}{c|c} I & O \\ \hline R & Q \end{array}\right]$$

其中 $I = \begin{bmatrix} 1 & 0 \\ 0 & 1 \end{bmatrix}$, $R = \begin{bmatrix} 0.1 & 0.2 \\ 0.3 & 0.3 \end{bmatrix}$, $O = \begin{bmatrix} 0 & 0 \\ 0 & 0 \end{bmatrix}$, $Q = \begin{bmatrix} 0.3 & 0.4 \\ 0.2 & 0.2 \end{bmatrix}$

$$P' = \begin{array}{c} \\ s_2 \\ s_3 \\ s_1 \\ s_4 \end{array} \begin{array}{cccc} s_2 & s_3 & s_2 & s_4 \end{array} \\ \left[\begin{array}{cccc} 1 & 0 & 0 & 0 \\ 0 & 1 & 0 & 0 \\ 0.1 & 0.2 & 0.3 & 0.4 \\ 0.3 & 0.3 & 0.2 & 0.2 \end{array} \right] = \left[\begin{array}{c|c} I & O \\ \hline R & Q \end{array} \right]$$

定理 6-5-1

設有標準型的吸收轉移矩陣 P

$$P = \begin{array}{c} 吸收 \\ 非吸收 \end{array} \begin{array}{cc} 吸收 & 非吸收 \end{array} \left[\begin{array}{c|c} I & O \\ \hline R & Q \end{array} \right]$$

則依據查普曼-柯默哥羅夫方程式得

$$P^n = \begin{array}{c} 吸收 \\ 非吸收 \end{array} \begin{array}{cc} 吸收 & 非吸收 \end{array} \left[\begin{array}{c|c} I & O \\ \hline R+QR+Q^2R+\cdots+Q^{n-1}R & Q^n \end{array} \right]$$

上述定理中之 Q^n 表示經 n 次轉移後，由非吸收狀態到非吸收狀態的機率矩陣，由於 Q 為機率矩陣，所以在 Q 矩陣中的每一元素皆小於 1，因此當 $n \to \infty$ 時，Q^n 矩陣會趨近於零矩陣. 又

$$R+QR+Q^2R+\cdots+Q^{n-1}R = (I+Q+Q^2+\cdots+Q^{n-1})R$$

因為

$$(I-Q) \cdot (I+Q+Q^2+\cdots+Q^{n-1}) = I-Q^n$$

當 $n \to \infty$ 時，$Q^n \to 0$，故

$$(I-Q) \cdot (I+Q+Q^2+\cdots+Q^{n-1}) = I$$

所以，

$$I+Q+Q^2+\cdots+Q^{n-1}=\frac{I}{I-Q}=(I-Q)^{-1}$$

定理 6-5-2

$$\lim_{n\to\infty} P^n = \begin{array}{c} \text{吸收} \\ \text{非吸收} \end{array} \begin{array}{cc} \text{吸收} & \text{非吸收} \\ \left[\begin{array}{c|c} I & O \\ \hline (I-Q)^{-1}R & O \end{array}\right] \end{array}$$

若令 b_{ij} 表示由非吸收狀態 s_i 開始而被吸收狀態 s_j 吸收之機率，B 表示以 b_{ij} 為元素所構成之矩陣，則 $B=(I-Q)^{-1}R$.

定理 6-5-3

若 $N=(I-Q)^{-1}$，一般稱 N 為吸收性馬克夫鏈的基本矩陣. 則 N 矩陣中的元素 n_{ij} 表示為由非吸收狀態 s_i 開始，在被吸收前，平均停留在非吸收狀態 s_j 的次數.

定理 6-5-4

令 t_i 表示由非吸收狀態 s_i 開始，在被吸收前，平均轉移之次數. T 表示以 t_i 為元素所構成之矩陣. 則

$$T=Ne$$

e 為元素均為 1 的 $(n-s)\times 1$ 行向量.

簡而言之，T 的元素即 N 之列和.

定理 6-5-5

令 $\mathbf{a}$ 表示起始吸收向量，$N=(I-Q)^{-1}$，則矩陣相乘 $\mathbf{a}NR$ 代表一開始在非吸收狀態的所有事件，最後被各吸收狀態所吸收的比例.

【例題 2】 設馬克夫鏈的轉移矩陣為

$$P = \begin{array}{c} \\ 1 \\ 2 \\ 3 \\ 4 \end{array} \begin{array}{c} 1 \quad 2 \quad 3 \quad 4 \end{array} \\ \begin{bmatrix} 0.3 & 0.1 & 0.2 & 0.4 \\ 0 & 1 & 0 & 0 \\ 0 & 0 & 1 & 0 \\ 0.2 & 0.3 & 0.3 & 0.2 \end{bmatrix}$$

(1) 試求此馬克夫鏈被每一個吸收狀態吸收的機率？
(2) 在被吸收前，在每一個非吸收狀態上平均各停留多少次？
(3) 非吸收狀態平均要經過幾次轉移才會被吸收？

【解】 P 是吸收型轉移矩陣，整理為標準型 P'

$$P' = \begin{array}{c} \\ 2 \\ 3 \\ 1 \\ 4 \end{array} \begin{array}{c} 2 \quad 3 \quad 1 \quad 4 \end{array} \\ \begin{bmatrix} 1 & 0 & 0 & 0 \\ 0 & 1 & 0 & 0 \\ 0.1 & 0.2 & 0.3 & 0.4 \\ 0.3 & 0.3 & 0.2 & 0.2 \end{bmatrix}$$

因此 $I = \begin{bmatrix} 1 & 0 \\ 0 & 1 \end{bmatrix}$, $R = \begin{bmatrix} 0.1 & 0.2 \\ 0.3 & 0.3 \end{bmatrix}$, $O = \begin{bmatrix} 0 & 0 \\ 0 & 0 \end{bmatrix}$, $Q = \begin{bmatrix} 0.3 & 0.4 \\ 0.2 & 0.2 \end{bmatrix}$

(1) $B = (I-Q)^{-1}R = \left(\begin{bmatrix} 1 & 0 \\ 0 & 1 \end{bmatrix} - \begin{bmatrix} 0.3 & 0.4 \\ 0.2 & 0.2 \end{bmatrix} \right)^{-1} \times \begin{bmatrix} 0.1 & 0.2 \\ 0.3 & 0.3 \end{bmatrix}$

$= \begin{bmatrix} 0.7 & -0.4 \\ -0.2 & 0.8 \end{bmatrix}^{-1} \times \begin{bmatrix} 0.1 & 0.2 \\ 0.3 & 0.3 \end{bmatrix}$

$$= \begin{bmatrix} \dfrac{7}{10} & -\dfrac{4}{10} \\ -\dfrac{2}{10} & \dfrac{8}{10} \end{bmatrix}^{-1} \times \begin{bmatrix} \dfrac{1}{10} & \dfrac{2}{10} \\ \dfrac{3}{10} & \dfrac{3}{10} \end{bmatrix}$$

$$= \dfrac{1}{\dfrac{56}{100} - \dfrac{8}{100}} \begin{bmatrix} \dfrac{8}{10} & \dfrac{4}{10} \\ \dfrac{2}{10} & \dfrac{7}{10} \end{bmatrix} \times \begin{bmatrix} \dfrac{1}{10} & \dfrac{2}{10} \\ \dfrac{3}{10} & \dfrac{3}{10} \end{bmatrix}$$

$$= \begin{bmatrix} \dfrac{5}{3} & \dfrac{5}{6} \\ \dfrac{5}{12} & \dfrac{35}{24} \end{bmatrix} \times \begin{bmatrix} \dfrac{1}{10} & \dfrac{2}{10} \\ \dfrac{3}{10} & \dfrac{3}{10} \end{bmatrix}$$

$$= \dfrac{1}{4} \begin{matrix} & 2 & 3 \\ & \begin{bmatrix} \dfrac{5}{12} & \dfrac{7}{12} \\ \dfrac{23}{48} & \dfrac{25}{48} \end{bmatrix} \end{matrix}$$

若由非吸收狀態 1 開始，被吸收狀態 2 吸收的機率為 $\dfrac{5}{12}$，被吸收狀態 3 吸收的機率為 $\dfrac{7}{12}$.

若由非吸收狀態 4 開始，被吸收狀態 2 吸收的機率為 $\dfrac{23}{48}$，被吸收狀態 3 吸收的機率為 $\dfrac{25}{48}$.

(2) $N=(I-Q)^{-1}= \begin{matrix} \\ 1 \\ 4 \end{matrix} \begin{matrix} 1 & 4 \\ \begin{bmatrix} \dfrac{5}{3} & \dfrac{5}{6} \\ \dfrac{5}{12} & \dfrac{35}{24} \end{bmatrix} \end{matrix}$

由上述 N 的第一列可知，若由非吸收狀態 1 開始，在被吸收狀態吸收之前，平均在狀態 1 停留 $\dfrac{5}{3}$ 次，在狀態 4 停留 $\dfrac{5}{6}$ 次.

由 N 的第二列可知，若由非吸收狀態 4 開始，在被吸收狀態吸收之前，平均在狀態 1 停留 $\dfrac{5}{12}$ 次，在狀態 4 停留 $\dfrac{35}{24}$ 次.

(註：假設時間單位為天，次數便為天數.)

(3) $T=Ne= \begin{matrix} \\ 1 \\ 4 \end{matrix} \begin{bmatrix} \dfrac{5}{3} & \dfrac{5}{6} \\ \dfrac{5}{12} & \dfrac{35}{24} \end{bmatrix} \begin{bmatrix} 1 \\ 1 \end{bmatrix} = \begin{bmatrix} \dfrac{5}{2} \\ \dfrac{15}{8} \end{bmatrix}$

若由非吸收狀態 1 開始，平均轉移 $\dfrac{5}{2}$ 次才會被吸收狀態吸收.

若由非吸收狀態 4 開始，平均轉移 $\dfrac{15}{8}$ 次才會被吸收狀態吸收.

【例題 3】 大偉公司所生產小客車之汽車引擎必須通過性能測試才可安裝在汽車上，依據以往之資料顯示，生產線上所製造出的汽車引擎 (新品) 通過性能測試的機率為 0.7，失敗的機率為 0.3. 通過性能測試的引擎 (合格品) 可隨時安裝在小客車上，但未能通過性能測試的引擎需退回生產線重新檢修. 這些重新檢修的汽車引擎 (再造品) 中有 0.9 的機率可通過性能測試，而有 0.1 的機率無法通過，無法通過的再造品需退回生產線進行特別修復. 修復後的汽

車引擎 (修復品) 通過性能測試的機率只有 0.6，而其餘的 0.4 直接報廢 (報廢品). 目前存貨單上顯示，新品的汽車引擎有 400 件，再造的汽車引擎有 60 件，而修復的汽車引擎有 40 件，總計有 500 件汽車引擎. 試問最後能合格出貨的汽車引擎共有幾件？

【解】此一系統中的事件代表製造的產品，而事件 (引擎) 可分為五種狀態，分別以狀態 s_1，s_2，s_3，s_4，s_5 表示之，每種狀態所代表之意義如下：

s_1：新的汽車引擎 (新品)

s_2：再造品

s_3：修復品

s_4：合格品

s_5：報廢品

我們可將合格品與報廢品視為兩種吸收狀態，分別以 s_4 及 s_5 表之. 其狀態轉移圖如圖 6-5-5.

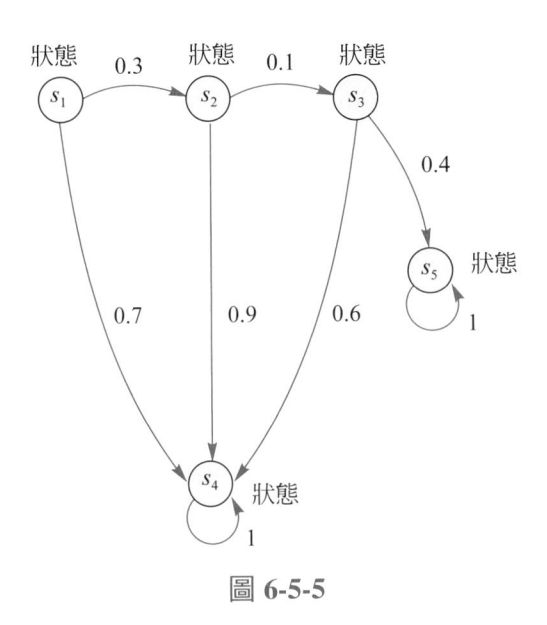

圖 6-5-5

轉移圖所對應的轉移矩陣如下

$$P = \begin{array}{c} \\ s_1 \\ s_2 \\ s_3 \\ s_4 \\ s_5 \end{array} \begin{array}{ccccc} s_1 & s_2 & s_3 & s_4 & s_5 \\ \begin{bmatrix} 0 & 0.3 & 0 & 0.7 & 0 \\ 0 & 0 & 0.1 & 0.9 & 0 \\ 0 & 0 & 0 & 0.6 & 0.4 \\ 0 & 0 & 0 & 1 & 0 \\ 0 & 0 & 0 & 0 & 1 \end{bmatrix} \end{array}$$

P 為吸收型轉移矩陣，變換轉移矩陣之行與列，使其成為標準形式

$$P' = \begin{array}{c} \\ s_4 \\ s_5 \\ s_1 \\ s_2 \\ s_3 \end{array} \begin{array}{ccccc} s_4 & s_5 & s_1 & s_2 & s_3 \\ \begin{bmatrix} 1 & 0 & 0 & 0 & 0 \\ 0 & 1 & 0 & 0 & 0 \\ 0.7 & 0 & 0 & 0.3 & 0 \\ 0.9 & 0 & 0 & 0 & 0.1 \\ 0.6 & 0.4 & 0 & 0 & 1 \end{bmatrix} \end{array}$$

$$I = \begin{bmatrix} 1 & 0 \\ 0 & 1 \end{bmatrix}, \ R = \begin{bmatrix} 0.7 & 0 \\ 0.9 & 0 \\ 0.6 & 0.4 \end{bmatrix}, \ O = \begin{bmatrix} 0 & 0 & 0 \\ 0 & 0 & 0 \end{bmatrix}, \ Q = \begin{bmatrix} 0 & 0.3 & 0 \\ 0 & 0 & 0.1 \\ 0 & 0 & 0 \end{bmatrix}$$

$$N = (I - Q)^{-1} = \left(\begin{bmatrix} 1 & 0 & 0 \\ 0 & 1 & 0 \\ 0 & 0 & 1 \end{bmatrix} - \begin{bmatrix} 0 & 0.3 & 0 \\ 0 & 0 & 0.1 \\ 0 & 0 & 0 \end{bmatrix} \right)^{-1}$$

$$= \begin{bmatrix} 1 & -0.3 & 0 \\ 0 & 1 & -0.1 \\ 0 & 0 & 1 \end{bmatrix}^{-1}$$

$$\begin{bmatrix} 1 & -0.3 & 0 \\ 0 & 1 & -0.1 \\ 0 & 0 & 1 \end{bmatrix}^{-1} = \begin{bmatrix} 1 & -0.3 & 0 & \vdots & 1 & 0 & 0 \\ 0 & 1 & -0.1 & \vdots & 0 & 1 & 0 \\ 0 & 0 & 1 & \vdots & 0 & 0 & 1 \end{bmatrix} \underset{\sim}{0.3R_2+R_1}$$

$$\begin{bmatrix} 1 & 0 & -0.03 & \vdots & 1 & 0.3 & 0 \\ 0 & 1 & -0.1 & \vdots & 0 & 1 & 0 \\ 0 & 0 & 1 & \vdots & 0 & 0 & 1 \end{bmatrix} \underset{\sim}{0.03R_3+R_1} \begin{bmatrix} 1 & 0 & 0 & \vdots & 1 & 0.3 & 0.03 \\ 0 & 1 & -0.1 & \vdots & 0 & 1 & 0 \\ 0 & 0 & 1 & \vdots & 0 & 0 & 1 \end{bmatrix}$$

$$\underset{\sim}{0.1R_3+R_2} \begin{bmatrix} 1 & 0 & 0 & \vdots & 1 & 0.3 & 0.03 \\ 0 & 1 & 0 & \vdots & 0 & 1 & 0.1 \\ 0 & 0 & 1 & \vdots & 0 & 0 & 1 \end{bmatrix}$$

故 $N = \begin{bmatrix} 1 & -0.3 & 0 \\ 0 & 1 & -0.1 \\ 0 & 0 & 1 \end{bmatrix}^{-1} = \begin{bmatrix} 1 & 0.3 & 0.03 \\ 0 & 1 & 0.1 \\ 0 & 0 & 1 \end{bmatrix}$

狀態 s_1、s_2 及 s_3 是非吸收狀態，且這些狀態的起始比例為 $\frac{400}{500} = \frac{4}{5}$，$\frac{60}{500} = \frac{3}{25}$，$\frac{40}{500} = \frac{2}{25}$；亦即起始吸收向量為 $\mathbf{a} = \begin{bmatrix} \frac{4}{5} & \frac{3}{25} & \frac{2}{25} \end{bmatrix}$。因此

$$\mathbf{a}NR = \begin{bmatrix} \frac{4}{5} & \frac{3}{25} & \frac{2}{25} \end{bmatrix} \begin{bmatrix} 1 & 0.3 & 0.03 \\ 0 & 1 & 0.1 \\ 0 & 0 & 1 \end{bmatrix} \begin{bmatrix} 0.7 & 0 \\ 0.9 & 0 \\ 0.6 & 0.4 \end{bmatrix}$$

$$= [0.8 \quad 0.12 \quad 0.08] \begin{bmatrix} 0.988 & 0.012 \\ 0.96 & 0.04 \\ 0.6 & 0.4 \end{bmatrix} = [0.9536, \ 0.0464]$$

此一結果顯示，系統中所有非吸收狀態之事件，最後被吸收狀態 s_4 (合格品) 所吸收的機率為 0.9536，而系統中的 500 件引擎，最後約有 $0.9536 \times 500 \approx 477$ 件合格品可供出貨，剩下的 23 件則為報廢品.

習題 6-1

1. 試將下列的轉移圖，以轉移矩陣表示.

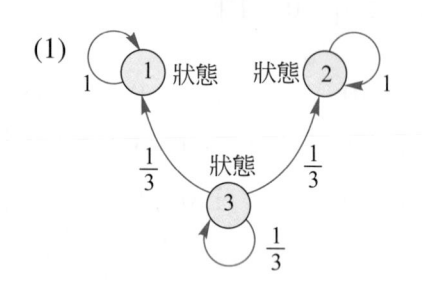

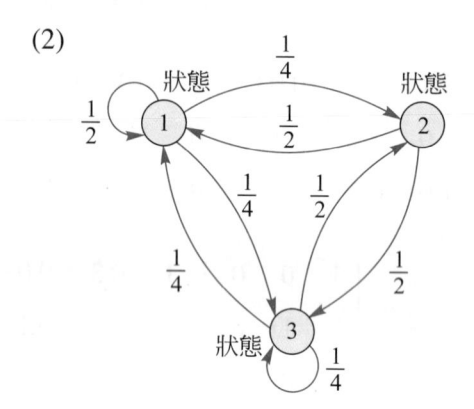

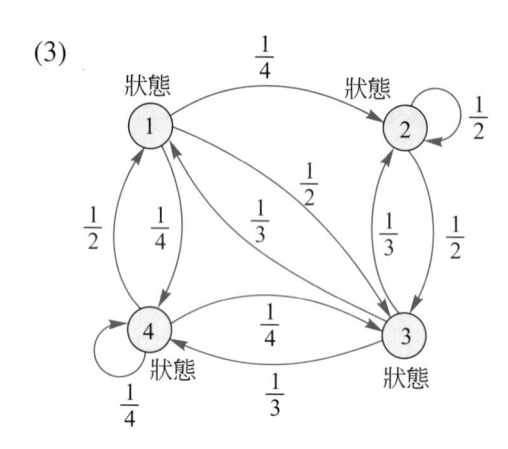

(1)

(2)

(3)

2. 下列的向量何者為機率向量？

(1) $\mathbf{u}_1 = \begin{bmatrix} \dfrac{1}{3} & \dfrac{10}{27} & \dfrac{8}{27} \end{bmatrix}$

(2) $\mathbf{u}_2 = \begin{bmatrix} \dfrac{1}{2} & \dfrac{1}{6} & \dfrac{1}{3} \end{bmatrix}$

(3) $\mathbf{u}_3 = \begin{bmatrix} \dfrac{1}{3} & 0 & \dfrac{1}{2} & \dfrac{1}{2} \end{bmatrix}$

(4) $\mathbf{u}_4 = \begin{bmatrix} 0 & -\dfrac{1}{3} & -\dfrac{1}{3} & -\dfrac{1}{2} \end{bmatrix}$

3. 下列矩陣中哪些為轉移矩陣(隨機矩陣)？

(1) $P = \begin{bmatrix} \frac{1}{2} & \frac{1}{3} & \frac{1}{5} \\ 0 & -\frac{1}{3} & \frac{2}{5} \\ \frac{1}{2} & 1 & -\frac{7}{5} \end{bmatrix}$
(2) $P = \begin{bmatrix} \frac{1}{2} & 0 & \frac{1}{4} \\ \frac{1}{6} & \frac{1}{3} & \frac{1}{4} \\ \frac{1}{3} & \frac{2}{3} & \frac{1}{2} \end{bmatrix}$

(3) $P = \begin{bmatrix} \frac{1}{2} & \frac{1}{2} & 0 & 0 \\ 0 & \frac{1}{2} & \frac{1}{4} & \frac{1}{4} \\ 0 & 0 & \frac{1}{4} & \frac{3}{4} \\ \frac{1}{3} & \frac{1}{3} & \frac{1}{3} & 0 \end{bmatrix}$

4. 某城市的工務局長想要了解其轄區內國宅的房屋狀況．將現有國宅的屋況分為良好、普通及損壞三類；根據調查資料顯示，每經過半年，屋況為良好的國宅有 2% 會變成普通，有 0.4% 會變成損壞，其他仍維持良好；而屋況為普通的國宅，經過半年之後，有 5% 會變成損壞，其餘的 95% 仍維持普通．而工務局長考量國宅維修基金的預算限制，每半年只能將 3% 的損壞國宅修護成為良好．試建立此系統的轉移圖及轉移矩陣．

5. 試求下列各轉移矩陣的唯一機率固定點．

(1) $P_1 = \begin{bmatrix} \frac{1}{3} & \frac{2}{3} \\ 1 & 0 \end{bmatrix}$
(2) $P_2 = \begin{bmatrix} \frac{1}{2} & \frac{1}{2} \\ \frac{2}{3} & \frac{1}{3} \end{bmatrix}$

6. 試求轉移矩陣 $P = \begin{bmatrix} 0 & 0 & 1 \\ \frac{1}{2} & 0 & \frac{1}{2} \\ \frac{1}{2} & 0 & \frac{1}{2} \end{bmatrix}$ 的唯一機率固定點．

7. 已知轉移矩陣 $P = \begin{bmatrix} 1 & 0 \\ \frac{1}{2} & \frac{1}{2} \end{bmatrix}$ 及起始機率分配向量 $\mathbf{u}_0 = \begin{bmatrix} \frac{1}{3} & \frac{2}{3} \end{bmatrix}$，試定義並求

    (1) $P_{21}^{(3)}$，(2) $\mathbf{u}_3$，(3) $P_2^{(3)}$．

8. 已知轉移矩陣 $P = \begin{bmatrix} 0 & \frac{1}{2} & \frac{1}{2} \\ \frac{1}{2} & \frac{1}{2} & 0 \\ 0 & 1 & 0 \end{bmatrix}$ 及起始機率分配向量 $\mathbf{u}_0 = \begin{bmatrix} \frac{2}{3} & 0 & \frac{1}{3} \end{bmatrix}$．

    試求

    (1) $P_{23}^{(2)}$ 及 $P_{13}^{(2)}$

    (2) $\mathbf{u}_2$

    (3) $\mathbf{u}_0 P^{(n)}$ 是否趨近於 P 的唯一固定機率向量，並求此機率向量．

9. 試判別下列矩陣是否為正規轉移矩陣？

    (1) $P_1 = \begin{bmatrix} \frac{1}{4} & \frac{3}{4} \\ 0 & 1 \end{bmatrix}$ (2) $P_2 = \begin{bmatrix} 0.975 & 0.02 & 0.005 \\ 0 & 0.96 & 0.04 \\ 0.01 & 0 & 0.99 \end{bmatrix}$

10. 轉移矩陣 $P = \begin{bmatrix} \frac{1}{3} & \frac{1}{3} & \frac{1}{3} \\ \frac{1}{2} & 0 & \frac{1}{2} \\ \frac{1}{4} & \frac{1}{2} & \frac{1}{4} \end{bmatrix}$ 是否為正規轉移矩陣？如果是正規轉移矩陣，則

    求其穩定狀態機率向量．

11. 某城市有三家超商甲、乙、丙，這三家超商之市場佔有率分別為 60%、30%、10%．根據市場研究人員調查分析，甲店每月客戶保留率為 50%，分別流向乙和丙各為 20% 及 30%；乙店每月客戶保留率為 70%，分別流向甲和丙各為 20% 及 10%；丙店每月客戶保留率為 90%，分別流向甲和乙各為 5%．試問二個月後，這三家超商之市場佔有率為多少？長期以往每家穩定狀態下之市場佔有率為多少？

12. 維新罐頭廠出品 A、B、C 三種品牌的罐頭，銷售量均等，各為 $\frac{1}{3}$。經過廣告宣傳之後，原有的顧客對三種罐頭的採購，出現了下列的轉移圖。

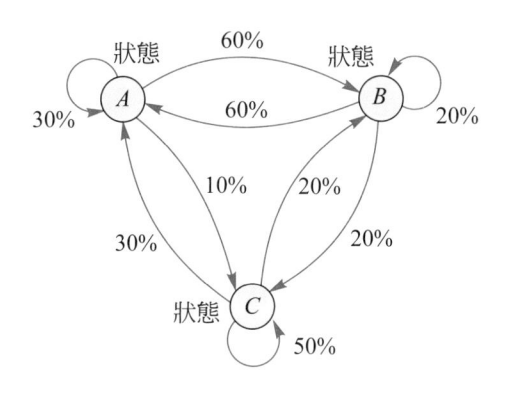

試問
(1) 兩年之後，該三種罐頭的銷售量有何改變？
(2) 假如轉移圖的趨勢一直沒有改變，那麼，維新工廠所出品 A、B、C 罐頭之銷售量為何？

13. 試判別下列矩陣何者可為吸收性馬克夫鏈的轉移矩陣，且有多少個吸收狀態？

(1) $P_1 = \begin{bmatrix} 1 & 0 & 0 \\ 0 & 1 & 0 \\ 0 & 0 & 1 \end{bmatrix}$

(2) $P_2 = \begin{bmatrix} 1 & 0 & 0 \\ \frac{1}{3} & \frac{2}{3} & 0 \\ 0 & 0 & 1 \end{bmatrix}$

(3) $P_3 = \begin{bmatrix} \frac{1}{3} & \frac{4}{3} & 0 \\ 0 & \frac{1}{2} & \frac{1}{2} \\ 0 & 0 & 1 \end{bmatrix}$

(4) $P_4 = \begin{bmatrix} \frac{3}{10} & \frac{1}{10} & \frac{2}{10} & \frac{4}{10} \\ 0 & 1 & 0 & 0 \\ 0 & 0 & 1 & 0 \\ \frac{2}{10} & \frac{3}{10} & \frac{3}{10} & \frac{2}{10} \end{bmatrix}$

(5) $P_5 = \begin{bmatrix} \frac{3}{10} & \frac{1}{10} & \frac{2}{10} & \frac{4}{10} \\ 0 & 0 & 1 & 0 \\ 0 & 1 & 0 & 0 \\ \frac{2}{10} & \frac{3}{10} & \frac{3}{10} & \frac{2}{10} \end{bmatrix}$

14. 設一吸收性馬克夫鏈之轉移矩陣為

$$P = \begin{array}{c} \\ 0 \\ 1 \\ 2 \\ 3 \\ 4 \end{array} \begin{array}{c} \begin{array}{ccccc} 0 & 1 & 2 & 3 & 4 \end{array} \\ \begin{bmatrix} 1 & 0 & 0 & 0 & 0 \\ \frac{2}{3} & 0 & \frac{1}{3} & 0 & 0 \\ 0 & \frac{2}{3} & 0 & \frac{1}{3} & 0 \\ 0 & 0 & \frac{2}{3} & 0 & \frac{1}{3} \\ 0 & 0 & 0 & 0 & 0 \end{bmatrix} \end{array}$$

試求

(1) 被吸收之前，在每一個非吸收狀態上平均各停留幾次？

(2) 非吸收狀態平均要經過幾次轉移才會被吸收？

(3) 被每一個吸收狀態吸收的機率．

第 7 章
對局理論

7-1 對局理論之概念與架構

　　人類在這個社會上求生存，為了個人與團體之利益，隨時都會遇到衝突與對抗. 在國與國的政治活動方面——如何能在和平協議中取得較多之政治利益；在商場上之經濟活動方面——寡佔市場廠商為了公司本身之所得利益，擬定了多種競爭策略，而與市場中其他有關廠商做激烈的競爭. 在社會活動方面——不同黨派之政治理念的訴求，公職人員之選舉及各種運動項目的比較，皆想盡一切的辦法要擊敗對方而贏得勝利. 在以上的各種競爭中，其結果如何？完全由各競爭對手所選取的行動策略來決定. 因此了解對局理論，對於一位高階的管理者面對工商企業的激烈競爭環境中所做之決策，將會有很大的協助. 所謂對局 (game)，即指兩個或兩個以上的競賽者因所追求產品的目標相互衝突而處於一種抗衡狀態. 由於競賽者所追求之目標互不相容，故不可能找到一個答案使競賽者均都滿意. 所以，對局是一種策略思考，透過策略推估，尋求自己的最大利益或最小損失，從而在競爭中求生存. 例如有甲、乙二人打乒乓球，並規定總共比賽十局，若有和局再繼續比賽下去，直到決定勝負為止. 甲希望贏得愈多愈好；同樣地，乙也是希望如此. 此時，甲、乙二人的希望不能同時達成，所以，在對局中，每一個對局的結果一定有勝負之分，每一位競賽者均知道報償情形，獲勝的競賽者將獲得正報償，而失敗的競賽者將取得負報償.

對局的類型

　　對局基本上可以區分為兩類：機會對局與策略對局. 機會對局完全以運氣決定勝

負，而無技巧可言．例如，在擲拾圓銅板的賭博中，若以出現正反面來決定勝負 (正面為勝，反面為負)，此種對局無技巧可言，純屬機會對局．策略對局的勝與負除與運氣有關之外，尚與參與競賽者所採行的策略優劣有關．例如兩人下象棋比賽、勞方與資方之協商、市場競爭等均屬策略對局的例子．本章中所討論之對局理論僅限於策略對局．而策略對局依參與競賽者之多寡及報償之情況可分成下列幾種

1. 兩人零和對局：參與者只有兩方，雙方皆處在對立狀態，一方所賺的錢加另一方所虧的錢其總和為零．例如，某項電子產品在市場上只有 A_1、A_2 兩種品牌．若 A_1 品牌在市場上增加 20% 的佔有率時，A_2 品牌則同時會減少 20% 的佔有率，換句話說，市場上的佔有率一定是 100%．
2. 多人零和對局：即有兩方以上參與競賽，各方的得失總和為零．
3. 非零和對局：即某一方的所得並不一定等於另一方所失．

在本章中，以第一種為討論的對象．

對局的基本元素與假設

1. 競賽者 (player)

具有決策權的參與者就稱為競賽者．競賽的參與者，可能是個人，也可能是團體．不能做直接決策而結局又與他們的得失無關的人，例如球賽中的啦啦隊，就不算是競賽者．兩個競賽者的對策稱為兩人對策 (two persons game)．

2. 策略 (strategy)

在一局對策中，每個競賽者都有一個供他選擇的行動方案，這個方案是指競賽者如何行動的一個方案，稱之為競賽者的一個策略．例如，甲、乙兩隊足球比賽，為了阻止甲隊的進攻，乙隊的隊員打「密集防禦」，這就是乙隊對甲隊的一個策略．而競賽者的全體策略，我們稱為這個競賽者的策略集．又依競賽者所使用的策略，可分為單純策略競賽 (pure strategy game) 與混合策略競賽 (mixed strategy game)．單純策略指競賽雙方的最佳策略均是固定採取一種策略，又稱有鞍點 (saddle point) 的競賽或可嚴格決定的競賽 (strictly determined game)．若競賽雙方最佳決策均是混合了數種策略，則稱為混合策略競賽或無鞍點競賽或不可嚴格決定的競賽 (not strictly determined game)．

3. 得失 (result)

在一局競賽中，競賽者所力爭的不外是勝利或失敗、排名的先後、金錢或物質上的收益等等．事實上，每一對局的得失是與競賽者所取的一組策略有關．在競賽結束時，每個競賽者的"得失"是全體競賽者所決定的一組策略的函數，稱為對策函數 (payoff function)．在一局對策中，從每個競賽者的策略集當中，各取出一個策略，這個配對組成的策略組，我們稱之為"局勢"．於是"得失"就是"局勢"的函數，如果在任一"局勢"中全體競賽者的"得失"相加之總和為零的話，這種對策就稱之為零和對策 (zero-sum game)，否則，稱之為非零和對策．

4. 報酬 (payoff)

當競賽者各自提出策略或行動時，假若事先雙方相互不知，於是結果顯示後，每一位競賽者都會得到一項報酬．此報酬可能是金錢，或其他可量化的財貨，且報酬可能為正值，亦可能為負值．又當雙方均採用最佳策略 (或策略組合) 時，所獲得之報酬稱為競賽值，而競賽值為 0 的競賽稱之為公平的競賽．

5. 報酬矩陣 (payoff matrix)

假設在對局中有一位競賽者稱為 R 方，習慣上將 R 方寫在列 (row)，C 方或競爭對手寫在行 (column)．令 R 方可能採取的策略或行動有 $i = 1, 2, 3, \cdots, m$ 等 m 種，而 C 方可能採取的策略或行動有 $j = 1, 2, 3, \cdots, n$ 等 n 種．令 a_{ij} 表示當 R 方採取第 i 種策略，C 方採取第 j 種策略時，R 方可獲得的利益，亦即，C 方所應付給 R 方的報酬，在零和對局中 a_{ij} 有下列三種情形

(i) 若 $a_{ij} > 0$，則對 R 方有利．

(ii) 若 $a_{ij} = 0$，則雙方沒有輸贏．

(iii) 若 $a_{ij} < 0$，則對 C 方有利，表示 C 方由 R 方得到 $|a_{ij}|$ 之報酬．

若非零和對局，則不是上列 (i)、(ii)、(iii) 之情形．

我們可將雙方 $m \times n$ 個報酬值 a_{ij} 以 $m \times n$ 階矩陣表示，稱之為報酬矩陣 (payoff matrix)，如下

$$\begin{array}{c} \\ R\,方\\策略 \end{array} \begin{array}{c} \\ S_1\\S_2\\\vdots\\S_i\\\vdots\\S_m \end{array} \overset{\displaystyle C\,方策略}{\begin{bmatrix} T_1 & T_2 & T_3 & \cdots & T_j & \cdots & T_n \\ a_{11} & a_{12} & a_{13} & \cdots & a_{1j} & \cdots & a_{1n} \\ a_{21} & a_{22} & a_{23} & \cdots & a_{2j} & \cdots & a_{2n} \\ \vdots & \vdots & \vdots & & \vdots & & \vdots \\ a_{i1} & a_{i2} & a_{i3} & \cdots & a_{ij} & \cdots & a_{in} \\ \vdots & \vdots & \vdots & & \vdots & & \vdots \\ a_{m1} & a_{m2} & a_{m3} & \cdots & a_{mj} & \cdots & a_{mn} \end{bmatrix}} \qquad (7\text{-}1\text{-}1)$$

對於上述之報酬矩陣 (或支付矩陣)，a_{23} 表 R 方採取策略 S_2，C 方採取策略 T_3 時，R 方可獲得的報酬. 因為 RC 雙方報酬是零和，R 方的收入等於 C 方的支出. 故此時 C 方可獲 $-a_{23}$. 若 $a_{23} > 0$，則 R 方賺，C 方賠；若 $a_{23} < 0$，則 R 方賠，C 方賺. 所以報酬矩陣之值均是以 R 方 (列) C 方 (行) 為立場所列出的.

【例題 1】 設有一兩人零和的競賽，其報酬矩陣為

$$\begin{array}{c} R\,方\\策略 \end{array} \overset{C\,方策略}{\begin{bmatrix} 2 & 5 \\ 6 & -8 \end{bmatrix}}$$

若設 R 方之兩種策略為 S_1、S_2，而 C 方之兩種策略為 T_1、T_2，則上述報酬矩陣之解釋為

| | | 競賽者 C 所採取之策略 ||
		T_1	T_2
競賽者 R 所採取之策略	S_1	R 贏 2, C 賠 2	R 贏 5, C 賠 5
	S_2	R 贏 6, C 賠 6	R 賠 8, C 贏 8

【例題 2】 設有一兩人常數和為 5 的競賽，其報酬矩陣為

$$\begin{array}{c} C\text{方策略} \\ \begin{array}{c} R\text{方} \\ \text{策略} \end{array} \begin{bmatrix} 2 & 5 \\ 6 & -7 \end{bmatrix} \end{array}$$

若設 R 方之兩種策略為 S_1、S_2，而 C 方之兩種策略為 T_1、T_2，則上述報酬矩陣之解釋為

		競賽者 C 所採取之策略	
		T_1	T_2
競賽者 R 所採取之策略	S_1	R 贏 2, C 贏 3	R 贏 5, C 無輸贏
	S_2	R 贏 6, C 賠 1	R 賠 7, C 贏 12

注意上表裡 R、C 所獲之報酬之總和必為 5.

註：非零和之輸贏未必與其值之正負有關．例如選舉票數為非零和競賽，且票數皆為正，但有一贏有一輸．

【例題 3】 在 R、C 兩人競賽中，設 R 方採取 S_1、S_2、S_3 三種策略，而 C 方採取 T_1、T_2 兩種策略，其報酬矩陣為

$$\begin{array}{c} C\text{方策略} \\ \begin{array}{c} R\text{方} \\ \text{策略} \end{array} \begin{bmatrix} 7 & 5 \\ -3 & 5 \\ 8 & -5 \end{bmatrix} \end{array}$$

則可表為

		競賽者 C 所採取之策略	
		T_1	T_2
競賽者 R 所採取之策略	S_1	R 贏 7, C 賠 7	R 贏 5, C 賠 5
	S_2	R 賠 3, C 贏 3	R 贏 5, C 賠 5
	S_3	R 贏 8, C 賠 8	R 賠 5, C 贏 5

【例題 4】 有一報酬矩陣如下 (單位:元)

$$\begin{array}{c} & C\,\text{方策略} \\ & \begin{array}{ccc} C_1 & C_2 & C_3 \end{array} \\ R\,\text{方策略} \begin{array}{c} R_1 \\ R_2 \\ R_3 \\ R_4 \end{array} & \left[\begin{array}{ccc} 1 & 8 & -2 \\ 3 & -6 & 0 \\ 5 & 0 & -5 \\ -2 & -3 & 6 \end{array}\right] \end{array}$$

試問

(1) 雙方各有多少策略可供選擇?

(2) 若 R 方選 R_3, C 方選 C_1, 則報酬為多少?

(3) 若 R 方選 R_4, C 方選 C_2, 則報酬為多少?

【解】 (1) 此報酬矩陣為 4 列 3 行之矩陣,故 R 方有 4 種策略,C 方有 3 種策略可供選擇.

(2) R 方選 R_3 (第三列),C 方選 C_1 (第一行),為矩陣之 (3, 1) 位置之數值 a_{31} =5,即 C 方給 R 方 5 元.

(3) R 方選 R_4 (第四列),C 方選 C_2 (第二行),為矩陣之 (4, 2) 位置之數值 a_{42} =-3,即 R 方給 C 方 3 元.

在報酬矩陣式 (7-1-1) 中,設 $p_i = R$ 方所採 R_i 策略的機率 ($i=1, 2, \cdots, m$),$q_j = C$ 方採 C_j 策略的機率 ($j=1, 2, \cdots, n$),且 $\sum_{i=1}^{m} p_i = 1$,$\sum_{j=1}^{n} q_j = 1$,則可得兩機率向量如下

$$\mathbf{P} = [p_1 \quad p_2 \quad p_3 \quad \cdots \quad p_m], \qquad \mathbf{Q} = \begin{bmatrix} q_1 \\ q_2 \\ q_3 \\ \vdots \\ q_n \end{bmatrix}$$

$\mathbf{P}$、$\mathbf{Q}$ 分別代表 R 方及 C 方之策略.

由機率理論，若 R 方採 R_i 策略，而 C 方採 C_j 策略時，則該落點位置 (i, j) 的機率為 $p_i q_j$，即 C 方支付給 R 方 a_{ij} 的機率為 $p_i q_j$，假若將報酬矩陣中各個可能的支付 (或報酬) 與其對應之機率相乘再相加，可得下式

$$a_{11}p_1q_1+a_{12}p_1q_2+a_{13}p_1q_3+\cdots+a_{1n}p_1q_n+a_{21}p_2q_1+\cdots+a_{mn}p_mq_n=\mathbf{PAQ}$$

令 $E(\mathbf{P}, \mathbf{Q})=\mathbf{PAQ}$，其中 A 為報酬矩陣，則 $E(\mathbf{P}, \mathbf{Q})$ 為 C 方長期之後，給 R 方之期望支付 (或報酬)，故 $-E(\mathbf{P}, \mathbf{Q})$ 為 R 方對 C 方的期望支付．

【例題 5】 A 君與 B 君同擲一顆骰子，若 A 君之出象為 1 點，2 點，3 點；且 B 君之出象為 1 點，2 點，3 點，4 點時，則 B 君依據 A 君之出象結果來支付金額給 A 君．例如：A 君之出象為 3 點，且 B 君之出象為 1 點，則 B 君支付 8 元給 A 君；反之，若 A 君之出象為 2 點，且 B 君之出象為 3 點，則 A 君支付 4 元給 B 君，如下表所示

		\multicolumn{4}{c}{B 君所擲骰子的出象結果}
		1	2	3	4
A 君所擲骰子的出象結果	1	$3	$5	$-2	$-1
	2	$-2	$4	$-4	$-4
	3	$8	$-5	$0	$3

今假設 A 君所擲骰子的出象結果為 1 點，2 點，3 點的機率分別為 $\dfrac{1}{2}$，$\dfrac{1}{3}$，$\dfrac{1}{6}$；B 君出象結果為 1 點，2 點，3 點，4 點的機率分別為 $\dfrac{1}{3}$，$\dfrac{1}{6}$，$\dfrac{1}{4}$，$\dfrac{1}{4}$．就長期而言，B 君給 A 君的期望支付 (或報酬) 為何？

【解】　令 $\mathbf{P}=\begin{bmatrix} \dfrac{1}{2} & \dfrac{1}{3} & \dfrac{1}{6} \end{bmatrix}$，$\mathbf{Q}=\begin{bmatrix} \dfrac{1}{3} \\ \dfrac{1}{6} \\ \dfrac{1}{4} \\ \dfrac{1}{4} \end{bmatrix}$，

報酬矩陣 $A=\begin{bmatrix} 3 & 5 & -2 & -1 \\ -2 & 4 & -4 & -4 \\ 8 & -5 & 0 & 3 \end{bmatrix}$

則 $E(\mathbf{P},\ \mathbf{Q})=\mathbf{PAQ}=\begin{bmatrix} \dfrac{1}{2} & \dfrac{1}{3} & \dfrac{1}{6} \end{bmatrix}\begin{bmatrix} 3 & 5 & -2 & -1 \\ -2 & 4 & -4 & -4 \\ 8 & -5 & 0 & 3 \end{bmatrix}\begin{bmatrix} \dfrac{1}{3} \\ \dfrac{1}{6} \\ \dfrac{1}{4} \\ \dfrac{1}{4} \end{bmatrix}$

$=\begin{bmatrix} \dfrac{13}{6} & 3 & -\dfrac{7}{3} & -\dfrac{4}{3} \end{bmatrix}\begin{bmatrix} \dfrac{1}{3} \\ \dfrac{1}{6} \\ \dfrac{1}{4} \\ \dfrac{1}{4} \end{bmatrix}=\dfrac{11}{36}$

因此，長期而言，B 君給 A 君之期望支付為 $\dfrac{11}{36}$ 元.

現在我們來討論最佳純策略 (optimum pure strategy) 的觀念. 設有一局有限兩人零和對策，其中競賽者 R 有 S_1、S_2、S_3 及 S_4 四個策略，競賽者 C 有 T_1、T_2 及 T_3 三個

策略，其報酬矩陣如下

$$\begin{array}{c} & C\text{ 方策略} \\ R\text{ 方策略} & \begin{array}{c} S_1 \\ S_2 \\ S_3 \\ S_4 \end{array} \begin{bmatrix} \begin{array}{ccc} T_1 & T_2 & T_3 \\ -6 & 1 & -8 \\ 3 & 2 & 8 \\ 23 & -1 & -16 \\ -3 & 0 & 4 \end{array} \end{bmatrix} \end{array} \qquad (7\text{-}1\text{-}2)$$

由上面的報酬矩陣，可以看出競賽者 R 的最大報酬是 23，R 方當然希望得到 23，就會採取策略 S_3，但 C 方猜測到 R 方的這種心理，也可採取他的策略 T_3 來對付，使 R 方非但不能得到 23，反而要付出 16. 同理，C 方的最大報酬是 16，所以 C 方當然希望採取策略 T_3. 但如果 R 方猜到 C 方將採取策略 T_3 的心理，就會採取策略 S_2 來對付，結果 C 方也得不到 16，反而要付出 8. 在一局對策中，若競賽者 R 不存有僥倖心理，為了盡可能達到最佳的結局，R 方必須計算他的每一個策略與競賽者 C 所有策略對策後的結果，從而求得使用每個策略會帶來的最壞報酬，再從這些最壞報酬的數字當中，揀選出一個最大的數字出來. 於是對應這個數字的列策略就是 R 方的最佳純策略. 同理，可以應用於競賽者 C，不過，競賽者 C 的每個策略的最壞報酬，卻是每行中最大的正數，為了盡可能減少損失，競賽者 C 必須從這些損失數字當中，選取一個令他損失最小的數字出來，而與這個數字所對應的行策略，就是 C 方的最佳純策略.

在上面的報酬矩陣中，將每列的最小數及每行的最大數寫出來，就得到下面的報酬表

R 的報酬 \ C 的策略 \ R 的策略	T_1	T_2	T_3	各列的最小數
S_1	-6	1	-8	-8
S_2	3	2	8	2^*
S_3	23	-1	-16	-16
S_4	-3	0	4	-3
各行的最大數	23	2^{**}	8	

註：最壞報酬未必是損失 (例如負的報酬為損失).

在上表中，競賽者 R 的最壞報酬數字分別為 $-8, 2, -16, -3$. 在這些最壞報酬數字當中，2 是最大的報酬. 因此競賽者 R 的最佳純策略是策略 S_2, 此一選擇行動的準則稱為小中取大原則 (maximin principle). 同理，對競賽者 C 則是在每一行中先選出最大的數值，然後再從中選取最小的數值，此一最小數值所對應之行，即為 C 方的最佳純策略 T_2, 此稱為大中取小原則 (minimax principle). 如果標號 "*" 與標號 "**" 的數相等，設此數為 v, 那麼，v 就稱為對策值 (或競賽值). 顯然，這局對策的對策值是 $v=2$.

一般來說，當 $v \geq 0$ 時，R 方可以處於不敗之地的策略，所以他是不願意冒險的. 同理，當 $v \leq 0$ 時，C 方也是不願意冒險的. 因此，不管 v 是什麼數，如果有一競賽者是不願意冒險的話，那麼，另一競賽者也被迫不能存有僥倖之心. 當對策值 $v=0$ 時，我們稱這種競賽是公平競賽 (fair game). 在上述的最佳策略例題中，由於競賽者 R 只採取策略 S_2, 而不採取其他三個策略，所以我們用 [0 1 0 0] 這個機率向量來代表 R 方的最佳純策略 S_2. 同理，競賽者 C 所採取的最佳純策略可用向量 $[0\ 1\ 0]^T$ 來表示，即策略 T_2.

定理 7-1-1

若有一報酬矩陣 A 的 R 方之最佳純策略為 $\mathbf{P}^*$, C 方之最佳純策略為 $\mathbf{Q}^*$, 則競賽值 (或對策值) 為

$$E(\mathbf{P}^*, \mathbf{Q}^*) = \mathbf{P}^* A \mathbf{Q}^*$$

註：每個競賽的競賽值是唯一的.

【例題 6】 試利用前述式 (7-1-2) 的報酬矩陣，求競賽值.

【解】 由報酬矩陣知 R 方的最佳純策略為 $\mathbf{P}^* = [0\ 1\ 0\ 0]$, C 方的最佳純策略為 $\mathbf{Q}^* = [0\ 1\ 0]^T$, 則

$$E(\mathbf{P}^*, \mathbf{Q}^*) = \mathbf{P}^* A \mathbf{Q}^* = [0\ 1\ 0\ 0] \begin{bmatrix} -6 & 1 & -8 \\ 3 & 2 & 8 \\ 23 & -1 & -16 \\ -3 & 0 & 4 \end{bmatrix} \begin{bmatrix} 0 \\ 1 \\ 0 \end{bmatrix}$$

$$= \begin{bmatrix} 3 & 2 & 8 \end{bmatrix} \begin{bmatrix} 0 \\ 1 \\ 0 \end{bmatrix} = [2] = 2$$

故競賽值為 $a_{22}=2$，即 R 方賺 2，C 方賺 -2 (賠 2)。

7-2 有鞍點的單純策略競賽 (或完全確定的對策)

於前述最佳純策略中，在每一列中選出最小者，再從中選出最大者令為 $\mu_1 = \max\limits_{1 \leq i \leq m}(\min\limits_{1 \leq j \leq n} a_{ij})$。在每一行中選出最大者，再從中選出最小者令為 $\mu_2 = \max\limits_{1 \leq j \leq n}(\min\limits_{1 \leq i \leq m} a_{ij})$，若 $\mu_1 = \mu_2$，我們稱之為有**鞍點** (saddle point)。即表示雙方均會採取單純策略，因此，在雙方得到均衡狀態下，此一鞍點即為一**競賽值** (或**對策值**)，此鞍點分別為雙方的最佳策略。若報酬矩陣中有數個鞍點時，最佳策略就非唯一了。而無鞍點的矩陣則為混合策略競賽，求解方法將留待以後各節討論。

定義 7-2-1

具有鞍點的對策矩陣，我們稱之為**完全確定的對策** (strictly determined games)。

【例題 1】試求下列報酬矩陣之鞍點。

C 方策略

R 方策略 $\begin{array}{c} \\ S_1 \\ S_2 \\ S_3 \\ S_4 \end{array} \begin{array}{ccccc} T_1 & T_2 & T_3 & T_4 & T_5 \\ \begin{bmatrix} 21 & 13 & 11 & 20 & 6 \\ 17 & 15 & 14 & 16 & 17 \\ 10 & 14 & 13 & 13 & 18 \\ 15 & 16 & 12 & 12 & 11 \end{bmatrix} \end{array}$

【解】

$$\begin{bmatrix} 21 & 13 & 11 & 20 & 6 \\ 17 & 15 & ⑭ & 16 & 17 \\ 10 & 14 & 13 & 13 & 18 \\ 15 & 16 & 12 & 12 & 11 \end{bmatrix} \begin{matrix} \min \\ 6 \\ ⑭ \leftarrow \text{maximin} \\ 10 \\ 11 \end{matrix}$$

$$\max \quad 21 \quad 16 \quad ⑭ \quad 20 \quad 18$$
$$\uparrow$$
$$\text{minimax}$$

由上述報酬矩陣知鞍點為 14，即 R、C 雙方會採取單純策略，R 方採取策略 S_2，C 方採取策略 T_3，在此情況下，R 方利益 14，而 C 方損失也是 14，雙方獲得均衡之競賽值為 14。

【例題 2】 下列各報酬矩陣何者有鞍點？何者無鞍點？

(1) $\begin{bmatrix} -4 & -2 & 6 \\ 2 & 0 & 2 \\ 8 & -2 & -4 \end{bmatrix}$ (2) $\begin{bmatrix} 6 & -2 & 3 & -4 \\ 3 & 2 & 1 & 4 \\ -3 & -1 & 2 & -5 \end{bmatrix}$

【解】 (1) R 方 (列) 依小中取大原則，各列最小值依次為 $-4, 0, -4$，因此 R 方應取第二列的 0。相反地，C 方依大中取小原則，各行最大值依次為 8, 0, 6，因此 C 方應取第二行的 0，雙方所選取的同是 $a_{22}=0$ 元素，故為有鞍點的競賽，報酬矩陣之鞍點為 0。

$$\begin{bmatrix} -4 & -2 & 6 \\ 2 & ⓪ & 2 \\ 8 & -2 & -4 \end{bmatrix} \begin{matrix} \min \\ -4 \\ ⓪ \leftarrow \text{maximin} \\ -4 \end{matrix}$$

$$\max \quad 8 \quad ⓪ \quad 6$$
$$\uparrow$$
$$\text{minimax}$$

(2) R 方 (列) 依小中取大原則，各列最小值依次為 -4, 1, -5，因此 R 方應取第二列的 1. 相反地，C 方依大中取小原則，各行最大值依次為 6, 2, 3, 4，因此 C 方應取第二行的 2，因 $1 \neq 2$，故報酬矩陣無鞍點.

$$\begin{bmatrix} & & & & \text{min} \\ 6 & -2 & 3 & -4 \\ 3 & 2 & 1 & 4 \\ -3 & -1 & 2 & -5 \end{bmatrix} \begin{matrix} -4 \\ \text{①} \leftarrow \text{maximin} \\ -5 \end{matrix}$$

$$\text{max} \quad 6 \quad \text{②} \quad 3 \quad 4$$
$$\uparrow$$
$$\text{minmax}$$

【例題 3】 設兩人零和競賽報酬矩陣

$$C \text{ 方策略}$$
$$\begin{array}{c} \\ R \text{ 方} \\ \text{策略} \end{array} \begin{matrix} & T_1 & T_2 & T_3 & T_4 \\ S_1 \\ S_2 \\ S_3 \\ S_4 \end{matrix} \begin{bmatrix} 2 & -2 & 0 & -1 \\ 18 & -5 & 1 & 6 \\ 10 & 8 & 5 & 7 \\ 6 & 11 & -3 & 2 \end{bmatrix}$$

試求雙方的最佳決策及競賽值.

【解】 R 方依小中取大原則，C 方依大中取小原則為

$$C \text{ 方策略}$$
$$\begin{array}{c} \\ R \text{ 方} \\ \text{策略} \end{array} \begin{matrix} & T_1 & T_2 & T_3 & T_4 & \text{min} \\ S_1 \\ S_2 \\ S_3 \\ S_4 \end{matrix} \begin{bmatrix} 2 & -2 & 0 & -1 \\ 18 & -5 & 1 & 6 \\ 10 & 8 & \text{⑤} & 7 \\ 6 & 11 & -3 & 2 \end{bmatrix} \begin{matrix} -2 \\ -5 \\ \text{⑤} \leftarrow \text{maximin} \\ -3 \end{matrix}$$

$$\text{max} \quad 18 \quad 11 \quad \text{⑤} \quad 7$$
$$\uparrow$$
$$\text{minmax}$$

R 方最佳純策略為 $\mathbf{P}^* = [0 \ 0 \ 1 \ 0]$,即為 S_3 策略. C 方最佳純策略 $\mathbf{Q}^* = [0 \ 0 \ 1 \ 0]^T$,即為 T_3 策略. 此競賽之競賽值為 $a_{33} = 5$,且為鞍點.

7-3 混合策略競賽

本節主要在討論無鞍點的策略競賽與最佳純策略. 我們先介紹混合策略之概念,先考慮下列之報酬矩陣

$$\begin{array}{c} & & C \text{ 方策略} \\ & & T_1 \quad T_2 \quad \min \\ R \text{ 方} & S_1 \\ \text{策略} & S_2 \end{array} \begin{bmatrix} 4 & -15 \\ -6 & 9 \end{bmatrix} \begin{array}{c} -15 \\ \boxed{-6} \leftarrow \text{maximin} \end{array}$$

$$\max \quad \boxed{4} \quad 9$$
$$\uparrow$$
$$\text{minimax}$$

由於 $\max\limits_{1 \leq i \leq 2}(\min\limits_{1 \leq j \leq 2} a_{ij}) = -6 \neq \min\limits_{1 \leq j \leq 2}(\max\limits_{1 \leq i \leq 2} a_{ij}) = 4$,故此報酬矩陣無鞍點存在. 但依據選擇最佳策略的原則,競賽者 C 自然會選取策略 T_1,可是競賽者 R 必不甘心每次都損失 6,故他不想採用策略 S_2,因此,他會出其不意地採用策略 S_1,希望得到 4,如果 C 方能猜想到 R 方的這個心理, C 方也會出策略 T_2 來對付,而使 R 方得不到 4,反而要損失 15. 在這種對策中,雙方競賽者 R、C 都互相猜測對方之策略,而設法製造出自己將採取某一策略之假象,使對方做出錯誤之判斷,從而措手不及. 在這種競賽過程中,由於雙方競賽者之策略都不想被對方猜測到,因而必須隨機地選取策略. 於是引進了混合策略 (mixed strategy) 的概念,即是每個競賽者在做出自己的決策時,並不是永遠採用某一個策略,而是依機率值的大小來選取每個策略. 例如在上述的報酬矩陣中競賽者 C 用 $\dfrac{1}{5}$ 的機率選取策略 T_1, $\dfrac{4}{5}$ 的機率選取策略 T_2,那麼,競賽者 C 的

混合策略 (簡稱策略) 就是機率向量 $\begin{bmatrix} \frac{1}{5} \\ \frac{4}{5} \end{bmatrix}$。同理，如果競賽者 R 用 $\frac{2}{3}$ 的機率選取策略 S_1，$\frac{1}{3}$ 的機率選取策略 S_2，則競賽者 R 的混合策略就是機率向量 $\begin{bmatrix} \frac{2}{3} & \frac{1}{3} \end{bmatrix}$。

一般而言，假如報酬矩陣為一 $m \times n$ 階矩陣，如式 (7-1-1)，競賽者 R 的策略集，我們通常用

$$S_R = \left\{ \mathbf{P} = [p_1 \quad p_2 \quad \cdots \quad p_m] \mid p_i \geq 0, \sum_{i=1}^{m} p_i = 1 \right\}$$

來表示競賽者 R 的混合策略集，其中 $i = 1, 2, \cdots, m$。同理，對競賽者 C 的策略集我們通常用

$$S_C = \left\{ \mathbf{Q} = \begin{bmatrix} q_1 \\ q_2 \\ \vdots \\ q_n \end{bmatrix} \mid q_j \geq 0, \sum_{j=1}^{n} q_j = 1 \right\}$$

來表示競賽者 C 的混合策略集，其中 $j = 1, 2, \cdots, n$。

如果我們可以找到 R 方的某個混合策略 $\mathbf{P}^*$ 及 C 方的某個混合策略 $\mathbf{Q}^*$，滿足下式

$$\max_{\mathbf{P} \in S_R} \min_{\mathbf{Q} \in S_C} E(\mathbf{P}, \mathbf{Q}) = \min_{\mathbf{P} \in S_R} \max_{\mathbf{Q} \in S_C} E(\mathbf{P}, \mathbf{Q}) = E(\mathbf{P}^*, \mathbf{Q}^*)$$

(即 $\max_{\mathbf{P} \in S_R} \min_{\mathbf{Q} \in S_C} \mathbf{PAQ} = \min_{\mathbf{P} \in S_R} \max_{\mathbf{Q} \in S_C} \mathbf{PAQ} = \mathbf{P}^* A \mathbf{Q}^*$)，

則 $(\mathbf{P}^*, \mathbf{Q}^*)$ 就稱為 A 的對策鞍點 (strategic saddle point)。策略 $\mathbf{P}^*$、$\mathbf{Q}^*$ 分別稱為競賽者 R 及競賽者 C 的最佳混合策略 (optimal mixed strategy)，而 $v = E(\mathbf{P}^*, \mathbf{Q}^*)$，則稱為競賽值 (或對策值)。

【例題 1】 試求下面報酬矩陣之競賽值 (或對策值).

$$A = \begin{array}{c} \\ R\text{方} \\ \text{策略} \end{array} \begin{array}{c} \\ S_1 \\ S_2 \end{array} \overset{\begin{array}{cc} C\text{方策略} \\ T_1 \quad T_2 \end{array}}{\begin{bmatrix} 5 & 1 \\ 3 & 4 \end{bmatrix}}$$

【解】

$$\begin{bmatrix} 5 & 1 \\ 3 & 4 \end{bmatrix} \begin{array}{l} 1 \\ \circled{3} \leftarrow \text{maximin} \end{array}$$

$$\max \quad 5 \quad \circled{4}$$
$$\uparrow$$
$$\text{minimax}$$

由於 $\max\limits_{1\leq i\leq 2}(\min\limits_{1\leq j\leq 2} a_{ij}) = 3 \neq \min\limits_{1\leq j\leq 2}(\max\limits_{1\leq i\leq 2} a_{ij}) = 4$, 故報酬矩陣無鞍點存在.

令競賽者 R 的某個混合策略為 $\mathbf{P}^* = [p_1 \quad p_2]$, 競賽者 C 的某個混合策略為 $\mathbf{P}^* = \begin{bmatrix} q_1 \\ q_2 \end{bmatrix}$, 則 R 方的期望支付 (或報酬) 為

$$E(\mathbf{P}^*, \mathbf{Q}^*) = \mathbf{P}^* A \mathbf{Q}^* = [p_1 \quad p_2] \begin{bmatrix} 5 & 1 \\ 3 & 4 \end{bmatrix} \begin{bmatrix} q_1 \\ q_2 \end{bmatrix}$$

$$= [5p_1 + 3p_2 \quad p_1 + 4p_2] \begin{bmatrix} q_1 \\ q_2 \end{bmatrix}$$

$$= 5p_1 q_1 + 3p_2 q_1 + p_1 q_2 + 4p_2 q_2$$

因為 $p_1 + p_2 = 1$, $q_1 + q_2 = 1$, 所以

$$E(\mathbf{P}^*, \mathbf{Q}^*) = 5p_1 q_1 + 3(1-p_1)q_1 + p_1(1-q_1) + 4(1-p_1)(1-q_1)$$

$$= 5p_1 q_1 + 3q_1 - 3p_1 q_1 + p_1 - p_1 q_1 + 4(1 - q_1 - p_1 + p_1 q_1)$$

$$= 5p_1 q_1 - 3p_1 - q_1 + 4$$

$$=5\left(p_1-\frac{1}{5}\right)\left(q_1-\frac{3}{5}\right)+\frac{17}{5}$$

由上面的等式知，當機率 $p_1=\frac{1}{5}$ 時，R 方取策略 S_1，此時 R 方的期望支付不少於 $\frac{17}{5}$，因為無論 q_1 是任何值，$E(\mathbf{P}^*, \mathbf{Q}^*)$ 都是 $\frac{17}{5}$。但若 p_1 不取 $\frac{1}{5}$，例如取 $p_1=\frac{2}{5}$，則當 q_1 取 $\frac{1}{5}$ 時，$E(\mathbf{P}^*, \mathbf{Q}^*)=\frac{15}{5}<\frac{17}{5}$，所以 R 方的最佳混合策略就是取 $\mathbf{P}^*=\begin{bmatrix}\frac{1}{5} & \frac{4}{5}\end{bmatrix}$。相對地，對 C 方而言，他要付出 $\frac{17}{5}$。為了抱著敗中求勝的希望，他的最佳混合策略就是取 $\mathbf{Q}^*=\begin{bmatrix}\frac{3}{5}\\\frac{2}{5}\end{bmatrix}$。當 C 方取策略 $\mathbf{Q}^*=\begin{bmatrix}\frac{3}{5}\\\frac{2}{5}\end{bmatrix}$ 時，不管 R 方取什麼策略，R 方也無法令 C 方的支出多於 $\frac{17}{5}$。反而，當 R 方所採取的策略出錯時，C 方的支出就會小於 $\frac{17}{5}$，甚至可以反敗為勝。因此 $\frac{17}{5}$ 這個數就是上述報酬矩陣的競賽值。我們不難發現

$$\mathbf{P}^*A\mathbf{Q}^*=\begin{bmatrix}\frac{1}{5} & \frac{4}{5}\end{bmatrix}\begin{bmatrix}5 & 1\\3 & 4\end{bmatrix}\begin{bmatrix}\frac{3}{5}\\\frac{2}{5}\end{bmatrix}=\frac{17}{5}$$

由上述之例題，我們給出下列最佳混合策略的定義。

定義 7-3-1

令 $A=[a_{ij}]_{m\times n}$ 為一 $m\times n$ 階之對策矩陣(或報酬矩陣).

(1) 若對競賽者 R，可以找到一個極大的數 V_R 及策略 $\mathbf{P}^*$，使得無論競賽者 C 採取任何的策略 $\mathbf{Q}$，皆有 $\mathbf{P}^*A\mathbf{Q} \geq V_R$，則 R 的這個策略 $\mathbf{P}^*=[p_1^*\ p_2^*\ \cdots\ p_m^*]$ 就稱為 R 方的最佳混合策略.

(2) 若對競賽者 C，可以找到一個極小的數 V_C 及策略 $\mathbf{Q}^*$，使得無論競賽者 R 採取任何的策略 $\mathbf{P}$，皆有 $\mathbf{P}^*A\mathbf{Q} \leq V_C$，則 C 的這個策略 $\mathbf{Q}^*=\begin{bmatrix}q_1^*\\q_2^*\\\vdots\\q_n^*\end{bmatrix}$ 就稱為 C 方的最佳混合策略.

當 $\mathbf{P}^*$ 及 $\mathbf{Q}^*$ 皆為最佳混合策略時，則 $V_R=V_C=v$. 這個 v 就是對策矩陣 A 的競賽值(或對策值).

定理 7-3-1　基本定理

設 $A=[a_{ij}]_{m\times n}$ 為 $m\times n$ 階對策矩陣(或報酬矩陣)，競賽者 R 及 C 之策略集分別為 S_R 及 S_C，則

$$\max_{\mathbf{P}\in S_R}\min_{\mathbf{Q}\in S_C} E(\mathbf{P},\ \mathbf{Q}) \ 及\ \min_{\mathbf{P}\in S_R}\max_{\mathbf{Q}\in S_C} E(\mathbf{P},\ \mathbf{Q})\ 均存在並相等$$

即

$$\max_{\mathbf{P}\in S_R}\min_{\mathbf{Q}\in S_C} E(\mathbf{P},\ \mathbf{Q}) = \min_{\mathbf{P}\in S_R}\max_{\mathbf{Q}\in S_C} E(\mathbf{P},\ \mathbf{Q}) = \mathbf{P}^*A\mathbf{Q}^*$$

【例題 2】　某一對局之報酬矩陣為

$$A=\begin{matrix}R方\\策略\end{matrix}\begin{matrix}C方策略\\\begin{bmatrix}2 & -3\\-2 & -4\end{bmatrix}\end{matrix}$$

試計算下列由 (1) 至 (4) 一對混合策略之對策值 v. 這些混合策略當中，哪些策略對 R 方最為有利？

(1) $\mathbf{P}^* = \begin{bmatrix} \dfrac{1}{2} & \dfrac{1}{2} \end{bmatrix}$, $\mathbf{Q}^* = \begin{bmatrix} \dfrac{1}{2} \\ \dfrac{1}{2} \end{bmatrix}$

(2) $\mathbf{P}^* = \begin{bmatrix} \dfrac{1}{3} & \dfrac{2}{3} \end{bmatrix}$, $\mathbf{Q}^* = \begin{bmatrix} \dfrac{1}{4} \\ \dfrac{3}{4} \end{bmatrix}$

(3) $\mathbf{P}^* = \begin{bmatrix} \dfrac{2}{5} & \dfrac{3}{5} \end{bmatrix}$, $\mathbf{Q}^* = \begin{bmatrix} \dfrac{2}{7} \\ \dfrac{5}{7} \end{bmatrix}$

(4) $\mathbf{P}^* = \begin{bmatrix} \dfrac{3}{8} & \dfrac{5}{8} \end{bmatrix}$, $\mathbf{Q}^* = \begin{bmatrix} \dfrac{2}{9} \\ \dfrac{7}{9} \end{bmatrix}$

【解】 (1) $v = \mathbf{P}^* A \mathbf{Q}^* = \begin{bmatrix} \dfrac{1}{2} & \dfrac{1}{2} \end{bmatrix} \begin{bmatrix} 2 & -3 \\ -2 & 4 \end{bmatrix} \begin{bmatrix} \dfrac{1}{2} \\ \dfrac{1}{2} \end{bmatrix} = \begin{bmatrix} 0 & \dfrac{1}{2} \end{bmatrix} \begin{bmatrix} \dfrac{1}{2} \\ \dfrac{1}{2} \end{bmatrix}$

$= \begin{bmatrix} \dfrac{1}{4} \end{bmatrix} = 0.25$

(2) $v = \mathbf{P}^* A \mathbf{Q}^* = \begin{bmatrix} \dfrac{1}{3} & \dfrac{2}{3} \end{bmatrix} \begin{bmatrix} 2 & -3 \\ -2 & 4 \end{bmatrix} \begin{bmatrix} \dfrac{1}{4} \\ \dfrac{3}{4} \end{bmatrix} = \begin{bmatrix} -\dfrac{2}{3} & \dfrac{5}{3} \end{bmatrix} \begin{bmatrix} \dfrac{1}{4} \\ \dfrac{3}{4} \end{bmatrix}$

$= \begin{bmatrix} \dfrac{13}{12} \end{bmatrix} = \dfrac{13}{12}$

(3) $v = \mathbf{P}^*A\mathbf{Q}^* = \begin{bmatrix} \dfrac{2}{5} & \dfrac{3}{5} \end{bmatrix} \begin{bmatrix} 2 & -3 \\ -2 & 4 \end{bmatrix} \begin{bmatrix} \dfrac{2}{7} \\ \dfrac{5}{7} \end{bmatrix} = \begin{bmatrix} -\dfrac{2}{5} & \dfrac{6}{5} \end{bmatrix} \begin{bmatrix} \dfrac{2}{7} \\ \dfrac{5}{7} \end{bmatrix}$

$= \begin{bmatrix} \dfrac{26}{35} \end{bmatrix} = \dfrac{26}{35}$

(4) $v = \mathbf{P}^*A\mathbf{Q}^* = \begin{bmatrix} \dfrac{3}{8} & \dfrac{5}{8} \end{bmatrix} \begin{bmatrix} 2 & -3 \\ -2 & 4 \end{bmatrix} \begin{bmatrix} \dfrac{2}{9} \\ \dfrac{7}{9} \end{bmatrix} = \begin{bmatrix} -\dfrac{4}{8} & \dfrac{11}{8} \end{bmatrix} \begin{bmatrix} \dfrac{2}{9} \\ \dfrac{7}{9} \end{bmatrix}$

$= \begin{bmatrix} \dfrac{23}{24} \end{bmatrix} = \dfrac{23}{24}$

策略 (2) 對 R 方最為有利，因為 R 方與 C 方依混合策略 (2) 經過一段較長時間的對局之後，R 方平均每一局贏得 $1.08.

最佳混合策略與對策值有下面的關係.

定理 7-3-2

令 $A = [a_{ij}]_{m \times n}$ 為一 $m \times n$ 階對策矩陣 (零和對策)，$\mathbf{P}^*$ 及 $\mathbf{Q}^*$ 分別為競賽者 R 及 C 之最佳混合策略.

令 $\mathbf{V} = [v \quad v \quad \cdots \quad v]$ 及 $\mathbf{V}' = \begin{bmatrix} v \\ v \\ \vdots \\ v \end{bmatrix}$ 分別是具有 n 個 v 分量的列向量及具有 m 個 v 分量的行向量，則 v 為競賽值 (或對策值) 的充要條件為

$$\mathbf{P}^*A \geq \mathbf{V} \quad \text{與} \quad A\mathbf{P}^* \leq \mathbf{V}'$$

定理 7-3-3

若 a_{11} 是報酬矩陣 $A=[a_{ij}]_{m \times n}$ 的一個鞍點，顯然，a_{11} 就是 A 的競賽值. 並且競賽者 R 的最佳純策略是對應於矩陣 A 第一列的策略，競賽者 C 的最佳純策略是對應於矩陣 A 中第一行的策略.

推論：設 a_{ij} 是 $m \times n$ 階報酬矩陣 A 的一個鞍點，則競賽者 R 的最佳純策略是對應於矩陣 A 第 i 列的策略，競賽者 C 的最佳純策略是對應於矩陣 A 第 j 行的策略.

7-4　2×2 矩陣型混合策略競賽

我們在本節中將討論無鞍點的兩人零和競賽。有關無鞍點之競賽又稱之為一非完全確定的對策. 一般而言，無鞍點的競賽不能採用單純策略，必須使用混合策略. 但是對於 2×2 之無鞍點矩陣，我們可使用下列一些方法求解.

1. 圖解法
2. 公式解法
3. 代數法
4. 算術簡便法

圖解法

考慮一 2×2 矩陣競賽，若其中一方僅有兩種策略之混合策略，假設這一方為 R 方，其混合策略為 $\mathbf{P}=[p_1 \quad 1-p_1]$，故僅需解 p_1 值. 這種情況下只要繪出 p_1 函數的期望報酬，然後，可藉此圖加以辨認找出最小期望報酬最大之點，對方之大中取小原則亦可由此圖看出，我們用下面的例子予以說明.

【例題1】 考慮具有下列之報酬矩陣，以圖解法求出雙方之最佳策略.

$$\begin{array}{c} & & C\text{ 方策略} \\ & & \begin{array}{cc} T_1 & T_2 \end{array} \\ R\text{ 方策略} & \begin{array}{c} S_1 \\ S_2 \end{array} & \begin{bmatrix} -1 & 3 \\ 4 & 2 \end{bmatrix} \end{array}$$

【解】 因 R 方有兩種策略可用，假設會使用策略 S_1 的機率為 p_1，則會使用策略 S_2 的機率為 $1-p_1$ (因 $p_1+p_2=1$)。

故
$$\begin{array}{c} p_1 \\ 1-p_1 \end{array} \begin{bmatrix} -1 & 3 \\ 4 & 2 \end{bmatrix}$$

$$[p_1 \quad 1-p_1] \begin{bmatrix} -1 & 3 \\ 4 & 2 \end{bmatrix} = [-p_1+4(1-p_1) \quad 3p_1+2(1-p_1)]$$

若 C 方採取不同策略下，R 方之期望報酬為

C 方採取之策略	R 方之期望報酬
T_1	$E_1=-p_1+4(1-p_1)=4-5p_1$
T_2	$E_2=3p_1+2(1-p_1)=2+p_1$

直線 $E_1=4-5p_1$ 與 $E_2=2+p_1$，如圖 7-4-1 所示.

由圖 7-4-1 可知 R 方之 max(min) (即小中取大原則) 是粗線中找其最大，其最佳選擇應該是兩直線之交點 E. 即

$$4-5p_1=2+p_1$$

解得 $\qquad p_1=\dfrac{1}{3}, \qquad p_2=1-\dfrac{1}{3}=\dfrac{2}{3}$

故 R 方有 $\dfrac{1}{3}$ 的機會選擇策略 S_1，$\dfrac{2}{3}$ 的機會選擇策略 S_2，所以 R 方之最佳混合策略為 $\mathbf{P}^*=\begin{bmatrix} \dfrac{1}{3} & \dfrac{2}{3} \end{bmatrix}$. 對此最佳策略之期望報酬 (或競賽值) 為

圖 7-4-1

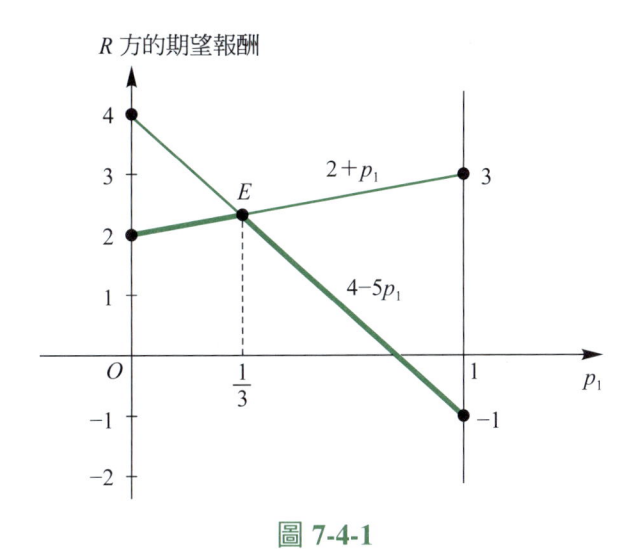

$$v=4-5p_1=4-\frac{5}{3}=\frac{7}{3} \quad \text{或} \quad v=2+p_1=2+\frac{1}{3}=\frac{7}{3}$$

因為期望報酬為 $\frac{7}{3}$，對 R 方有利，為不公平競賽.

同理，C 方也有兩種策略可供選擇，假設 C 方會使用策略 T_1 之機率為 q_1，則會使用策略 T_2 之機率為 $1-q_1$ (因 $q_1+q_2=1$).

故
$$\begin{array}{cc} q_1 & 1-q_1 \end{array}$$
$$\begin{bmatrix} -1 & 3 \\ 4 & 2 \end{bmatrix}$$

$$\begin{bmatrix} -1 & 3 \\ 4 & 2 \end{bmatrix} \begin{bmatrix} q_1 \\ 1-q_1 \end{bmatrix} = \begin{bmatrix} -q_1+3(1-q_1) \\ 4q_1+2(1-q_1) \end{bmatrix}$$

若 R 方採取不同策略下，C 方之期望損失為

R 方採取之策略	C 方之期望損失
S_1	$E_1=-q_1+3(1-q_1)=3-4q_1$
S_2	$E_2=4q_1+2(1-q_1)=2+2q_1$

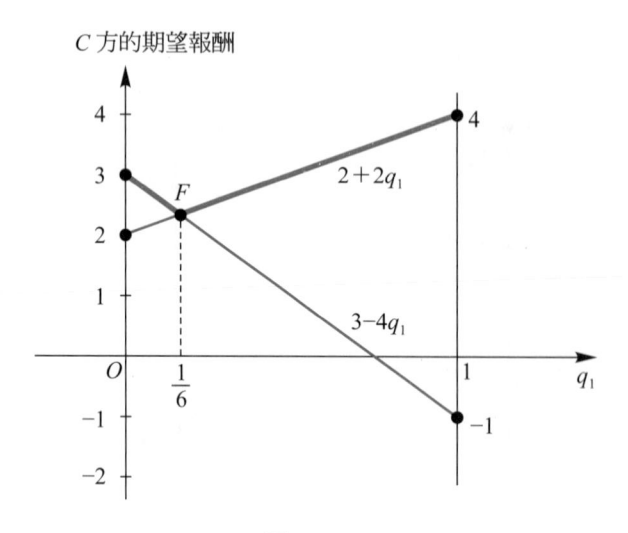

圖 7-4-2

直線 $E_1=3-4q_1$ 與 $E_2=2+2q_1$，如圖 7-4-2 所示.

由圖 7-4-2 可知 C 方之 min(max) (即大中取小原則) 是粗線中找其最小，其最佳選擇應該是兩直線之交點 F，即

$$3-4q_1=2+2q_1$$

解得 $q_1=\dfrac{1}{6}$，　$q_2=1-q_1=1-\dfrac{1}{6}=\dfrac{5}{6}$

故 C 方有 $\dfrac{1}{6}$ 的機會選擇策略 T_1，有 $\dfrac{5}{6}$ 的機會選擇策略 T_2，所以 C 方之最佳策略為 $\mathbf{Q}^*=\begin{bmatrix}\dfrac{1}{6}\\ \dfrac{5}{6}\end{bmatrix}$．對此一最佳混合策略之期望損失 (或競賽值) 為

$$v=3-4q_1=3-\dfrac{4}{6}=\dfrac{7}{3} \quad 或 \quad v=2+2q_1=2+2\cdot\dfrac{1}{6}=\dfrac{7}{3}$$

因為期望損失為 $\dfrac{7}{3}$，對 C 方不利，為不公平競賽．

公式解法

> **定理 7-4-1**
>
> 設報酬矩陣 $A=\begin{bmatrix} a_{11} & a_{12} \\ a_{21} & a_{22} \end{bmatrix}$ 不含鞍點，則 R 方與 C 方之最佳策略分別為
>
> $$\mathbf{P}^*=\left[\frac{a_{22}-a_{21}}{a_{11}+a_{22}-a_{12}-a_{21}} \quad \frac{a_{11}-a_{12}}{a_{11}+a_{22}-a_{12}-a_{21}}\right]$$
>
> $$\mathbf{Q}^*=\left[\frac{a_{22}-a_{12}}{a_{11}+a_{22}-a_{12}-a_{21}} \quad \frac{a_{11}-a_{21}}{a_{11}+a_{22}-a_{12}-a_{21}}\right]^T$$
>
> 且此競賽值為
>
> $$v=\frac{a_{11}a_{22}-a_{12}a_{21}}{a_{11}+a_{22}-a_{12}-a_{21}}$$

在上述定理中，可知 v 為鞍點且為競賽值，同時為 R 方之相對最大期望報酬與 C 方之相對最小期望報酬．但讀者應注意，如果 $a_{11}+a_{22}-a_{12}-a_{21}=0$ 時，代表其為單純策略情形，必有鞍點存在，這時只需以大中取小原則加以求解即可．

【例題 2】 已知報酬矩陣如下，試求雙方的最佳策略與競賽值．

$$A=\begin{bmatrix} 2 & -3 \\ -2 & 1 \end{bmatrix}$$

【解】 我們先利用小中取大、大中取小原則，決定是否有鞍點存在．

$$\begin{array}{c} & & \min \\ & \begin{bmatrix} 2 & -3 \\ -2 & 1 \end{bmatrix} & \begin{matrix} -3 \\ \boxed{-2} \end{matrix} \leftarrow \text{maximin} \\ \max & 2 \quad \boxed{1} & \\ & \uparrow & \\ & \text{minimax} & \end{array}$$

因 $\max\limits_{1\leq i\leq 2}(\min\limits_{1\leq j\leq 2} a_{ij})=-2 \neq \min\limits_{1\leq j\leq 2}(\max\limits_{1\leq i\leq 2} a_{ij})=1$，故無鞍點存在，所以為一混合策略競賽. 令 $a_{11}=2$, $a_{12}=-3$, $a_{21}=-2$, $a_{22}=1$ 代入

$$p=\frac{a_{22}-a_{21}}{a_{11}+a_{22}-a_{12}-a_{21}} \quad \text{與} \quad q=\frac{a_{22}-a_{12}}{a_{11}+a_{22}-a_{12}-a_{21}}$$

得 $\quad p=\dfrac{1-(-2)}{2+1-(-3)-(-2)}=\dfrac{3}{8}, \qquad 1-p=1-\dfrac{3}{8}=\dfrac{5}{8}$

$\quad q=\dfrac{1-(-3)}{2+1-(-3)-(-2)}=\dfrac{4}{8}=\dfrac{1}{2}, \qquad 1-q=1-\dfrac{1}{2}=\dfrac{1}{2}$

故 R 方之最佳策略為 $\quad \mathbf{P}^*=\begin{bmatrix}\dfrac{3}{8} & \dfrac{5}{8}\end{bmatrix}$

C 方之最佳策略為 $\quad \mathbf{Q}^*=\begin{bmatrix}\dfrac{1}{2} & \dfrac{1}{2}\end{bmatrix}^T$

將 $a_{11}=2$, $a_{12}=-3$, $a_{21}=-2$, $a_{22}=1$, 代入 $v=\dfrac{a_{11}a_{22}-a_{12}a_{21}}{a_{11}+a_{22}-a_{12}-a_{21}}$ 中，可求得競賽值，

$$v=\frac{(2)(1)-(-3)(-2)}{2+1-(-3)-(-2)}=\frac{2-6}{8}=-\frac{1}{2}$$

或 $\quad v=E(\mathbf{P}^*, \mathbf{Q}^*)=\begin{bmatrix}\dfrac{3}{8} & \dfrac{5}{8}\end{bmatrix}\begin{bmatrix}2 & -3\\ -2 & 1\end{bmatrix}\begin{bmatrix}\dfrac{1}{2}\\ \dfrac{1}{2}\end{bmatrix}=\begin{bmatrix}-\dfrac{1}{2}\end{bmatrix}=-\dfrac{1}{2}$

代數法

考慮下列之報酬矩陣

$$\begin{array}{c} C\,方策略 \\ \begin{array}{cc} T_1 & T_2 \end{array} \\ \begin{array}{c} R\,方 \\ 策略 \end{array} \begin{array}{c} S_1 \\ S_2 \end{array} \left[\begin{array}{cc} -20 & 10 \\ 30 & -40 \end{array} \right] \end{array}$$

由於該報酬矩陣無鞍點存在，故不能採用單純策略。若 R 方採用策略 S_1 的機率為 p_1，則其採用 S_2 的機率為 $p_2=1-p_1$。

$$\begin{array}{c} p_1 \\ 1-p_1 \end{array} \left[\begin{array}{cc} -20 & 10 \\ 30 & -40 \end{array} \right]$$

如果 R 方採用混合策略得當，無論 C 方如何採用策略 T_1 及 T_2，R 方之期望報酬均相等。

$$[p_1 \quad 1-p_1] \left[\begin{array}{cc} -20 & 10 \\ 30 & -40 \end{array} \right] = [-20p_1+30(1-p_1) \quad 10p_1-40(1-p_1)]$$

$$E(T_1)=-20p_1+30(1-p_1)$$

$$E(T_2)=10p_1-40(1-p_1)$$

令 $$E(T_1)=E(T_2)$$

所以， $$-20p_1+30(1-p_1)=10p_1-40(1-p_1)$$

$$-50p_1+30=50p_1-40$$

解得 $$p_1=\frac{7}{10}$$

$$p_2=1-p_1=1-\frac{7}{10}=\frac{3}{10}$$

故 R 方之最佳混合策略為 $\mathbf{P}^*=\left[\begin{array}{cc} \dfrac{7}{10} & \dfrac{3}{10} \end{array} \right]$。

同理，若 C 方採用策略 T_1 的機率為 q_1，則其採用 T_2 之機率為 $q_2=1-q_1$。

$$\begin{array}{cc} q_1 & 1-q_1 \end{array}$$
$$\begin{bmatrix} -20 & 10 \\ 30 & -40 \end{bmatrix}$$

如果 C 方採用混合策略適宜，無論 R 方採用其策略 S_1 及 S_2，C 方之期望報酬均相等，

$$\begin{bmatrix} -20 & 10 \\ 30 & -40 \end{bmatrix} \begin{bmatrix} q_1 \\ 1-q_1 \end{bmatrix} = \begin{bmatrix} -20q_1+10(1-q_1) \\ 30q_1-40(1-q_1) \end{bmatrix}$$

$$E(S_1) = -20q_1 + 10(1-q_1) = -30q_1 + 10$$

$$E(S_2) = 30q_1 - 40(1-q_1) = 70q_1 - 40$$

令
$$E(S_1) = E(S_2)$$

所以，
$$-30q_1 + 10 = 70q_1 - 40$$

$$100q_1 = 50$$

解得
$$q_1 = \frac{1}{2}, \quad q_2 = 1 - q_1 = \frac{1}{2}$$

故 C 方之最佳混合策略為
$$\mathbf{Q}^* = \begin{bmatrix} \frac{1}{2} \\ \frac{1}{2} \end{bmatrix}$$

$$\text{競賽值} = \begin{bmatrix} \frac{7}{10} & \frac{3}{10} \end{bmatrix} \begin{bmatrix} -20 & 10 \\ 30 & -40 \end{bmatrix} \begin{bmatrix} \frac{1}{2} \\ \frac{1}{2} \end{bmatrix} = -5$$

我們分別就 R 方及 C 方之觀點考慮，說明如下

1. 由 R 方的觀點考慮，C 方採用策略 T_1 或 T_2，R 方的損失均為

$$\text{競賽值} = -20 \times \left(\frac{7}{10}\right) + 30 \times \left(\frac{3}{10}\right) = -5$$

2. 由 C 方的觀點考慮，R 方採用策略 S_1 或 S_2，C 方的報酬均為

$$競賽值 = -20 \times \left(\frac{1}{2}\right) + 10 \times \left(\frac{1}{2}\right) = -5$$

當雙方利用此項最佳混合策略 $\mathbf{P}^*$ 與 $\mathbf{Q}^*$ 時，R 方無法將其損失再行減少，C 方亦無法再將其報酬加大，此一競賽即告穩定，故競賽值為 -5。

【例題 3】 試求下列報酬矩陣的最佳混合策略與競賽值。

$$\begin{array}{c} & C\text{ 方策略} \\ & \begin{array}{ccc} T_1 & T_2 & T_3 \end{array} \\ R\text{ 方} \\ \text{策略} \end{array} \begin{array}{c} S_1 \\ S_2 \\ S_3 \end{array} \left[\begin{array}{ccc} 3 & -1 & 2 \\ 6 & 1 & -3 \\ -1 & 3 & 5 \end{array}\right]$$

【解】 此一報酬矩陣無鞍點存在，故不能採用單純策略。若 R 方採用策略 S_1 的機率為 p_1，採用策略 S_2 的機率為 p_2，則採用策略 S_3 的機率為 $p_3 = 1 - p_1 - p_2$。

$$\begin{array}{c} p_1 \\ p_2 \\ 1-p_1-p_2 \end{array} \left[\begin{array}{ccc} 3 & -1 & 2 \\ 6 & 1 & -3 \\ -1 & 3 & 5 \end{array}\right]$$

如果 R 方混合策略得當，無論 C 方採用其策略 T_1、T_2 及 T_3 中之任何一種策略，R 方期望報酬均相等。

$$[p_1 \quad p_2 \quad 1-p_1-p_2] \left[\begin{array}{ccc} 3 & -1 & 2 \\ 6 & 1 & -3 \\ -1 & 3 & 5 \end{array}\right]$$

$$= [3p_1 + 6p_2 - (1-p_1-p_2) \quad -p_1 + p_2 + 3(1-p_1-p_2) \quad 2p_1 - 3p_2 + 5(1-p_1-p_2)]$$

$$E(T_1) = 3p_1 + 6p_2 - 1 + p_1 + p_2$$
$$E(T_2) = -p_1 + p_2 + 3 - 3p_1 - 3p_2$$
$$E(T_3) = 2p_1 - 3p_2 + 5 - 5p_1 - 5p_2$$

令 $E(T_1)=E(T_2)$，並整理得

$$3p_1+6p_2-1+p_1+p_2=-p_1+p_2+3-3p_1-3p_2$$

$$8p_1+9p_2=4 \quad\cdots\cdots\cdots\cdots\cdots\cdots\cdots\cdots\cdots\cdots\cdots\cdots\cdots\cdots\cdots① $$

令 $E(T_2)=E(T_3)$，並整理得

$$-p_1+p_2+3-3p_1-3p_2=2p_1-3p_2+5-5p_1-5p_2$$

$$-p_1+6p_2=2 \quad\cdots\cdots\cdots\cdots\cdots\cdots\cdots\cdots\cdots\cdots\cdots\cdots\cdots\cdots\cdots② $$

解下列之聯立方程式

$$\begin{cases} 8p_1+9p_2=4 \\ -p_1+6p_2=2 \end{cases}$$

得

$$p_2=\frac{20}{57}, \qquad p_1=\frac{6}{57}$$

$$p_3=1-p_1-p_2=1-\frac{6}{57}-\frac{20}{57}=\frac{31}{57}$$

故 R 方之最佳混合策略為 $\mathbf{P}^*=\begin{bmatrix}\dfrac{6}{57} & \dfrac{20}{57} & \dfrac{31}{57}\end{bmatrix}$。

同理，若 C 方採用策略 T_1 的機率為 q_1，採用策略 T_2 的機率為 q_2，則採用策略 T_3 的機率為 $q_3=1-q_1-q_2$。

$$\begin{array}{ccc} q_1 & q_2 & 1-q_1-q_2 \end{array}$$
$$\begin{bmatrix} 3 & -1 & 2 \\ 6 & 1 & -3 \\ -1 & 3 & 5 \end{bmatrix}$$

如果 C 方採用混合策略適宜，無論 R 方採用其策略 S_1、S_2 及 S_3 中之任何一種策略，R 方期望報酬均相等.

$$\begin{bmatrix} 3 & -1 & 2 \\ 6 & 1 & -3 \\ -1 & 3 & 5 \end{bmatrix} \begin{bmatrix} q_1 \\ q_2 \\ 1-q_1-q_2 \end{bmatrix} = \begin{bmatrix} 3q_1-q_2+2(1-q_1-q_2) \\ 6q_1+q_2-3(1-q_1-q_2) \\ -q_1+3q_2+5(1-q_1-q_2) \end{bmatrix}$$

$$E(S_1) = 3q_1 - q_2 + 2(1-q_1-q_2)$$
$$E(S_2) = 6q_1 + q_2 - 3(1-q_1-q_2)$$
$$E(S_3) = -q_1 + 3q_2 + 5(1-q_1-q_2)$$

令 $E(S_1) = E(S_2)$，並整理得

$$3q_1 - q_2 + 2(1-q_1-q_2) = 6q_1 + q_2 - 3(1-q_1-q_2)$$

$$8q_1 + 7q_2 = 5 \quad \cdots\cdots\cdots\cdots\cdots\cdots ③$$

令 $E(S_2) = E(S_3)$，並整理得

$$6q_1 + q_2 - 3(1-q_1-q_2) = -q_1 + 3q_2 + 5(1-q_1-q_2)$$

$$15q_1 + 6q_2 = 8 \quad \cdots\cdots\cdots\cdots\cdots\cdots ④$$

解下列之聯立方程式

$$\begin{cases} 8q_1 + 7q_2 = 5 \\ 15q_1 + 6q_2 = 8 \end{cases}$$

得

$$q_1 = \frac{26}{57}, \qquad q_2 = \frac{11}{57}$$

$$q_3 = 1 - q_1 - q_2 = 1 - \frac{26}{57} - \frac{11}{57} = \frac{20}{57}$$

故 R 方之最佳混合策略為 $\mathbf{Q}^* = \begin{bmatrix} \dfrac{26}{57} & \dfrac{11}{57} & \dfrac{20}{57} \end{bmatrix}^T$.

$$競賽值 = 3 \times \frac{6}{57} + 6 \times \frac{20}{57} + (-1) \times \frac{31}{57} = \frac{107}{57}$$

或 $$3 \times \frac{26}{57} + (-1) \times \frac{11}{57} + 2 \times \frac{20}{57} = \frac{107}{57}$$

競賽值亦可由下式求得

$$競賽值 = \begin{bmatrix} \frac{6}{57} & \frac{20}{57} & \frac{31}{57} \end{bmatrix} \begin{bmatrix} 3 & -1 & 2 \\ 6 & 1 & -3 \\ -1 & 3 & 5 \end{bmatrix} \begin{bmatrix} \frac{26}{57} \\ \frac{11}{57} \\ \frac{20}{57} \end{bmatrix}$$

$$= \frac{107}{57}$$

算術簡便法

算術簡便法的步驟如下

步驟 1　首先，若報酬矩陣中之元素皆為正值，則將各行、列中最大值減去最小值. 但若報酬矩陣中之元素出現負值，則採同列(行)兩數相減之絕對值.

步驟 2　將步驟 1 中第一列及第二列所計算之結果，第一行及第二行所計算之結果分別互換其位置.

步驟 3　將步驟 2 之各數值除其總和，以求得一分數值.

步驟 4　由第一列及第二列之兩個分數值，以及第一行及第二行之兩個分數值，可分別決定 R 方與 C 方之最佳混合策略 **P*** 與 **Q***.

【例題 4】　已知報酬矩陣如下，試求雙方的最佳策略與競賽值。

$$A = \begin{bmatrix} 2 & -3 \\ -2 & 1 \end{bmatrix}$$

【解】

$$\begin{bmatrix} 2 & -3 \\ -2 & 1 \end{bmatrix}$$

$|2-(-3)|=5$ ⤮ 3
$|-2-1|=3$　　5

$\dfrac{3}{3+5}=\dfrac{3}{8}$
$\dfrac{5}{3+5}=\dfrac{5}{8}$

$\mathbf{P}^*=\begin{bmatrix} \dfrac{3}{8} & \dfrac{8}{8} \end{bmatrix}$

↑ 同列之兩數相減之絕對值　↑ 互換位置　↑ 分數值　↑ R方之最佳混合策略

$|2-(-2)|$　$|-3-1|$
∥　　　　∥　← ①
4　　　　4　同行之兩數相減之絕對值
4　　　　4　← ② 互換位置

$\dfrac{4}{4+4}$　$\dfrac{4}{4+4}$　← ③ 分數值
∥　　∥
$\dfrac{1}{2}$　$\dfrac{1}{2}$

$\mathbf{Q}^*=\begin{bmatrix} \dfrac{1}{2} \\ \dfrac{1}{2} \end{bmatrix}$ ← ④ C方之最佳混合策略

競賽值為　$v=\dfrac{3}{8}\times 2+\dfrac{5}{8}\times(-2)=-\dfrac{1}{2}$

或　$\dfrac{1}{2}\times 2+\dfrac{1}{2}\times(-3)=-\dfrac{1}{2}$

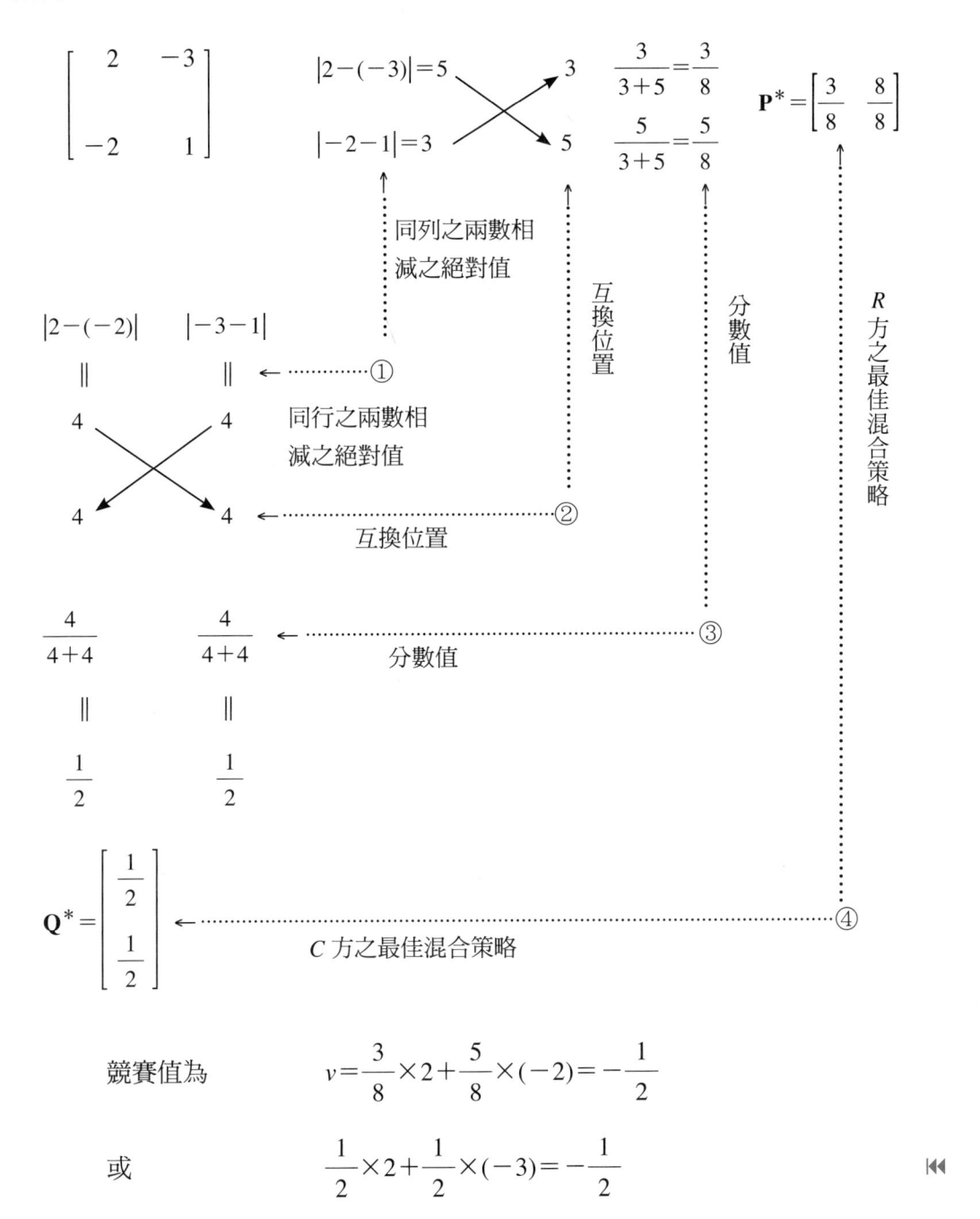

7-5 凌越規則

我們在前面所討論的兩人零和競賽，競賽者雙方所能夠採取之策略個數皆同為 2，故賽局均是 (2×2) 的報酬矩陣．但如果競賽者 R、C 雙方，若 R 方所採行的列策略有兩種策略，而 C 方所採行的行策略有兩種以上之策略，則此種競賽稱之為 $2 \times M$ 競賽；另一方面，若 R 方所採行的列策略有兩種以上之策略，而 C 方所採行的行策略有兩種策略，則此種競賽稱之為 $M \times 2$ 競賽．

【例題 1】 下列為 $2 \times M$ 競賽

$$\begin{array}{c} C\,方策略 \\ R\,方\\策略 \begin{bmatrix} 2 & 1 & 4 \\ 1 & -2 & 3 \end{bmatrix} \end{array}$$

【例題 2】 下列為 $M \times 2$ 競賽

$$\begin{array}{c} C\,方策略 \\ R\,方\\策略 \begin{bmatrix} 1 & 4 \\ 3 & -1 \\ 4 & 2 \end{bmatrix} \end{array}$$

下面的例題是 R 方有三種策略可供選擇，C 方有四種策略可供選擇的報酬矩陣時，我們如何選取較佳的策略而刪除較差的策略以簡化報酬矩陣．

【例題 3】 設競賽矩陣

$$A = \begin{array}{c} C\,方策略 \\ R\,方\\策略 \begin{bmatrix} 0 & -1 & -2 & 5 \\ 2 & 3 & 5 & 3 \\ 7 & 6 & 10 & 4 \end{bmatrix} \end{array}$$

試刪除絕對不會被競賽者選用的任何列或行．

【解】 由於 R 方的目標是將報酬極大化，因此 R 方絕對不會選用第二列，因為第三列中每個數值均大於第二列中相對位置的數，因此可刪除第二列．

故
$$B=\begin{bmatrix} 0 & -1 & -2 & 5 \\ 7 & 6 & 10 & 4 \end{bmatrix}$$

另一方面，由於 C 方的目標是將損失極小化，C 方絕對不會選用第一行取代第二行，因為第一行中每個數均大於第二行中相對位置的數. 因此無論 R 方如何選擇，C 方若選第一行卻不取第二行，則 C 方會損失更多，所以可刪除第一行，其他各行各有優劣故不可刪除，於是得
$$C=\begin{bmatrix} -1 & -2 & 5 \\ 6 & 10 & 4 \end{bmatrix}.$$

任何競賽問題求解時首先得檢查是否為零和之單純策略，如果非單純策略則為混合策略. 此時，應嘗試使用凌越規則，將報酬矩陣縮小，再利用前面的方法求解. 所謂凌越規則，就是對競賽者雙方可使用的策略均多於二種以上時，如果 A 策略較 B 策略為佳的話，則較差之 B 策略一定不會被競賽者所採用，因此我們可以將較差之 B 策略予以刪除，以簡化報酬矩陣. 凌越規則可見下述之定義.

定義 7-5-1

設 $[a_{ij}]_{m \times n}$ 為一報酬矩陣.

(1) 凌越列：若報酬矩陣的第 i 列中每個數均小於或等於第 k 列中相對位置的數，即
$$a_{ij} \leq a_{kj}, \ j=1, \ 2, \ \cdots, \ n$$
則策略 k 凌越策略 i，可將策略 i 予以刪除. 因此第 k 列稱之為優勢列 (dominant row).

(2) 凌越行：若報酬矩陣的第 j 行中每個數均小於或等於第 k 行中相對位置的數，即
$$a_{ij} \leq a_{ik}, \ i=1, \ 2, \ \cdots, \ m$$
則策略 j 凌越策略 k，可將策略 k 予以刪除. 因此第 j 行稱之為優勢行 (dominant column).

最佳策略絕對不會是被刪除列或被刪除行，因此這些列與行可以刪除.

【例題 4】 設有一報酬矩陣

$$\begin{array}{c} & \quad C\text{ 方策略} \\ & \begin{array}{cccc} T_1 & T_2 & T_3 & T_4 \end{array} \\ R\text{ 方策略}\begin{array}{c} S_1 \\ S_2 \\ S_3 \end{array} & \left[\begin{array}{cccc} 1 & -3 & 3 & -1 \\ 3 & 1 & 5 & 2 \\ -1 & 4 & 2 & 0 \end{array}\right] \end{array}$$

此一報酬矩陣無鞍點存在，R 方和 C 方各有三種及四種策略可供選擇. 由於 R 方的目標是報酬愈大愈好，現將 R 方之三種策略依凌越列規則兩兩比較，將較差之策略予以刪除. 由於第一列中每個數均小於或等於第二列中相對位置的數，亦即，不論 C 方採用何種策略，對 R 方而言，S_2 永遠較 S_1 的報酬大，因此 S_2 策略凌越 S_1 策略，將 S_1 予以刪除. 又 S_2 與 S_3 比較因各有優劣，不可刪除，故其報酬矩陣簡化為一 2×4 矩陣.

$$\begin{array}{c} & \quad C\text{ 方策略} \\ & \begin{array}{cccc} T_1 & T_2 & T_3 & T_4 \end{array} \\ R\text{ 方策略}\begin{array}{c} S_2 \\ S_3 \end{array} & \left[\begin{array}{cccc} 3 & 1 & 5 & 2 \\ -1 & 4 & 2 & 0 \end{array}\right] \end{array}$$

另一方面，由於 C 方的目標是損失愈小愈好，在報酬矩陣中之元素，正數對 C 方而言為損失，負數對 C 方而言反而是報酬，因此報酬矩陣中之元素愈小對 C 方愈有利. 現將 C 方之四種可行策略依凌越行規則兩兩互相比較，將較差之行策略予以刪除. 就 T_1 及 T_2 策略而言，因 $3 > 1$，$-1 < 4$，故 C 方採用策略 T_1 和 T_2 各有優劣，不能刪除. 再比較 C 方採用 T_1 及 T_3 策略，因 $3 < 5$，$-1 < 2$，亦即，不論 R 方採用何種策略，對 C 方而言 T_1 策略永遠比 T_3 策略的損失小，因此 T_1 策略凌越 T_3 策略，將 T_3 策略予以刪除. 最後比較 T_1 策略及 T_4 策略，因 $3 > 2$，$-1 < 0$，故 T_1 和 T_4 各有優劣，不可刪除. 因此報酬矩陣由 3×4 階簡化為 2×3 階.

$$\begin{bmatrix} 3 & 1 & 2 \\ -1 & 4 & 0 \end{bmatrix}$$

【例題 5】 設有一報酬矩陣如下

$$\begin{array}{c} C\,方策略 \\ \begin{array}{cccc} T_1 & T_2 & T_3 & T_4 \end{array} \\ R\,方策略 \begin{array}{c} S_1 \\ S_2 \\ S_3 \\ S_4 \end{array} \begin{bmatrix} 2 & 2 & 1 & -2 \\ 4 & 3 & 2 & 6 \\ 1 & 0 & 4 & 3 \\ 4 & -2 & -1 & 4 \end{bmatrix} \end{array}$$

試求雙方之最佳混合策略及競賽值.

【解】

$$\begin{array}{c} \begin{bmatrix} 2 & 2 & 1 & -2 \\ 4 & 3 & 2 & 6 \\ 1 & 0 & 4 & 3 \\ 4 & -2 & -1 & 4 \end{bmatrix} \begin{array}{l} \text{min} \\ -2 \\ \boxed{2} \leftarrow \text{maximin} \\ 0 \\ -2 \end{array} \\ \max\ \ \ 4\quad \boxed{3}\quad 4\quad 6 \\ \uparrow \\ \text{minimax} \end{array}$$

因 $2 \neq 3$，故無鞍點存在，因此不能採用單純策略.

利用凌越規則，比較第一、二列，刪去第一列，其餘各有優劣不可再予刪除，簡化為 (3×4) 報酬矩陣.

$$\begin{bmatrix} \cancel{2} & \cancel{2} & \cancel{1} & \cancel{-2} \\ 4 & 3 & 2 & 6 \\ 1 & 0 & 4 & 3 \\ 4 & -2 & -1 & 4 \end{bmatrix}$$

就 C 方而言，第二行優於第一行，第二行優於第四行，將第一行與第四行刪除得

$$\begin{bmatrix} 2 & 2 & 1 & -2 \\ 4 & 3 & 2 & 6 \\ 1 & 0 & 4 & 3 \\ 4 & -2 & -1 & 4 \end{bmatrix}$$

故

$$\begin{array}{c} C\,方策略 \\ \begin{array}{cc} T_2 & T_3 \end{array} \\ R\,方\ \begin{array}{c} S_2 \\ S_3 \\ S_4 \end{array} \begin{bmatrix} 3 & 2 \\ 0 & 4 \\ -2 & -1 \end{bmatrix} \end{array}$$

再就 R 方觀點，S_2 優於 S_4，將 S_4 刪除得一 2×2 報酬矩陣為

$$\begin{array}{c} \begin{array}{cc} T_2 & T_3 \end{array} \\ \begin{array}{c} S_2 \\ S_3 \end{array} \begin{bmatrix} 3 & 2 \\ 0 & 4 \end{bmatrix} \end{array}$$

(1) 利用公式解

　　令 $a_{11}=3$，$a_{12}=2$，$a_{21}=0$，$a_{22}=4$ 代入

$$p = \frac{a_{22}-a_{21}}{a_{11}+a_{22}-a_{12}-a_{21}} \quad 與 \quad q = \frac{a_{22}-a_{12}}{a_{11}+a_{22}-a_{12}-a_{21}}$$

得

$$p = \frac{4-0}{3+4-2-0} = \frac{4}{5}, \quad 1-p = 1-\frac{4}{5} = \frac{1}{5}$$

$$q = \frac{4-2}{3+4-2-0} = \frac{2}{5}, \quad 1-q = 1-\frac{2}{5} = \frac{3}{5}$$

所以　R 方之最佳混合策略為 $\mathbf{P}^* = \begin{bmatrix} 0 & \dfrac{4}{5} & \dfrac{1}{5} & 0 \end{bmatrix}$

C 方之最佳混合策略為 $\mathbf{Q}^* = \begin{bmatrix} 0 & \dfrac{2}{5} & \dfrac{3}{5} & 0 \end{bmatrix}^T$

競賽值 $= \dfrac{4}{5} \times 3 + \dfrac{1}{5} \times 0 = \dfrac{12}{5}$，對 R 方有利.

(2) 利用代數法

若 R 方採用策略 S_2 的機率為 p_1，則其採用策略 S_3 的機率為 $p_2 = 1 - p_1$.

$$\begin{matrix} p_1 \\ 1-p_1 \end{matrix} \begin{bmatrix} 3 & 2 \\ 0 & 4 \end{bmatrix}$$

如果 R 方採用混合策略得當，無論 C 方如何採用策略 T_2 及 T_3，R 方之期望報酬相等.

$$[p_1 \quad 1-p_1] \begin{bmatrix} 3 & 2 \\ 0 & 4 \end{bmatrix} = [3p_1, \ 2p_1 + 4(1-p_1)]$$

$$E(T_2) = 3p_1, \qquad E(T_3) = 2p_1 + 4(1-p_1)$$

令 $\qquad\qquad\qquad E(T_2) = E(T_3)$

所以，$\qquad 3p_1 = 2p_1 + 4(1-p_1), \qquad 5p_1 = 4$

故 $\qquad p_1 = \dfrac{4}{5}, \ p_2 = 1 - p_1 = 1 - \dfrac{4}{5} = \dfrac{1}{5}$

故求得 R 方之最佳混合策略為 $\mathbf{P}^* = \begin{bmatrix} 0 & \dfrac{4}{5} & \dfrac{1}{5} & 0 \end{bmatrix}$

同理，可求得 C 方之最佳混合策略為 $\mathbf{Q}^* = \begin{bmatrix} 0 & \dfrac{2}{5} & \dfrac{3}{5} & 0 \end{bmatrix}^T$

競賽值 $= \dfrac{4}{5} \times 3 + \dfrac{1}{5} \times 0 = \dfrac{12}{5}$.

(3) 利用算術簡便法

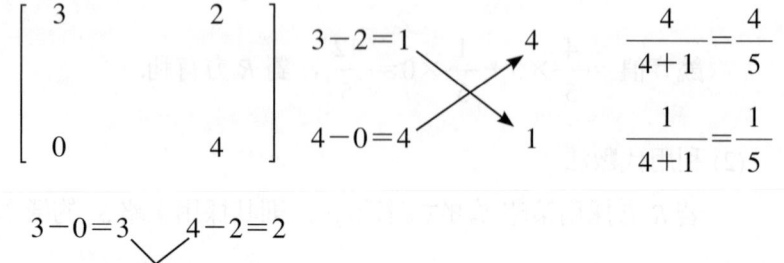

$$\begin{bmatrix} 3 & 2 \\ 0 & 4 \end{bmatrix}$$

$3-2=1 \searrow 4 \qquad \dfrac{4}{4+1}=\dfrac{4}{5}$

$4-0=4 \nearrow 1 \qquad \dfrac{1}{4+1}=\dfrac{1}{5}$

$3-0=3 \searrow \swarrow 4-2=2$

$\quad\quad 2 \qquad 3$

$\dfrac{2}{2+3} \quad \dfrac{3}{2+3}$

$\|\quad\quad\|$

$\dfrac{2}{5} \quad \dfrac{3}{5}$

故得 R 方之最佳混合策略為 $\mathbf{P}^* = \begin{bmatrix} 0 & \dfrac{4}{5} & \dfrac{1}{5} & 0 \end{bmatrix}$,

C 方之最佳混合策略為 $\mathbf{Q}^* = \begin{bmatrix} 0 & \dfrac{2}{5} & \dfrac{3}{5} & 0 \end{bmatrix}^T$

競賽值 $= \dfrac{4}{5} \times 3 + \dfrac{1}{5} \times 0 = \dfrac{12}{5}$.

讀者應注意例題 5 之 $m \times n$ 報酬矩陣，$m > 2$，$n > 2$，可簡化為 2×2 的報酬矩陣，但並非所有的 $m \times n$ 矩陣皆可化簡為 2×2 矩陣. 如果原報酬矩陣可簡化為 $2 \times n$ 或 $m \times 2$ 矩陣，我們可使用次競賽解法 (solution by method of sub-games)，將 $2 \times n$ 或 $m \times 2$ 矩陣寫成 C_2^n 或 C_2^m 個 2×2 矩陣，逐一檢驗 2×2 報酬矩陣.

例如，下列之報酬矩陣

$$\begin{bmatrix} 1 & -2 & 3 & -1 \\ 2 & 0 & 3 & 1 \\ -1 & 4 & 2 & 0 \end{bmatrix}$$

利用凌越規則化成一 2×3 矩陣如下

$$\begin{array}{c} & T_1 & T_2 & T_4 \\ S_2 \\ S_3 \end{array} \begin{bmatrix} 2 & 0 & 1 \\ -1 & 4 & 0 \end{bmatrix}$$

我們可將此 2×3 矩陣分割為 $C_2^3 = 3$ 個 2×2 矩陣如下.

1. 次競賽 (1)：$\begin{bmatrix} 2 & 0 \\ -1 & 4 \end{bmatrix}$

因無鞍點，使用算術簡便法求解如下

$$\begin{bmatrix} 2 & 0 \\ -1 & 4 \end{bmatrix} \quad \begin{matrix} 2-0=2 \\ |-1-4|=5 \end{matrix} \begin{matrix} \searrow 5 \\ \nearrow 2 \end{matrix} \quad \begin{matrix} \dfrac{5}{5+2} = \dfrac{5}{7} = p_1 \\ \dfrac{2}{5+2} = \dfrac{2}{7} = p_2 \end{matrix}$$

$$\begin{matrix} |2-(-1)| & 4-0 \\ \| & \| \\ 3 & 4 \\ \searrow & \swarrow \\ 4 & 3 \\ \dfrac{4}{3+4} & \dfrac{3}{3+4} \\ \| & \| \\ \dfrac{4}{7} & \dfrac{3}{7} \\ \| & \| \\ q_1 & q_2 \end{matrix}$$

$$競賽值 = \dfrac{5}{7} \times 2 + \dfrac{2}{7} \times (-1) = \dfrac{8}{7}$$

2. 次競賽 (2)：$\begin{bmatrix} 2 & 1 \\ -1 & 0 \end{bmatrix}$

$$\begin{matrix} & & \text{min} & & \\ \begin{bmatrix} 2 & ① \\ -1 & 0 \end{bmatrix} & \begin{matrix} ① \\ -1 \end{matrix} & \leftarrow \text{maximin} & p_1 = 1 \\ & & & p_2 = 0 \\ \text{max} \quad 2 \quad ① & & & \\ \uparrow & & & \\ \text{minimax} & & & \\ q_1 = 0 \quad q_2 = 1 & & & \end{matrix}$$

競賽值＝1

3. 次競賽 (3)：$\begin{bmatrix} 0 & 1 \\ 4 & 0 \end{bmatrix}$

因無鞍點，使用算術簡便法求解如下

$\begin{bmatrix} 0 & 1 \\ 4 & 0 \end{bmatrix}$ $\begin{matrix} 1-0=1 \\ \searrow \\ \nearrow \\ 4-0=4 \end{matrix} \begin{matrix} 4 \\ \\ 1 \end{matrix}$ $\dfrac{4}{1+4}=\dfrac{4}{5}=p_1$

$\dfrac{1}{1+4}=\dfrac{1}{5}=p_2$

$$\begin{matrix} 4-0 & 1-0 \\ \| & \| \\ 4 & 1 \\ \searrow\swarrow & \\ 1 & 4 \\ \dfrac{1}{1+4} & \dfrac{4}{1+4} \\ \| & \| \\ \dfrac{1}{5} & \dfrac{4}{5} \\ \| & \| \\ q_1 & q_2 \end{matrix}$$

$$競賽值 = \frac{4}{5} \times 0 + \frac{1}{5} \times 4 = \frac{4}{5}$$

由以上得知 C 方雖然有三種策略可以選擇，但並不需要三種策略均採用，由於次競賽 (3) 之競賽值 $\frac{4}{5}$ 最小，亦即對 C 方的損失最低，較為有利.

因此 R 方的最佳混合策略應選 $\mathbf{P}^* = \begin{bmatrix} 0 & \frac{4}{5} & \frac{1}{5} \end{bmatrix}$,

C 方的最佳混合策略應選 $\mathbf{Q}^* = \begin{bmatrix} 0 & \frac{1}{5} & 0 & \frac{4}{5} \end{bmatrix}^T$,

競賽值為 $\frac{4}{5}$.

7-6　線性規劃法求解報酬矩陣

當我們在求兩人零和競賽之策略與競賽值時，我們首先找出報酬矩陣是否有鞍點存在，如果有鞍點存在時，則毫無任何困難就可獲得競賽者雙方之最佳 (單純) 策略與競賽值，因其競賽值等於鞍點之值. 在本節中我們先考慮一 2×2 的競賽矩陣，若該競賽矩陣無鞍點存在，我們如何利用線性規劃法求雙方之最佳混合策略？

例如我們考慮下面的報酬矩陣

$$\begin{array}{c} & C\text{ 方策略} \\ & \begin{array}{cc} T_1 & T_2 \end{array} \\ \begin{array}{c} R\text{ 方} \\ \text{策略} \end{array} \begin{array}{c} S_1 \\ S_2 \end{array} & \begin{bmatrix} 5 & 1 \\ 2 & 4 \end{bmatrix} \end{array}$$

此一報酬矩陣無鞍點，設它的競賽值 (或對策值) 為 v，如果競賽者 R 所採取的策略 $\mathbf{P}^* = [p_1 \quad p_2]$ 為最佳混合策略 (即有 p_1 的機率選取策略 S_1，p_2 的機率選取策略 S_2)，則依定理 7-3-2，得知

$$[p_1, \ p_2] \begin{bmatrix} 5 & 1 \\ 2 & 4 \end{bmatrix} \geq [v, \ v]$$

故
$$\begin{cases} 5p_1+2p_2 \geq v \\ p_1+4p_2 \geq v \end{cases}$$

顯然 $p_1+p_2=1$, $p_1 \geq 0$, $p_2 \geq 0$. 又因這報酬矩陣的每個元素都是正數，故競賽值 $v \geq 0$. 因此求得，

$$\begin{cases} 5\left(\dfrac{p_1}{v}\right)+2\left(\dfrac{p_2}{v}\right) \geq 1 \\ \dfrac{p_1}{v}+4\left(\dfrac{p_2}{v}\right) \geq 1 \\ \dfrac{p_1}{v}+\dfrac{p_2}{v}=\dfrac{1}{v} \\ p_1 \geq 0, \ p_2 \geq 0, \ \text{及} \ v \geq 0. \end{cases}$$

對競賽者 R 而言，他希望盡最大可能增加報酬，因此希望 v 的值是極大值. 現在假設

$$x_1=\dfrac{p_1}{v}, \qquad x_2=\dfrac{p_2}{v}$$

於是求 v 的極大值問題，就變成求 $\dfrac{1}{v}$ 的極小值問題，即得下列之線性規劃模式，

$$\text{Min.} \ f=x_1+x_2$$

$$\text{受制於} \begin{cases} 5x_1+2x_2 \geq 1 \\ x_1+4x_2 \geq 1 \\ x_1 \geq 0, \ x_2 \geq 0 \end{cases}$$

因此求最佳策略的問題，也就變成線性規劃的問題.

由圖 7-6-1 可知其可行解區域為由 ABC 所圍成，凸集合各頂點 (或極點) 及目標函數的值分別為

$$A\left(0, \ \dfrac{1}{2}\right) \qquad f=\dfrac{1}{2}$$

$$B\left(\dfrac{1}{9}, \ \dfrac{2}{9}\right) \qquad f=\dfrac{1}{9}+\dfrac{2}{9}=\dfrac{1}{3}$$

$$C(1, \ 0) \qquad f=1$$

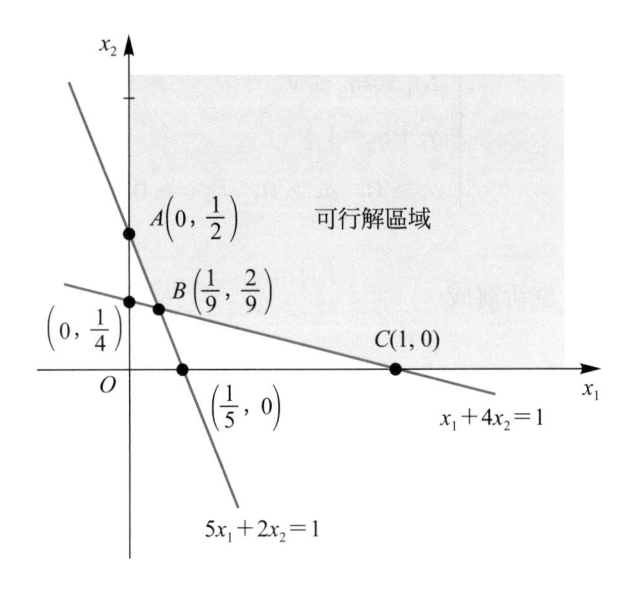

圖 7-6-1

因此，最佳解為 $x_1 = \dfrac{1}{9}$，$x_2 = \dfrac{2}{9}$，極小值為 $\dfrac{1}{3}$，即 $v = 3$ 是競賽者 R 所期望的競賽值. 此時，

$$p_1 = x_1 \times v = \dfrac{1}{9} \times 3 = \dfrac{1}{3}, \qquad p_2 = x_2 \times v = \dfrac{2}{9} \times 3 = \dfrac{2}{3}$$

故 $\mathbf{P}^* = \begin{bmatrix} \dfrac{1}{3} & \dfrac{2}{3} \end{bmatrix}$ 為競賽者 R 的最佳混合策略.

同理，我們可以求競賽者 C 的最佳混合策略. 設競賽者 C 所採取的最佳混合策略為

$$\mathbf{Q}^* = \begin{bmatrix} q_1 \\ q_2 \end{bmatrix}$$

則依定理 7-3-2，得知

$$\begin{bmatrix} 5 & 1 \\ 2 & 4 \end{bmatrix} \begin{bmatrix} q_1 \\ q_2 \end{bmatrix} \leq \begin{bmatrix} v \\ v \end{bmatrix}$$

得

$$\begin{bmatrix} 5q_1 + q_2 \\ 2q_1 + 4q_2 \end{bmatrix} \leq \begin{bmatrix} v \\ v \end{bmatrix}$$

所以，
$$\begin{cases} 5q_1+q_2 \leq v \\ 2q_1+4q_2 \leq v \\ q_1+q_2=1 \\ q_1 \geq 0, \ q_2 \geq 0, \ \text{及} \ v \geq 0 \end{cases}$$

令 $y_1=\dfrac{q_1}{v}$, $y_2=\dfrac{q_2}{v}$，重新寫成

$$\begin{cases} 5y_1+y_2 \leq 1 \\ 2y_1+4y_2 \leq 1 \\ y_1+y_2=\dfrac{1}{v} \\ y_1 \geq 0, \ y_2 \geq 0 \end{cases}$$

對競賽者 C 而言，他希望盡可能減少他的損失，因此，他希望 v 的值是極小值. 若想要求得 v 的極小值，就等於求 $\dfrac{1}{v}$ 的極大值，於是就變成下述之線性規劃問題，即

$$\text{Max. } g=y_1+y_2$$

$$\text{受制於} \begin{cases} 5y_1+\ y_2 \leq 1 \\ 2y_1+4y_2 \leq 1 \\ \ y_1 \geq 0, \ y_2 \geq 0 \end{cases}$$

利用圖解法，求得頂點在 $(y_1, y_2)=\left(\dfrac{1}{6}, \dfrac{1}{6}\right)$ 處，$\dfrac{1}{v}=\dfrac{1}{3}$ 是極大值.

由圖 7-6-2 可知其可行解區域為由 ABC 所圍成，凸集合各頂點 (或極點) 及目標函數的值分別為

$$A\left(0, \dfrac{1}{4}\right) \qquad f=\dfrac{1}{4}$$

$$B\left(\dfrac{1}{6}, \dfrac{1}{6}\right) \qquad f=\dfrac{1}{3}$$

$$C\left(\dfrac{1}{5}, 0\right) \qquad f=\dfrac{1}{5}$$

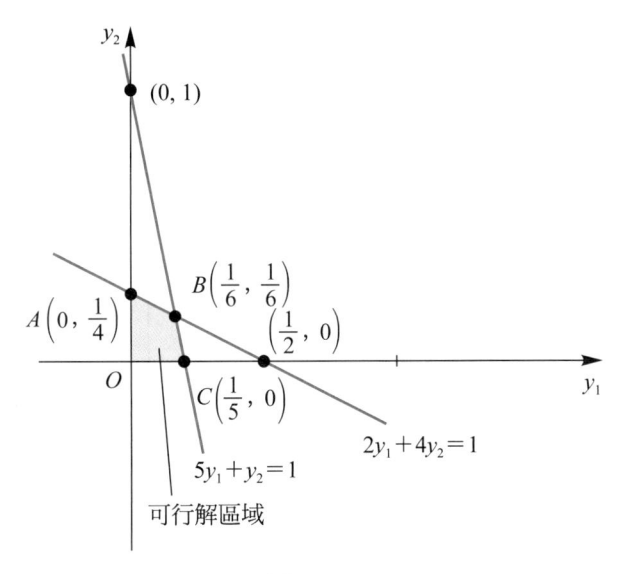

第 7 章 對局理論

因此，最佳解為 $y_1 = \dfrac{1}{6}$，$y_2 = \dfrac{1}{6}$，極大值為 $\dfrac{1}{3}$，即 $v = 3$ 是競賽者 C 所期望的競賽值. 此時，

$$q_1 = y_1 \times v = \dfrac{1}{6} \times 3 = \dfrac{1}{2}$$

$$q_2 = y_2 \times v = \dfrac{1}{6} \times 3 = \dfrac{1}{2}$$

故 $\mathbf{Q}^* = \begin{bmatrix} \dfrac{1}{2} \\ \dfrac{1}{2} \end{bmatrix}$ 為競賽者 C 的最佳混合策略.

一般而言，若有一無鞍點之報酬矩陣，且競賽者雙方可以選擇之策略皆超過二個以上，我們介紹如何利用線性規劃中的單純形法以求雙方之最佳混合策略.

考慮下列之 $m \times n$ 報酬矩陣，

$$
\begin{array}{c}
\qquad\qquad\qquad C\,\text{方策略} \\
\qquad\qquad\qquad T_1 \quad T_2 \quad T_3 \quad \cdots \quad T_n \\
R\,\text{方策略}\;
\begin{array}{c} S_1 \\ S_2 \\ S_3 \\ \vdots \\ S_m \end{array}
\left[\begin{array}{ccccc}
a_{11} & a_{12} & a_{13} & \cdots & a_{1n} \\
a_{21} & a_{22} & a_{23} & \cdots & a_{2n} \\
a_{31} & a_{32} & a_{33} & \cdots & a_{3n} \\
\vdots & \vdots & \vdots & & \vdots \\
a_{m1} & a_{m2} & a_{m3} & \cdots & a_{mn}
\end{array}\right]
\end{array}
$$

設 R 方於此競賽中的最佳混合策略為 $\mathbf{P}^* = [x_1 \quad x_2 \quad x_3 \quad \cdots \quad x_m]$；

C 方於此競賽中的最佳混合策略為 $\mathbf{Q}^* = [y_1 \quad y_2 \quad y_3 \quad \cdots \quad y_n]^T$。

且競賽者雙方運用各自的最佳混合策略時之競賽值為 v，當 R 方的競賽值若為正，則由定理 7-3-2 知競賽雙方最佳混合策略之線性規劃模式分別為

對 R 方

$$\mathbf{P}^*A = [x_1 \quad x_2 \quad x_3 \quad \cdots \quad x_m]_{1\times m}
\begin{bmatrix}
a_{11} & a_{12} & \cdots & a_{1n} \\
a_{21} & a_{22} & \cdots & a_{2n} \\
\vdots & \vdots & & \vdots \\
a_{m1} & a_{m2} & \cdots & a_{mn}
\end{bmatrix}
\geq [v \quad v \quad \cdots \quad v]_{1\times n} \qquad (7\text{-}6\text{-}1)$$

即

$$\begin{cases}
a_{11}x_1 + a_{21}x_2 + \cdots + a_{m1}x_m \geq v \\
a_{12}x_1 + a_{22}x_2 + \cdots + a_{m2}x_m \geq v \\
\quad\vdots \qquad\qquad \vdots \qquad\qquad\qquad \vdots \\
a_{1n}x_1 + a_{2n}x_2 + \cdots + a_{mn}x_m \geq v \\
x_1 + x_2 + \cdots + x_m = 1 \\
x_i \geq 0, \quad i = 1, 2, \cdots, m
\end{cases}$$

對 C 方

$$A\mathbf{Q}^* =
\begin{bmatrix}
a_{11} & a_{12} & \cdots & a_{1n} \\
a_{21} & a_{22} & \cdots & a_{2n} \\
\vdots & \vdots & & \vdots \\
a_{m1} & a_{m2} & \cdots & a_{mn}
\end{bmatrix}
\begin{bmatrix} y_1 \\ y_2 \\ \vdots \\ y_n \end{bmatrix}_{n\times 1}
\leq
\begin{bmatrix} v \\ v \\ \vdots \\ v \end{bmatrix}_{m\times 1}
\qquad (7\text{-}6\text{-}2)$$

即
$$\begin{cases} a_{11}y_1+a_{12}y_2+\cdots+a_{1n}y_n \leq v \\ a_{21}y_1+a_{22}y_2+\cdots+a_{2n}y_n \leq v \\ \vdots \quad\quad \vdots \quad\quad \vdots \\ a_{m1}y_1+a_{m2}y_2+\cdots+a_{mn}y_n \leq v \\ y_1+y_2+\cdots+y_n=1 \\ y_j \geq 0, \quad j=1, 2, \cdots, n \end{cases}$$

以 v 遍除各式，且令

$$X_i = \frac{x_i}{v}, \qquad Y_j = \frac{y_j}{v}$$

故

$$\sum X_i = \frac{1}{v} \sum x_i = \frac{1}{v}$$

$$\sum Y_j = \frac{1}{v} \sum y_j = \frac{1}{v}$$

1. 對 R 方而言，欲求最大 v 值，即求 Min. $\sum X_i$，故 R 方的線性規劃模式為

$$\text{Min. } \sum X_i = X_1 + X_2 + \cdots + X_m$$

受制於
$$\begin{cases} a_{11}X_1+a_{21}X_2+\cdots+a_{m1}X_m \geq 1 \\ a_{12}X_1+a_{22}X_2+\cdots+a_{m2}X_m \geq 1 \\ \vdots \quad\quad \vdots \quad\quad \vdots \\ a_{1n}X_1+a_{2n}X_2+\cdots+a_{mn}X_m \geq 1 \\ X_i \geq 0, \quad i=1, 2, \cdots, m \end{cases}$$

2. 對 C 方而言，欲使其損失 v 最小，即求 Max. $\sum Y_j$，故 C 方的線性規劃模式為

$$\text{Max. } \sum Y_j = Y_1 + Y_2 + \cdots + Y_n$$

受制於
$$\begin{cases} a_{11}Y_1+a_{12}Y_2+\cdots+a_{1n}Y_n \leq 1 \\ a_{21}Y_1+a_{22}Y_2+\cdots+a_{2n}Y_n \leq 1 \\ \vdots \quad\quad \vdots \quad\quad \vdots \\ a_{m1}Y_1+a_{m2}Y_2+\cdots+a_{mn}Y_n \leq 1 \\ Y_j \geq 0, \quad j=1, 2, \cdots, n \end{cases}$$

【例題 1】 試以線性規劃法求解下列之競賽.

$$\begin{array}{c} C\text{方策略} \\ \begin{array}{cc} & \begin{array}{ccc} T_1 & T_2 & T_3 \end{array} \\ R\text{方策略} \begin{array}{c} S_1 \\ S_2 \\ S_3 \end{array} & \begin{bmatrix} 3 & 2 & 3 \\ 2 & 3 & 4 \\ 5 & 4 & 2 \end{bmatrix} \end{array} \end{array}$$

【解】 因報酬矩陣中各數值皆為正數，利用小中取大原則得其值為正，故 R 方之競賽值 v 為正. 就 C 方求解，並假設 C 方於此競賽中的最佳混合策略為 $\mathbf{Q}^* = [y_1 \ y_2 \ y_3]^T$，則

$$\begin{bmatrix} 3 & 2 & 3 \\ 2 & 3 & 4 \\ 5 & 4 & 2 \end{bmatrix} \begin{bmatrix} y_1 \\ y_2 \\ y_3 \end{bmatrix} \le \begin{bmatrix} v \\ v \\ v \end{bmatrix}$$

則

$$\begin{cases} 3y_1 + 2y_2 + 3y_3 \le v \\ 2y_1 + 3y_2 + 4y_3 \le v \\ 5y_1 + 4y_2 + 2y_3 \le v \\ y_1 + y_2 + y_3 = 1 \end{cases}$$

以 v 遍除上面各式得 C 方的線性規劃模式，

同時令 $$Y_j = \frac{y_j}{v}$$

可得 Max. $\sum Y_j = Y_1 + Y_2 + Y_3$

受制於 $$\begin{cases} 3Y_1 + 2Y_2 + 3Y_3 \le 1 \\ 2Y_1 + 3Y_2 + 4Y_3 \le 1 \\ 5Y_1 + 4Y_2 + 2Y_3 \le 1 \\ Y_j \ge 0, \ j = 1, \ 2, \ 3 \end{cases}$$

引入差額變數 Y_4、Y_5、Y_6，並以單純形法求解下列之線性規劃問題．

$$\text{Max. } f(Y)=Y_1+Y_2+Y_3+0Y_4+0Y_5+0Y_6$$

受制於 $\begin{cases} 3Y_1+2Y_2+3Y_3+Y_4=1 \\ 2Y_1+3Y_2+4Y_3+Y_5=1 \\ 5Y_1+4Y_2+2Y_3+Y_6=1 \\ Y_i \geq 0 \ (i=1,\ 2,\ 3,\ 4,\ 5,\ 6) \end{cases}$

$$A = \begin{bmatrix} Y_1 & Y_2 & Y_3 & Y_4 & Y_5 & Y_6 & f & \vdots & \\ 3 & 2 & 3 & 1 & 0 & 0 & 0 & \vdots & 1 \\ 2 & 3 & 4 & 0 & 1 & 0 & 0 & \vdots & 1 \\ ⑤ & 4 & 2 & 0 & 0 & 1 & 0 & \vdots & 1 \\ \cdots & \cdots & \cdots & \cdots & \cdots & \cdots & \cdots & & \cdots \\ -1 & -1 & -1 & 0 & 0 & 0 & 1 & \vdots & 0 \end{bmatrix}$$

商值：$\frac{1}{3}$，$\frac{1}{2}$，$\frac{1}{5}$ ← 主軸列

$\frac{1}{5}R_3$

↑ 主軸行

$$B = \begin{bmatrix} Y_1 & Y_2 & Y_3 & Y_4 & Y_5 & Y_6 & f & \vdots & \\ 3 & 2 & 3 & 1 & 0 & 0 & 0 & \vdots & 1 \\ 2 & 3 & 4 & 0 & 1 & 0 & 0 & \vdots & 1 \\ 1 & \dfrac{4}{5} & \dfrac{2}{5} & 0 & 0 & \dfrac{1}{5} & 0 & \vdots & \dfrac{1}{5} \\ \cdots & \cdots & \cdots & \cdots & \cdots & \cdots & \cdots & & \cdots \\ -1 & -1 & -1 & 0 & 0 & 0 & 1 & \vdots & 0 \end{bmatrix}$$

$-3R_3+R_1$
$-2R_3+R_1$
$1R_3+R_4$

$$C = \begin{matrix} & Y_1 & Y_2 & Y_3 & Y_4 & Y_5 & Y_6 & f & \\ \end{matrix}$$

$$C=\left[\begin{array}{ccccccc:c} 0 & -\dfrac{2}{5} & \dfrac{9}{5} & 1 & 0 & -\dfrac{3}{5} & 0 & \dfrac{2}{5} \\ 0 & \dfrac{7}{5} & \boxed{\dfrac{16}{5}} & 0 & 1 & -\dfrac{2}{5} & 0 & \dfrac{3}{5} \\ 1 & \dfrac{4}{5} & \dfrac{2}{5} & 0 & 0 & \dfrac{1}{5} & 0 & \dfrac{1}{5} \\ \hdashline 0 & -\dfrac{1}{5} & -\dfrac{3}{5} & 0 & 0 & \dfrac{1}{5} & 1 & \dfrac{1}{5} \end{array}\right]$$

商值

$\dfrac{2}{5}\Big/\dfrac{9}{5}=0.22$

$\dfrac{3}{5}\Big/\dfrac{16}{5}=0.1875 \quad \dfrac{5}{16}R_2$

$\dfrac{1}{5}\Big/\dfrac{2}{5}=0.5$

主軸列

↑ 主軸行

$$D=\left[\begin{array}{ccccccc:c} 0 & -\dfrac{2}{5} & \dfrac{9}{5} & 1 & 0 & -\dfrac{3}{5} & 0 & \dfrac{2}{5} \\ 0 & \dfrac{7}{16} & 1 & 0 & \dfrac{5}{16} & -\dfrac{1}{8} & 0 & \dfrac{3}{16} \\ 1 & \dfrac{4}{5} & \dfrac{2}{5} & 0 & 0 & \dfrac{1}{5} & 0 & \dfrac{1}{5} \\ \hdashline 0 & -\dfrac{1}{5} & -\dfrac{3}{5} & 0 & 0 & \dfrac{1}{5} & 1 & \dfrac{1}{5} \end{array}\right]$$

$-\dfrac{9}{5}R_2+R_1$

$-\dfrac{2}{5}R_2+R_3$

$\dfrac{3}{5}R_2+R_4$

$$E = \begin{matrix} Y_1 & Y_2 & Y_3 & Y_4 & Y_5 & Y_6 & f \\ \end{matrix}$$

$$E=\begin{bmatrix} 0 & -\dfrac{19}{16} & 0 & 1 & -\dfrac{9}{16} & -\dfrac{3}{8} & 0 & \vdots & \dfrac{1}{16} \\ 0 & \dfrac{7}{16} & 1 & 0 & \dfrac{5}{16} & -\dfrac{1}{8} & 0 & \vdots & \dfrac{3}{16} \\ 1 & \dfrac{5}{8} & 0 & 0 & -\dfrac{1}{8} & \dfrac{1}{4} & 0 & \vdots & \dfrac{1}{8} \\ \hdashline 0 & \dfrac{1}{16} & 0 & 0 & \dfrac{3}{16} & \dfrac{1}{8} & 1 & \vdots & \dfrac{5}{16} \end{bmatrix}$$

擴增矩陣 E 的最後一列不是 0 就是正數，故單純形法求解已完成．

故得　　　　　　$Y_1 = \dfrac{1}{8}, \quad Y_2 = 0, \quad Y_3 = \dfrac{3}{16}$

因為　　　　　　$\text{Max.} \sum Y_j = \dfrac{5}{16} = \dfrac{1}{v}$

故　　　　　　　$v = \dfrac{16}{5}$

所以，　　　　　$y_1 = Y_1 v = \dfrac{1}{8} \times \dfrac{16}{5} = \dfrac{2}{5}$

$y_2 = 0$

$y_3 = Y_3 v = \dfrac{3}{16} \times \dfrac{16}{5} = \dfrac{3}{5}$

故 C 方之最佳混合策略為 $\mathbf{Q}^* = \begin{bmatrix} \dfrac{2}{5} & 0 & \dfrac{3}{5} \end{bmatrix}^T$．

由於雙方的線性規劃互為原函數 (primal function) 與對偶函數 (dual function)，故由 E 矩陣最後一列知 $X_1 = 0, \ X_2 = \dfrac{3}{16}, \ X_3 = \dfrac{1}{8}$．

所以，

$$x_1 = 0$$

$$x_2 = X_{2v} = \frac{3}{16} \times \frac{16}{5} = \frac{3}{5}$$

$$x_3 = X_{3v} = \frac{1}{8} \times \frac{16}{5} = \frac{2}{5}$$

故 R 方之最佳混合策略為 $\mathbf{P}^* = \begin{bmatrix} 0 & \frac{3}{5} & 0 & \frac{2}{5} \end{bmatrix}$.

讀者應特別注意該例題的報酬矩陣中的數值全為正數 (即 $a_{ij} > 0$)，則其競賽值 v 必為正數，但若報酬矩陣中的數值有正數和負數時，則其競賽值有可能為負數. 為了避免產生競賽值 $v < 0$，此時必須將競賽矩陣元素全部加上一個常數 k 值，以使所有元素均大於零，再行求解；最後將所得結果再減 k 值，以獲得真正答案.

【例題 2】 試以線性規劃法求解下列之競賽

C 方策略

$$\begin{array}{c} & \begin{array}{ccc} T_1 & T_2 & T_3 \end{array} \\ R \text{ 方} \quad \begin{array}{c} S_1 \\ S_2 \\ S_3 \end{array} & \begin{bmatrix} -1 & -1 & 2 \\ 1 & 0 & -1 \\ 2 & 1 & -2 \end{bmatrix} \end{array}$$

【解】 以小中取大原則得知其值為負，R 方之競賽值可能為負值或零. 令 $k=3$ 加於各元素.

C 方策略

$$\begin{array}{c} & \begin{array}{ccc} T_1 & T_2 & T_3 \end{array} \\ R \text{ 方} \quad \begin{array}{c} S_1 \\ S_2 \\ S_3 \end{array} & \begin{bmatrix} 2 & 2 & 5 \\ 4 & 3 & 2 \\ 5 & 4 & 1 \end{bmatrix} \end{array}$$

就 C 方求解，並假設 C 方於此競賽中的最佳混合策略為 $\mathbf{Q}^* = [y_1 \quad y_2 \quad y_3]^T$,

則

$$\begin{bmatrix} 2 & 2 & 5 \\ 4 & 3 & 2 \\ 5 & 4 & 1 \end{bmatrix} \begin{bmatrix} y_1 \\ y_2 \\ y_3 \end{bmatrix} \leq \begin{bmatrix} v' \\ v' \\ v' \end{bmatrix}$$

即
$$\begin{cases} 2y_1+2y_2+5y_3 \leq v' \\ 4y_1+3y_2+2y_3 \leq v' \\ 5y_1+4y_2+\ y_3 \leq v' \end{cases}$$

以 v' 遍除上面各式得 C 方線性規劃模式

令
$$Y_j = \frac{y_j}{v'}$$

可得
$$\text{Max.} \sum Y_j = Y_1 + Y_2 + Y_3$$

$$\text{受制於} \begin{cases} 2Y_1+2Y_2+5Y_3 \leq 1 \\ 4Y_1+3Y_2+2Y_3 \leq 1 \\ 5Y_1+4Y_2+\ Y_3 \leq 1 \\ Y_j \geq 0, \ j=1,\ 2,\ 3 \end{cases}$$

引入差額變數 Y_4、Y_5、Y_6，並以單純形法求解下列之線性規劃問題.

$$\text{Max.} \ f(Y) = Y_1 + Y_2 + Y_3 + 0Y_4 + 0Y_5 + 0Y_6$$

$$\text{受制於} \begin{cases} 2Y_1+2Y_2+5Y_3+Y_4=1 \\ 4Y_1+3Y_2+2Y_3+Y_5=1 \\ 5Y_1+4Y_2+\ Y_3+Y_6=1 \\ Y_i \geq 0 \ (i=1,\ 2,\ 3,\ 4,\ 5,\ 6) \end{cases}$$

$$A = \begin{bmatrix} Y_1 & Y_2 & Y_3 & Y_4 & Y_5 & Y_6 & f \\ 2 & 2 & 5 & 1 & 0 & 0 & \vdots & 1 \\ 4 & 3 & 2 & 0 & 1 & 0 & \vdots & 1 \\ 5 & ④ & 1 & 0 & 0 & 1 & \vdots & 1 \\ \cdots & \cdots & \cdots & \cdots & \cdots & \cdots & \vdots & \cdots \\ -1 & -1 & -1 & 0 & 0 & 0 & 1 & \vdots & 0 \end{bmatrix}$$

商值
$\frac{1}{2} = 0.5$
$\frac{1}{3} = 0.33$
$\frac{1}{4} = 0.25$ ← 主軸列

↑ 主軸行

$$B = \begin{bmatrix} Y_1 & Y_2 & Y_3 & Y_4 & Y_5 & Y_6 & f \\ 2 & 2 & 5 & 1 & 0 & 0 & \vdots & 1 \\ 4 & 3 & 2 & 0 & 1 & 0 & \vdots & 1 \\ \frac{5}{4} & 1 & \frac{1}{4} & 0 & 0 & \frac{1}{4} & 0 & \vdots & \frac{1}{4} \\ \cdots & \cdots & \cdots & \cdots & \cdots & \cdots & \vdots & \cdots \\ -1 & -1 & -1 & 0 & 0 & 0 & 1 & \vdots & 0 \end{bmatrix}$$

$-2R_3 + R_1$
$-3R_3 + R_2$
$1R_3 + R_4$

$$C = \begin{bmatrix} Y_1 & Y_2 & Y_3 & Y_4 & Y_5 & Y_6 & f \\ -\frac{1}{2} & 0 & ⑨/② & 1 & 0 & -\frac{1}{2} & 0 & \vdots & \frac{1}{2} \\ \frac{1}{4} & 0 & \frac{5}{4} & 0 & 1 & -\frac{3}{4} & 0 & \vdots & \frac{1}{4} \\ \frac{5}{4} & 1 & \frac{1}{4} & 0 & 0 & \frac{1}{4} & 0 & \vdots & \frac{1}{4} \\ \cdots & \cdots & \cdots & \cdots & \cdots & \cdots & \cdots & \vdots & \cdots \\ \frac{1}{4} & 0 & -\frac{3}{4} & 0 & 0 & \frac{1}{4} & 1 & \vdots & \frac{1}{4} \end{bmatrix}$$

商值
$\frac{1}{2} \Big/ \frac{9}{2} = \frac{1}{9}$ ←
$\frac{1}{4} \Big/ \frac{5}{4} = \frac{1}{5}$
$\frac{1}{4} \Big/ \frac{1}{4} = 1$

$\frac{2}{9} R_1$

主軸列

↑ 主軸行

$$\begin{array}{c} \;\;\;Y_1\quad\;\; Y_2\quad\;\; Y_3\quad\;\; Y_4\quad\;\; Y_5\quad\;\; Y_6\quad\;\; f \\ D=\left[\begin{array}{cccccc:c} -\dfrac{1}{9} & 0 & 1 & \dfrac{2}{9} & 0 & -\dfrac{1}{9} & 0 & \dfrac{1}{9} \\ \dfrac{1}{4} & 0 & \dfrac{5}{4} & 0 & 1 & -\dfrac{3}{4} & 0 & \dfrac{1}{4} \\ \dfrac{5}{4} & 1 & \dfrac{1}{4} & 0 & 0 & \dfrac{1}{4} & 0 & \dfrac{1}{4} \\ \hdashline \dfrac{1}{4} & 0 & -\dfrac{3}{4} & 0 & 0 & \dfrac{1}{4} & 1 & \dfrac{1}{4} \end{array}\right] \begin{array}{l} -\dfrac{5}{4}R_1+R_2 \\ -\dfrac{1}{4}R_1+R_3 \\ \dfrac{3}{4}R_1+R_4 \end{array} \end{array}$$

$$\begin{array}{c} \;\;\;Y_1\quad\; Y_2\;\; Y_3\quad\; Y_4\quad\;\; Y_5\quad\;\; Y_6\quad\; f \\ E=\left[\begin{array}{cccccc:c} -\dfrac{1}{9} & 0 & 1 & \dfrac{2}{9} & 0 & -\dfrac{1}{9} & 0 & \dfrac{1}{9} \\ \dfrac{7}{18} & 0 & 0 & -\dfrac{5}{18} & 1 & -\dfrac{11}{18} & 0 & \dfrac{1}{9} \\ \dfrac{23}{18} & 1 & 0 & -\dfrac{1}{18} & 0 & \dfrac{5}{18} & 0 & \dfrac{2}{9} \\ \hdashline \dfrac{1}{6} & 0 & 0 & \dfrac{1}{6} & 0 & \dfrac{1}{6} & 1 & \dfrac{1}{3} \end{array}\right] \end{array}$$

E 矩陣的最後一列不是 0 就是正數，故單純形法求解已完成．故得

$$Y_1=0,\qquad Y_2=\dfrac{2}{9},\qquad Y_3=\dfrac{1}{9}$$

$$X_1=\dfrac{1}{6},\qquad X_2=0,\qquad X_3=\dfrac{1}{6}$$

因為 $\quad\text{Max.}\ \sum Y_j=\dfrac{1}{3}=\dfrac{1}{v'}$

故 $\quad v'=3$

所以，
$$\begin{cases} y_1 = 0 \\ y_2 = \dfrac{2}{9} \times 3 = \dfrac{2}{3} \\ y_3 = \dfrac{1}{9} \times 3 = \dfrac{1}{3} \end{cases}$$

$$\begin{cases} x_1 = \dfrac{1}{6} \times 3 = \dfrac{1}{2} \\ x_2 = 0 \\ x_3 = \dfrac{1}{6} \times 3 = \dfrac{1}{2} \end{cases}$$

故求得 C 方之最佳混合策略為 $\mathbf{Q}^* = \begin{bmatrix} 0 & \dfrac{2}{3} & \dfrac{1}{3} \end{bmatrix}^T$

R 方之最佳混合策略為 $\mathbf{P}^* = \begin{bmatrix} \dfrac{1}{2} & 0 & \dfrac{1}{2} \end{bmatrix}$

而原競賽值為 $v = v' - k = 3 - 3 = 0$

習題 7-1

1. 試就下列之報酬矩陣，說明其意義.

(1) R 方策略 $\begin{array}{c} X \\ Y \end{array}$ $\begin{matrix} & C\text{ 方策略} \\ & A \quad B \quad C \end{matrix}$ $\begin{bmatrix} -2 & 0 & 4 \\ 2 & -3 & -6 \end{bmatrix}$

(2) R 方策略 $\begin{array}{c} X \\ Y \\ Z \end{array}$ $\begin{matrix} & C\text{ 方策略} \\ & A \quad B \quad C \end{matrix}$ $\begin{bmatrix} 2 & -1 & 7 \\ 3 & -3 & 1 \\ 3 & 4 & 5 \end{bmatrix}$

2. 下列各報酬矩陣何者有鞍點？何者則無？若有鞍點，則把鞍點求出，並求其競賽值.

(1) $\begin{bmatrix} 1 & -2 & 3 \\ 4 & 1 & 2 \end{bmatrix}$ (2) $\begin{bmatrix} -5 & 3 & 4 \\ -2 & -3 & -6 \\ -3 & -4 & 0 \end{bmatrix}$ (3) $\begin{bmatrix} 6 & 5 \\ -2 & 3 \\ 8 & -4 \end{bmatrix}$

(4) $\begin{bmatrix} -1 & 0 & 1 \\ 1 & 2 & 2 \\ -2 & 3 & -1 \\ 0 & -1 & -2 \end{bmatrix}$ (5) $\begin{bmatrix} 0 & -2 & 3 \\ -1 & 2 & 2 \\ 1 & -4 & 0 \end{bmatrix}$

3. 在上述習題 2 中，若報酬矩陣有鞍點，則試求出雙方最佳純策略.

4. 李先生經營舊車生意. 他有三種方法處理舊車：(1) 拆車，售賣零件；(2) 運往鄰埠；(3) 修理後登報出售. 楊先生現有舊車甲、乙、丙、丁四輛，欲將其中一輛賣給李氏車店. 已知李氏車店對甲、乙、丙、丁四種汽車的獲利如下

	甲	乙	丙	丁
(1) 拆車	300 元	400 元	300 元	700 元
(2) 運埠	300 元	700 元	300 元	400 元
(3) 登報	200 元	-200 元	200 元	400 元

現在楊先生欲使李先生的車店獲利最少，而李先生方面則希望獲得最大的利益，試問雙方應如何對策？

5. 在下列報酬矩陣 A 中，競賽者 R 及 C 的混合策略分別為

$$\mathbf{P}^* = [p_1^* \quad p_2^*], \qquad \mathbf{Q}^* = [q_1^* \quad q_2^*]^T$$

求競賽者 R 的期望支付 (或報酬).

(1) $A = \begin{bmatrix} 3 & -2 \\ 1 & 3 \end{bmatrix}$, $\mathbf{P}^* = \begin{bmatrix} \dfrac{1}{2} & \dfrac{1}{2} \end{bmatrix}$, $\mathbf{Q}^* = \begin{bmatrix} \dfrac{1}{3} & \dfrac{2}{3} \end{bmatrix}^T$

(2) $A = \begin{bmatrix} 3 & -2 & -1 \\ 2 & -3 & 1 \\ -2 & 1 & 2 \end{bmatrix}$, $\mathbf{P}^* = \begin{bmatrix} \dfrac{2}{5} & \dfrac{1}{5} & \dfrac{2}{5} \end{bmatrix}$, $\mathbf{Q}^* = \begin{bmatrix} \dfrac{1}{3} & \dfrac{4}{9} & \dfrac{2}{9} \end{bmatrix}^T$

6. 給出下列的競賽矩陣 A、競賽者 R 的策略 $\mathbf{P}^*$，及競賽者 C 的策略 $\mathbf{Q}^*$. 試驗證 $\mathbf{P}^*$ 及 $\mathbf{Q}^*$ 是否為競賽者雙方的最佳純策略.

$$A = \begin{bmatrix} -4 & 1 & -3 \\ 3 & 2 & 4 \\ 5 & -2 & -1 \end{bmatrix}, \mathbf{P}^* = [0 \quad 1 \quad 0], \mathbf{Q}^* = [0 \quad 1 \quad 0]^T$$

7. (1) 試求報酬矩陣 $A = \begin{bmatrix} 3 & 4 & 3 & 6 \\ 3 & 7 & 3 & 5 \\ 2 & -5 & 1 & 4 \end{bmatrix}$ 的解.

   (2) 試驗證

   $$\mathbf{P}^* = \begin{bmatrix} \frac{1}{2} & \frac{1}{2} & 0 \end{bmatrix} \text{ 及 } \mathbf{Q}^* = \begin{bmatrix} \frac{1}{3} & 0 & \frac{2}{3} & 0 \end{bmatrix}^T$$

   是否也是矩陣 A 雙方的最佳混合策略.

8. 試利用圖解法求雙方之最佳混合策略及競賽值.

(1)
C 方策略
$\begin{array}{c} \\ R \text{ 方} \\ \text{策略} \end{array} \begin{array}{c} \\ S_1 \\ S_2 \end{array} \begin{bmatrix} T_1 & T_2 \\ 12 & 9 \\ 10 & 11 \end{bmatrix}$

(2)
C 方策略
$\begin{array}{c} \\ R \text{ 方} \\ \text{策略} \end{array} \begin{array}{c} \\ S_1 \\ S_2 \end{array} \begin{bmatrix} T_1 & T_2 \\ 4 & 6 \\ 5 & -2 \end{bmatrix}$

(3)
C 方策略
$\begin{array}{c} \\ R \text{ 方} \\ \text{策略} \end{array} \begin{array}{c} \\ S_1 \\ S_2 \\ S_3 \\ S_4 \end{array} \begin{bmatrix} T_1 & T_2 & T_3 \\ 4 & -1 & 6 \\ -2 & 7 & -1 \\ 2 & 0 & 3 \\ 1 & 5 & 3 \end{bmatrix}$

(4)
C 方策略
$\begin{array}{c} \\ R \text{ 方} \\ \text{策略} \end{array} \begin{array}{c} \\ S_1 \\ S_2 \end{array} \begin{bmatrix} T_1 & T_2 & T_3 \\ 2 & 1 & 5 \\ 3 & 4 & 2 \end{bmatrix}$

9. 試利用公式解和算術簡便法求雙方之最佳混合策略與競賽值.

(1) R 方策略 $\begin{array}{c} \\ S_1 \\ S_2 \end{array}$ $\begin{array}{c} C \text{ 方策略} \\ \begin{array}{cc} T_1 & T_2 \end{array} \\ \begin{bmatrix} 12 & 9 \\ 10 & 11 \end{bmatrix} \end{array}$

(2) R 方策略 $\begin{array}{c} \\ S_1 \\ S_2 \end{array}$ $\begin{array}{c} C \text{ 方策略} \\ \begin{array}{cc} T_1 & T_2 \end{array} \\ \begin{bmatrix} -1 & 2 \\ 4 & -2 \end{bmatrix} \end{array}$

(3) R 方策略 $\begin{array}{c} \\ S_1 \\ S_2 \end{array}$ $\begin{array}{c} C \text{ 方策略} \\ \begin{array}{cc} T_1 & T_2 \end{array} \\ \begin{bmatrix} 2 & -3 \\ -2 & 1 \end{bmatrix} \end{array}$

10. 試先使用凌越規則, 再求出雙方之最佳混合策略與競賽值.

(1) R 方策略 $\begin{array}{c} \\ S_1 \\ S_2 \\ S_3 \end{array}$ $\begin{array}{c} C \text{ 方策略} \\ \begin{array}{ccc} T_1 & T_2 & T_3 \end{array} \\ \begin{bmatrix} 3 & 2 & 0 \\ 5 & 4 & 1 \\ -4 & 2 & 2 \end{bmatrix} \end{array}$

(2) R 方策略 $\begin{array}{c} \\ S_1 \\ S_2 \\ S_3 \\ S_4 \end{array}$ $\begin{array}{c} C \text{ 方策略} \\ \begin{array}{cccc} T_1 & T_2 & T_3 & T_4 \end{array} \\ \begin{bmatrix} -1 & 0 & 1 & 3 \\ 1 & 3 & 4 & 2 \\ 3 & 2 & 2 & 4 \\ 0 & -1 & 3 & 1 \end{bmatrix} \end{array}$

(3) R 方策略 $\begin{array}{c} \\ S_1 \\ S_2 \end{array}$ $\begin{array}{c} C \text{ 方策略} \\ \begin{array}{cccccc} T_1 & T_2 & T_3 & T_4 & T_5 & T_6 \end{array} \\ \begin{bmatrix} -6 & -1 & 0 & 2 & 2 & 2 \\ 5 & -2 & 4 & 1 & -5 & 6 \end{bmatrix} \end{array}$

11. 某城市有兩家大型超商 R 與 C 瓜分該城市所有日用品生意, 如果每月各超商選用且僅選用如下列之一種廣告方式: 車廂廣告、電視、郵寄宣傳品, 以及平面媒體. 永大市調公司提供下列之資訊, 報酬矩陣中每一元素代表 R 方所獲 50% 以上市場佔有百分率.

$$\begin{array}{c} & \hspace{3em} C\text{ 超商} \\ & \begin{array}{cccc} 車廂廣告 & 電視 & 郵寄宣傳品 & 平面媒體 \end{array} \\ R\text{ 超商}\begin{array}{c} 車廂廣告 \\ 電視 \\ 郵寄宣傳品 \\ 平面媒體 \end{array} & \left[\begin{array}{cccc} -1 & -4 & -13 & 3 \\ 2 & 1 & -3 & 8 \\ -6 & 2 & 5 & -6 \\ 9 & 4 & 6 & 7 \end{array}\right] \end{array}$$

(1) 試分別求 R 方與 C 方的最佳混合策略及競賽值.

(2) 若 R 方經常選用平面媒體，而 C 方用其最佳策略，則 R 方的期望值為何？

(3) 若 R 方用其最佳策略，而 C 方經常選用電視廣告，則 R 方的期望值為何？

12. 設競賽的報酬矩陣如下

$$\begin{array}{c} & \hspace{2em} C\text{ 方策略} \\ & \begin{array}{cc} T_1 & T_2 \end{array} \\ \begin{array}{c} R\text{ 方} \\ \text{策略} \end{array}\begin{array}{c} S_1 \\ S_2 \end{array} & \left[\begin{array}{cc} 5 & 3 \\ 1 & 4 \end{array}\right] \end{array}$$

(1) 試以線性規劃模式決定 R 方的最佳混合策略.

(2) 若 C 方用最佳對策，試決定 R 方的競賽值.

(3) 試以線性規劃模式決定 C 方的最佳策略.

13. 試以線性規劃法求解下列之競賽

$$\begin{array}{c} & \hspace{2em} C\text{ 方策略} \\ & \begin{array}{ccc} T_1 & T_2 & T_3 \end{array} \\ \begin{array}{c} R\text{ 方} \\ \text{策略} \end{array}\begin{array}{c} S_1 \\ S_2 \end{array} & \left[\begin{array}{ccc} 2 & 1 & 5 \\ 3 & 4 & 2 \end{array}\right] \end{array}$$

附表　標準常態分配機率表

$$P(Z \leq z) = \Phi(z) = \frac{1}{\sqrt{2\pi}} \int_{-\infty}^{z} e^{-u^2/2} dx$$

$$\Phi(-z) = 1 - \Phi(z), \quad \Phi(0) = 0.500$$

z	$\Phi(z)$	z	$\Phi(z)$	z	$\Phi(z)$	z	$\Phi(z)$	z	$\Phi(z)$	z	$\Phi(z)$
	0.		0.		0.		0.		0.		0.
0.01	5040	0.51	6950	1.01	8438	1.51	9345	2.01	9778	2.51	9940
0.02	5080	0.52	6985	1.02	8461	1.52	9357	2.02	9783	2.52	9941
0.03	5120	0.53	7019	1.03	8485	1.53	9370	2.03	9788	2.53	9943
0.04	5160	0.54	7054	1.04	8508	1.54	9382	2.04	9793	2.54	9945
0.05	5199	0.55	7088	1.05	8531	1.55	9394	2.05	9798	2.55	9946
0.06	5239	0.56	7123	1.06	8554	1.56	9406	2.06	9803	2.56	9948
0.07	5279	0.57	7157	1.07	8577	1.57	9418	2.07	9808	2.57	9949
0.08	5319	0.58	7190	1.08	8599	1.58	9429	2.08	9812	2.58	9951
0.09	5359	0.59	7224	1.09	8621	1.59	9441	2.09	9817	2.59	9952
0.10	5398	0.60	7257	1.10	8643	1.60	9452	2.10	9821	2.60	9953
0.11	5438	0.61	7291	1.11	8665	1.61	9463	2.11	9826	2.61	9955
0.12	5478	0.62	7324	1.12	8686	1.62	9474	2.12	9830	2.62	9956
0.13	5517	0.63	7357	1.13	8708	1.63	9484	2.13	9834	2.63	9957
0.14	5557	0.64	7389	1.14	8729	1.64	9495	2.14	9838	2.64	9959
0.15	5596	0.65	7422	1.15	8749	1.65	9505	2.15	9842	2.65	9960
0.16	5636	0.66	7454	1.16	8770	1.66	9515	2.16	9846	2.66	9961
0.17	5675	0.67	7486	1.17	8790	1.67	9525	2.17	9850	2.67	9962
0.18	5714	0.68	7517	1.18	8810	1.68	9535	2.18	9854	2.68	9963
0.19	5753	0.69	7549	1.19	8830	1.69	9545	2.19	9857	2.69	9964
0.20	5793	0.70	7580	1.20	8849	1.70	9554	2.20	9861	2.70	9965
0.21	5832	0.71	7611	1.21	8869	1.71	9564	2.21	9864	2.71	9966
0.22	5871	0.72	7642	1.22	8888	1.72	9573	2.22	9868	2.72	9967
0.23	5910	0.73	7673	1.23	8907	1.73	9582	2.23	9871	2.73	9968
0.24	5948	0.74	7704	1.24	8925	1.74	9591	2.24	9875	2.74	9969
0.25	5987	0.75	7734	1.25	8944	1.75	9599	2.25	9878	2.75	9970
0.26	6026	0.76	7764	1.26	8962	1.76	9608	2.26	9881	2.76	9971
0.27	6064	0.77	7794	1.27	8980	1.77	9616	2.27	9884	2.77	9972
0.28	6103	0.78	7823	1.28	8997	1.78	9625	2.28	9887	2.78	9973
0.29	6141	0.79	7852	1.29	9015	1.79	9633	2.29	9890	2.79	9974
0.30	6179	0.80	7881	1.30	9032	1.80	9641	2.30	9893	2.80	9974
0.31	6217	0.81	7910	1.31	9049	1.81	9649	2.31	9896	2.81	9975
0.32	6255	0.82	7939	1.32	9066	1.82	9656	2.32	9898	2.82	9976
0.33	6293	0.83	7967	1.33	9082	1.83	9664	2.33	9901	2.83	9977
0.34	6331	0.84	7995	1.34	9099	1.84	9671	2.34	9904	2.84	9977
0.35	6368	0.85	8023	1.35	9115	1.85	9678	2.35	9906	2.85	9978
0.36	6406	0.86	8051	1.36	9131	1.86	9686	2.36	9909	2.86	9979
0.37	6443	0.87	8078	1.37	9147	1.87	9693	2.37	9911	2.87	9979
0.38	6480	0.88	8106	1.38	9162	1.88	9699	2.38	9913	2.88	9980
0.39	6517	0.89	8133	1.39	9177	1.89	9706	2.39	9916	2.89	9981
0.40	6554	0.90	8159	1.40	9192	1.90	9713	2.40	9918	2.90	9981
0.41	6591	0.91	8186	1.41	9207	1.91	9719	2.41	9920	2.91	9982
0.42	6628	0.92	8212	1.42	9222	1.92	9726	2.42	9922	2.92	9982
0.43	6664	0.93	8238	1.43	9236	1.93	9732	2.43	9925	2.93	9983
0.44	6700	0.94	8264	1.44	9251	1.94	9738	2.44	9927	2.94	9984
0.45	6736	0.95	8289	1.45	9265	1.95	9744	2.45	9929	2.95	9984
0.46	6772	0.96	8315	1.46	9279	1.96	9750	2.46	9931	2.96	9985
0.47	6808	0.97	8340	1.47	9292	1.97	9756	2.47	9932	2.97	9985
0.48	6844	0.98	8365	1.48	9306	1.98	9761	2.48	9934	2.98	9986
0.49	6879	0.99	8389	1.49	9319	1.99	9767	2.49	9936	2.99	9986
0.50	6915	1.00	8413	1.50	9332	2.00	9772	2.50	9938	3.00	9987

378 管理數學導論

習題答案

第一章 函數的應用

❖ 習題 1-1

1. $4x-y-5=0$ 2. $y=-2x+4$ 3. $5x-2y-4=0$ 4. $y=-\dfrac{2}{3}x-1$

5. 斜率 $-\dfrac{4}{5}$，y-截距 $\dfrac{4}{5}$ 6. $y=\dfrac{3}{4}x-\dfrac{15}{4}$

7. (1) $y=82,500x+850,000$

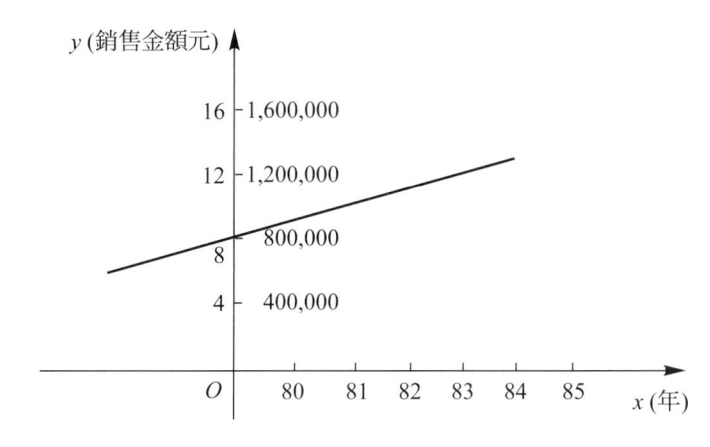

(2) 1,840,000 元

(3) 95 年

8. (1) 975,000 元   (2) 4.75 元

9. 36 元   10. (2,500，50,000)

❖ 習題 1-2

1. (7,500，75,000)   2. (1) 50   (2) 75   3. 399.5 元

4. (1) 15   (2) 14   (3) (15，14)

379

5. (1)

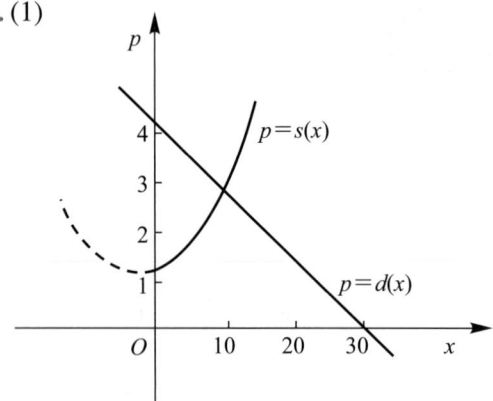

(2) 均衡量 7500 打，均衡價格 3 元

6. $p = 36x - 1600$

第二章　矩陣與行列式

❖ 習題 2-1

1. (1) 2×1 階矩陣　(2) 2×2 階矩陣　(3) 2×3 階矩陣
   (4) 1×4 階矩陣　(5) 3×4 階矩陣

2. (1) 方陣　(2) 對角矩陣　(3) 上三角矩陣
   (4) 下三角矩陣　(5) 單位矩陣　(6) 上三角矩陣

3. $A = \begin{bmatrix} 1 & 0 & -1 \\ 3 & 2 & 1 \end{bmatrix}$

4. $A = \begin{bmatrix} 1 & 0 & 0 & 0 \\ 0 & 1 & 0 & 0 \\ 0 & 0 & 1 & 0 \\ 0 & 0 & 0 & 1 \end{bmatrix}$

5. $A = \begin{bmatrix} 1 & 4 \\ 4 & 7 \\ 9 & 12 \end{bmatrix}$

6. $A = \begin{bmatrix} 1 & -2 & -2 \\ 2 & 1 & -2 \\ 2 & 2 & 1 \end{bmatrix}$, $A^T = \begin{bmatrix} 1 & 2 & 2 \\ -2 & 1 & 2 \\ -2 & -2 & 1 \end{bmatrix}$

7. $A^T = \begin{bmatrix} 2 & 3 & 0 \\ 1 & 7 & -1 \\ 4 & 5 & 9 \end{bmatrix}$

8. A、B、C 均非反對稱方陣，D 為反對稱方陣.

9. $[1]$, $[2]$, $[3]$, $[4]$, $\begin{bmatrix} 1 \\ 2 \end{bmatrix}$, $\begin{bmatrix} 3 \\ 4 \end{bmatrix}$, $[1, 3]$, $[2, 4]$, $\begin{bmatrix} 1 & 3 \\ 2 & 4 \end{bmatrix}$

10. $[1]$, $[-1]$, $[2]$, $[0]$, $[3]$, $[5]$, $[2]$, $[4]$, $[-3]$, $\begin{bmatrix} -1 & 2 \\ 3 & 5 \end{bmatrix}$, $\begin{bmatrix} 1 & 2 \\ 0 & 5 \end{bmatrix}$

$\begin{bmatrix} -1 & 2 \\ 4 & -3 \end{bmatrix}$, $\begin{bmatrix} 1 & 2 \\ 2 & -3 \end{bmatrix}$, $\begin{bmatrix} 1 & -1 \\ 2 & 4 \end{bmatrix}$, $\begin{bmatrix} 3 & 5 \\ 4 & -3 \end{bmatrix}$, $\begin{bmatrix} 0 & 5 \\ 2 & -3 \end{bmatrix}$, $\begin{bmatrix} 0 & 3 \\ 2 & 4 \end{bmatrix}$

$\begin{bmatrix} 1 & -1 & 2 \\ 0 & 3 & 5 \\ 2 & 4 & -3 \end{bmatrix}$

❖習題 2-2

1. $\begin{cases} x = -2 \\ y = 3 \end{cases}$ 2. $X = -\dfrac{1}{4}\begin{bmatrix} 11 & 24 & 27 \\ 13 & 15 & -103 \end{bmatrix}$

3. (1) $\begin{bmatrix} 4 & -1 \\ -5 & -11 \end{bmatrix}$ (2) $\begin{bmatrix} 1 & 9 & -9 \\ -5 & 4 & -2 \\ 8 & 5 & -11 \end{bmatrix}$ (3) $\begin{bmatrix} 12 & 23 \\ -7 & 17 \\ 0 & 52 \end{bmatrix}$ 4. 不相等

5. $AB = \begin{bmatrix} 15 & -5 & -10 \\ -5 & 21 & 6 \\ -10 & 6 & 11 \end{bmatrix}$, $BA = \begin{bmatrix} 21 & -9 & -2 & -7 \\ -9 & 10 & -3 & 0 \\ -2 & -3 & 2 & 3 \\ -7 & 0 & 3 & 6 \end{bmatrix}$

6. 是   7. (1) 略 (2) 略   8. $X = \begin{bmatrix} 1 & -2 \\ 3 & 1 \end{bmatrix}$

9. $A^2 = \begin{bmatrix} -\dfrac{1}{2} & \dfrac{\sqrt{3}}{2} \\ -\dfrac{\sqrt{3}}{2} & -\dfrac{1}{2} \end{bmatrix}$, $A^3 = \begin{bmatrix} -1 & 0 \\ 0 & -1 \end{bmatrix}$ 10. (1) 略 (2) 略

11. (1) 略 (2) 略   12. $A^2 = I_2$, $A^3 = A$, $A^4 = I_2$, $A^5 = A$, $A^6 = I_2$

13. 否；略   14. 略   15. 略

16. (1) 略 (2) 略 (3) 略   17. (1) 略 (2) 略 (3) 略

18. (1) $A^2 = \begin{bmatrix} 9 & -4 \\ -8 & 17 \end{bmatrix}$, $A^3 = \begin{bmatrix} -7 & 30 \\ 60 & -67 \end{bmatrix}$ (2) $f(A) = \begin{bmatrix} -13 & 52 \\ 104 & -117 \end{bmatrix}$

19. $\begin{bmatrix} 1 & 2n \\ 0 & 1 \end{bmatrix}$ 20. 略

❖ 習題 2-3

1. (1) 不可逆   (2) $B^{-1} = \begin{bmatrix} \dfrac{1}{5} & \dfrac{2}{5} \\ -\dfrac{1}{5} & \dfrac{3}{5} \end{bmatrix}$ (3) $C^{-1} = \begin{bmatrix} -\dfrac{1}{11} & \dfrac{2}{11} \\ \dfrac{4}{11} & \dfrac{3}{11} \end{bmatrix}$

2. $A^{-1} = \begin{bmatrix} \cos\theta & -\sin\theta \\ \sin\theta & \cos\theta \end{bmatrix}$ 3. $A = \begin{bmatrix} \dfrac{2}{7} & 1 \\ \dfrac{1}{7} & \dfrac{3}{7} \end{bmatrix}$

4. (1) 不成立   (2) 成立   5. $A = \begin{bmatrix} -\dfrac{1}{4} & \dfrac{1}{4} \\ -\dfrac{3}{16} & \dfrac{1}{8} \end{bmatrix}$

6. $x = 2$ 7. 略   8. $A = \mathbf{0}_{n \times n}$ 9. 略   10. $(A^T)^{-1} = (A^{-1})^T$

11. $(2A)^{-3} = \begin{bmatrix} -\dfrac{1}{12} & -\dfrac{1}{24} \\ \dfrac{5}{24} & \dfrac{1}{24} \end{bmatrix}$

❖ 習題 2-4

1. (1) 基本矩陣   (2) 非基本矩陣   (3) 基本矩陣
   (4) 基本矩陣   (5) 非基本矩陣

2. (1) $\xrightarrow{7R_1 + R_2}$ (2) $\xrightarrow{\frac{1}{6}R_3}$ (3) $\xrightarrow{R_1 \leftrightarrow R_3}, \xrightarrow{R_3 \leftrightarrow R_4}$ (4) $\xrightarrow{\frac{1}{5}R_3 + R_1}$

3. (1) $E_1 = \begin{bmatrix} 0 & 0 & 1 \\ 0 & 1 & 0 \\ 1 & 0 & 0 \end{bmatrix}$ (2) $E_2 = \begin{bmatrix} 0 & 0 & 1 \\ 0 & 1 & 0 \\ 1 & 0 & 0 \end{bmatrix}$

(3) $E_3 = \begin{bmatrix} 1 & 0 & 0 \\ 0 & 1 & 0 \\ -2 & 0 & 1 \end{bmatrix}$ (4) $E_4 = \begin{bmatrix} 1 & 0 & 0 \\ 0 & 1 & 0 \\ 2 & 0 & 1 \end{bmatrix}$

4. (1) $A^{-1} = \begin{bmatrix} 7 & -3 \\ -2 & 1 \end{bmatrix}$ (2) $B^{-1} = \begin{bmatrix} \frac{1}{6} & \frac{1}{2} & -\frac{5}{6} \\ -\frac{1}{6} & \frac{1}{2} & -\frac{2}{3} \\ \frac{1}{6} & -\frac{1}{2} & \frac{7}{6} \end{bmatrix}$

(3) $C^{-1} = \begin{bmatrix} -\frac{1}{2} & 1 & \frac{3}{2} \\ \frac{1}{2} & 0 & -\frac{1}{2} \\ -\frac{1}{2} & 1 & \frac{1}{2} \end{bmatrix}$ (4) $D^{-1} = \begin{bmatrix} 1 & -\frac{1}{2} & 0 & -\frac{1}{2} \\ 1 & 0 & 0 & -1 \\ 0 & \frac{1}{2} & 0 & \frac{1}{2} \\ -1 & 0 & 1 & 1 \end{bmatrix}$

5. (1) 不可逆 (2) 不可逆

6. A 是簡約列梯陣. B 是簡約列梯陣. C 不是簡約列梯陣. D 不是簡約列梯陣.

7. $C = \begin{bmatrix} 0 & 1 & 0 & 0 & 0 \\ 0 & 0 & 1 & 0 & 0 \\ 0 & 0 & 0 & 1 & 0 \\ 0 & 0 & 0 & 0 & 1 \end{bmatrix}$ 8. $a = 1$, $A^{-1} = \begin{bmatrix} 0 & 1 & 0 \\ 1 & -1 & 0 \\ -2 & 1 & 1 \end{bmatrix}$

❖ 習題 2-5

1. (1) $x_1 = -\frac{3}{4}$, $x_2 = -\frac{5}{4}$, $x_3 = \frac{13}{4}$ (2) $\begin{cases} x_1 = 2t \\ x_2 = \frac{5t}{3} - \frac{1}{3}, \ t \in \mathbb{R} \\ x_3 = t \end{cases}$

(3) $\begin{cases} x_1 = \frac{1}{2} + s \\ x_2 = 1 + 2s - t \\ x_3 = s \\ x_4 = t \end{cases}$ $s \in \mathbb{R}, \ t \in \mathbb{R}$ (4) $x_1 = 1$, $x_2 = 2$, $x_3 = 2$

2. (1) $x_1 = -\frac{3}{4}$, $x_2 = -\frac{5}{4}$, $x_3 = \frac{13}{4}$ (2) $x_1 = 1$, $x_2 = -1$, $x_3 = 2$

3. $I_1 = \dfrac{9}{31}$ 安培，$I_2 = \dfrac{24}{31}$ 安培，$I_3 = -\dfrac{33}{31}$ 安培（負號表示與原來 I_3 方向相反）

4. (1) $a = -3$ (2) 除 ± 3 之外的所有值   (3) $a = 3$

5. (1) 具有非明顯解   (2) 具有明顯解   (3) 具有非明顯解

6. (1) $A^{-1} = \begin{bmatrix} 1 & 2 & 3 \\ 1 & 3 & 3 \\ 1 & 2 & 4 \end{bmatrix}$, $x_1 = 5$, $x_2 = 4$, $x_3 = 7$

(2) $A^{-1} = \begin{bmatrix} -\dfrac{1}{2} & 1 & \dfrac{3}{2} \\ \dfrac{1}{2} & 0 & -\dfrac{1}{2} \\ -\dfrac{1}{2} & 1 & \dfrac{1}{2} \end{bmatrix}$, $x_1 = \dfrac{3}{2}$, $x_2 = \dfrac{1}{2}$, $x_3 = \dfrac{3}{2}$

7. $\begin{cases} x_1 = -\dfrac{t}{3} \\ x_2 = \dfrac{2}{3}t, \ t \in \mathbb{R} \\ x_3 = t \end{cases}$ 8. $X = \begin{bmatrix} 11 & 12 & -3 & 27 & 26 \\ -6 & -8 & 1 & -18 & -17 \\ -15 & -21 & 9 & -38 & -35 \end{bmatrix}$

9. $\lambda = 3$ 或 $\lambda = -2$ 10. $x_1 = \dfrac{23}{41}$, $x_2 = -\dfrac{1}{41}$, $x_3 = -\dfrac{7}{41}$

❖習題 2-6

1. (1) -40 (2) -66 (3) -240 2. (1) 0   (2) 0   (3) 2   (4) -78

3. 0   4. $A_{13} = -9$，$A_{23} = 0$，$A_{33} = 3$，$A_{43} = -2$

5. $\lambda = -4$ 或 $\lambda = -1$ 或 $\lambda = 0$ 6. 略   7. 略

❖習題 2-7

1. (1) $\text{adj } A = \begin{bmatrix} -7 & 8 & -13 \\ 5 & 4 & -15 \\ -4 & -10 & 12 \end{bmatrix}$ (2) $\det(A) = -34$ (3) 略

2. $\lambda = -5$ 或 $\lambda = 0$ 或 $\lambda = 3$ 3. $\lambda = 4$ 或 $\lambda = 0$

4. $\begin{bmatrix} x_1 \\ x_2 \\ x_3 \end{bmatrix} = \begin{bmatrix} \frac{15}{34} \\ -\frac{1}{34} \\ -\frac{6}{34} \end{bmatrix}$ 5. 略   6. 略

7. (1) 有一非明顯解   (2) 具有明顯解
8. (1) $x_1 = 4$，$x_2 = 8$，$x_3 = 19$ (2) $x_1 = 3$，$x_2 = -2$，$x_3 =$，$x_4 = 2$
9. (1) 略   (2) 略

❖ 習題 2-8

1. $y_c = 2.6 + 0.4x$ 2. (1) $y_c = 5.102 + 1.870x$ (2) 42,500 元
3. (1) $p = f(x) = -0.81x + 40$，$0 \le x \le 49.38$ (2) 每卷 22.22 元

第三章　機率論

❖ 習題 3-1

1. $S = \{HHH, HHT, HTH, HTT, THH, THT, TTH, TTT\}$
2. $S = \{(1, 1), (1, 2), (1, 3), (1, 4), (1, 5), (1, 6), (2, 1), (2, 2), (2, 3), \cdots, (6, 6)\}$
3. 略   4. $S = \{t \mid t \ge 0\}$，$E = \{t \mid 0 \le t \le 10\}$ 5. 略
6. (1) $\frac{2}{3}$ (2) $\frac{1}{12}$ 7. (1) $P(A \cup B \cup C) = \frac{1}{2}$ (2) $P(A' \cap B') = \frac{7}{10}$

8. (1) $\frac{11}{60}$ (2) $\frac{1}{15}$ (3) $\frac{17}{20}$ 9. $\frac{255}{496}$ 10. (1) $\frac{3}{10}$ (2) $\frac{3}{5}$

11. (1) $\frac{1}{11}$ (2) $\frac{6}{11}$ 12. $\frac{37}{55}$ 13. $\frac{5}{54}$ 14. 0.205

❖ 習題 3-2

1. (1) $\frac{1}{10}$ (2) $\frac{1}{6}$ (3) $\frac{3}{8}$ 2. $\frac{7}{15}$ 3. $\frac{2}{5}$，$\frac{1}{3}$ 4. $\frac{3}{4}$，$\frac{3}{4}$

5. $\dfrac{1}{6}$, $\dfrac{3}{5}$ 6. $\dfrac{1}{3}$, $\dfrac{1}{5}$ 7. $\dfrac{3}{4}$ 8. (1) $\dfrac{1}{6}$ (2) $\dfrac{11}{14}$ 9. $\dfrac{2}{143}$

10. $\dfrac{2}{5}$ 11. $\dfrac{3}{8}$ 12. (1) $\dfrac{11}{32}$ (2) $\dfrac{4}{11}$ 13. $\dfrac{2}{143}$ 14. (1) $\dfrac{1}{20}$ (2) $\dfrac{53}{120}$

15. $\dfrac{19}{45}$ 16. A 與 B 為獨立事件 17. 統計獨立事件

18. A 與 B 為獨立事件 19. (1) $\dfrac{1}{3}$ (2) $\dfrac{1}{2}$ (3) $\dfrac{2}{3}$

20. (1) $\dfrac{1}{12}$ (2) $\dfrac{1}{2}$ (3) $\dfrac{1}{2}$ 21. 0.7 22. (1) $\dfrac{231}{1600}$ (2) $\dfrac{1369}{1600}$

❖ 習題 3-3

1. $\dfrac{41}{200}$ 2. $\dfrac{77}{100}$ 3. (1) $\dfrac{47}{1000}$ (2) $\dfrac{12}{47}$ 4. $\dfrac{95}{491}$ 5. $\dfrac{1}{2}$

6. (1) $\dfrac{37}{1000}$ (2) $\dfrac{15}{37}$, $\dfrac{12}{37}$, $\dfrac{10}{37}$ 7. (1) $\dfrac{39}{100}$ (2) $\dfrac{10}{39}$

8. $\dfrac{1323}{5000}$ 9. (1) $\dfrac{1}{1000}$ (2) $\dfrac{13}{640}$ 10. 購買此種彩券是不利的.

11. 5.15 元，購買此種彩券是不利的. 12. 7 點 13. 22.5 元 14. 3

❖ 習題 3-4

1. $F(x) = \begin{cases} 0, & x < 10 \\ \dfrac{1}{6}, & 10 \leq x < 20 \\ \dfrac{2}{6}, & 20 \leq x < 30 \\ \dfrac{3}{6}, & 30 \leq x < 40 \\ \dfrac{4}{6}, & 40 \leq x < 50 \\ \dfrac{5}{6}, & 50 \leq x < 60 \\ 1, & x \geq 60 \end{cases}$

2. (1) $\mu=4$, $\sigma=2$ (2)

z	-1	0	1	2
$p(z)$	0.4	0.3	0.2	0.1

3. (1) 0.9375   (2) [50, 150]

4. (1) $P(X \leq 40) \geq 0.96$ (2) $P(X \geq 20) \geq 0.96$ 5. 25   6. 1

7. (1) $f(x)=\begin{cases} x, & 0 \leq x \leq 1 \\ -x+2, & 1 \leq x \leq 2 \\ 0, & \text{其他} \end{cases}$ (2) 1

8. (1) 略   (2) $1-(1-p)^{x+1}$ 9. 1   10. $n=25$, $p=\dfrac{1}{5}$

11. (1) 略   (2) $F(x)=\begin{cases} 1-e^{-\lambda x}, & x \geq 0 \\ 0, & x < 0 \end{cases}$

12. (1) 0.3085   (2) 0.8413   (3) 0.0440   (4) 0.9544

13. $E(X)=73.146$, $\text{Var}(X)=104.981$

第四章　線性規劃 (一)

❖ 習題 4-1

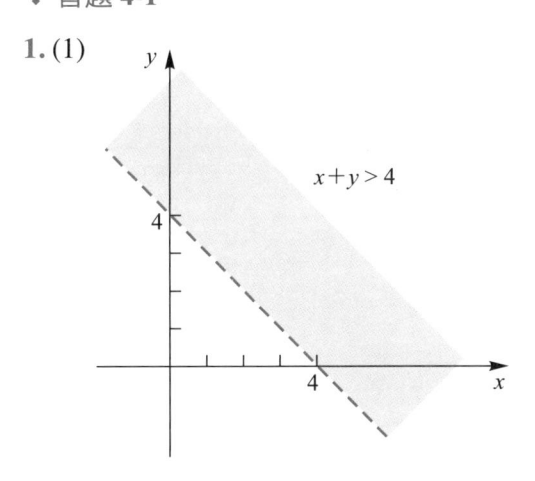

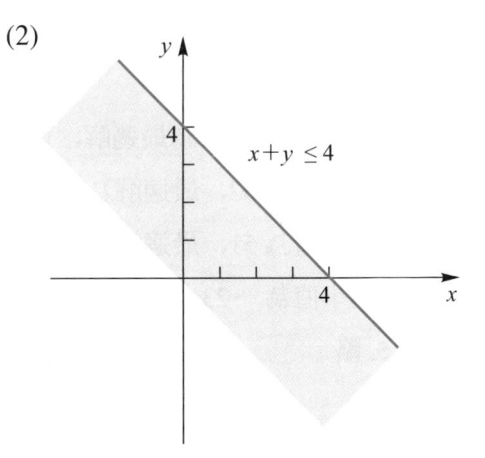

1. (1)   (2)

2. 極大值為 30，極小值為 0.

3.

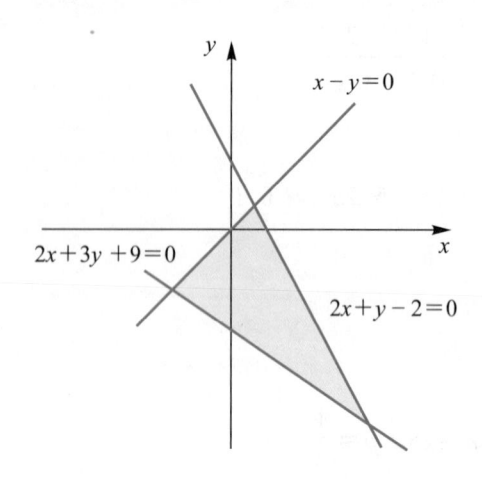

[圖：$x-y=0$，$2x+3y+9=0$，$2x+y-2=0$ 所圍區域]

4. $x+y$ 的最大值為 5.   5. 最大值為 5，最小值為 0.

6. 甲、乙兩種作物各種 20 畝，可得最大利潤.

7. 購買甲種肥料 30 公斤，乙種肥料 5 公斤，花費 370 元最少.

8. 甲種維他命丸 3 粒，乙種維他命丸 3 粒，才能使消費最少.

9. 甲種機器開動 3 天，乙種機器開動 2 天，可使成本減至最輕 700 元.

10. 略   11. 略   12. 可行解區域為無界限

第五章　線性規劃 (二)

❖ 習題 5-1

1. 略   2. $x_1=2$, $x_2=0$ 為最適解，可得 Min. $f=6$.

3. (1) f 的極大值為 32，最適解為 $x_1=4$, $x_2=2$.

　(2) f 的極大值為 51，最適解為 $x_1=9$, $x_2=12$.

　(3) f 的極小值為 -23，最適解為 $x_1=1$, $x_2=5$.

4. 略   5. 略

6. 最適解為 $x_1=\dfrac{5}{4}$, $x_2=\dfrac{5}{8}$，$F(X)$ 的最小值為 15.

7. 正大書局的最高生產值每天為 $\dfrac{1400}{3}$ 元.

8. 甲產品之生產量為 250，丙產品之生產量為 250，乙產品之生產量為零時，可得最大利潤 15,000 元.

9. Max. $g(Y) = 2y_1 + 5y_2$, 受制於 $\begin{cases} 2y_1 \leq 4 \\ y_2 \leq 3 \\ y_1 + 2y_2 \leq 7 \\ y_1 \geq 0, \ y_2 \geq 0 \end{cases}$

10. 對偶問題　　Min. $g(Y) = 90y_1 + 80y_2 - 10y_3 + 25y_4 - 25y_5$

受制於 $\begin{cases} 2y_1 + 4y_2 \quad\ \ + 5y_4 - 5y_5 \leq 9 \\ 3y_1 + 2y_2 - y_3 + y_4 - y_5 \leq 6 \\ y_1 \geq 0, \ y_2 \geq 0, \ y_3 \geq 0, \ y_4 \geq 0, \ y_5 \geq 0 \end{cases}$

第六章　馬克夫鏈

❖ 習題 6-1

1. (1) $P = \begin{array}{c} \\ 1 \\ 2 \\ 3 \end{array} \begin{array}{ccc} 1 & 2 & 3 \end{array} \\ \begin{bmatrix} 1 & 0 & 0 \\ 0 & 1 & 0 \\ \frac{1}{3} & \frac{1}{3} & \frac{1}{3} \end{bmatrix}$

(2) $P = \begin{array}{c} \\ 1 \\ 2 \\ 3 \end{array} \begin{array}{ccc} 1 & 2 & 3 \end{array} \\ \begin{bmatrix} \frac{1}{2} & \frac{1}{4} & \frac{1}{4} \\ \frac{1}{2} & 0 & \frac{1}{4} \\ \frac{1}{4} & \frac{1}{2} & \frac{1}{4} \end{bmatrix}$

(3) $P = \begin{array}{c} \\ 1 \\ 2 \\ 3 \\ 4 \end{array} \begin{array}{cccc} 1 & 2 & 3 & 4 \end{array} \\ \begin{bmatrix} 0 & \frac{1}{4} & \frac{1}{2} & \frac{1}{4} \\ 0 & \frac{1}{2} & \frac{1}{2} & 0 \\ \frac{1}{3} & \frac{1}{3} & 0 & \frac{1}{3} \\ \frac{1}{2} & 0 & \frac{1}{4} & \frac{1}{4} \end{bmatrix}$

2. $\mathbf{u}_1$ 與 $\mathbf{u}_2$ 為機率向量.　　3. 只有 (3) 為轉移矩陣.

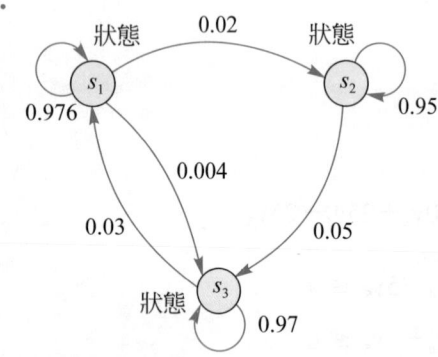

4.

$$P = \begin{array}{c} s_1 \\ s_2 \\ s_3 \end{array} \begin{array}{ccc} s_1 & s_2 & s_3 \\ \begin{bmatrix} 0.976 & 0.02 & 0.004 \\ 0 & 0.95 & 0.05 \\ 0.03 & 0 & 0.97 \end{bmatrix} \end{array}$$

5. (1) $\mathbf{u} = \begin{bmatrix} \dfrac{3}{5}, & \dfrac{2}{5} \end{bmatrix}$ (2) $\mathbf{u} = \begin{bmatrix} \dfrac{4}{7}, & \dfrac{3}{7} \end{bmatrix}$

6. $\mathbf{u} = \begin{bmatrix} \dfrac{1}{3}, & 0, & \dfrac{2}{3} \end{bmatrix}$

7. (1) $P_{21}^{(3)}$ 為由狀態 2 經移動 3 期 (或 3 步) 到狀態 1 的機率，且 $P_{21}^{(3)} = \dfrac{7}{8}$.

   (2) $\mathbf{u}_3$ 為系統於移動 3 期後的機率分配，$\mathbf{u}_3 = \begin{bmatrix} \dfrac{11}{12}, & 0, & \dfrac{1}{12} \end{bmatrix}$

   (3) $P_2^{(3)}$ 為系統於移動 3 步後在狀態 2 的機率，$P_2^{(3)} = \dfrac{1}{12}$

8. (1) $P_{23}^{(2)} = \dfrac{1}{4}$, $P_{13}^{(2)} = 0$ (2) $\mathbf{u}_2 = \begin{bmatrix} \dfrac{1}{3}, & \dfrac{2}{3}, & 0 \end{bmatrix}$

   (3) $\mathbf{u}_0 P^{(n)}$ 趨近於 P 的唯一固定機率向量 $\mathbf{u} = \begin{bmatrix} \dfrac{2}{7}, & \dfrac{4}{7}, & \dfrac{1}{7} \end{bmatrix}$.

9. (1) P_1 非正規轉移矩陣. (2) P_2 是正規轉移矩陣.

10. $\mathbf{u} = \begin{bmatrix} \dfrac{6}{17}, & \dfrac{5}{17}, & \dfrac{6}{17} \end{bmatrix}$

11. (i) 三家超商之市場佔有率分別為 24.2%、30.6%、45.2%.

    (ii) 三家超商在穩定狀態下之市場佔有率分別為 $\dfrac{5}{34}$、$\dfrac{7}{34}$、$\dfrac{22}{34}$.

12. (1) 兩年後，A 品牌佔市場銷售量的 40%，B 品牌佔市場銷售量的 36%，C 品牌佔市場銷售量的 24%，

(2) A、B、C 品牌的罐頭長期之銷售量為 40.9%、36.4%、22.7%．

13. (1) P_1 為吸收性馬克夫鏈，其中狀態 1，狀態 2，狀態 3，皆為吸收狀態．

    (2) P_2 為吸收性馬克夫鏈，其中狀態 1 及狀態 3 為吸收狀態．

    (3) P_3 為吸收性馬克夫鏈，其中僅有狀態 3 為吸收狀態．

    (4) P_4 為吸收性馬克夫鏈，其中狀態 2 及狀態 3 為吸收狀態．

    (5) P_5 為非吸收性馬克夫鏈，因若進入狀態 2，下一期必到達狀態 3，最後造成在狀態 2 和狀態 3 兩個狀態間迴轉，無法進入吸收狀態．

14. (1) 若在狀態 1，在每一個非吸收狀態 1、2、3 上平均停留 $\frac{7}{5}$, $\frac{3}{5}$, $\frac{1}{5}$ 次；

    若在狀態 2，在每一個非吸收狀態 1、2、3 上平均停留 $\frac{6}{5}$, $\frac{9}{5}$, $\frac{3}{5}$ 次；

    若在狀態 3，在每一個非吸收狀態 1、2、3 上平均停留 $\frac{4}{5}$, $\frac{6}{5}$, $\frac{7}{5}$ 次；

    (2) 在非吸收狀態 1、2、3 平均要經過 $\frac{11}{5}$、$\frac{18}{5}$、$\frac{17}{5}$ 次轉移才會被吸收．

    (3) 若在狀態 1，被吸收狀態 0、4 吸收的機率分別為 $\frac{14}{15}$、$\frac{1}{15}$；

    若在狀態 2，被吸收狀態 0、4 吸收的機率分別為 $\frac{12}{15}$、$\frac{3}{15}$；

    若在狀態 3，被吸收狀態 0、4 吸收的機率分別為 $\frac{8}{15}$、$\frac{7}{15}$；

第七章　對局理論

❖ 習題 7-1

1. (1)

		競賽者 C 所採取之策略		
		A	B	C
競賽者 R 所採取之策略	X	R 賠 2，C 贏 2	R、C 不輸不贏	R 贏 4，C 賠 4
	Y	R 贏 2，C 賠 2	R 賠 3，C 贏 3	R 賠 6，C 贏 6

(2)

		競賽者 C 所採取之策略		
		A	B	C
競賽者 R 所採取之策略	X	R 贏 2，C 賠 2	R 賠 1，C 贏 1	R 贏 7，C 賠 7
	Y	R 贏 3，C 賠 3	R 賠 3，C 贏 3	R 贏 1，C 賠 1
	Z	R 贏 3，C 賠 3	R 贏 4，C 賠 4	R 贏 5，C 賠 5

2. (1) 鞍點為 1，競賽值為 1.　　(2) 無鞍點存在.
   (3) 鞍點為 5，競賽值為 5.　　(4) 鞍點為 1，競賽值為 1.
   (5) 無鞍點存在.

3. (1) 鞍點為 1，R 方之最佳純策略為 $\mathbf{P}^* = [0, 1]$；C 方之最佳純策略為
   $\mathbf{Q}^* = [0, 1, 0]^T$.
   (3) 鞍點為 5，R 方之最佳純策略為 $\mathbf{P}^* = [1, 0, 0]$；C 方之最佳純策略為
   $\mathbf{Q}^* = [0, 1]^T$.
   (4) 鞍點為 1，R 方之最佳純策略為 $\mathbf{P}^* = [0, 1, 0, 0]$；$C$ 方之最佳純策略為
   $\mathbf{Q}^* = [1, 0, 0]^T$.

4. 李先生的策略為 $[1, 0, 0]$ 或 $[0, 1, 0]$.
   楊先生的策略為 $[1, 0, 0, 0]^T$ 或 $[0, 0, 1, 0]^T$.
   李先生欲得到最大利益，他必須採用拆車或運往鄰埠來處理楊先生的舊車.
   楊先生欲使李先生獲利最少，則必須出售舊車甲或舊車丙予以李氏車店.

5. (1) R 的期望支付為 1　　(2) R 的期望支付為 $\dfrac{2}{45}$

6. 略　　7. 略

8. (1) R 方之最佳混合策略為 $\mathbf{P}^* = \left[\dfrac{1}{4}, \dfrac{3}{4}\right]$，競賽值為 10.5.

   C 方之最佳混合策略為 $\mathbf{Q}^* = \begin{bmatrix} \dfrac{1}{2} \\ \dfrac{1}{2} \end{bmatrix}$，期望損失為 10.5.

(2) R 方之最佳混合策略為 $\mathbf{P}^* = \begin{bmatrix} \dfrac{7}{9}, & \dfrac{2}{9} \end{bmatrix}$, 競賽值為 $\dfrac{38}{9}$.

C 方之最佳混合策略為 $\mathbf{Q}^* = \begin{bmatrix} \dfrac{8}{9} \\ \dfrac{1}{9} \end{bmatrix}$, 期望損失為 $\dfrac{38}{9}$.

(3) C 方之最佳混合策略為 $\mathbf{Q}^* = \begin{bmatrix} \dfrac{2}{3} \\ \dfrac{1}{3} \\ 0 \end{bmatrix}$, 期望損失為 $\dfrac{7}{3}$.

R 方之最佳混合策略為 $\mathbf{P}^* = \begin{bmatrix} \dfrac{4}{9}, & 0, & 0, & \dfrac{5}{9} \end{bmatrix}$.

(4) R 方之最佳混合策略為 $\mathbf{P}^* = \begin{bmatrix} \dfrac{1}{4}, & \dfrac{3}{4} \end{bmatrix}$, 競賽值為 $\dfrac{11}{4}$.

C 方之最佳混合策略為 $\mathbf{Q}^* = \begin{bmatrix} \dfrac{3}{4} \\ 0 \\ \dfrac{1}{4} \end{bmatrix}$, 期望損失為 $\dfrac{11}{4}$.

9. (1) R 方之最佳混合策略為 $\mathbf{P}^* = \begin{bmatrix} \dfrac{1}{4}, & \dfrac{3}{4} \end{bmatrix}$;

C 方之最佳混合策略為 $\mathbf{Q}^* = \begin{bmatrix} \dfrac{1}{2}, & \dfrac{1}{2} \end{bmatrix}^T$, 競賽值為 10.5.

(2) R 方之最佳混合策略為 $\mathbf{P}^* = \begin{bmatrix} \dfrac{2}{3}, & \dfrac{1}{3} \end{bmatrix}$;

C 方之最佳混合策略為 $\mathbf{Q}^* = \begin{bmatrix} \dfrac{4}{9} \\ \dfrac{5}{9} \end{bmatrix}$, 競賽值為 $\dfrac{2}{3}$.

(3) R 方之最佳混合策略為 $\mathbf{P}^* = \begin{bmatrix} \dfrac{3}{8}, & \dfrac{5}{8} \end{bmatrix}$；

C 方之最佳混合策略為 $\mathbf{Q}^* = \begin{bmatrix} \dfrac{1}{2} \\ \dfrac{1}{2} \end{bmatrix}$，競賽值為 $-\dfrac{1}{2}$。

10. (1) R 方之最佳混合策略為 $\mathbf{P}^* = \begin{bmatrix} 0, & \dfrac{3}{5}, & \dfrac{2}{5} \end{bmatrix}$；

C 方之最佳混合策略為 $\mathbf{Q}^* = \begin{bmatrix} \dfrac{1}{10}, & 0, & \dfrac{9}{10} \end{bmatrix}^T$，競賽值為 $\dfrac{7}{5}$。

(2) R 方之最佳混合策略為 $\mathbf{P}^* = \begin{bmatrix} 0, & \dfrac{1}{3}, & \dfrac{2}{3}, & 0 \end{bmatrix}$；

C 方之最佳混合策略為 $\mathbf{Q}^* = \begin{bmatrix} \dfrac{1}{3}, & \dfrac{2}{3}, & 0, & 0 \end{bmatrix}^T$，競賽值為 $\dfrac{7}{3}$。

(3) R 方之最佳混合策略為 $\mathbf{P}^* = \begin{bmatrix} \dfrac{7}{12}, & \dfrac{5}{12} \end{bmatrix}$；

C 方之最佳混合策略為 $\mathbf{Q}^* = \begin{bmatrix} \dfrac{1}{12}, & \dfrac{11}{12}, & 0, & 0, & 0, & 0 \end{bmatrix}^T$，競賽值為 $-\dfrac{17}{12}$。

11. (1) R 方之最佳混合策略為 $\mathbf{P}^* = \begin{bmatrix} 0, & \dfrac{1}{4}, & 0, & \dfrac{3}{4} \end{bmatrix}$，競賽值為 $\dfrac{29}{4}$。

C 方之最佳混合策略為 $\mathbf{Q}^* = \begin{bmatrix} \dfrac{1}{8}, & 0, & 0, & \dfrac{7}{8} \end{bmatrix}^T$，競賽值為 $\dfrac{29}{4}$。

(2) R 方之期望值為 $\dfrac{29}{4}$。

(3) R 方之期望值為 $\dfrac{13}{4}$。

12. (1) R 方之最佳混合策略為 $\mathbf{P}^* = \begin{bmatrix} \dfrac{3}{5}, & \dfrac{2}{5} \end{bmatrix}$；

(2) R 方之競賽值為 $\dfrac{17}{5}$。

(3) C 方之最佳混合策略為 $\mathbf{Q}^* = \begin{bmatrix} \dfrac{1}{5}, & \dfrac{4}{5} \end{bmatrix}^T$.

13. C 方之最佳混合策略為 $\mathbf{Q}^* = \begin{bmatrix} \dfrac{3}{4}, & 0, & \dfrac{1}{4} \end{bmatrix}^T$,

    R 方之最佳混合策略為 $\mathbf{P}^* = \begin{bmatrix} \dfrac{1}{4}, & \dfrac{3}{4} \end{bmatrix}$.

索　引

一　劃
一步轉移機率　286
一階馬克夫鏈　178

二　劃
二項分配　162
二項式分佈定理　140
二項試驗　162
二項隨機變數　162
人為變數　236

三　劃
下三角矩陣　22
上三角矩陣　22
大 M 法　236
大中取小原則　324
子行列式　76
子矩陣　23
子集　103
小中取大原則　324

四　劃
不可行解　198
不可能事件　103
不可嚴格決定的競賽　316
不相容　65
不相連　105
不穩定馬克夫鏈　276
互斥　105

互斥事件　105
互補事件　104
內點　183
公平競賽　317
分割　109
方陣　20
反方陣　41
反對稱方陣　23

五　劃
主軸列　216
主軸行　216
出象　101
凸集合　182
加法反元素　26
加法單位元素　26
可行解　179, 185
可行解區域　179, 180
可逆方陣　41
可嚴格決定的競賽　316
必然事件　103
平均變化率　5
正規方程式　97
正規轉移矩陣　290
白努利分配　162
白努利定理　139
白努利試驗　139, 162
目標列　214
目標函數　180, 185

目標函數值　182

六　劃
交集　104
列　20
列同義　48
列向量　21
列矩陣　21
多人零和對局　316
多面凸集合　182
多重最適解　182
有限馬克夫鏈　276
有限樣本空間　103
次競賽解法　354
行　20
行向量　21
行列式　75
行矩陣　20

七　劃
伴隨矩陣　86
克雷莫法則　91
吸收性馬克夫鏈　297
吸收狀態　297
均勻分配　159
完全確定的對策　325
貝士一般定理　134
貝士定理　129

八　劃
事件　103
事前機率　129
事後機率　129

兩人零和對局　316
兩人對策　316
供給方程式　13
供給曲線　13
供給函數　13
和事件　105
固定點　277
奇異方陣　41
波瓦松分配　163
狀態　275
狀態空間　275
明顯解　61
空集合　103
非明顯解　61
非奇異方陣　41
非負條件　180
非基本變數　202, 215
非零和對局　316
非零和對策　317
非線性函數　1

九　劃
係數矩陣　34
查普曼-柯默哥羅夫方程式　287
相容　65
相等矩陣　25
相對次數　107
相關事件　122
限制條件　180

十　劃
凌越規則　348
原函數　367

原始問題　247
差額變數　202
柴比雪夫定理　159
逆方陣　41
馬克夫過程　271
馬克夫鏈　271, 278
高斯分配　165
高斯後代法　58
高斯-約旦消去法　60
迴歸直線　96
迴歸係數　98

十一劃

基本可行解　202, 215
基本事件　103
基本矩陣　48
基本解　202
基本變數　202, 215
基準元素　212, 216
常態分配　165
常態曲線　165
常態隨機變數　165
得失　317
條件機率　114, 115
條件機率的乘法定理　120
混合策略　328
混合策略競賽　316
累積分配函數　150, 153
連續　146
連續隨機變數　146
頂點　183

十二劃

最佳解　182
最佳純策略　322
最佳混合策略　329
最適解　180, 182
單位方陣　21
單純形法　211
單純策略競賽　316
報酬　317
報酬矩陣　317, 318
幾何分配　148
期望值　142, 154
無限馬克夫鏈　276
無限樣本空間　103
無鞍點競賽　316
策略　316
策略集　316
策略對局　315
超額變數　202
軸元素　216
極大值　184
極小值　184
極點　183

十三劃

損益平衡點　8
節點　275
補集合　104
解　201
路徑　276
零和對策　317
零矩陣　22

十四劃

對局　315
對角線方陣　21
對偶函數　367
對偶定理　247
對偶價格　261
對策函數　317
對策值　324, 325, 329, 334
對策鞍點　329
對稱方陣　23
齊次方程組　61

十五劃

影子價格　261, 266
數學期望值　142, 154
樣本空間　102
樣本點　102
標準化　166
標準形式　201
標準差　157
標準常態分配　166
線性系統　57
線性函數　1
複合事件　103
調入變數　216
調出變數　216
鞍點　316, 325
餘因子　76
餘事件　104

十六劃

機率向量　276
機率函數　147
機率固定點　282
機率密度函數　149
機率質量函數　147
機率論　101
機會成本　266
機會對局　315
獨立事件　122
積事件　104
輸入價格　266
隨機矩陣　279
隨機試驗　101
隨機過程　271
隨機變數　145

十七劃

優勢列　349
優勢行　349
聯合事件　105
聯集　105
總成本　7
總收益　7
總利潤　7

十八劃

擴增矩陣　58
簡約列梯陣　53
簡單事件　103
轉移矩陣　279
轉移機率　275
轉置　22
轉置矩陣　281
離散　146
離散均勻分配　159

離散隨機變數　146
穩定狀態向量　277
穩定狀態機率　291
穩定馬克夫鏈　276

十九劃以後

邊際價值　266
邊際成本　11

競賽者　316
競賽值　324，325，329，334
鐘形曲線　165
變異數　157

字母

k 步轉移矩陣　287